“十二五”职业教育国家规划教材
中国电子教育学会电子信息类优秀教材
高职高专计算机系列规划教材

Protel DXP 2004 SP2
实用设计教程

（第2版）

及　力　主编
刘　江　罗慧欣　副主编
刘　松　主审

電子工業出版社
Publishing House of Electronics Industry
北京·BEIJING

内 容 简 介

本书以实例操作的方式介绍利用 Protel DXP 2004 SP2 进行原理图与印制电路板图的设计方法。作者根据多年教学实践，按照教学内容的顺序，以实例为线索介绍各编辑器中编辑工具的使用与操作方法，语言简练、通俗易懂、实用性强、图文并茂，适合于边讲边练的教学过程，也便于读者自学。本书可作为高职院校相应课程的教材，也可供从事电路设计的工程人员参考。

未经许可，不得以任何方式复制或抄袭本书之部分或全部内容。
版权所有，侵权必究。

图书在版编目（CIP）数据

Protel DXP 2004 SP2 实用设计教程 / 及力主编. --2 版. -- 北京 : 电子工业出版社, 2013.1
高职高专计算机系列规划教材
ISBN 978-7-121-18960-9
Ⅰ. ①P… Ⅱ. ①及… Ⅲ. ①印刷电路－计算机辅助设计－应用软件－高等职业教育－教材 Ⅳ. ①TN410.2

中国版本图书馆 CIP 数据核字(2012)第 274725 号

策划编辑：吕　迈
责任编辑：吕　迈
印　　刷：三河市鑫金马印装有限公司
装　　订：三河市鑫金马印装有限公司
出版发行：电子工业出版社
　　　　　北京市海淀区万寿路 173 信箱　邮编 100036
开　　本：787×1 092　1/16　印张：18.5　字数：474 千字
版　　次：2011 年 9 月第 1 版
　　　　　2013 年 1 月第 2 版
印　　次：2015 年 8 月第 4 次印刷
定　　价：32.00 元

凡所购买电子工业出版社图书有缺损问题，请向购买书店调换。若书店售缺，请与本社发行部联系，联系及邮购电话：（010）88254888。

质量投诉请发邮件至 zlts@phei.com.cn，盗版侵权举报请发邮件至 dbqq@phei.com.cn。

服务热线：（010）88258888。

第2版前言

目前，工学结合、基于工作过程的项目化教学已逐渐在高职各专业课的改革中实施，正是基于这样的思想，作者对本书的第一版进行了修订。

修订后的第二版，继续保持了第一版的特点：

（1）可操作性。本书所选内容不仅涵盖了软件中的常用命令，并且着重介绍了在实际原理图和印制电路板图设计中应用较多的一些编辑方法。读者跟随本书实例，可方便地进行操作。

（2）通俗易懂，方便学习。本书在编排顺序上，根据从易到难、由浅入深、循序渐进的原则和学生的学习特点，做了精心安排，既介绍了印刷电路板图的设计方法又兼顾了学生的学习规律。

（3）实用性。Protel DXP 2004 SP2 属于计算机辅助设计软件，仅对软件操作熟练还不能设计出符合要求的印制电路板图，必须有相关的电路知识和工艺知识，因此，本书精心挑选的实例中既有操作步骤的介绍，又对工艺方面和电路方面的考虑做了简单说明，方便了没有这方面基础的读者。

（4）每章都配有针对性强的练习，便于读者复习所学知识。

修订后的第二版主要有以下新内容：

（1）在第 11 章中，重新选择了表贴式元器件封装的设计实例。近年来，表贴式元器件的应用越来越广泛，需要自行设计封装的元器件也越来越多。表贴式元器件的封装参数不同于插接式元器件，通过测量很难给出精确的尺寸，因此基本上是根据元器件手册上给出的尺寸进行绘制。修改后的第二版中删除了原先表贴式电解电容封装的设计实例，而以 do3316h 贴片系列电感的绘制代之。在这一实例中，不仅给出了表贴式元器件封装的绘制方法，还比较详细地介绍了识读元器件封装手册和从封装手册中筛选绘制元器件封装符号所需参数的方法。

（2）在第 12 章中增加了焊盘孔径与外径的确定原则。

（3）修改了第一版中的一些错误。

本书中有些元器件符号及电路图采用的是 Protel DXP 2004 SP2 软件的符号，与国家标准不一致，敬请读者注意，并为由此带来的不便深表歉意。

本书第 4 章、第 5 章由罗慧欣编写，第 6 章、第 8 章、第 10 章由刘江编写，第 2 章、第 7 章、第 9 章由张锡芳编写，第 1 章、第 11 章由周春明编写，其余章节由及力编写。其他执笔者还有曹金玲、王永成、李志菁、孙小红、钱国梁、李荣治、张志云、王述欣、路广健。及力统编全稿，刘松主审。

编　者

2012.8

前 言

Protel DXP 是 Altium 公司于 2002 年推出的可以在单个应用程序中完成整个板级设计处理的 EDA 设计工具，它将原理图设计、PCB 设计、电路仿真、VHDL 和 FPGA 等融为一体，为使用者提供了更加便捷的设计环境。随后，Altium 公司陆续发布了 Protel DXP 2004 SP1、SP2、SP3、SP4 等产品服务包，进一步完善了软件功能。

限于篇幅，本书只介绍原理图设计和印制电路板图设计两部分。

Protel DXP 2004 SP2 的功能强大、命令众多，本书没有面面俱到地介绍所有操作，而是从实际设计出发，根据教学规律和软件使用经验，突出了以项目为载体的特色，将命令的使用分解到各个项目中，因此本书具有如下特点。

（1）本书所选实例内容不仅涵盖了软件中的常用命令，并且着重介绍了在实际原理图和印制电路板图设计中应用较多的一些编辑方法。

（2）在编排顺序上，根据从易到难、由浅入深、循序渐进的要求和学生的学习特点做了精心安排，既反映了印制电路板图的设计过程，又兼顾了学生的学习规律。

（3）第 1～11 章都配有针对性很强的练习题，便于读者复习所学的内容。

（4）通俗易懂，操作性强，图文并茂，便于边练边学。

（5）Protel DXP 2004 SP2 属于计算机辅助设计软件。仅对软件操作熟练，还不能设计出符合要求的印制电路板图，必须具有相关的电路知识和工艺知识。因此，在本书精心挑选的实例中既有操作步骤的介绍，又对工艺方面和电路方面的考虑做了简单说明，方便了没有这方面基础的读者。

（6）为方便初学者，本书在附录 A 中列出了常用元器件符号名称与所在元器件库。

由于 Protel DXP 2004 SP2 的实用性和特殊性，初学者应该具备一定的电路知识，如低频电子线路、高频电子线路、数字电路等方面的知识，最好对实际印制电路板和电路元器件有大致的了解，以便能更好地理解软件中的操作规定和参数设置。如果能够通过完成一个实际的设计，即从设计电路到绘制出印制电路板图，最后实际制作并调试成功，将会对该软件的学习产生事半功倍的效果。

为了便于读者学习和使用实际的 Protel DXP 2004 SP2，本书对元器件符号及电路图中不符合国家标准的图形、单位、符号等未做改动。

本书第 4 章、第 5 章、第 11 章由罗慧欣编写，第 7 章、第 8 章、第 9 章由曹金玲编写，其余章节由及力编写，及力统编全稿。在本书编写过程中，得到了张锡芳老师、王述欣老师、王永成老师的大力支持与帮助，在此一并表示感谢。

由于时间仓促，作者水平有限，书中难免有不妥之处，恳请读者批评指正。

编　者

2009 年 7 月

导 读

第 1 章：重点介绍了 Protel DXP 2004 SP2 的窗口界面、文件结构以及文档管理，特别为熟悉 Protel 99 SE 的读者介绍了在 Protel DXP 2004 SP2 中打开 Protel 99 SE 文件以及在 Protel DXP 2004 SP2 中将文件保存为 Protel 99 SE 格式的方法。第 1 章是学习该软件的基础。

第 2 章：全方位介绍了绘制原理图的基本方法，既包括简单原理图的绘制又包括带有总线结构原理图的绘制，还有复合式元器件的放置。另外特别介绍了初学者在画图时经常遇到的怎样在众多元器件库文件中查找到自己所需元器件符号的方法。

第 3 章：原理图元器件符号的绘制、管理与使用是原理图部分的学习重点。本章通过 4 个不同的实例重点介绍了各种元器件符号的绘制方法，只有学会了这一章的内容才能独立完成任何原理图的绘制。

第 4 章：为了使电路图清晰、易读、图文并茂，在这一章中介绍了一些常用的辅助编辑方法。

第 5 章：这是专门为大型、具有多功能单元的电路设计而设置的内容。

第 6 章：重点介绍了 PCB 设计中关于印制电路板图的一些概念和专业术语，介绍了 PCB 编辑器的一些基本操作，内容虽然不多，却是以后各章学习的基础。特别是实际印制电路板图中各种对象在 Protel 软件中的表示这一内容看似简单，却概念性极强，稍不留意就会在设计中出现问题。

第 7 章：重点介绍自动布局与自动布线的基本规则与步骤，以后各章中的实例操作都是在这一章基础上进行的。

第 8 章：在进行 PCB 设计时，如果某些元器件必须要固定在指定位置；如果布线时不同网络对线宽的要求不同；如果某些重要网络的走线必须要先行绘制，本章就将介绍对这些问题的解决方法。

第 9 章：本章不仅介绍了任何印制电路板图都会涉及到的电源、接地、输入、输出等端引出的操作方法，更重要的是通过 9.2 节中的两个实例介绍了怎样在原理图与 PCB 图设计均已完成的情况下修改原理图，进而根据原理图更新 PCB 图的方法和修改了 PCB 图后对原理图的更新方法，这是 PCB 设计中最常见的编辑方法。

第 10 章：任何印制电路板图的设计都离不开手工编辑，本章介绍 PCB 设计中最常用的一些编辑方法。

第 11 章：再庞大的元器件库也不能囊括所有的元器件封装符号，本章重点介绍软件中的 PCB 元器件封装符号的编辑与使用方法。

第 12 章：在这一章中，作者精心挑选了两个实例作为对全书的总结和提高。其中既有操作步骤的介绍，又对工艺和电路方面的考虑做了简单说明，方便了没有这方面基础的读者。

在单管放大器电路实验板图设计中，重点介绍了怎样充分利用系统提供的功能在自动布局后进行手工布线，这样会比手工放置元器件封装符号再手工布线的方法简单得多且不容易出错。

在门禁系统控制部分电路板设计中则重点介绍了在 PCB 设计中会遇到的根据实际元器件绘制封装符号的原则与方法，并通过几个常见元器件封装的绘制，图文并茂地说明了具体操作过程。

目　录

CONTENTS

第 1 章

Protel DXP 2004 SP2 基础知识

背景

Protel DXP 2004 SP2 主界面与 Protel 99 SE 大不一样，不仅增加了功能，还特别增加了面板这种显示方式，使操作更加方便。在文件结构上，Protel DXP 2004 SP2 改变了 Protel 99 SE 的设计数据库存放形式，引入了工程项目的概念，使文件的保存和使用更加方便。本章主要介绍 Protel DXP 2004 SP2 主界面、菜单命令、工程项目和文件管理，是学习 Protel DXP 2004 SP2 的基础。

另外，在使用 Protel DXP 2004 SP2 时，用户很可能会遇到使用 Protel 99 SE 编辑的文件，或需要在 Protel 99 SE 中打开利用 Protel DXP 2004 SP2 编辑的文件，因此本章还介绍了与 Protel 99 SE 有关的文档管理。

要点

- Protel DXP 2004 SP2 的启动
- 主界面的菜单介绍
- 工作窗口介绍
- 面板及其显示方式介绍
- 工程项目文件结构
- 工程项目的建立以及各种文件的管理
- 与 Protel 99 SE 有关的文档管理

1.1 任务一：了解 Protel DXP 2004 SP2

1.1.1 Protel DXP 2004 SP2 简介

Protel DXP 2004 SP2 是 Altium 公司推出的可以在单个应用程序中完成整个板级设计处理的 EDA 设计工具，将原理图设计、PCB（Printed Circuit Board，印制电路板）设计、电路仿真、VHDL 和 FPGA 等融为一体，为使用者提供了更加便捷的设计环境。

1．Protel DXP 2004 SP2 的主要组成

Protel DXP 2004 SP2 主要由四大部分组成。

（1）原理图设计系统。主要用于电路原理图的设计，为印制电路板图的设计做准备工作。

（2）印制电路板图设计系统。主要用于印制电路板图的设计，由它生成的 PCB 文件可直接应用到印制电路板的生产中。

（3）FPGA 系统。主要用于可编程逻辑器件的设计。设计完成之后，可生成熔丝文件，对可编程逻辑器件进行烧录，制作具有特定功能的元器件。

（4）VHDL 系统。硬件描述语言编译系统。

在以上四大部分中，应用最广泛的就是原理图设计系统和印制电路板图设计系统，本书只介绍这两部分的操作和使用。

Protel DXP 2004 SP2 为原理图设计和印制电路板图的设计提供了更加强大、便捷的设计功能，这一点将通过本书中的各种实例操作为读者介绍。

2．原理图设计系统和印制电路板图设计系统的主要特点

1）原理图设计系统（Schematics）的主要特点

（1）方便灵活的编辑功能。Protel DXP 2004 SP2 原理图编辑器使用标准化的图形编辑方式，可以直接从元器件库中调出元器件符号，支持拖动、复制、剪切和粘贴等典型的 Windows 操作；同时，元器件可以方便地移动、旋转和镜像，其元器件的引脚和元器件之间的连接导线均具有电气特性，极大地方便了原理图的绘制。

（2）多通道设计。多通道设计可以简化多个完全相同的子模块的重复绘制。

（3）丰富的元器件库。Protel DXP 2004 SP2 提供了丰富的元器件库，在元器件库的组织管理方面，采用了 Protel 以前各版本软件未曾采用过的元器件集成库。将元器件的原理图符号和封装形式集成在同一个库文件中，设计者在原理图编辑器和 PCB 编辑器中可以同时查看到原理图符号和封装形式，极大地方便了设计者。

（4）分层次的设计环境。Protel DXP 2004 SP2 继承了 Protel 99 SE 的优点，支持分层次组织的设计环境。设计者可以把设计项目分为若干子项目，子项目可以再划分为若干功能模块，直至底层的基本模块，从而可以分层逐级设计。Protel DXP 2004 SP2 对同一设计项目中的层次深度和原理图张数没有限制。

（5）与 PCB 的同步设计功能。Protel DXP 2004 SP2 支持双向同步设计，既可以通过原理图编辑器的设计同步编辑器来实现与 PCB 的设计同步，也可以通过 PCB 编辑器中的设计同步编辑器更新原理图。

（6）输出简单、方便。Protel DXP 2004 SP2 支持打印机和绘图仪的输出方式。

2）印制电路板设计系统的特点

（1）方便的印制电路板图编辑功能。对于印制电路板图上的各种对象，PCB 设计系统提供了方便的编辑功能。

（2）灵活强大的设计法则。Protel DXP 2004 SP2 提供了 10 大类 49 种设计法则，极大地方便了设计者。

（3）手动、交互和自动布线功能通用的元器件布局。Protel DXP 2004 SP2 具有功能强大的拓扑自动布线器、实时布线规则，并且支持所有的元器件封装技术。

（4）元器件封装的编辑。Protel DXP 2004 SP2 提供了丰富的 PCB 元器件封装库，并且通过简单的转换即可将以前版本的库文件转换成 Protel DXP 2004 SP2 库文件。

同时 Protel DXP 2004 SP2 为设计者提供了功能齐全的编辑元器件封装工具，设计者可以方便地创建、修改元器件封装库。

1.1.2　启动 Protel DXP 2004 SP2

双击桌面上的“Protel DXP 2004 SP2”快捷图标，或用鼠标左键单击“开始”图标→单击“所有程序”上面的“DXP 2004 SP2”图标，或单击“开始”图标→选择“所有程序”→选择“Altium SP2”→选择“DXP 2004 SP2”，如图 1-1-1 所示，即可进入程序环境。

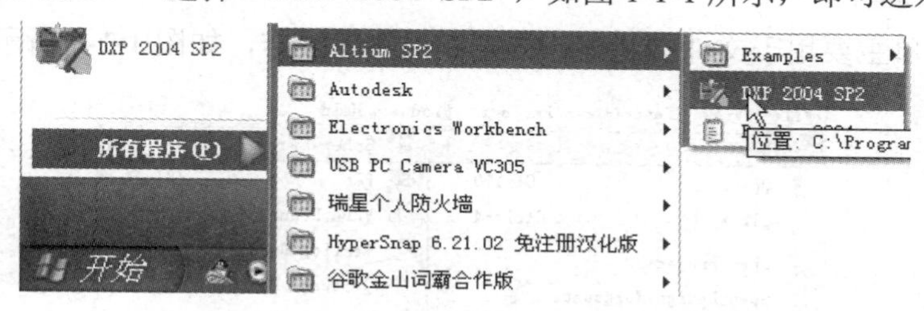

图 1-1-1　启动 Protel DXP 2004 SP2

启动 Protel DXP 2004 SP2 后的主界面如图 1-1-2 所示。

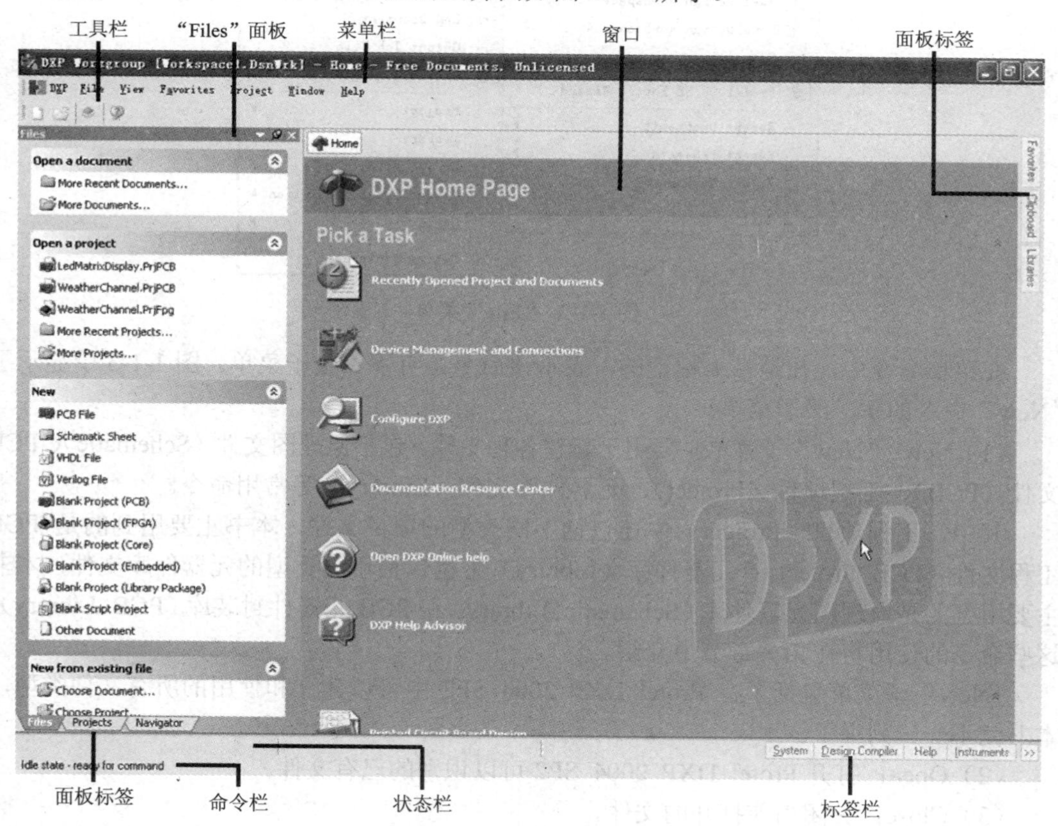

图 1-1-2　Protel DXP 2004 SP2 主界面

1.1.3 认识 Protel DXP 2004 SP2 主界面

Protel DXP 2004 SP2 主界面与 Protel 99 SE 大不相同，增加了很多内容，下面将做简单介绍。

1．菜单栏

菜单栏位于主界面上方。菜单是随着工作窗口的改变而改变的。刚启动 Protel DXP 2004 SP2 后，菜单只有如图 1-1-2 所示的 6 个主菜单命令。

1）“File” 菜单

“File” 菜单主要用于文件的新建、打开和保存等操作，如图 1-1-3 所示。

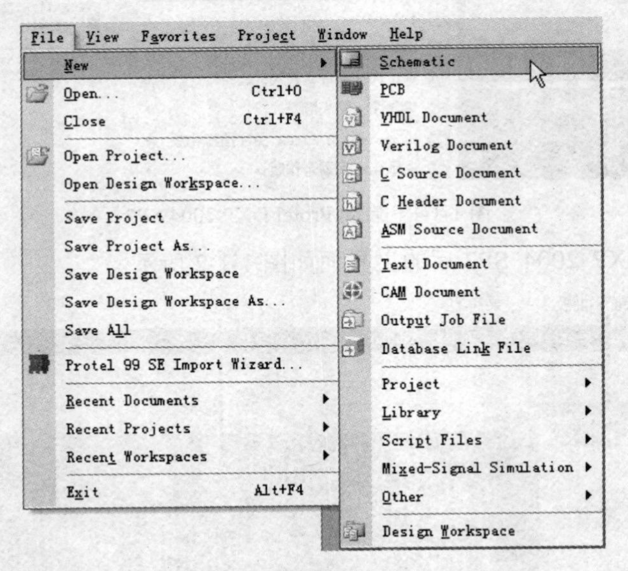

图 1-1-3 “File” 菜单

在菜单命令中，凡是带 ▸ 标记的，表示该命令还有下一级子菜单。图 1-1-3 中显示了 “New” 命令的下一级子菜单。

（1）New：“New” 子菜单主要用于新建各种文件，包括原理图文件（Schematic）、PCB 文件（PCB）、工程项目（Project）、元器件库文件（Library）等常用命令。

其中，工程项目（Project）中还包括不同类型的项目文件，本书主要用到的是 PCB 工程文件（PCB Project）；元器件库（Library）中也包括不同类型的元器件库文件，本书主要用到的是原理图元器件库（Schematic Library）和 PCB 元器件封装库（PCB Library）。这些命令的使用将在相关章节中介绍。

“New” 子菜单包括了在 Protel DXP 2004 SP2 中可以建立和使用的所有文件类型，本书就不一一列举了。

（2）Open：打开 Protel DXP 2004 SP2 可以识别的已有文件。

（3）Close：关闭当前打开的文件。

（4）Open Project：打开已有的工程项目。

（5）Open Design Workspace：打开已有的工作空间。

（6）Save Project：保存当前打开的工程项目。

（7）Save Project As：工程项目文件另存为。

（8）Save Design Workspace：保存当前打开的工作空间。

（9）Save Design Workspace As：工作空间另存为。

（10）Save All：保存当前所有打开的文件。

（11）Protel 99 SE Import Wizard：Protel 99 SE 设计数据库文件（*.ddb 文件）导入向导。

（12）Recent Documents：最近打开的文档列表。用鼠标左键单击该命令后，出现最近打开的文档列表，从中选择文件名，可直接打开该文件，如图 1-1-4 所示。

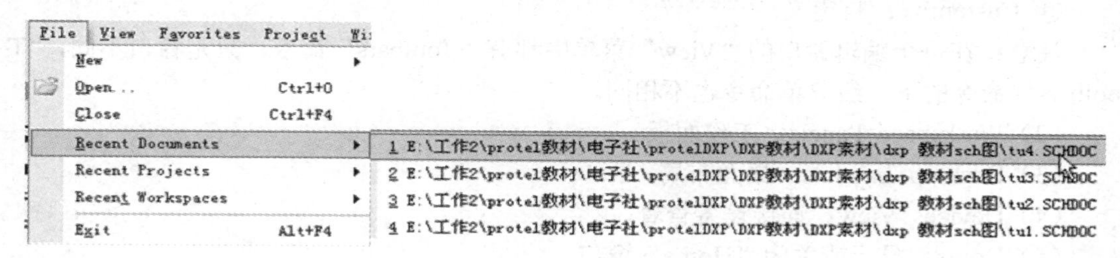

图 1-1-4 “Recent Documents”命令

（13）Recent Projects：最近打开的工程项目列表。操作方法同“（12）”。

（14）Recent Workspaces：最近打开的工作空间列表。操作方法同“（12）”。

2）“View”菜单

“View”菜单主要用于 Protel DXP 2004 SP2 主界面中各对象的显示。

（1）Toolbars：用于设置主窗口中活动工具栏的显示或隐藏。“Toolbars”命令的下一级菜单中有以下三个命令，如图 1-1-5 所示。

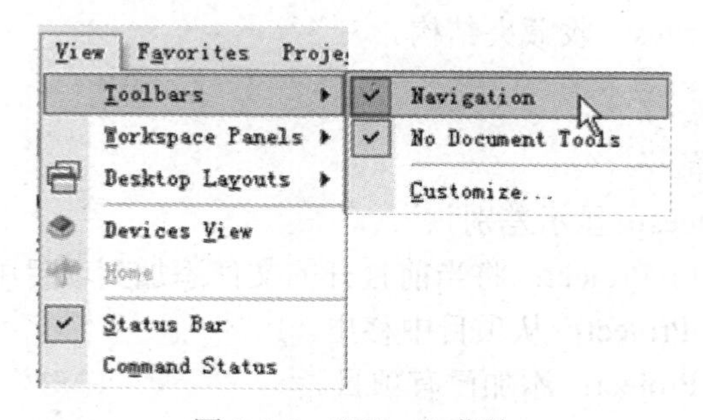

图 1-1-5 “View”菜单

① Navigation：单击“Navigation”命令，弹出的“Navigation（导航）”工具栏，如图 1-1-6 所示。

图 1-1-6 “Navigation（导航）”工具栏

“Navigation”工具栏中显示的是当前打开的窗口名称，单击图 1-1-6 中的 、 图标，可以在打开的窗口之间转换。

图 1-1-6 中图标的作用是直接回到“Home”窗口，如图 1-1-7 所示。

图 1-1-6 中图标的作用是显示“Favorites”菜单。

② No Document Tools：单击“No Document Tools”命令，弹出“No Document Tools（无文档工具）”工具栏，如图 1-1-8 所示。

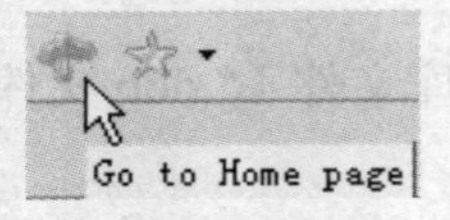

图 1-1-7 直接回到“Home”窗口

图 1-1-8 “No Document Tools（无文档工具）”工具栏

③ Customize：自定义。

注意：在每个编辑窗口的“View”菜单中都有“Toolbars”命令，只是窗口不同，“Toolbars”命令的下一级菜单命令也不相同。

（2）Workspace Panels：工作面板。

（3）Desktop Layouts：桌面布局。

（4）Devices View：连接设备查看。

（5）Home：显示或关闭“Home”窗口。

（6）Status Bar：显示或关闭状态栏。

（7）Command Status：显示或关闭命令栏。

第（6）和（7）这两个命令是一个开关，当命令前有“√”时表示显示状态/命令栏，没有“√”时则不显示状态/命令栏。

3）“Favorites”菜单

“Favorites”菜单（如图 1-1-9 所示）的功能类似于 IE 浏览器中的收藏夹。

（1）Add to Favorites：增加新的页面到收藏夹。

（2）Organize Favorites：收藏夹结构。

4）“Project”菜单

（1）Compile：编译。

（2）Show Differences：显示差别。

（3）Add Existing to Project：将当前打开的文件添加到项目中。

（4）Remove from Project：从项目中移出。

（5）Add Existing Project：添加已有项目。

（6）Add New Project：添加新项目。

（7）Open Project Document：打开项目中的文档。

（8）Version Control：版本控制。

（9）Project Options：项目选项。

如果没有项目文件打开，则“Project”菜单如图 1-1-10 所示，部分命令为灰色，即不可用。

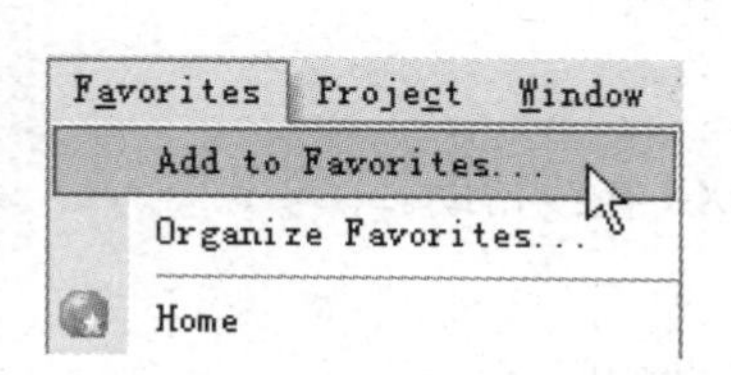

图 1-1-9 “Favorites”菜单

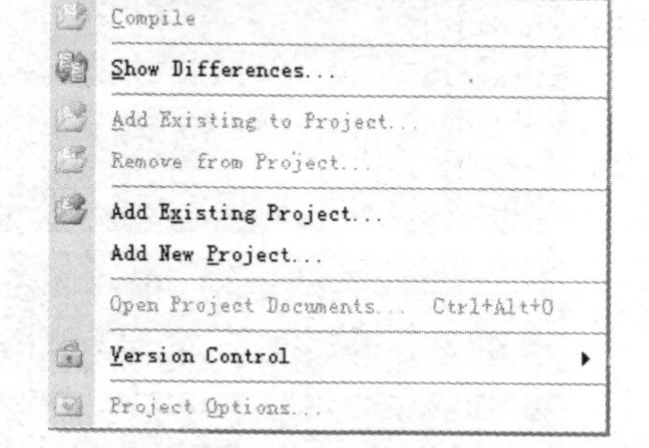

图 1-1-10 “Project”菜单

5）“Window” 菜单

“Window”菜单如图 1-1-11 所示。

（1）Arrange All Windows Horizontally：窗口水平平铺。

（2）Arrange All Windows Vertically：窗口垂直平铺。

（3）Close All：关闭所有窗口。

6）“Help” 菜单

“Help”菜单如图 1-1-12 所示。

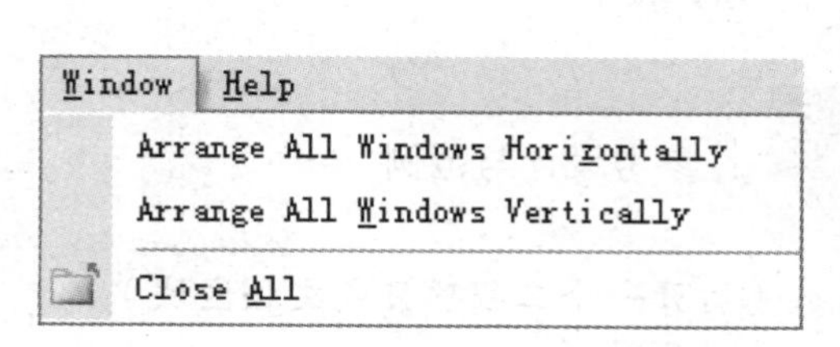

图 1-1-11 “Window”菜单

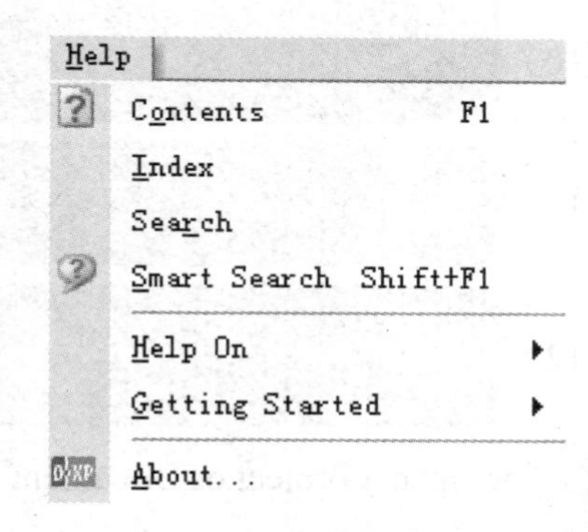

图 1-1-12 “Help”菜单

2．工作窗口

刚进入 Protel DXP 2004 SP2 主界面时，一般显示的是工作窗口，即如图 1-1-2 所示的主界面中的“Home”窗口。Protel DXP 2004 SP2 具有自动回到上一次退出时状态的功能，如果进入软件后没有显示“Home”窗口，可以执行菜单命令“View” →“Home”，以打开“Home”窗口。

在刚打开的“Home”窗口中显示的是常用命令。

1）“ Pick a Task”区域（选择一项工作区域）

（1）Recently Opened Project and Documents：最近打开的项目或文档列表。

（2）Device Management and Connections：设备管理与连接。

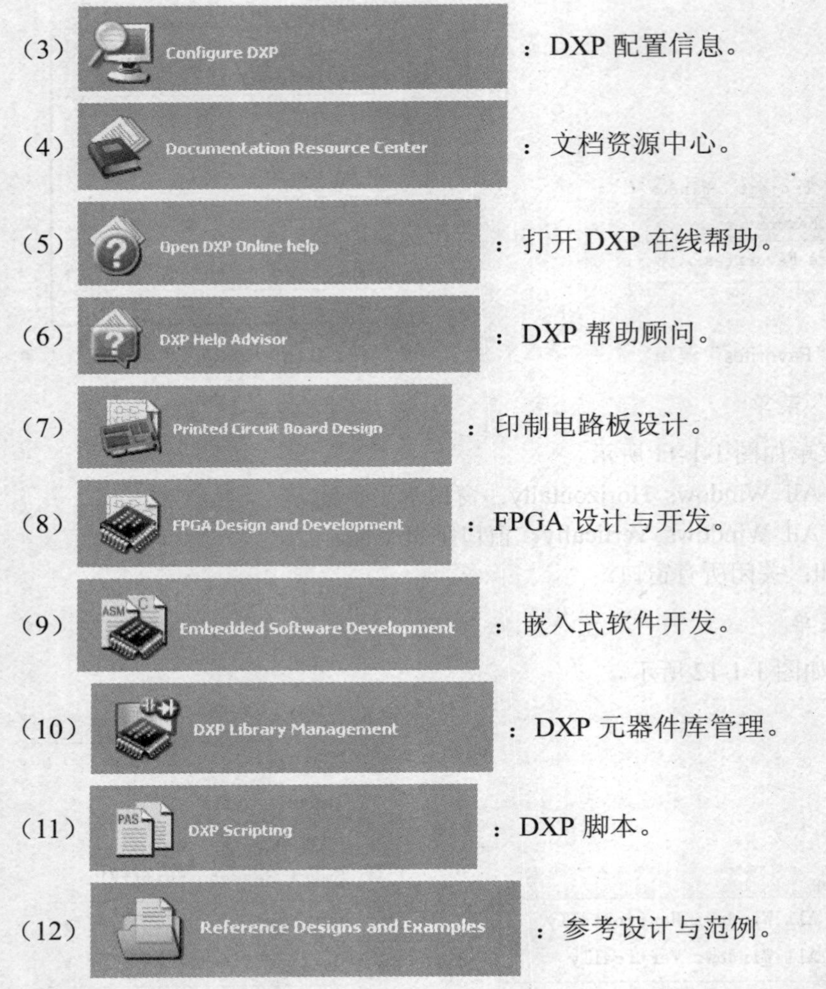

（3）Configure DXP：DXP配置信息。

（4）Documentation Resource Center：文档资源中心。

（5）Open DXP Online help：打开DXP在线帮助。

（6）DXP Help Advisor：DXP帮助顾问。

（7）Printed Circuit Board Design：印制电路板设计。

（8）FPGA Design and Development：FPGA设计与开发。

（9）Embedded Software Development：嵌入式软件开发。

（10）DXP Library Management：DXP元器件库管理。

（11）DXP Scripting：DXP脚本。

（12）Reference Designs and Examples：参考设计与范例。

2）“or Open a Project or Document”区域（打开一个工程项目或文档区域）

图1-1-13所示为“or Open a Project or Document”区域中显示的内容。

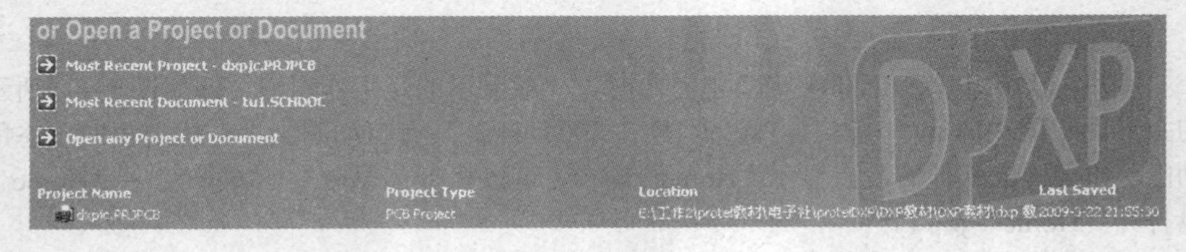

图1-1-13 “or Open a Project or Document”区域

（1）Most Resent Project-dxpjc.PRJPCB：显示最近打开的工程项目，“-”后面显示的是项目名称。用鼠标左键单击该项可直接打开“-”后面显示的项目文件。该项目的信息在图1-1-13中最下面两行中显示。

（2）Most Resent Document - tu1.SCHDOC：显示最近打开的文档，“-”后面显示的是文档名称。用鼠标左键单击该项可直接打开“-”后面显示的文档。

（3）Open any Project or Document：打开一个工程项目或文档，用鼠标左键单击该项可通过选择路径打开指定的项目文件或文档。

（4）Project name：显示打开的项目名称。

（5）Project Type：显示该项目的类型。

（6）Location：显示该项目的存放路径。

（7）Last Saved：显示该项目最后保存的时间。

1.1.4 认识 Protel DXP 2004 SP2 中的面板

在 Protel DXP 2004 SP2 主界面中使用了大量的面板，正确使用这些面板，可以极大地方便使用者的操作。

1．面板的显示方式

在 Protel DXP 2004 SP2 中，面板有三种显示方式，即锁定显示方式、自动隐藏方式、浮动显示方式。

1）面板的锁定显示方式

图 1-1-14 中的“Files”面板即处于锁定显示状态。

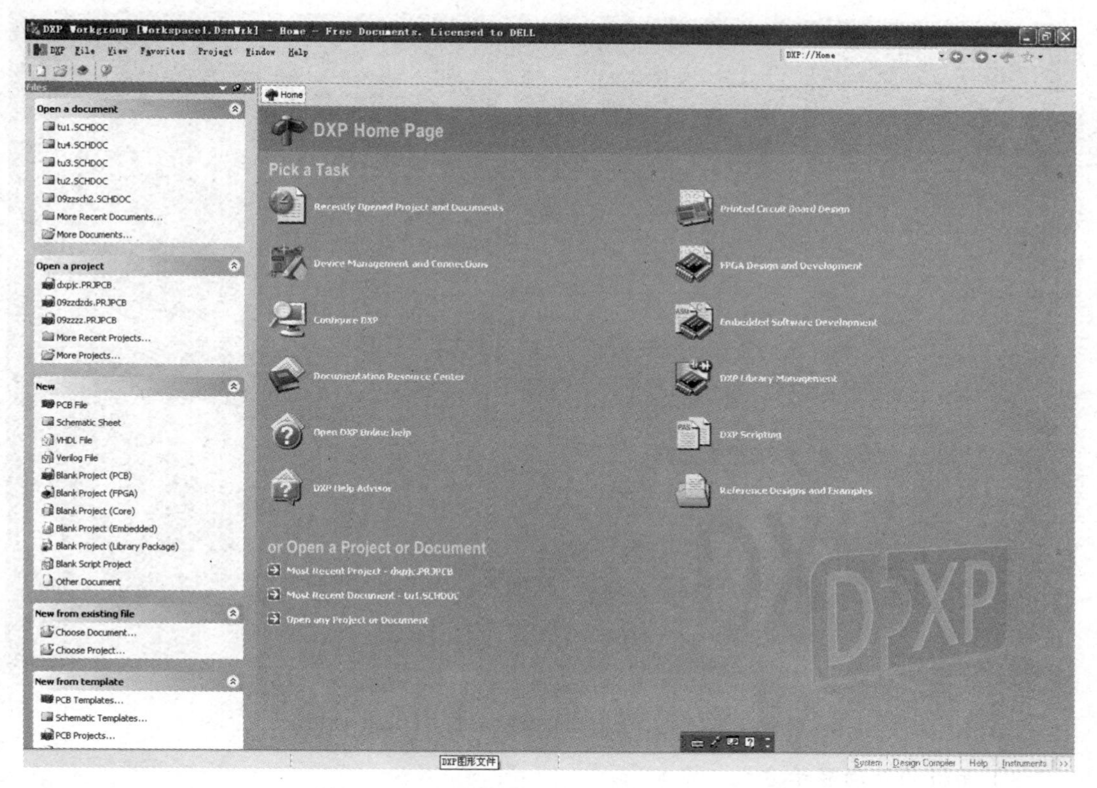

图 1-1-14 处于锁定显示状态的“Files”面板

处于锁定显示状态的面板将整个窗口分为两部分，如图 1-1-14 所示，左侧是面板，右侧是工作窗口。

处于锁定显示状态的面板标题栏右上角有下列三个图标。

：表明该面板正处于锁定显示状态。用鼠标左键单击该图标，面板从锁定状态变为自动隐藏状态，该图标也变为。

：表明该面板正处于自动隐藏显示状态。用鼠标左键单击该图标，面板从自动隐藏状态变为锁定状态，该图标也变为。

：显示其他面板。用鼠标左键单击该图标后，会出现一个下拉菜单，从菜单中可以选择需要显示的面板。

：关闭该面板。

2）面板的自动隐藏方式

当锁定显示状态的面板右上角的图标变成时，面板处于自动隐藏状态，在工作区中单击鼠标左键，该面板就会自动隐藏，如图 1-1-15 所示。

单击图 1-1-15 中“Home”标签左边的“Files”面板标签或将鼠标左键放在“Files”面板标签上，则会弹出“Files”面板。

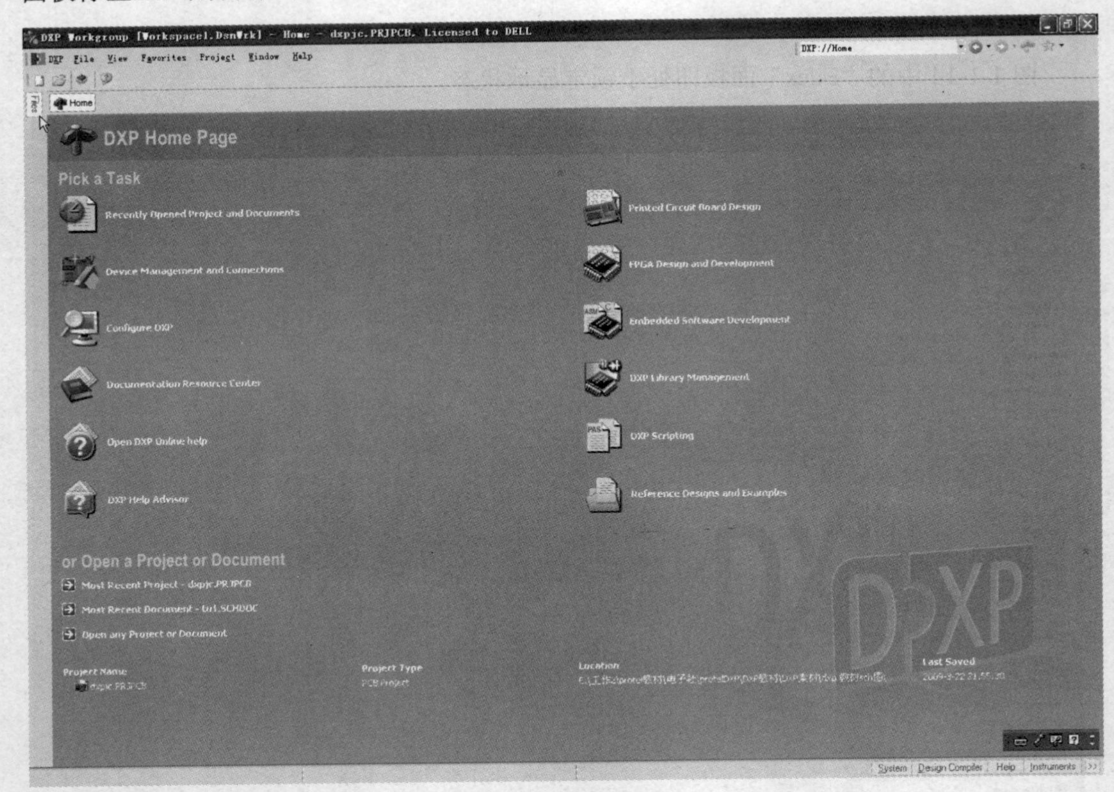

图 1-1-15　处于自动隐藏状态的“Files”面板

3）面板的浮动显示方式

图 1-1-16 中的“Libraries”面板即处于浮动显示状态。

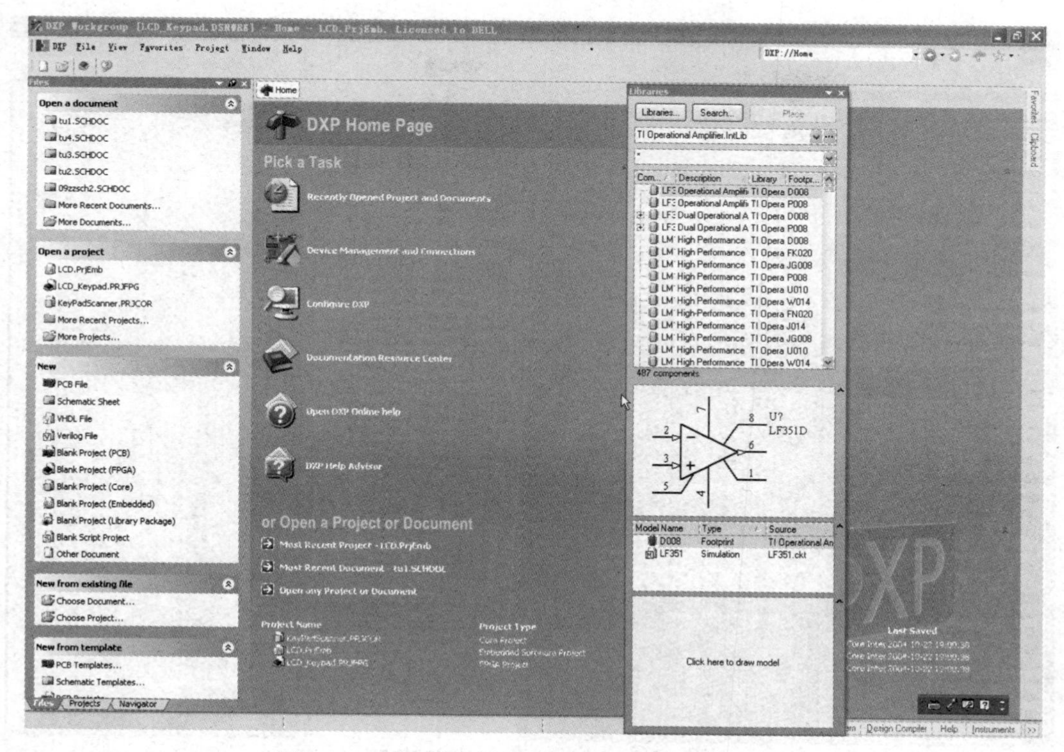

图 1-1-16 处于浮动显示状态的“Libraries”面板

处于浮动显示状态的面板右上角只有▼ ✕这两个图标。

在面板最上边的标题栏上按住鼠标左键可拖动面板到任意位置。

2. 面板显示方式变换

1）将面板由浮动方式变为自动隐藏或锁定显示方式

（1）在处于浮动显示状态的面板标题栏上单击鼠标右键，系统弹出如图 1-1-17 所示的快捷菜单，从中选择“Allow Dock”→在下一级菜单中选择“Vertically”命令。

图 1-1-17 选择改变面板显示方式的菜单命令

（2）将光标放到处于浮动显示状态的面板标题栏上，按住鼠标左键拖动，此时光标上粘着一个面板标签，当该标签移到窗口左边或右边框线时，该面板的虚线边框出现在边框线上，同时一个橘黄色的箭头出现在光标所指面板标签的上方，如图 1-1-18 中的“Libraries”所示。

（3）松开鼠标左键，即可使浮动显示状态的面板变为自动隐藏方式。将光标放到“Libraries”面板标签上，或在“Libraries”面板标签上单击鼠标左键，可调出“Libraries”面板，如图 1-1-19 所示。

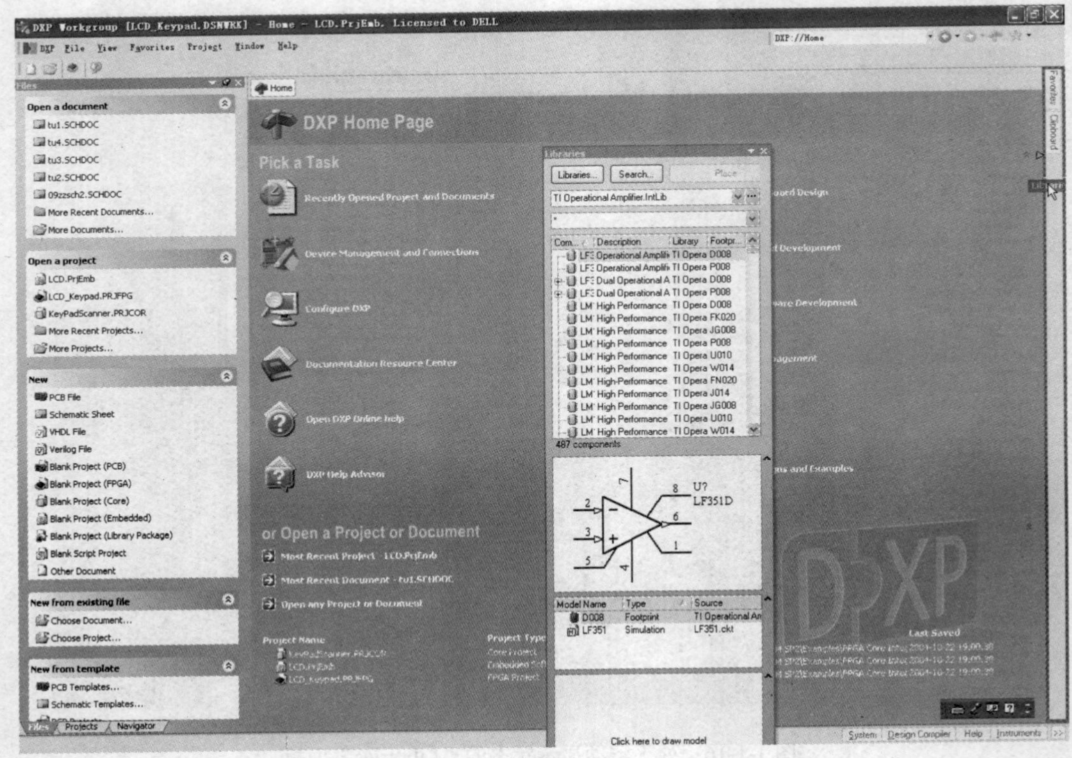

图 1-1-18　拖动浮动面板到自动隐藏方式

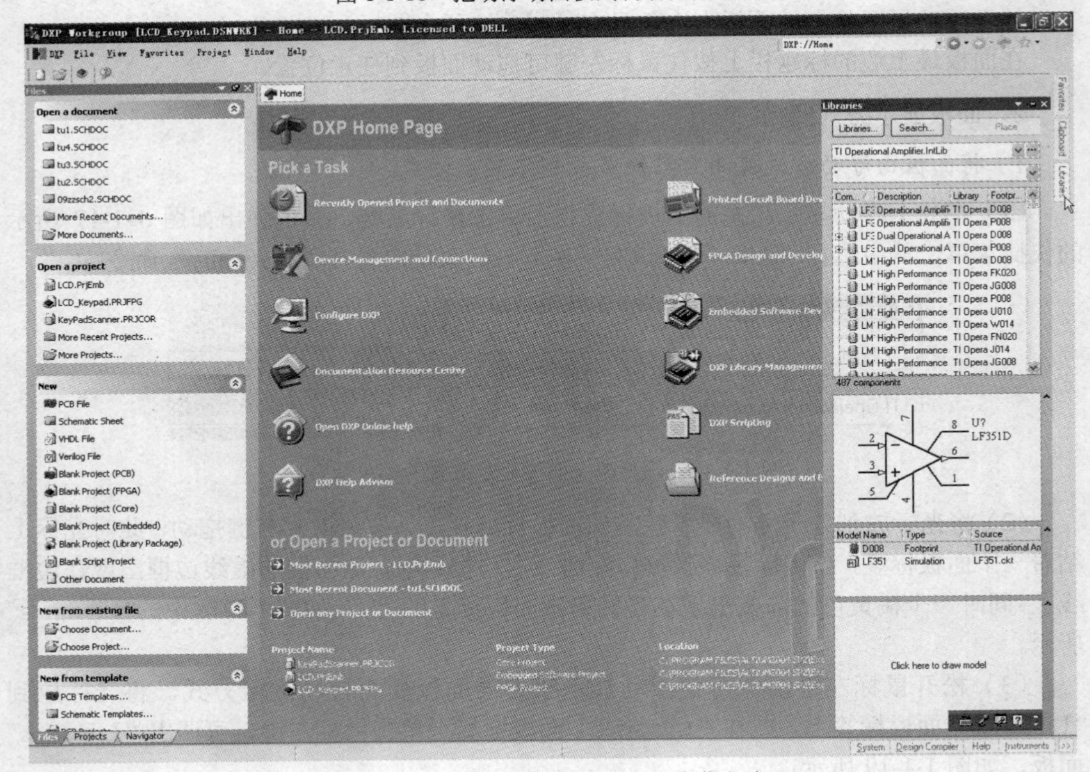

图 1-1-19　面板变为锁定或自动隐藏方式

2）将面板由锁定显示方式变为浮动显示方式

将光标放在锁定显示状态的面板标题栏上，按住鼠标左键并拖动，即可将面板放到窗口中的其他位置，使面板处于浮动显示状态。

3. 面板的打开与关闭

1）面板的打开

第一种方法：进入 Protel DXP 2004 SP2 主界面后，用鼠标左键单击屏幕右下角标签栏中的“System”标签（或其他标签），系统弹出快捷菜单，如图 1-1-20 所示。从中选择相应的面板名称，如 Files 等。

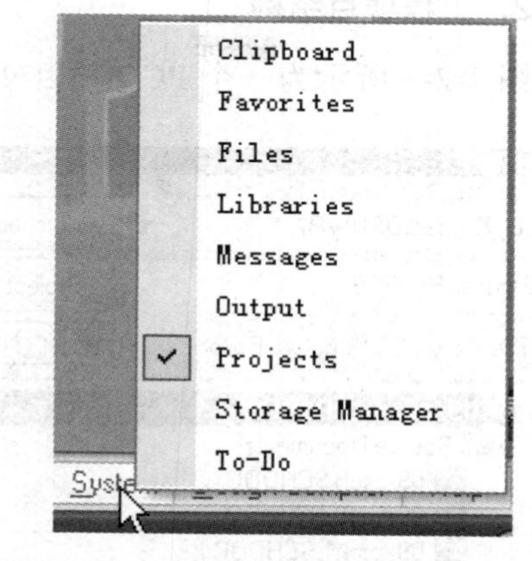

图 1-1-20 用鼠标左键单击“System”标签

第二种方法：执行菜单命令“View”→“Workspace Panels”。

2）面板的关闭

单击面板右上角的“关闭”图标☒。

1.2 任务二：Protel DXP 2004 SP2 工程项目与文档管理

在学习 Protel DXP 2004 SP2 软件之前，应该先了解 Protel DXP 2004 SP2 的文档管理。

Protel DXP 2004 SP2 改变了 Protel 99 SE 的以设计数据库形式保存各种设计文件的方式，引入了工程项目的概念，因此首先要了解工程项目结构以及工程项目中各种文件的管理。

1.2.1 工程项目结构

在 Protel DXP 2004 SP2 中，工程项目主要是记录该工程项目中各种具体文件（如原理图文件、PCB 文件等）的相关链接信息，以及各个文件之间的关系，并不真正将这些文件包含在工程项目内。这些设计文件可以根据需要存放在任意位置，因此可以说工程项目是在逻辑上将这些文件集合在一起，以便于管理。

1. 工程项目分类

在 Protel DXP 2004 SP2 中，工程项目有多种不同的类型，可以分为 PCB 项目（PCB Project）、FPGA 项目（FPGA Project）、核心项目（Core Project）、集成库项目（Integrated Project）、嵌入式项目（Embedded Project）、脚本项目（Script Project）等。

本书只介绍 PCB 项目。

2. 工程项目结构

图 1-2-1 所示为一个 PCB 项目文件的结构。

图 1-2-1 一个 PCB 工程项目文件的结构

09zzdzds.PRJPCB：工程项目名称，.PRJPCB 是 PCB 工程项目扩展名。

在这个工程项目中包含两个文件夹：Source Documents（源文件）文件夹和 Libraries（元器件库）文件夹。这两个文件夹不是使用者建立的具有物理意义的文件夹，是在建立设计文件时系统自动建立的逻辑文件夹，以便于分类。

在 Source Documents（源文件）文件夹中存放的是各种绘图文件，如原理图文件和 PCB 文件，09zzsch.SCHDOC 是原理图文件，09zzpcb.PCBDOC 是印制电路板图即 PCB 文件。

在 Libraries（元器件库）文件夹中又包含两个文件夹：PCB Library Documents（元器件封装库）文件夹和 Schematic Library Documents（原理图元器件库）文件夹。PcbLib1.PcbLib 是元器件封装库文件，Schlib1.SchLib 是原理图元器件库文件。

特别需要注意的是，在工程项目中的各个文件，在物理上可以存放在磁盘的任意位置，不一定非要存放在一起，但是为了编辑方便，还是将文件存放在一个文件夹内比较好。这一点将在新建项目和新建文件中介绍。

1.2.2 工程项目的新建、打开与关闭

要求：在指定路径下建立一个名为 Lx1. PRJPCB 的 PCB 工程项目。

为便于管理、编辑和查找，首先为该项目建立一个专用文件夹，将与该项目有关的一切文件都存在该文件夹下。

1. 新建工程项目

（1）在 Windows 环境下，建立一个名为 Lx1 的文件夹。

（2）建立一个 PCB 工程项目。

1）第一种方法

（1）进入 Protel DXP 2004 SP2 环境后，执行菜单命令“File”→“New”→“Project”→“PCB Project”，在“Projects”面板中会出现一个新建的 PCB 项目文件，如图 1-2-2 所示。

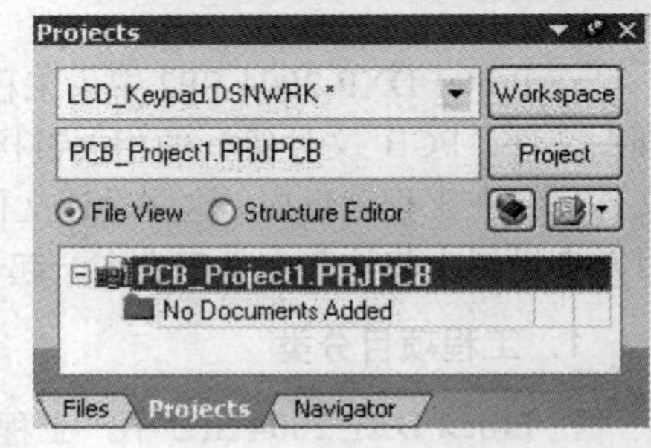

图 1-2-2 新建的 PCB 项目文件

在图 1-2-2 中，PCB_Project1.PRJPCB 是新建项目的默认文件名，但要注意，此时这

个项目还没有保存在任何位置。

（2）执行菜单命令“File”→“Save Project”，系统弹出“Save（保存）”对话框，从中选择 Lx1 文件夹，如图 1-2-3 所示。

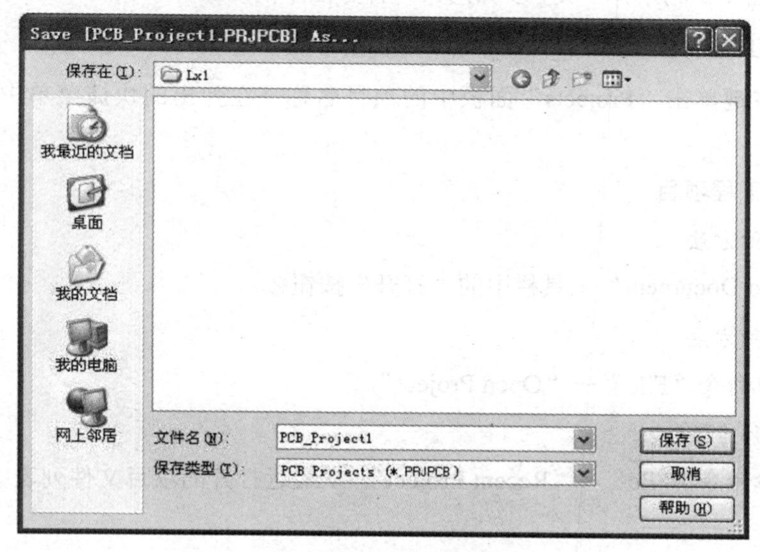

图 1-2-3 “Save（保存）”对话框

（3）在“文件名”框中输入 Lx1，单击“保存”按钮，即建立了 Lx1.PRJPCB 工程项目文件。此时，如图 1-2-2 所示的“Projects”面板变为如图 1-2-4 所示。

图 1-2-4 中的 No Documents Added 的含义是当前项目中没有任何文件。

图 1-2-4 新建的 Lx1.PRJPCB 项目文件

2）*第二种方法*

在“Projects”面板的“Project”按钮上单击鼠标右键→在弹出的快捷菜单中选择“Add New Project”→选择“PCB Project”，如图 1-2-5 所示，以下步骤同第一种方法中的（2）、（3）。

图 1-2-5 通过“Projects”面板新建项目

3）第三种方法

调出“Files”面板，用鼠标左键单击“Files”面板的“New”区域中的“Blank Project（PCB）”，如图1-2-6所示，以下步骤同第一种方法中的（2）、（3）。

2．关闭工程项目

用鼠标右键单击“Projects”面板中的项目名称→在弹出的快捷菜单中选择“Close Project”。

3．打开工程项目

1）第一种方法

单击“No Document”工具栏中的“打开”按钮。

2）第二种方法

执行菜单命令“File”→“Open Project”。

3）第三种方法

执行菜单命令“File”→“Recent Project”，从最近打开的项目文件列表中选择要打开的项目。

4）第四种方法

调出“Files”面板，用鼠标左键单击“Files”面板的“Open a project”区域中的项目名称，如图1-2-7所示。

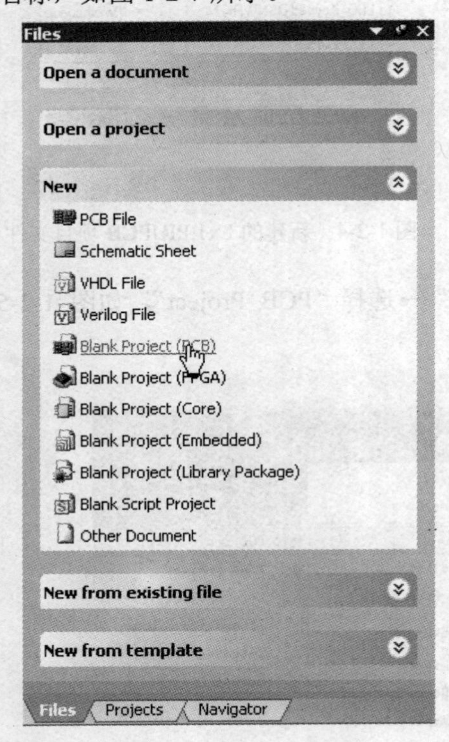

图1-2-6　通过“Files”面板新建工程项目

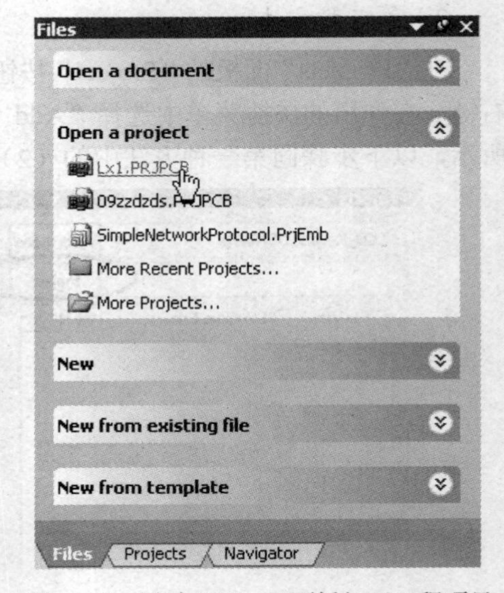

图1-2-7　通过“Files”面板打开工程项目

5）第五种方法

在“Home”窗口中，单击“or Open a Project or Document”打开一个工程项目或文档区域中的“Open any Project or Document”选项。

1.2.3 在工程项目中新建、打开、关闭、保存文件

要求：在 1.2.2 新建的 Lx1.PRJPCB 工程项目中，建立一个原理图文件，文件名自定。

1. 常用文件类型

Protel DXP 2004 SP2 的常用文件类型如表 1-2-1 所示。

表 1-2-1 Protel DXP 2004 SP2 的常用文件类型

文件名后缀	文 件 类 型
.SchDoc	原理图文件
.SchLib	原理图元器件库文件
.PcbDoc	印制电路板图文件
.PcbLib	元器件封装库文件
.IntLib	集成库文件

2. 在工程项目中新建文件

1）第一种方法

（1）打开 Lx1.PRJPCB 项目文件。

（2）执行菜单命令“File”→“New”→“Schematic”，则在该项目中自动建立了一个名为 Source Documents 的文件夹，并在该文件夹下面建立了一个名为 Sheet1.SchDoc 的原理图文件，如图 1-2-8 所示。其中，Sheet1 是原理图文件的默认文件名。

注意，此时该原理图文件并未保存到磁盘的任何位置。

（3）执行菜单命令“File”→“Save”，系统弹出保存文件的对话框，如图 1-2-9 所示。为了便于管理，将原理图文件与 Lx1.PRJPCB 工程项目文件都存放在文件夹 Lx1 下。将“文件名”框中的默认原理图文件名 Sheet1 改为自己需要的名字，单击“保存”按钮即可。

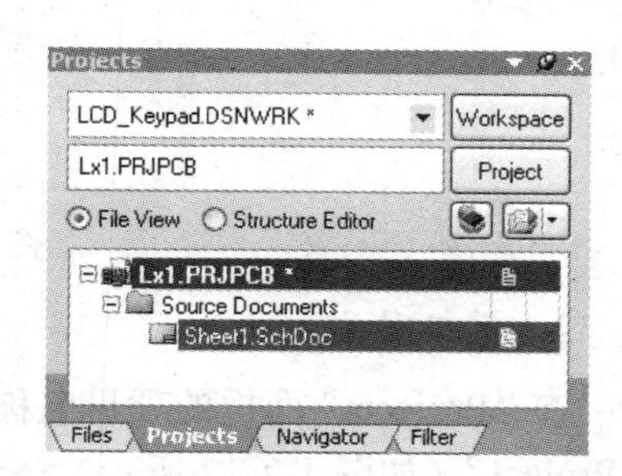

图 1-2-8 在工程项目中建立原理图文件

此时，图 1-2-8 中的 Sheet1 变为在（3）中输入的文件名，同时在右边的工作窗口打开了该原理图文件，进入到原理图编辑器环境，如图 1-2-10 所示。

在 Windows 环境下打开 Lx1 文件夹，可以看到如图 1-2-11 所示的文件图标。

Lx1 文件夹下的 History 文件夹是系统自动建立的，该文件夹下存放的是项目或文件的自动备份文件，每打开一次，系统自动创建一个备份文件。

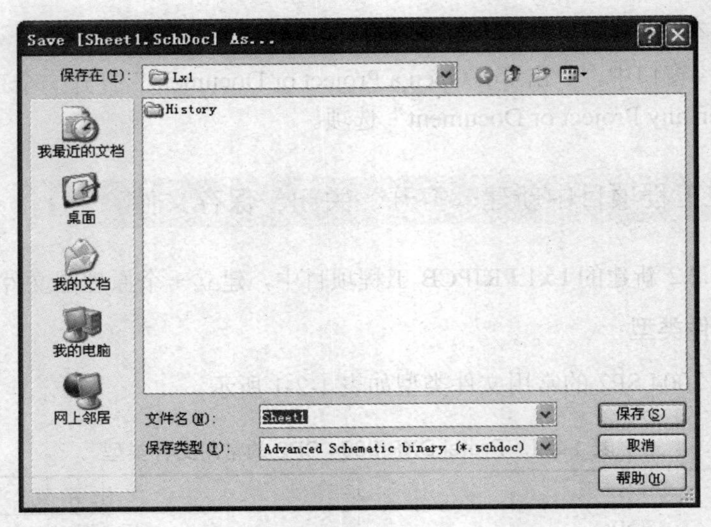

图 1-2-9　保存文件

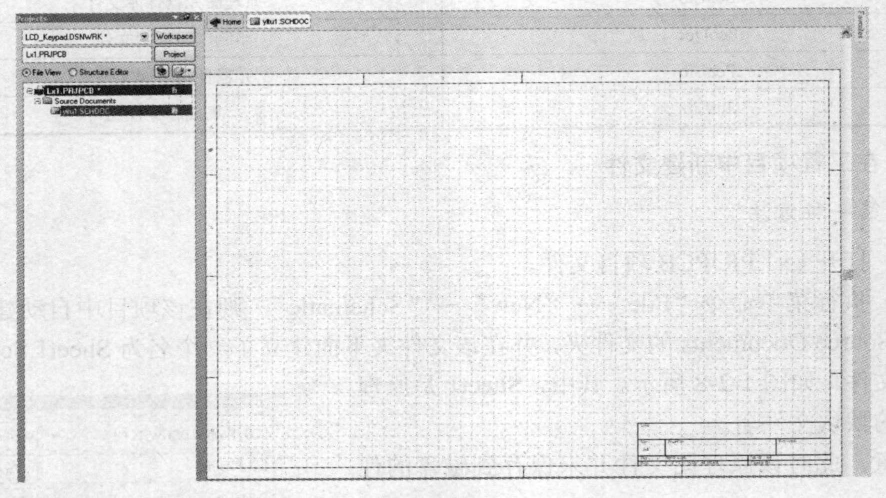

图 1-2-10　新建的原理图文件

2）第二种方法

在“Projects”面板的项目名称上单击鼠标右键→在弹出的快捷菜单中选择“Add New to Project”（如图 1-2-12 所示）→选择“Schematic”，以下步骤同第一种方法中的（3）。

3）第三种方法

调出“Files”面板，用鼠标左键单击“Files”面板的“New”区域中的“Schematic Sheet”，如图 1-2-13 所示，以下步骤同第一种方法中的（3）。

3. 关闭文件

1）第一种方法

在打开的原理图文件标签上单击鼠标右键→选择“Close yltu1.SCHDOC”，如图 1-2-14 所示。

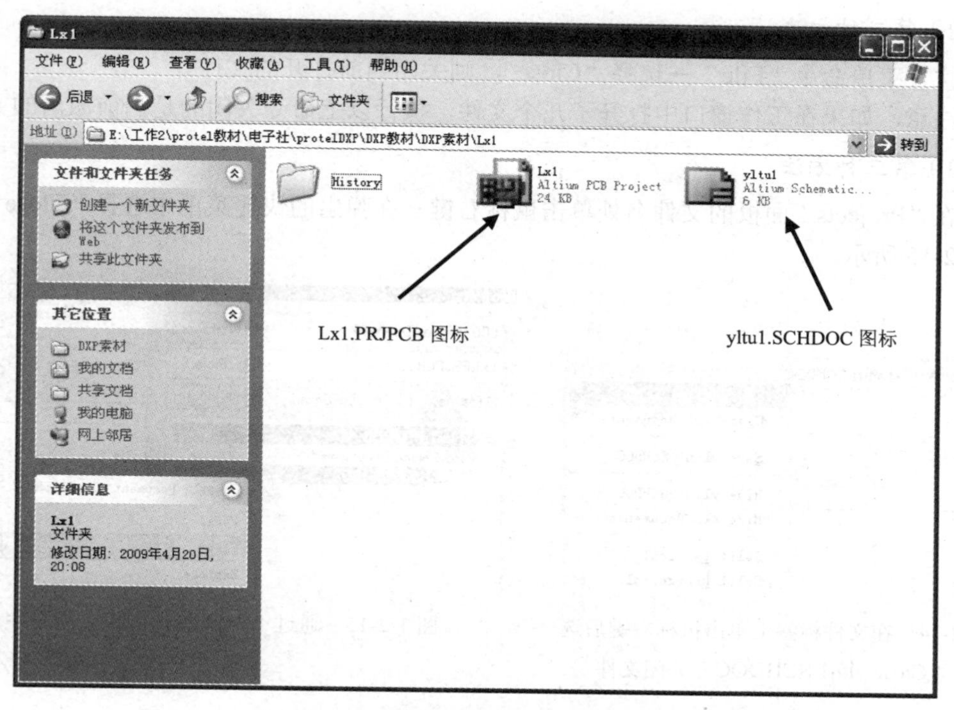

图 1-2-11　在 Windows 环境下看到的工程项目和原理图文件图标

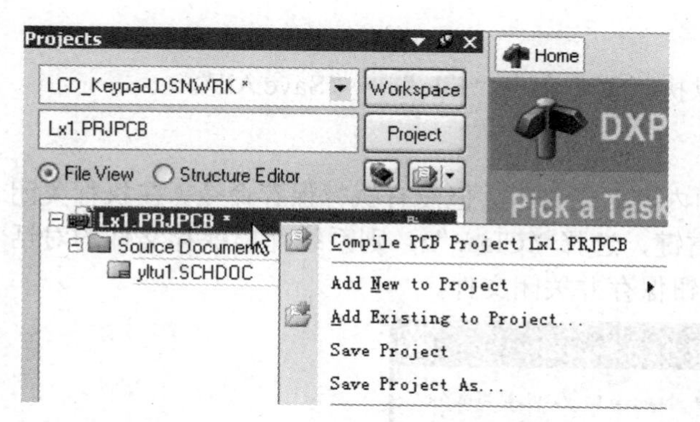

图 1-2-12　通过在项目名称上单击鼠标右键调出快捷菜单的方法新建文件

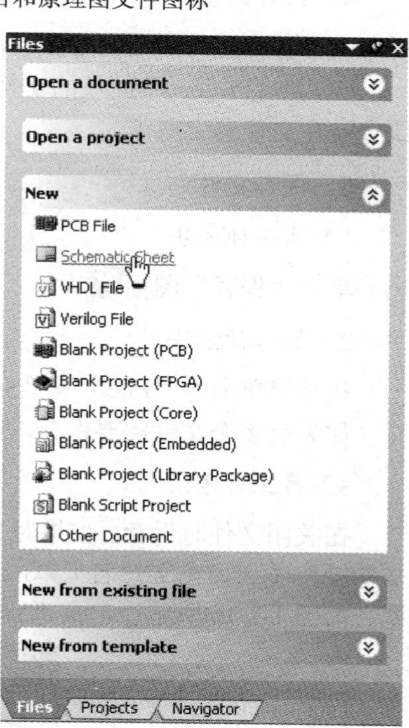

图 1-2-13　通过“Files”面板新建文件

2）*第二种方法*

执行菜单命令“File”→选择“Close”，则关闭当前打开的文件。

注意，如果在工作窗口中打开了几个文件，执行以上命令关闭的是当前激活的文件。

3）*第三种方法*

在“Projects”面板的文件名处单击鼠标右键→在弹出的快捷菜单中选择“Close”，如图 1-2-15 所示。

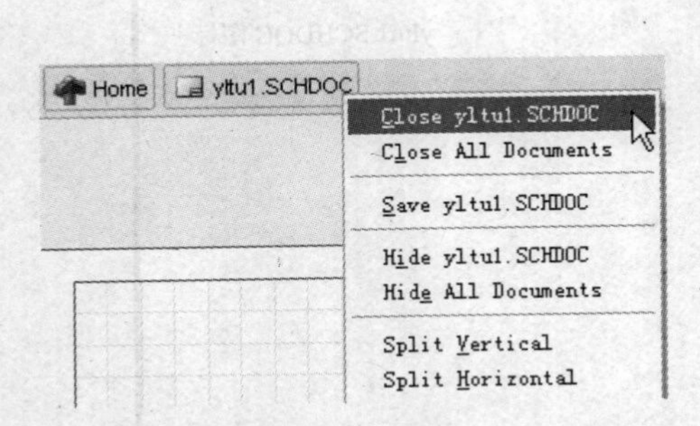

图 1-2-14　在文件标签上单击鼠标右键后选择“Close yltu1.SCHDOC”关闭文件

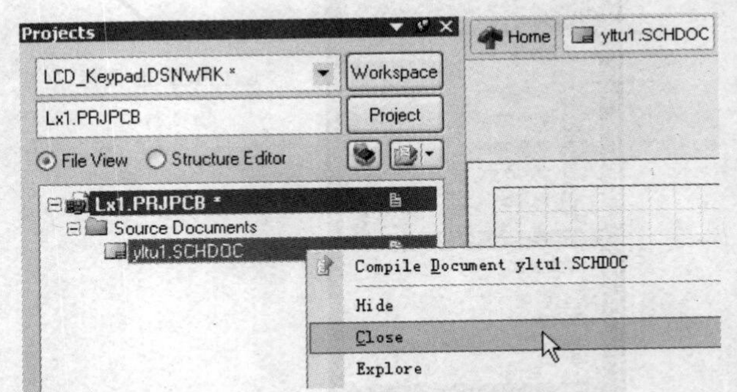

图 1-2-15　通过“Projects”面板关闭文件

4．打开文件

（1）打开文件所在的工程项目 Lx1.PRJPCB。

（2）在“Projects”面板的文件名处单击鼠标右键→在弹出的快捷菜单中选择“Open”，或直接在文件名上双击。

5．保存文件

1）*第一种方法*

单击“保存”图标。

2）*第二种方法*

执行菜单命令“File”→“Save”。

如果有多个文件需要保存，则可以执行菜单命令“File”→“Save All”。

3）*第三种方法*

在关闭文件时保存。如果对文件的内容做了修改，但没有执行保存命令，在执行关闭文件操作时（如在文件名上单击鼠标右键，选择“Close”），则系统弹出保存文件的对话框，如图 1-2-16 所示，单击“Yes”按钮保存并关闭文件。

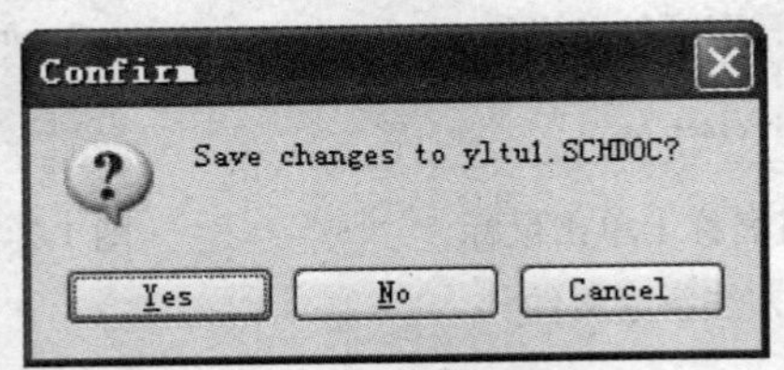

图 1-2-16　关闭文件时的保存文件对话框

4）第四种方法

在执行关闭工程项目操作时，如果对项目中文件的内容做了修改，但没有执行保存命令，系统仍然弹出如图 1-2-16 所示的对话框，单击“Yes”按钮保存并关闭文件。

5）第五种方法

退出软件时保存。如果项目中对文件的内容做了修改，但没有执行保存命令，在单击“退出”图标时，系统弹出如图 1-2-17 所示的保存文件对话框。

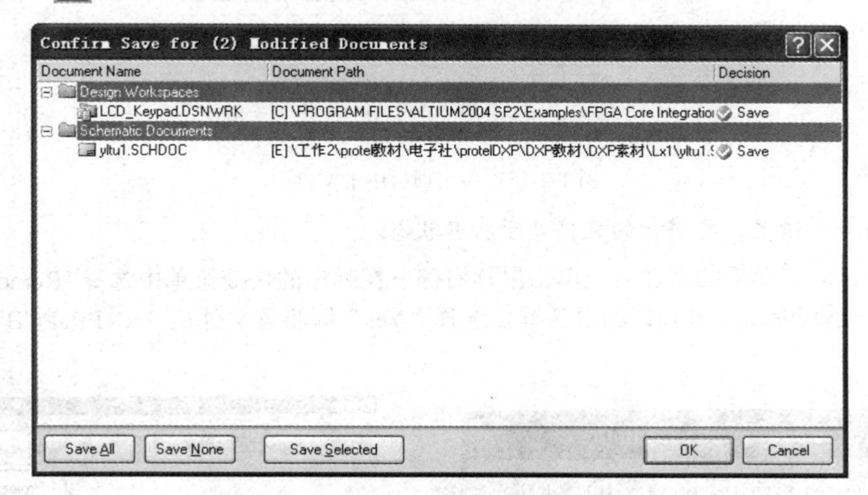

图 1-2-17 退出软件时的保存文件对话框

“Save All”：保存全部文件。

“Save None”：不保存文件。

“Save Selected”：只保存被选中的文件。

“OK”：选择前面三项中的一项后，单击“OK”按钮，如果选择的是保存文件，则保存后退出软件；如果选择的是不保存文件，则立即关闭软件。

“Cancel”：放弃关闭软件的操作，继续编辑。

1.2.4 从工程项目中移出文件

要求：将在 1.2.3 中创建的原理图文件 yltu1.SCHDOC 从该工程项目中移出。

首先，打开文件所在的工程项目 Lx1.PRJPCB。

1）第一种情况：要移出的文件已经关闭

在“Projects”面板的原理图文件名处单击鼠标右键→在弹出的快捷菜单中选择“Remove from Project”，如图 1-2-18 所示→系统弹出要求确认的对话框，如图 1-2-19 所示，选择“Yes”即将该文件从 Lx1.PRJPCB 项目中移出，但并未从磁盘中删除。

如果项目中没有其他文件，则此时的“Projects”面板中的内容变为如图 1-2-20 所示。

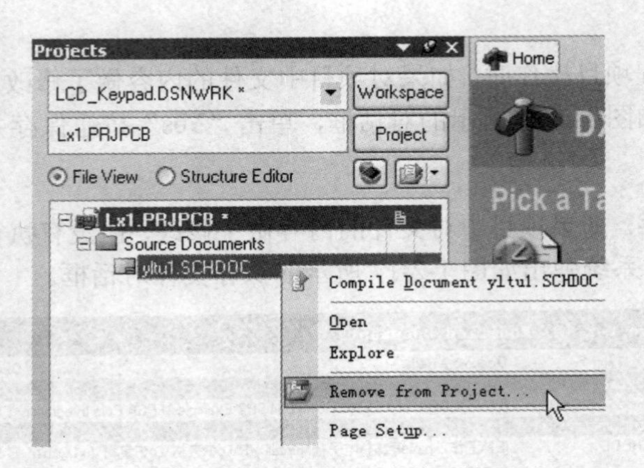

图 1-2-18　移出项目中的文件

2）第二种情况：要移出的文件处于打开状态

在“Projects”面板的文件名处单击鼠标右键→在弹出的快捷菜单中选择“Remove from Project”→系统弹出要求确认的对话框，选择“Yes”即将该文件从 Lx1.PRJPCB 项目中移出。

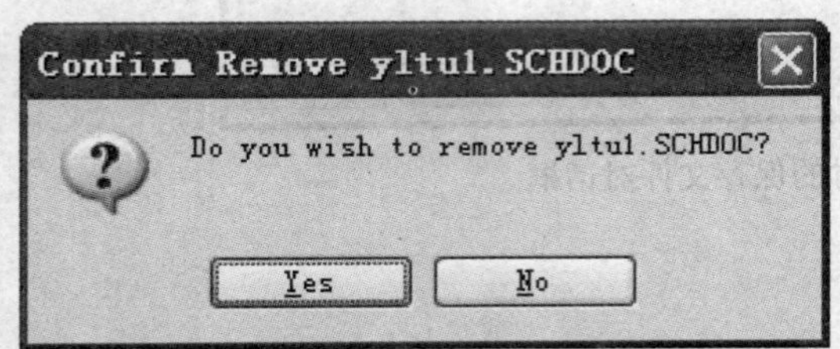

图 1-2-19　要求确认移出项目中文件的对话框

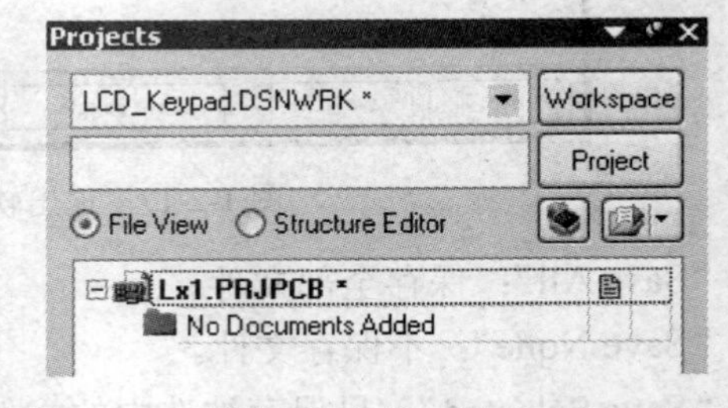

图 1-2-20　项目中无文件时的“Projects”面板

此时，该文件仍处于打开状态，但文件已变成自由文档，如图 1-2-21 所示。

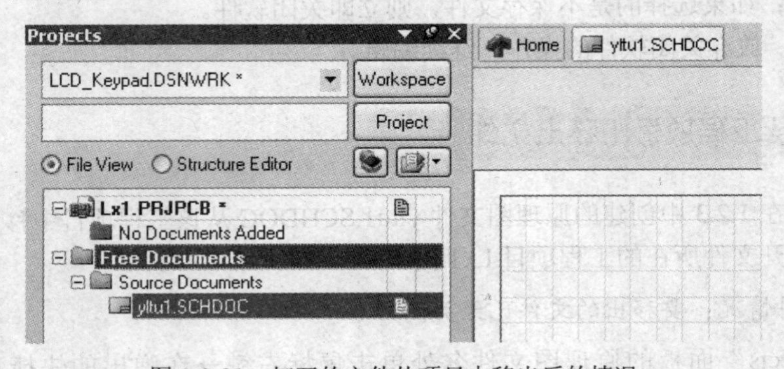

图 1-2-21　打开的文件从项目中移出后的情况

“Projects”面板中显示，原理图文件 yltu1.SCHDOC 已经从 Lx1.PRJPCB 项目中移出，存放在逻辑文件夹，即 Free Documents（自由文档）文件夹中；而图 1-2-21 的右面工作窗口显示的是此时 yltu1.SCHDOC 文件仍处于打开状态。

需要注意的是，无论是第一种情况还是第二种情况，都只是将文件 yltu1.SCHDOC 从 Lx1.PRJPCB 项目中移出，并未从磁盘中删除，仍然保存在原来的路径下。如图 1-2-22 所示，yltu1.SCHDOC 仍存放在 Lx1 文件夹下。

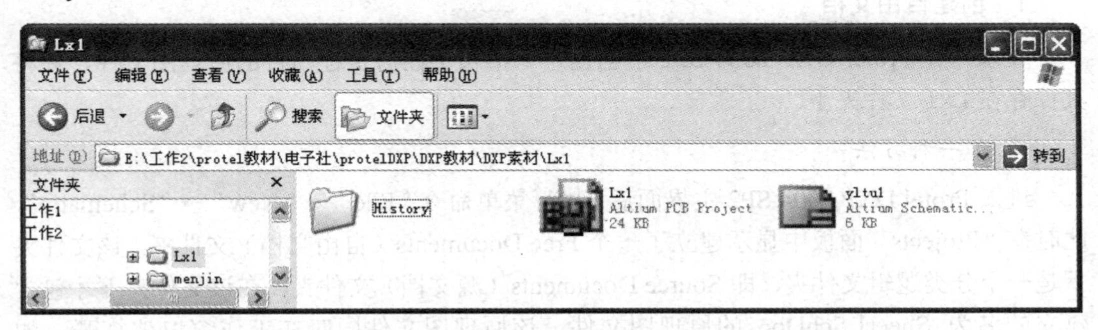

图 1-2-22 文件 yltu1.SCHDOC 仍然保存在原来的路径下

1.2.5 将文件加入到工程项目中

要求：将在 1.2.4 中移出的原理图文件 yltu1.SCHDOC 加入到工程项目中。

首先，打开文件要加入的工程项目 Lx1.PRJPCB。

1）*第一种方法*

在“Projects”面板的文件名处单击鼠标右键→在弹出的快捷菜单中选择“Add Existing to Project”，如图 1-2-23 所示→在 Lx1 文件夹下选择 yltu1.SCHDOC 文件→单击“打开”按钮即可。

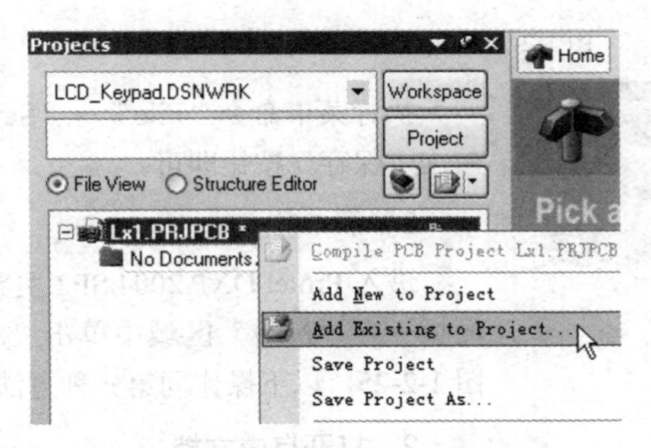

图 1-2-23 将文件加入到工程项目中

2）*第二种方法*

执行菜单命令“Project”→“Add Existing to Project”，以下操作同第一种方法。

1.2.6 自由文档的管理

有时，用户只需绘制一张原理图，此时就不必为一张原理图再创建一个工程项目，只创建一个原理图文件即可。这种不包含在工程项目中的文档，在 Protel DXP 2004 SP2 中称为自由文档。

1．创建自由文档

要求：在 Protel DXP 2004 SP2 中创建一个不属于任何工程项目的原理图文件，并将其保存在 Lx1 文件夹下。

1）*第一种方法*

进入 Protel DXP 2004 SP2 主界面后，执行菜单命令“File”→“New”→“Schematic”，此时在“Projects”面板中显示建立了一个 Free Documents（自由文档）文件夹，该文件夹下是一个分类逻辑文件夹，即 Source Documents（源文档）文件夹，在该文件夹下才包含建立的名为 Sheet1.SchDoc 的原理图文件，该原理图文件同时在工作窗口被打开，如图 1-2-24 所示。

注意，此时该文件并未保存，在执行保存命令后，文件才被保存在磁盘上。

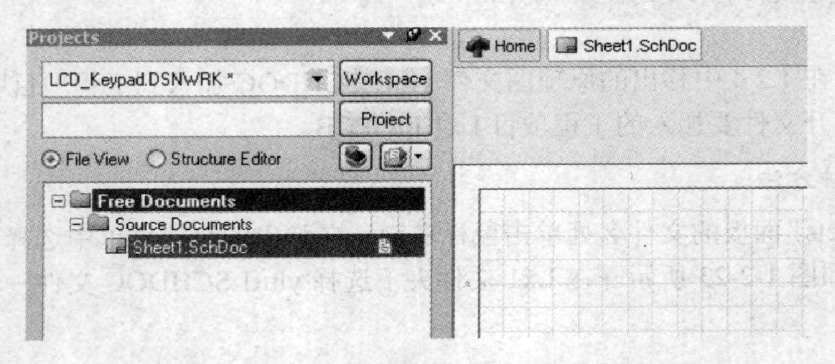

图 1-2-24　建立属于自由文档的原理图文件

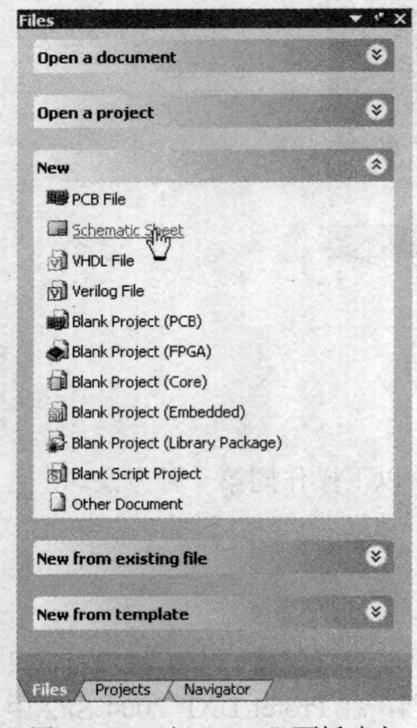

图 1-2-25　由“Files”面板建立属于自由文档的原理图文件

执行菜单命令“File”→“Save”，选择 Lx1 文件夹单击“保存”按钮即可。

2）*第二种方法*

进入 Protel DXP 2004 SP2 主界面后，调出“Files”面板→在“New”区域中单击“Schematic Sheet”，如图 1-2-25，以下操作同第一种方法。

2．打开自由文档

要求：先关闭在“1”中建立的原理图文件，再打开。关闭自由文档的方法请参见 1.2.3。

1）*第一种打开自由文档的方法*

进入 Protel DXP 2004 SP2 主界面后，用鼠标左键单击“打开”图标，从中选择要打开的文件。

2）*第二种打开自由文档的方法*

进入 Protel DXP 2004 SP2 主界面后，执行菜单命令“File”→“Open”，从中选择要打开的文件。

1.3 任务三：与 Protel 99 SE 有关的文档管理

1.3.1 在 Protel DXP 2004 SP2 中打开 Protel 99 SE 格式的设计数据库文件

1. 将一个设计数据库文件变换为工程项目文件

要求：在 Protel DXP 2004 SP2 中打开在 Protel 99 SE 中创建的设计数据库文件 shyj.ddb。

在 Protel 99 SE 中创建的文件称为设计数据库文件。设计数据库只是一个容器，包含了在设计过程中建立的所有文件。要想打开设计数据库中的具体设计文件，首先要打开设计数据库。

设计数据库的扩展名是.ddb。在 Windows 环境中，Protel 99 SE 设计数据库文件的图标如图 1-3-1 所示。从图 1-3-1 中可以看到，在 Windows 环境中只能看到.ddb 文件，不能看到设计数据库里面包含的具体设计文件。

图 1-3-1 Protel 99 SE 设计数据库文件的图标

在 Protel DXP 2004 SP2 中打开设计数据库文件的操作步骤如下：

（1）在适当路径下建立一个需要保存转换后文件的文件夹，如 99setodxp。

（2）进入 Protel DXP 2004 SP2 主界面，并打开“Projects”面板。

（3）执行菜单命令“File”→“Protel 99 SE Import Wizard”，系统弹出“99 SE Import Wizard（99 SE 文件导入向导）”界面 1，如图 1-3-2 所示。

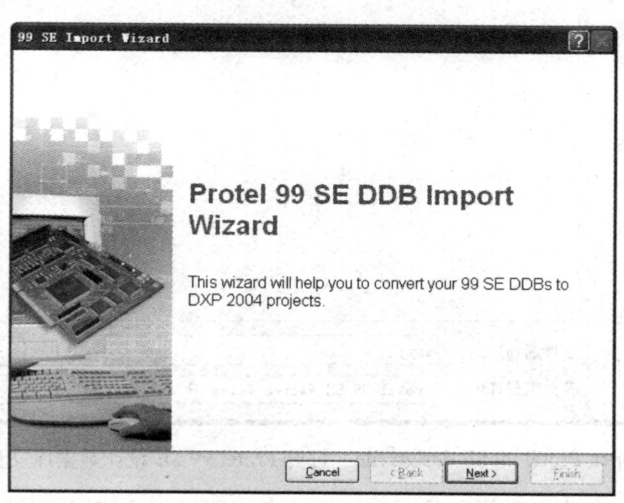

图 1-3-2 “99 SE Import Wizard（99 SE 文件导入向导）”界面 1

（4）单击“Next”按钮，系统弹出向导界面 2，如图 1-3-3 所示。

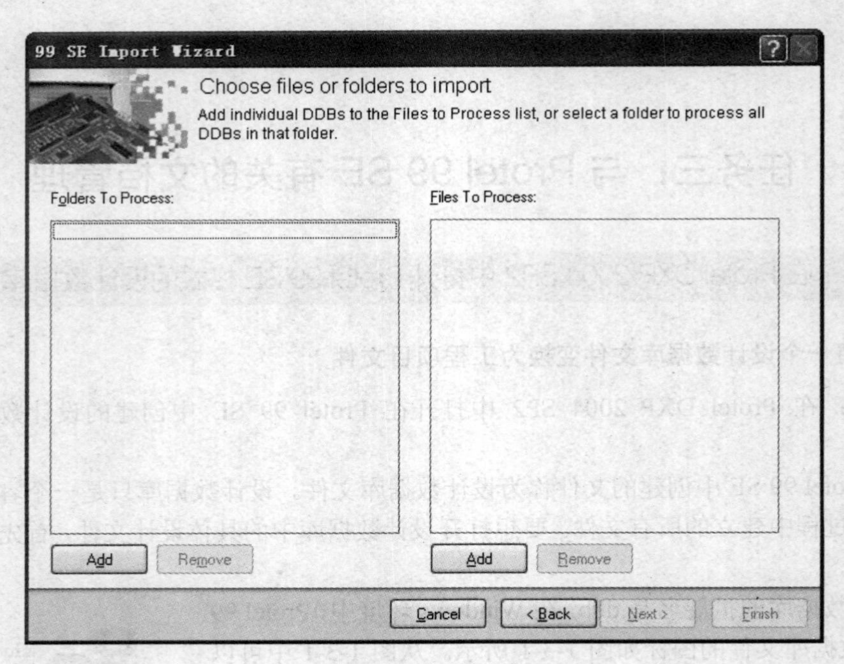

图 1-3-3　向导界面 2

（5）单击“Files To Process（文件处理）”区域下方的“Add”按钮，系统弹出如图 1-3-4 所示的对话框。

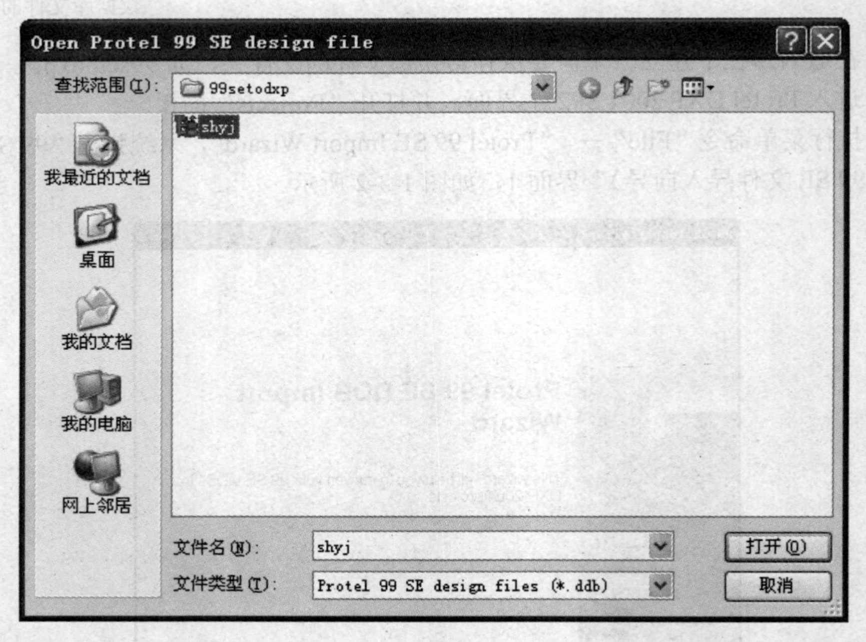

图 1-3-4　“Open Protel 99 SE design file（打开 Protel 99 SE 设计数据库文件）”对话框

（6）在图 1-3-4 中选择要导入的 shyj.ddb 文件，单击“打开”图标，系统回到向导界面 2，但此时的“Files To Process（文件处理）”区域中出现了设计数据库 shyj.ddb 文件名及其路径，如图 1-3-5 所示。

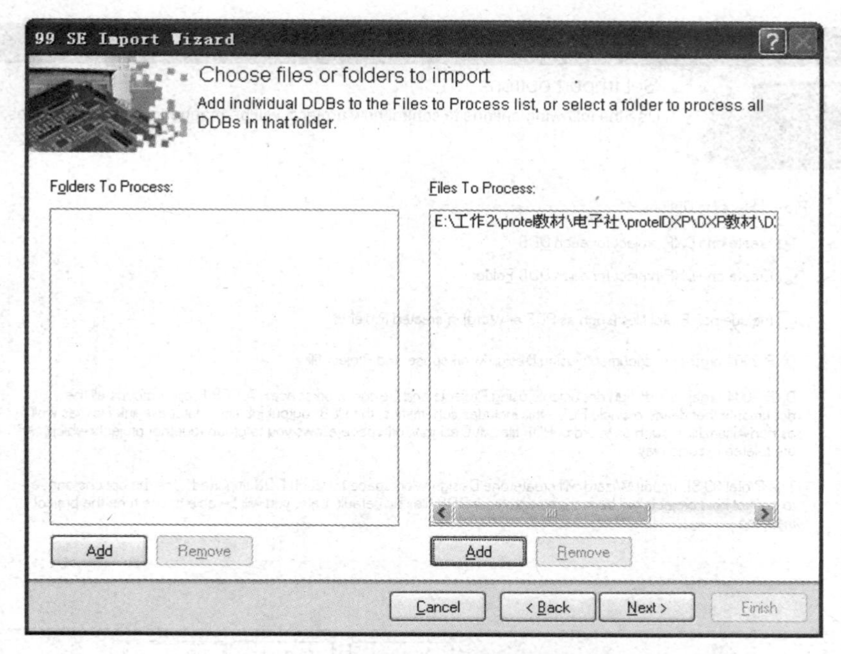

图 1-3-5 选择 shyj.ddb 后的向导界面 2

（7）单击“Next”按钮，系统弹出向导界面 3，单击“Output Folder” 框右侧的“打开”图标，选择存放转换后文件的文件夹 99setodxp，则在“Output Folder”框中出现文件夹名称（99setodxp）及其路径，如图 1-3-6 所示。

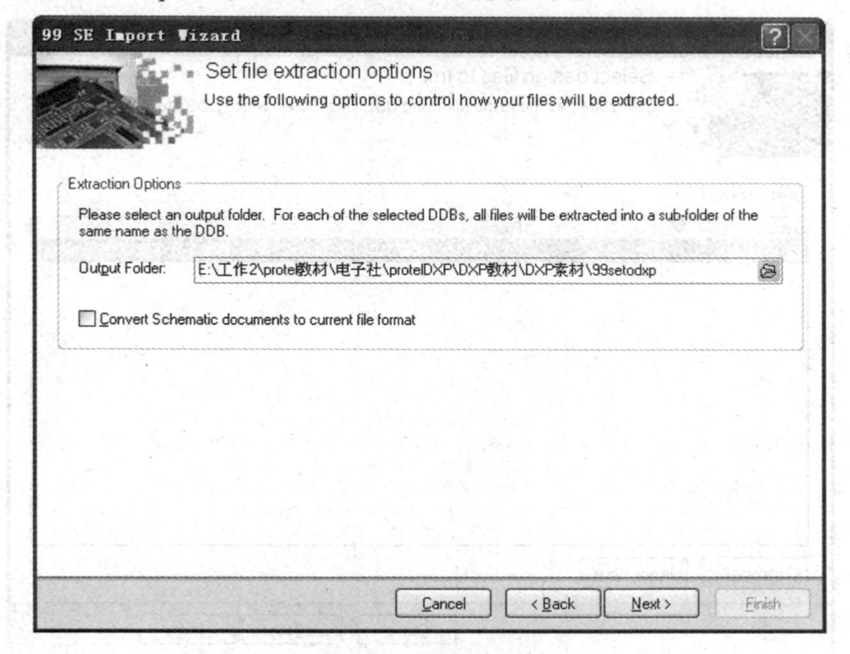

图 1-3-6 向导界面 3

（8）单击“Next”按钮，系统弹出向导界面 4，选择“Create one DXP project for each DDB”，如图 1-3-7 所示。

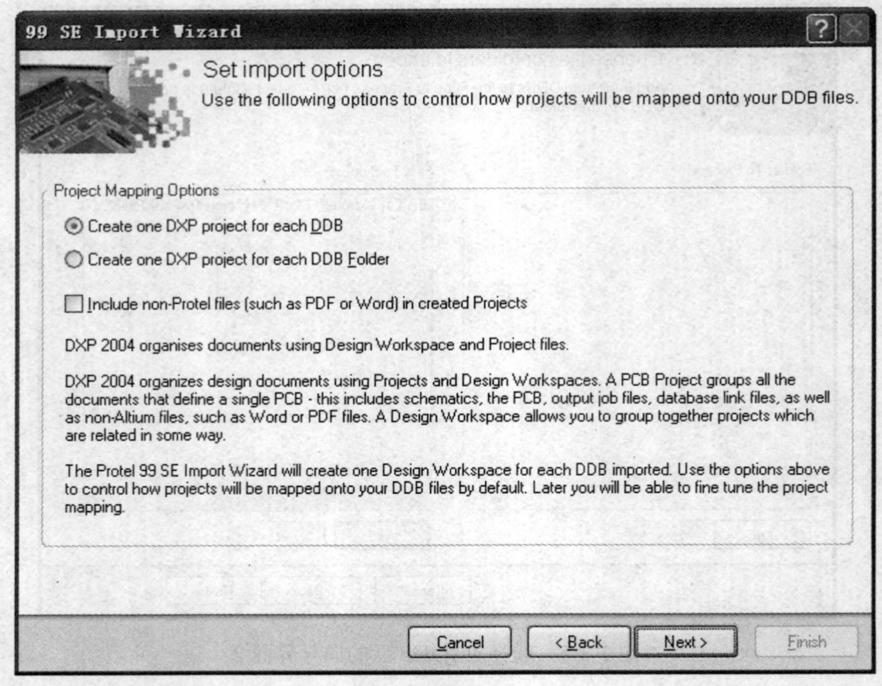

图 1-3-7　向导界面 4

（9）单击“Next”按钮，系统弹出向导界面 5，“Design”一列显示的是导入的设计数据库文件名，“Found in”一列显示的是 shyj.ddb 所在路径，如图 1-3-8 所示。

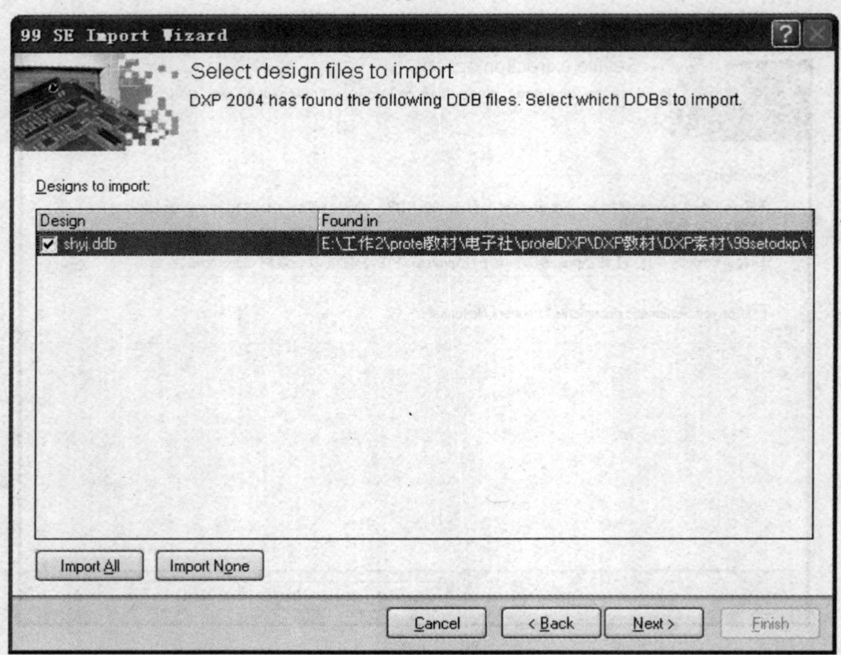

图 1-3-8　向导界面 5

（10）单击“Next”按钮，系统弹出向导界面 6，显示出导入前源文件与导入后文件类型和名称对照列表，其中 shyj.ddb 创建为 PCB project 工程项目，shyj.ddb 中的 Documents

文件夹被加入到 PCB project 工程项目中，原理图文件 shyj 被加入到 PCB project 工程项目中，如图 1-3-9 所示。

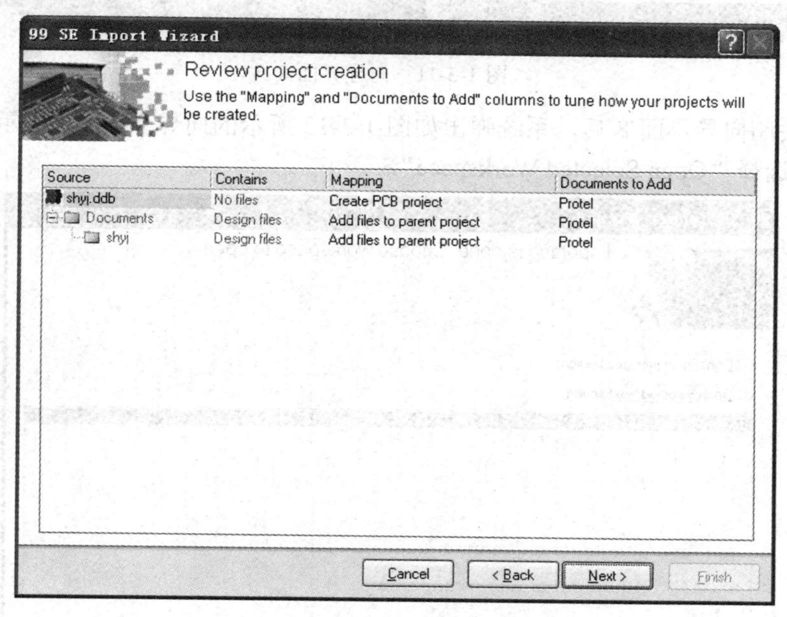

图 1-3-9　向导界面 6

（11）单击“Next”按钮，系统弹出向导界面 7，显示出导入后文件列表，如图 1-3-10 所示。

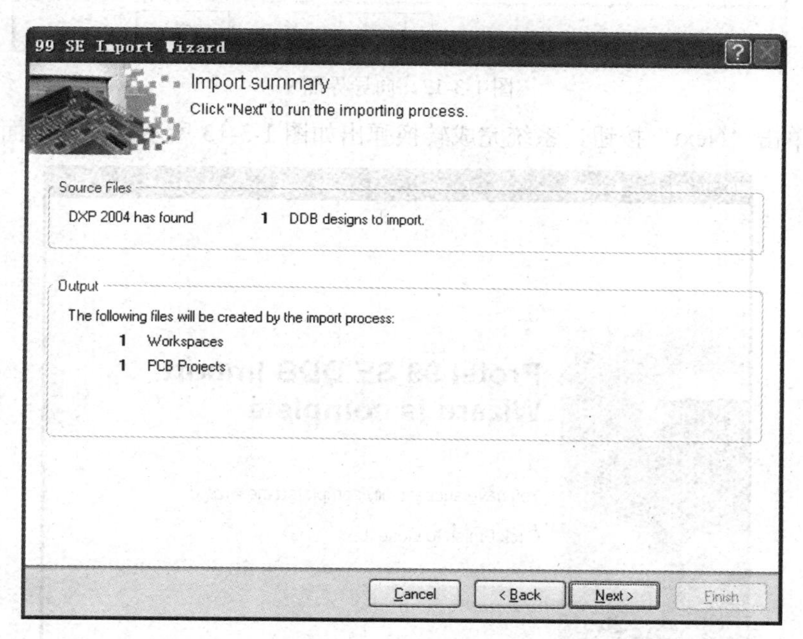

图 1-3-10　向导界面 7

（12）单击“Next”按钮，系统弹出向导界面 8，显示出导入文件历史记录，如图 1-3-11 所示。

Class	Document	Source	Message	Time	D...	N.
[Information]		Protel 99 SE DDB Import	Design Database E:\工作2\protel教...	11:19:08	20...	1
[Information]		Protel 99 SE DDB Import	Design Database E:\工作2\protel教...	12:14:23	20...	2
[Information]		Protel 99 SE DDB Import	Design Database E:\工作2\protel教...	12:38:45	20...	3

图 1-3-11　向导界面 8

（13）关闭向导界面 8 后，系统弹出如图 1-3-12 所示的向导界面 9，提示打开转换后的文件（应选择“Open Selected Workspace”）。

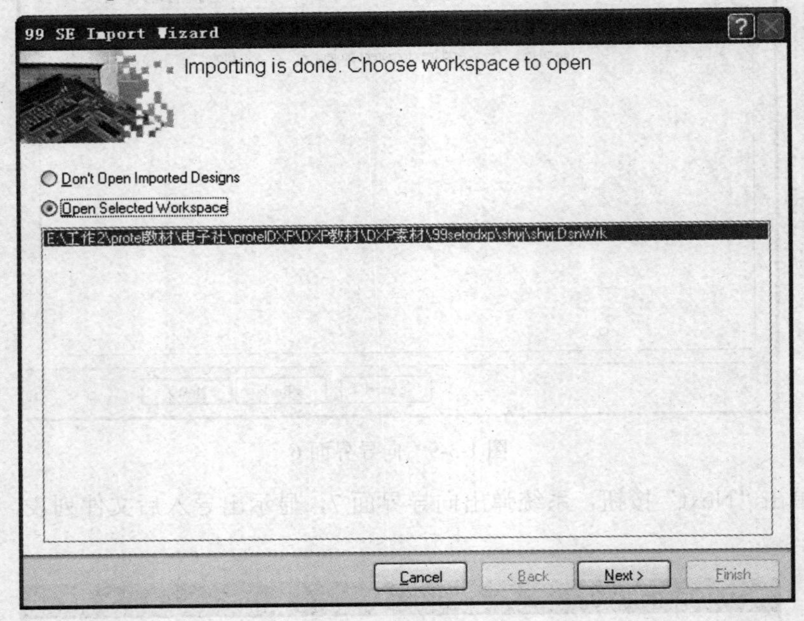

图 1-3-12　向导界面 9

（14）单击“Next”按钮，系统完成转换弹出如图 1-3-13 所示的向导界面 10。

图 1-3-13　向导界面 10

（15）单击“Finish”按钮，系统在“Projects”面板中导入并显示转换后的工程项目，如图 1-3-14 所示。shyj.ddb 文件结构如图 1-3-15 所示。

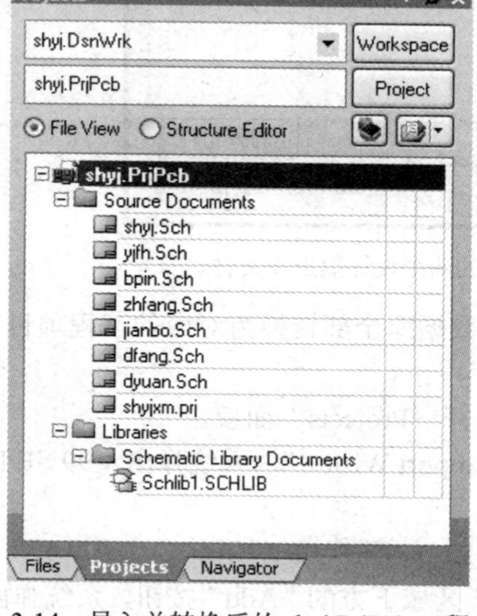
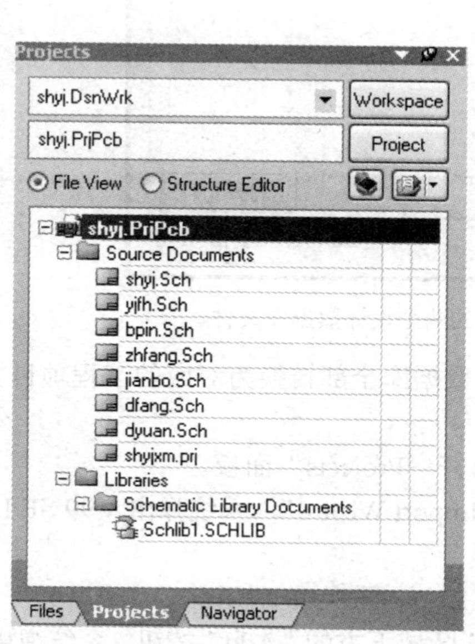

图 1-3-14 导入并转换后的 shyj.PrjPcb 工程项目

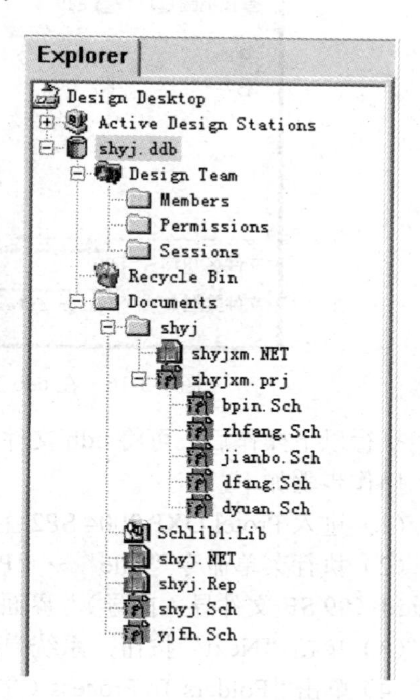

图 1-3-15 shyj.ddb 文件结构

对比图 1-3-14 和图 1-3-15 可以看出 shyj.ddb 文件导入到 Protel DXP 2004 SP2 后，变成同名工程项目文件即 shyj.PrjPcb，并按照工程项目的要求根据文件类型重新进行了分类。表 1-3-1 列出了 shyj.ddb 文件导入前与导入后的对比。

表 1-3-1 shyj.ddb 文件导入前、后对比

shyj.ddb	shyj.PrjPcb
shyj.ddb（设计数据库文件）	shyj.PrjPcb（工程项目文件）
shyj.Sch（原理图文件）	shyj.Sch（原理图文件）
Shyjxm.Prj（层次原理图中的主电路图）	Shyjxm.Prj（层次原理图中的主电路图）
SchLib1.Lib（原理图元件库文件）	SchLib1.SCHLIB（原理图元件库文件）

综上所述，在 Protel DXP 2004 SP2 中导入 Protel 99 SE 格式的 ddb 文件后，将产生一个与 ddb 文件同名的工程项目文件，并将 ddb 文件内部的具体图形文件同时导入到该工程项目文件中。

2．将一个文件夹下的所有设计数据库文件全部变换为工程项目文件

要求：将 ddb 文件夹下的所有设计数据库分别转换为工程项目文件，并保存在 99setodxp 文件夹下。

已知在 ddb 文件夹下存放了两个设计数据库文件，如图 1-3-16 所示。

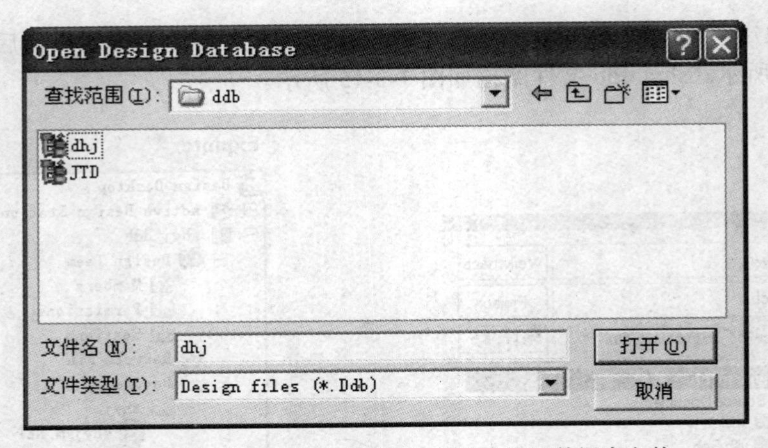

图 1-3-16　在 ddb 文件夹下存放的两个设计数据库文件

执行以下操作后，可将 ddb 文件夹下的设计数据库全部转换为对应的工程项目文件。

操作步骤如下：

（1）进入 Protel DXP 2004 SP2 主界面后，打开“Projects”面板。

（2）执行菜单命令“File”→“Protel 99 SE Import Wizard”，系统弹出“99 SE Import Wizard（99 SE 文件导入向导）”界面 1。

（3）单击“Next”按钮，系统弹出向导界面 2，如图 1-3-3 所示。

（4）单击“Folders To Process（文件夹处理）”区域下方的“Add”按钮，系统弹出“浏览文件夹”对话框，从中选择 ddb 文件夹，如图 1-3-17 所示。

（5）单击图 1-3-17 中的“确定”按钮，系统回到向导界面 2，但此时“Folders To Process（文件夹处理）”区域中出现了 ddb 文件夹名称及其路径，如图 1-3-18 所示。

（6）单击“Next”按钮，系统弹出向导界面 3，单击“Output Folder”框右侧的“打开”图标，选择存放转换后文件的文件夹 99setodxp，则在“Output Folder”框中出现了 99setodxp 及其路径，如图 1-3-6 所示。

（7）单击“Next”按钮，系统弹出向导界面 4，选择“Create one DXP project for each DDB”，如图 1-3-7 所示。

图 1-3-17　在“浏览文件夹”对话框中选择 ddb 文件夹

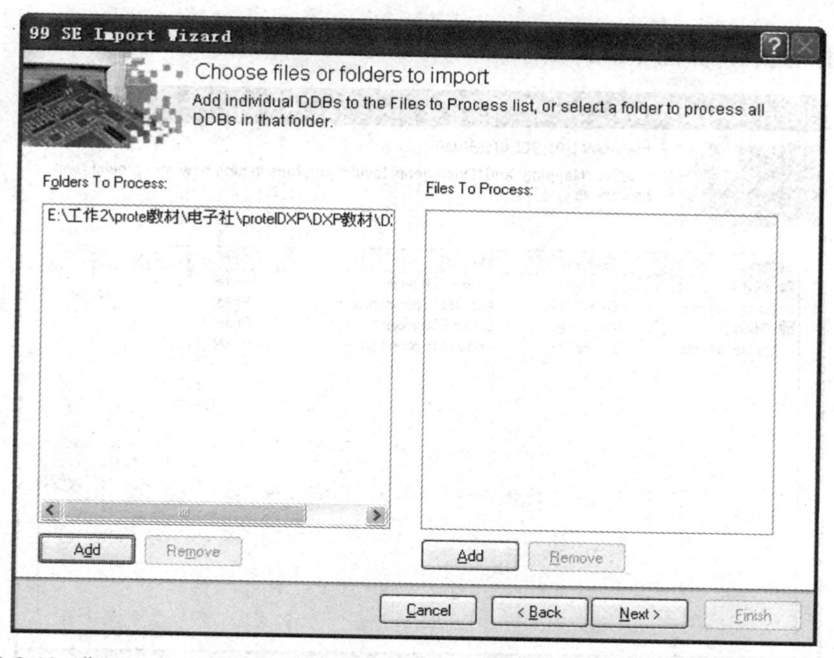

图 1-3-18 “Folders To Process（文件夹处理）”区域中出现了 ddb 文件夹名称及其路径

（8）单击“Next”按钮，系统弹出向导界面 5，“Design”一列显示的是导入的设计数据库文件名，“Found in”一列显示的是导入设计数据库所在路径，如图 1-3-19 所示。从图 1-3-19 中可以看出，ddb 文件夹下的两个设计数据库文件全部转换为工程项目文件。

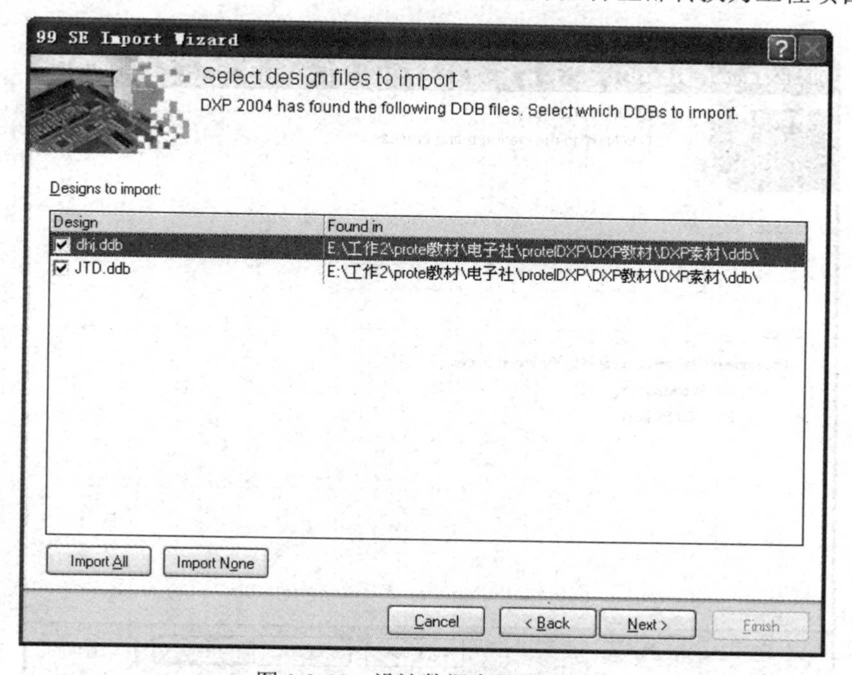

图 1-3-19 设计数据库导入列表

（9）单击“Next”按钮，系统弹出向导界面 6，显示出导入前源文件与导入后文件类型和名称对照列表，如图 1-3-20 所示。

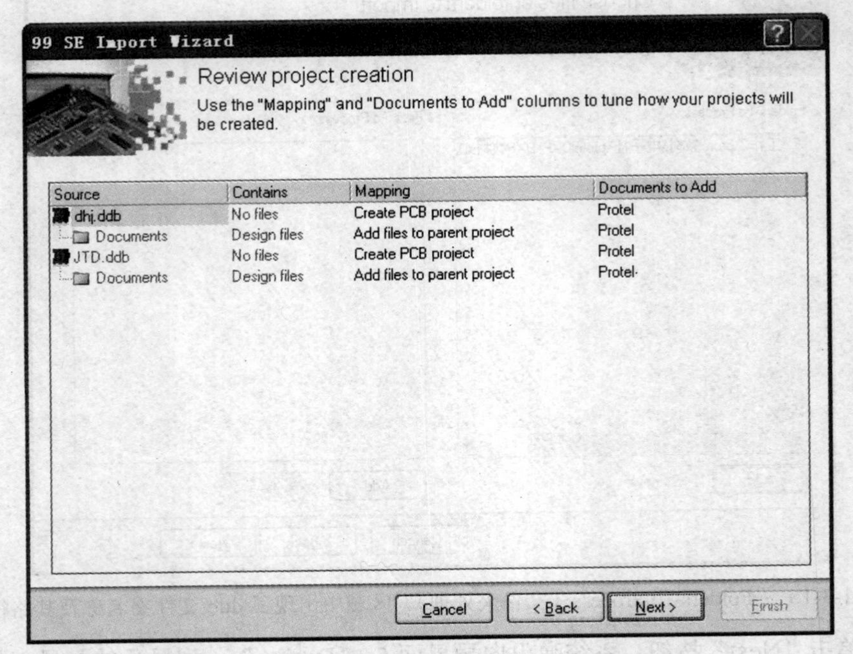

图 1-3-20　导入前、后文件类型和名称对照列表

（10）单击“Next”按钮，系统弹出向导界面 7，显示出导入后文件列表，如图 1-3-21 所示。

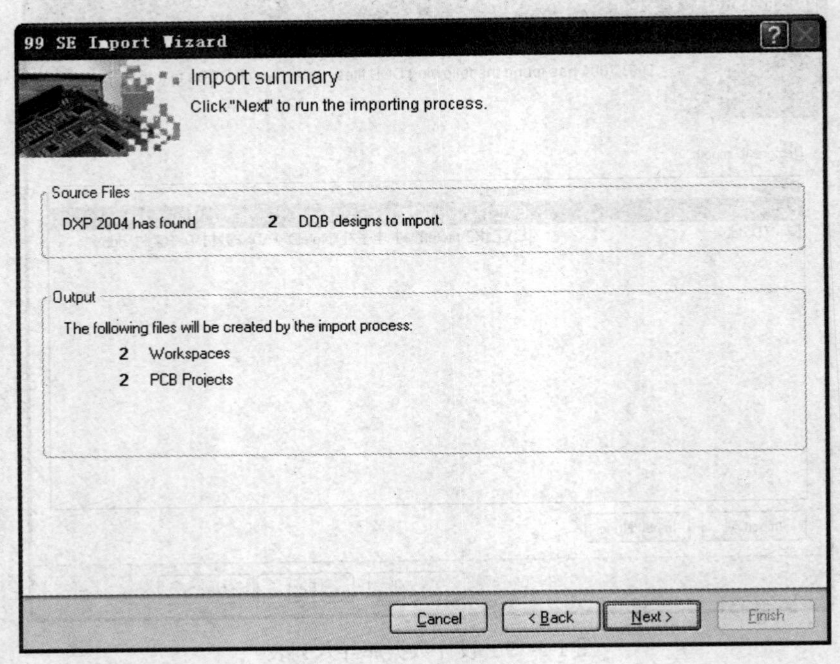

图 1-3-21　导入后文件列表

（11）单击“Next”按钮，系统弹出向导界面 8，显示出导入文件历史记录，关闭后系统显示如图 1-3-22 所示的向导界面 9，提示打开选中的文件（选择“Open Selected Workspace”）。

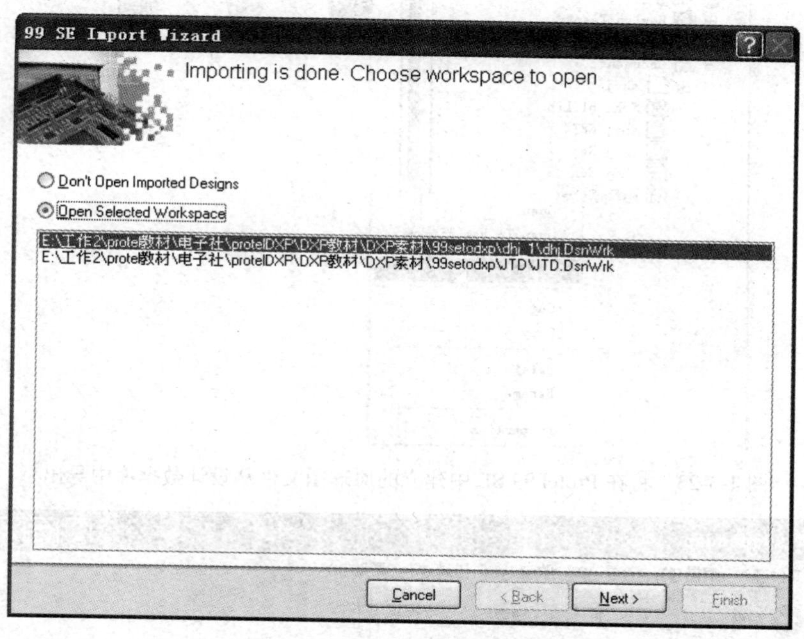

图 1-3-22　提示打开选中文件

（12）单击“Next”按钮，系统完成转换，弹出向导界面 10。单击“Finish”按钮，系统在“Projects”面板中显示在图 1-3-22 中选中的工程项目。

1.3.2　将 Protel 99 SE 文件加入到工程项目中

要求：将在 Protel 99 SE 中建立的原理图文件加入到 Protel DXP 2004 SP2 的工程项目中。

因为 Protel 99 SE 中的文件都包含在设计数据库中，所以首先要将该原理图文件从设计数据库中导出。

（1）进入 Protel 99 SE 主界面，打开一个设计数据库，如在 1.3.1 中使用过的 shyj.ddb，在其中的 yjfh.Sch 文件名上单击鼠标右键，选择“Export”，如图 1-3-23 所示。

（2）将导出的文件保存在 99setodxp 文件夹中，如图 1-3-24 中的 yjfh.Sch 文件所示。

（3）进入 Protel DXP 2004 SP2 主界面，并打开一个工程项目，如 Lx1.PRJPCB。

（4）在“Projects”面板中的 Lx1.PRJPCB 项目名称上单击鼠标右键→在弹出的快捷菜单中选择“Add Existing to Project”→在 99setodxp 文件夹中选择 yjfh.Sch，则将其导入，从图 1-3-25 中可以看出，导入的 yjfh.Sch 的扩展名仍为.Sch，而不是像在 Protel DXP 2004 SP2 中建立的原理图文件那样，扩展名为.SCHDOC。

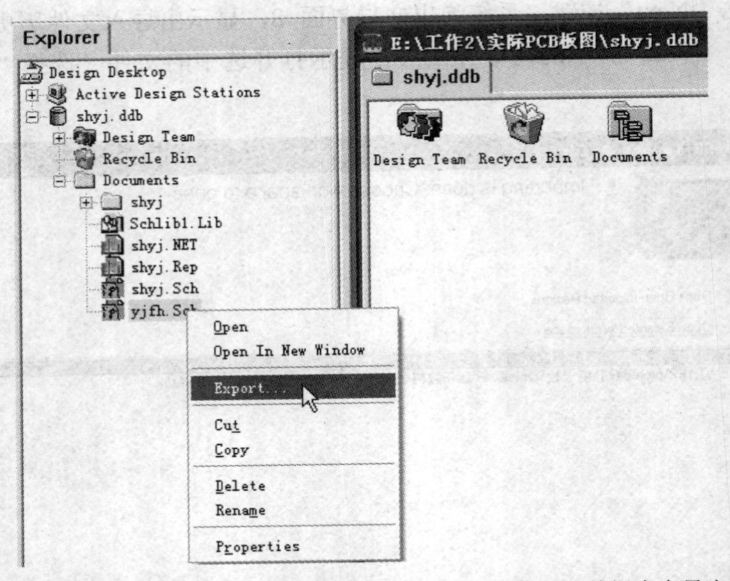

图 1-3-23　将在 Protel 99 SE 中建立的原理图文件从设计数据库中导出

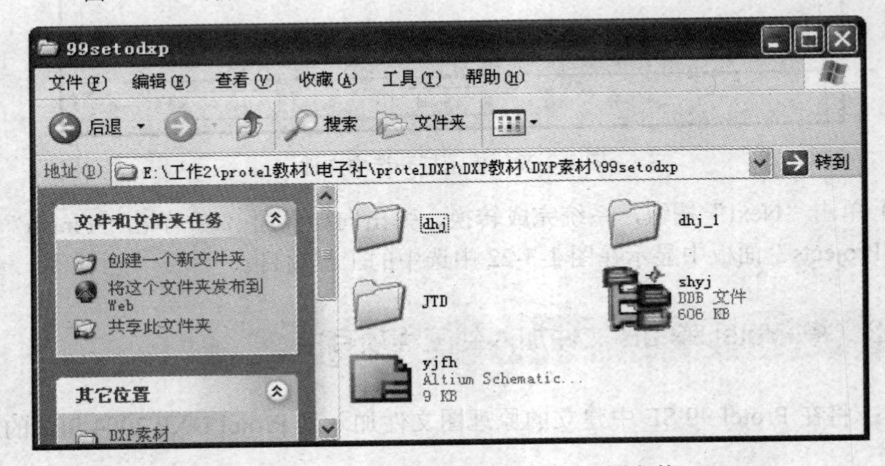

图 1-3-24　保存在 99setodxp 文件夹中的原理图文件 yjfh.Sch

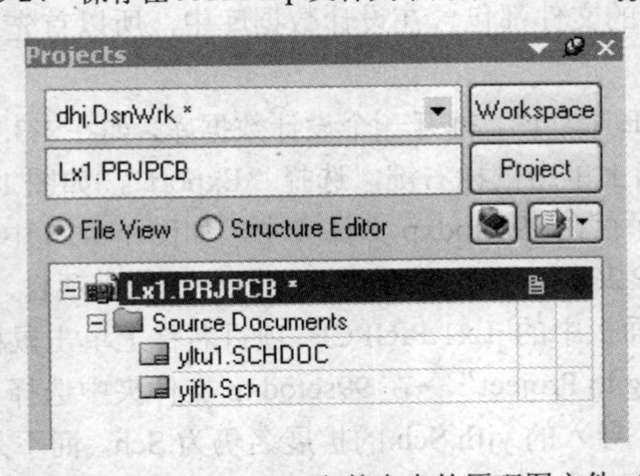

图 1-3-25　保存在 99setodxp 文件夹中的原理图文件 yjfh.Sch

1.3.3　将 Protel DXP 2004 SP2 文件保存为 Protel 99 SE 格式

要求：将图 1-3-25 中的 Lx1.PRJPCB 下的 yltu1.SCHDOC 保存为 Protel 99 SE 格式。

由于在 Protel DXP 2004 SP2 中建立的文件（如原理图文件），在 Protel 99 SE 中不能打开，所以要打开这样的文件，必须先将其转换为 Protel 99 SE 格式。

（1）在图 1-3-25 中双击 yltu1.SCHDOC 文件名，将其打开。

（2）执行菜单命令“File”→“Save As”。

（3）系统弹出保存文件对话框，在选择了相应文件夹后，单击该对话框的“保存类型”下拉按钮，从中选择 Schematic binary 4.0（*.sch），如图 1-3-26 所示。

（4）单击图 1-3-26 中的“保存”按钮即可。

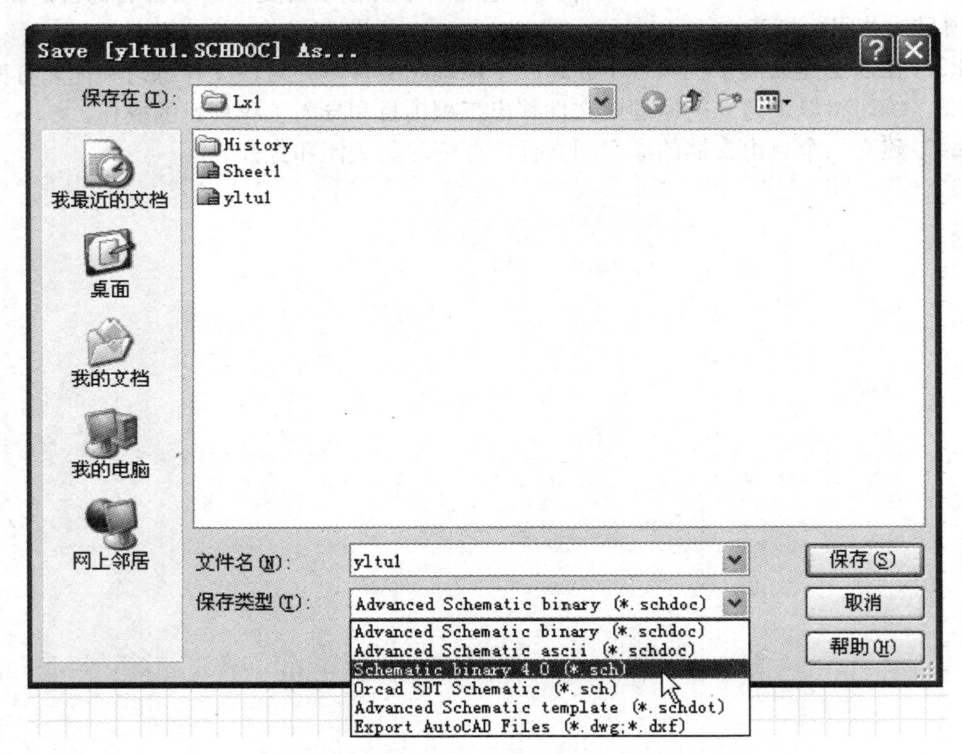

图 1-3-26　保存为 Protel 99 SE 原理图文件类型

本 章 小 结

本章重点介绍了 Protel DXP 2004 SP2 的主界面；Protel DXP 2004 SP2 特有的面板概念、面板的打开与关闭、面板的各种显示方式；工程项目的概念和有关工程项目的操作；在工程项目中有关文件的操作，以及自由文档的概念和自由文档的管理，这些都是学习

Protel DXP 2004 SP2 的基础，在以后各章的学习中是非常有用的。

此外，本章还为 Protel 99 SE 用户介绍了与 Protel 99 SE 有关的文档管理，包括在 Protel DXP 2004 SP2 中打开 Protel 99 SE 格式的设计数据库，将 Protel 99 SE 格式文件导入到工程项目中和将 Protel DXP 2004 SP2 文件保存为 Protel 99 SE 文件格式。

练 习 题

1.1 建立一个文件夹，在该文件夹下建立一个工程项目文件，项目名称自定。练习工程项目的关闭、打开。

1.2 在以上建立的工程项目中新建一个原理图文件，并对该文件练习关闭和打开。

1.3 练习将以上建立的原理图文件移出工程项目和导入工程项目的操作。

1.4 建立一个自由文档的原理图文件，并练习其关闭和打开。

第2章 绘制原理图

背景

Protel DXP2004 SP2 的主要特点之一就是有一个功能强大的原理图编辑器，使用起来简单、方便、实用。本章主要通过不同实例，介绍在原理图编辑器中设置图纸、绘制原理图的基本方法，以及原理图中的一些编辑方法。

要点

- 介绍原理图编辑器界面
- 设置图纸
- 加载原理图元器件库
- 绘制简单原理图
- 绘制具有复合式元器件的原理图，绘制具有总线结构的原理图
- 原理图中的复制、粘贴等操作
- 修改元器件属性
- 查找元器件符号
- 产生元器件清单和原理图打印等

2.1 任务一：原理图图纸设置和画面管理

2.1.1 图纸设置

要求：了解原理图编辑器界面，了解画面管理的主要操作方法，设置原理图图纸为A4横放、可视栅格大小为10mil，光标一次移动半个栅格，标题栏类型为标准型（Standard），显示图纸参考边框，启动电气栅格，电气栅格设置为4。

1. 在工程项目中建立原理图文件

（1）按照第 1 章中介绍的方法在指定路径下建立一个文件夹，然后进入 Protel DXP 2004 SP2 主界面，在刚建立的文件夹下新建一个工程项目文件，或打开一个已经建立的

工程项目文件，图 2-1-1 所示为新建了一个名为 DXPch2.PRJPCB 的工程文件。

（2）在图 2-1-1 所示的界面中执行菜单命令“File”→“New”→“Schematic”或在 DXPch2.PRJPCB 名称上单击鼠标右键，在快捷菜单中选择“Add New to Project”→“Schematic”，则在左边的“Projects（项目）”面板中出现了 Sheet1.SchDOC 的文件名，同时在右边打开了一个原理图文件。

（3）继续执行菜单命令“File”→“Save”，系统弹出保存原理图文件的对话框，选择工程项目文件 DXPch2.PRJPCB 所在文件夹，并将该原理图文件命名为 shili1.SchDOC，单击“保存”按钮。

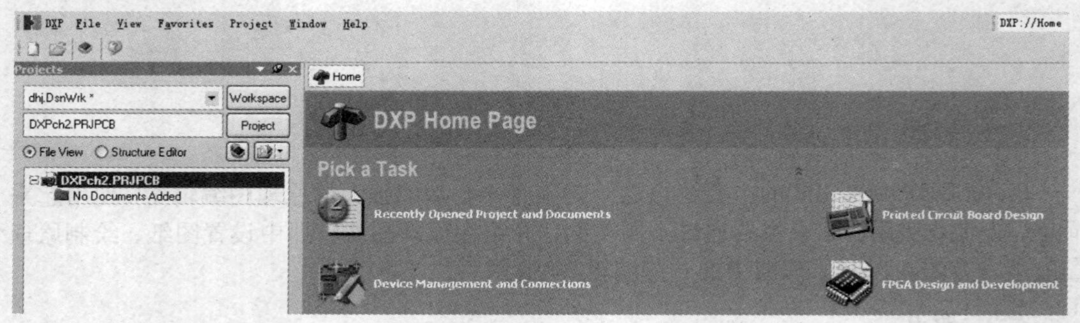

图 2-1-1　新建的 DXPch2.PRJPCB 的工程文件

注意：在新建了一个原理图文件后，必须执行保存命令，否则文件将不被保存。

2. 认识原理图编辑器界面

原理图编辑器界面如图 2-1-2 所示。

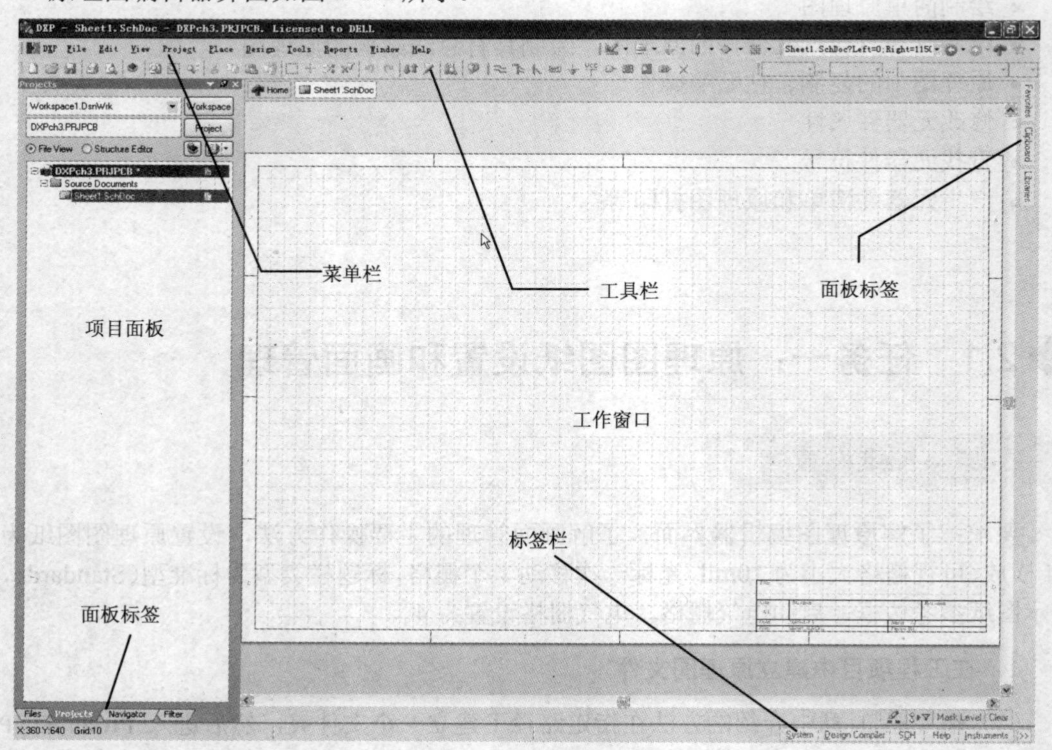

图 2-1-2　原理图编辑器界面

1）菜单栏

在原理图编辑器界面中的菜单栏有10个菜单，即File（文件）菜单、Edit（编辑）菜单、View（视图）菜单、Project（项目）菜单、Place（放置）菜单、Design（设计）菜单、Tools（工具）菜单、Reports（报告）菜单、Window（窗口）菜单、Help（帮助）菜单。

这些菜单包含了原理图编辑器的所有功能，将在后续章节中通过具体实例介绍有关命令的使用方法。

2）工具栏

在原理图编辑器界面的上部显示了一些工具栏。这些工具栏中的按钮（又称图标）都是一些常用的命令按钮。

（1）“Schematic Standard”工具栏。“Schematic Standard”工具栏（如图2-1-3所示）中的命令按钮主要包括：对文件的操作命令按钮有“新建”按钮、“打开”按钮、“保存”按钮、“打印”按钮、“打印预览”按钮等；画面显示命令按钮有“显示画面上的全部对象”按钮、“显示选定区域”按钮、“放大选中对象”按钮等；编辑命令按钮有“剪切”按钮、“复制”按钮、“粘贴”按钮、“放置选中对象”按钮、“选择区域内所有对象”按钮、“移动已选择对象”按钮、“清除选中状态”按钮等常用命令按钮。

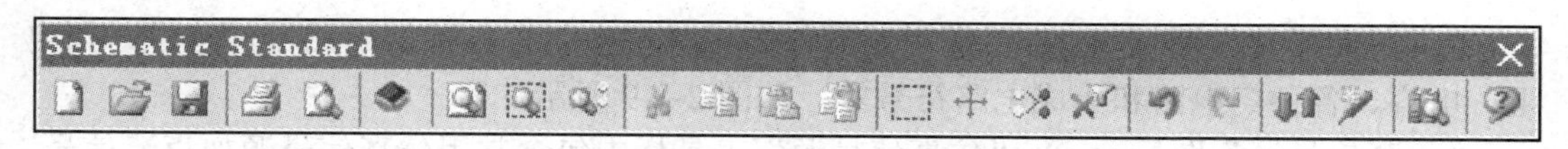

图2-1-3 “Schematic Standard”工具栏

其中，“放置选中对象”命令按钮是Protel DXP 2004 SP2中的新增命令按钮，操作方法将在2.2.2中介绍。

打开和关闭“Schematic Standard”工具栏的方法是：执行菜单命令“View”→“Toolbars”→“Schematic Standard”。这个命令是一个开关，每执行一次，工具栏的状态就改变一次。

（2）“Wiring”工具栏。“Wiring”工具栏（如图2-1-4所示）中的放置对象都是具有电气意义的，对于该工具栏命令按钮的使用情况将在绘制各种原理图时介绍。

打开和关闭“Wiring”工具栏的方法是：执行菜单命令“View”→“Toolbars”→“Wiring”。

（3）“Utilities”工具栏。“Utilities”工具栏中的命令按钮都是公用编辑命令，从图2-1-5中可以看出，“Utilities”工具栏中的每个图标旁边都有一个下拉箭头，表示还有下一级命令按钮。

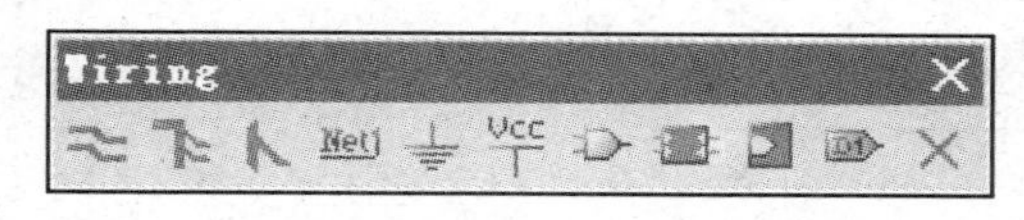

图2-1-4 “Wiring”工具栏

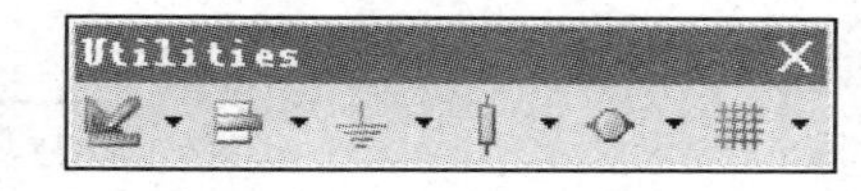

图2-1-5 “Utilities”工具栏

“高级绘图工具”图标：用鼠标左键单击该图标右侧的下拉箭头，会出现“高级绘图”工具栏的各命令按钮，如图2-1-6所示。图中主要是文字标注和图形编辑等命令按钮。

展开其他图标的操作均与此相同。

“对齐工具”图标：“对齐”工具栏中包含的主要是各种对齐命令按钮，如图2-1-7所示。

“电源、接地符号”图标：“电源、接地符号”工具栏中包含不同形式的电源、接地符号，如图1-2-8所示。

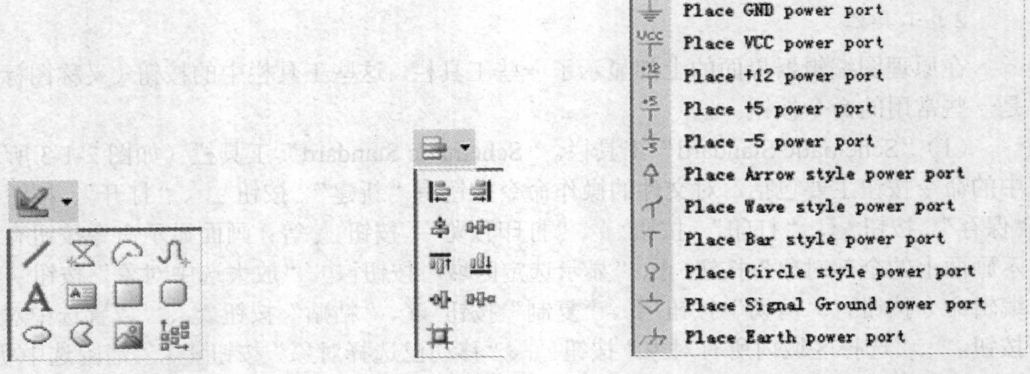

图2-1-6 “高级绘图”工具栏　　图2-1-7 “对齐”工具栏　　图2-1-8 “电源、接地符号”工具栏

“常用元器件”图标：“常用元器件”工具栏中包含各种常用元器件符号，如电阻、电容、各种门电路和集成电路符号等，如图2-1-9所示。

“仿真信号源”图标：“仿真信号源”工具栏中包含常用仿真信号源如直流信号、正弦波、矩形波等，如图2-1-10所示。

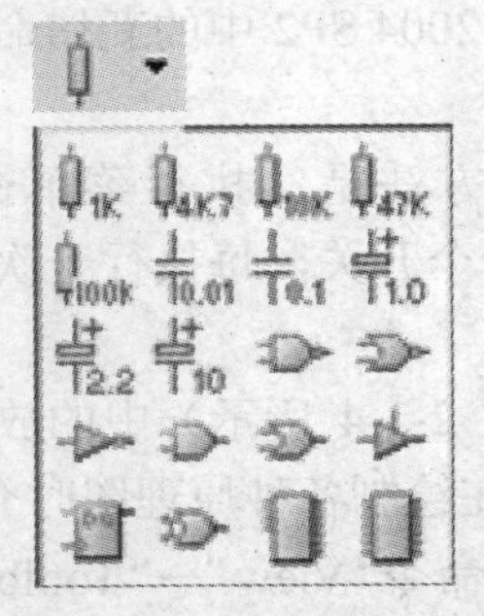

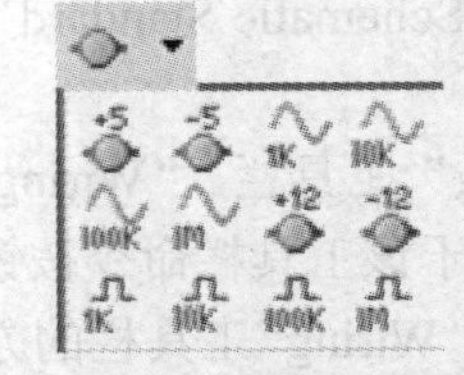

图2-1-9 “常用元器件”工具栏　　图2-1-10 “仿真信号源”工具栏

“栅格”图标：“栅格”工具栏中包含的是各种栅格操作（如可视栅格、锁定栅格、电气栅格等的设置）的命令，如图2-1-11所示。

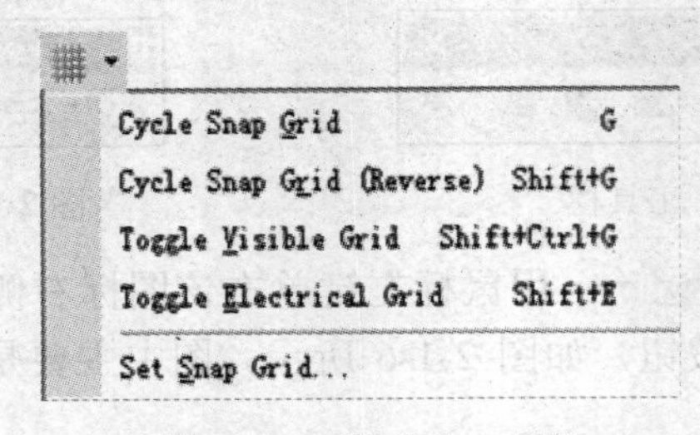

图2-1-11 “栅格”工具栏

打开和关闭“Utilities”工具栏的方法是：执行菜单命令“View”→“Toolbars”→“Utilities”。

3．图纸设置

任务中要求的图纸设置内容均可在“Document Options”对话框中设置。

调出“Document Options”对话框的操作是执行菜单命令“Design”→“Options”，或在图纸区域内单击鼠标右键，在快捷菜单中选择“Options”→“Document Options”。“Document Options”对话框如图2-1-12所示。

1）设置图纸为A4

在图2-1-12的“Standard Style”区域中，用鼠标左键单击“Standard Styles”框右侧的下拉按钮，选择A4。

在图2-1-12的“Custom Style”区域中可自定义图纸尺寸。选中“Use Custom Style”选项，则该区域设置有效。其中，“Custom Width”为图纸宽度，“Custom Height”为图纸高度。

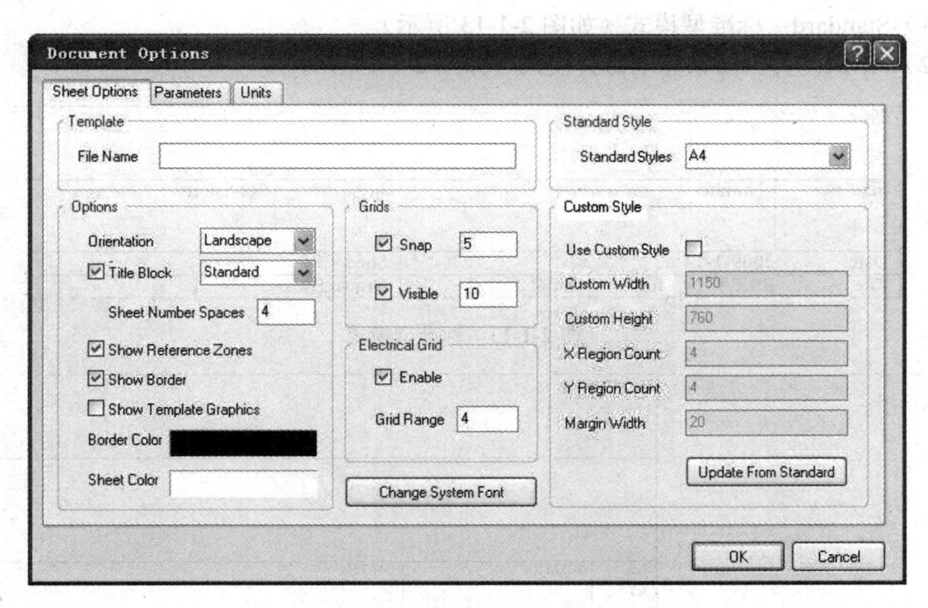

图2-1-12　“Document Options”对话框

2）设置图纸为横放

在图2-1-12的“Options”区域中用鼠标左键单击“Orientation”框右侧的下拉按钮，选择Landscape。

“Orientation”有下列两个选项。

（1）Landscape：横放。

（2）Portrait：竖放。

3）设置可视栅格为10mil

图纸采用英制单位（mil）。1mil = 1/1000 英寸= 0.0254mm。

可视栅格的设置可通过图 2-1-12 中的“Grids”区域中的“Visible”选项实现。

选中“Visible”前的复选框，则图纸中显示栅格，在“Visible”后的文本框中输入 10 即可。

4）设置光标一次移动半个栅格

光标一次移动距离可通过图 2-1-12 中的“Grids”区域中的“Snap”选项实现。

将“Snap”的值设置为 5。

“Snap”称为锁定栅格，即光标一次移动的距离。选中此项表示光标以“Snap”右边的设置值为单位移动。

实际上，只要“Snap”的值设置为 Visible 的一半，即可实现光标一次移动半个栅格。

5）设置标题栏为标准型

在图 2-1-12 的“Options”区域中选中“Title Block”复选框表示显示标题栏，用鼠标左键单击“Title Block”右端的下拉按钮，选择 Standard。

“Title Block”有下列两个选项。

（1）Standard：标准型模式（如图 2-1-13 所示）。

（2）ANSI：美国国家标准协会模式（如图 2-1-14 所示）。

Title			
Size A4	Number		Revision
Date:	2009-1-14	Sheet of	
File:	E:\工作2\..\shili1.SCHDOC	Drawn By:	

图 2-1-13　标准型模式

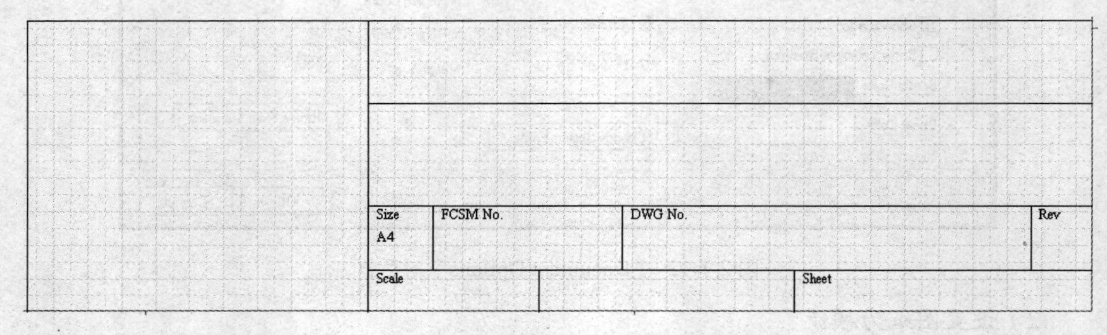

图 2-1-14　美国国家标准协会模式

6）显示图纸参考边框

参考边框是将图纸相互垂直的两边各自等分，竖边方向用大些英文字母编号，横边方向用数字编号，用这种方法对图幅分区，相当于在图纸上建立了一个坐标。图纸参考边框如图 2-1-15 所示。

在图 2-1-12 的“Options”区域中选中“Show Reference Zones”选项表示显示图纸参考边框，选中“Show Border”选项表示显示图纸边框，两者都要选中。

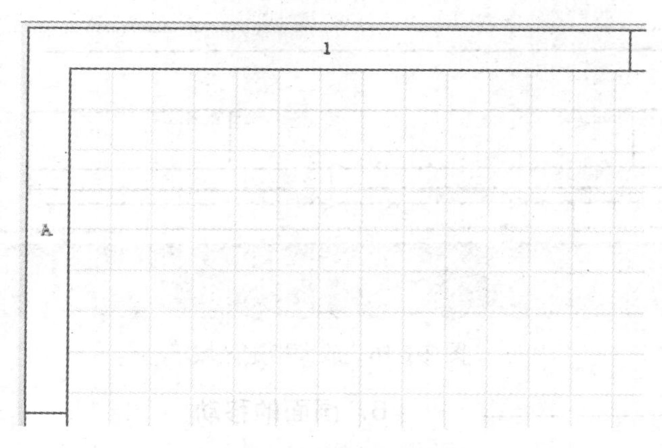

图 2-1-15 图纸参考边框

7）启动电气栅格，将电气栅格设置为 4

图 2-1-12 中的“Electrical Grid”区域是电气栅格区域，选中“Enable”选项，将“Grid Range”的值设置为 4，电气栅格的作用将在绘制原理图的过程中介绍。

2.1.2 画面管理

刚打开的原理图文件的画面很小，可通过屏幕放大的操作来改变画面显示比例。

1. 放大画面

执行菜单命令“View”→“Zoom In”或按“Page Up”键。

2. 缩小画面

执行菜单命令“View”→“Zoom Out”或按“Page Down”键。

3. 改变画面显示比例

执行菜单命令“View”，在下一级菜单中直接选择显示比例即可。

4. 显示全部内容

执行菜单命令“View”→“Fit All Objects”或单击“Schematic Standard”工具栏中的图标，图纸上的全部内容都显示在工作窗口中间。

5. 放大指定区域

以将图 2-1-2 中的标题栏放大到屏幕中间为例介绍操作步骤。

执行菜单命令“View”→“Area”或单击“Schematic Standard”工具栏中的图标，用十字光标在标题栏的一个顶点外侧单击鼠标左键，移动光标到另一对角线位置，此时光标画出一个虚线框（如图 2-1-16）所示，将标题栏全部框在虚线框内后，在对角线位置单击鼠标左键（确定放大区域），则标题栏放大到充满工作窗口。

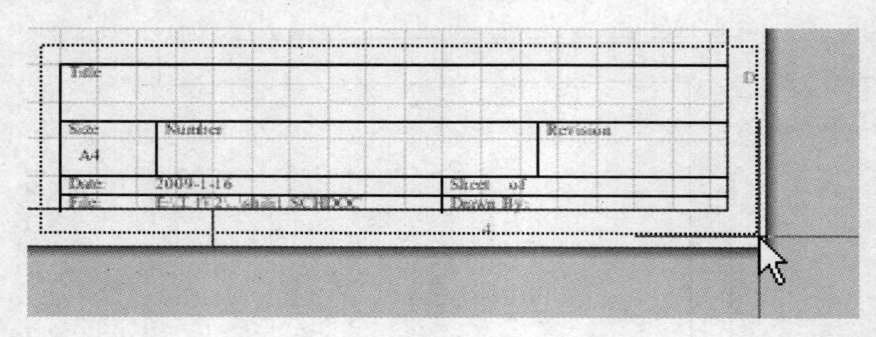

图 2-1-16 放大指定区域

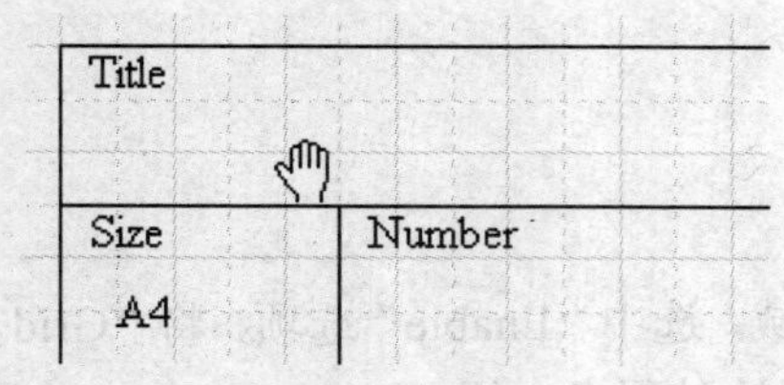

图 2-1-17 快速移动画面

6．画面的移动

若要快速移动画面，除了与其他软件一样可以通过拖动水平和垂直滚动条外，还可以按住鼠标右键，此时光标变成手形（如图 2-1-17 所示），按住鼠标右键并拖动即可。

这一功能是升级到 Protel DXP 之后的新增功能，在 Protel DXP 之前的版本中没有这个功能。

7．刷新画面

如果在操作过程中画面出现扭曲现象，可执行菜单命令“View”→“Refresh”或按“End”键，刷新画面。

注：“Page Up”、“Page Down”、“End”键在任何时候都有效。

2.2 任务二：绘制简单原理图

要求：在 2.1 节中设置的图纸中绘制如图 2-2-1 所示的光敏二极管应用电路。

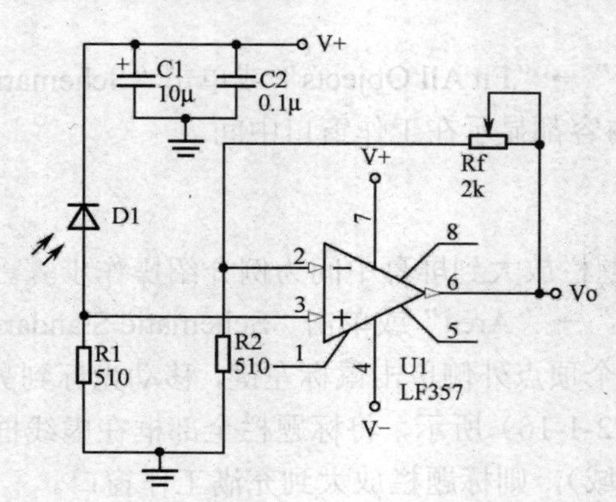

图 2-2-1 光敏二极管应用电路

光敏二极管应用电路元器件属性列表如表 2-2-1 所示。

表 2-2-1　光敏二极管应用电路元器件属性列表

Lib Ref（元器件名称）	Designator（元器件标号）	Comment（元器件标柱）	Footprint（元器件封装）
RES2	R1	510	AXIAL-0.4
RES2	R2	510	AXIAL-0.4
Cap Pol2	C1	10μ	CAPPR1.5-4x5
Cap	C2	0.1μ	RAD-0.1
LF357H	U1	LF357	DIP-8
Photo Sen	D1		PIN2
Rpot	Rf	2k	VR4
U1 在 C:\Program Files\Altium2004 SP2\Library\Motorola\Motorola Amplifier Operational Amplifier. IntLib 中			
其余元器件在 C:\Program Files\Altium2004 SP2\Library\Miscellaneous Devices.IntLib			

2.2.1　加载元器件库

1. 集成库概念

1）元器件的电气符号和封装

在电路板制作中，每个元器件都对应两种图形符号——原理图元器件符号和元器件封装。

原理图元器件符号是元器件的电气符号，在原理图中使用，如图 2-2-2 中所示的电容的电气符号。

元器件封装是指将实际的电子元器件焊接到电路板时所指示的轮廓和焊点位置，它保证了元器件引脚与电路板上的焊盘一致。图 2-2-3 是实际电容，图 2-2-4 是电容的封装符号。图 2-2-4 中两个焊盘的距离应与实际电容两个引脚的距离一致，焊盘孔径应和实际引脚的直径相适合。

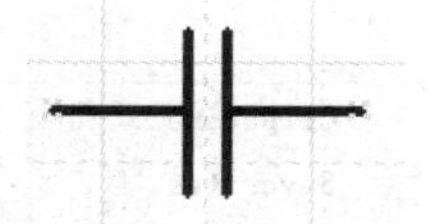

图 2-2-2　电容的电气符号

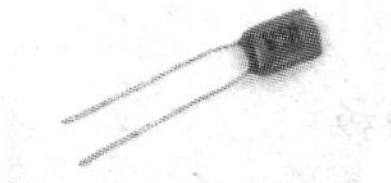

图 2-2-3　实际电容

图 2-2-4　电容的封装符号

2）集成库概念

在 Protel DXP 以前的各种版本中，元器件的电气符号和封装符号是分别放在两种元器件库中的。在原理图元器件库中存放元器件的电气符号，在元器件封装库中存放各种元器件封装符号，这样在设计电路板图时就很不方便。从 Protel DXP 开始的各个版本都将这两种符号放在了一个元器件库中，在调出一个元器件电气符号的同时，也可以看到系统推荐的参考元器件封装，这种元器件库被称为集成库。图 2-2-5 所示就是元器件库 Miscellaneous Devices. IntLib 中的电池的电气符号和参考封装。

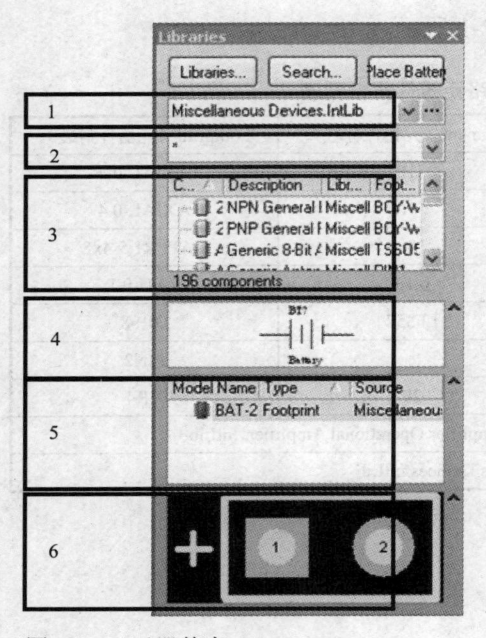

图 2-2-5 元器件库 Miscellaneous Devices. IntLib 中的电池的电气符号和参考封装

集成库文件的扩展名是. IntLib。

3）常用元器件库介绍

在 Protel DXP 2004 SP2 中，绝大部分元器件符号包括封装都无须自己绘制，这些符号按生产厂家或电气特性分类存放在不同的元器件库中，这些元器件库都存放在Protel DXP 2004 SP2 的安装路径下，只要调出即可使用。

常用元器件库有：

（1）常用分立元器件库 Miscellaneous Devices. IntLib 中包含了一般常用的分立元器件符号。

（2）常用接插件库 Miscellaneous Connectors. IntLib 中包含了一般常用的接插件符号。

集成库文件在系统中的存放路径是：磁盘符\Program Files\Altium2004 SP2\Library\。

以上两个常用元器件库直接存放在 Library 文件夹下，其他元器件库则按生产厂家分别存放在 Library 下的不同文件夹中。

2. 加载元器件库

若要在原理图中使用某个元器件库中的符号，首先要将其加载到原理图编辑器中，即将元器件库调入内存，这个操作被称为加载元器件库或装入元器件库。

在 Protel DXP 2004 SP2 的原理图文件中，系统已默认加载了常用元器件库 Miscellaneous Devices. IntLib 和 Miscellaneous Connectors.IntLib。

从表 2-2-1 中可以看出，大部分元器件符号都在常用元器件库 Miscellaneous Devices. IntLib 中，而集成运放 U1（LF357）存放在 Library\Motorola\Motorola Amplifier Operational Amplifier.IntLib 中，因此在画图之前首先要加载这个元器件库。

具体操作如下。

1）打开元器件库“Libraries”面板

打开在 2.1 节中新建的原理图文件，单击屏幕右下角的“System”标签→选择“Libraries”，如图 2-2-6 所示，即可打开“Libraries”面板，打开的“Libraries”面板如图 2-2-5 所示。

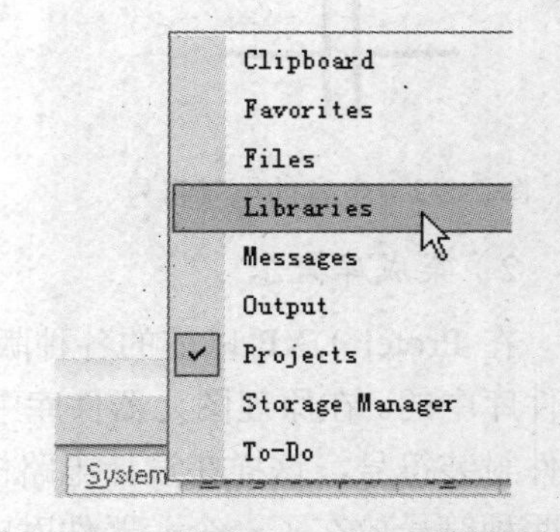

图 2-2-6 打开“Libraries”面板的操作

在图 2-2-5 中，区域 1：“Libraries”面板当前显示的元器件库名称。用鼠标左键单击库名称右边的下拉箭头，可显示当前原理图中已加载的所有元器件库名称，在列表中选择任一库文件名，可将该元器件库的内容显示在“Libraries”面板的区域 3 中，如图 2-2-5 中目前显示的是 Miscellaneous

Devices. IntLib 中的内容。

区域 2：元器件过滤选项区。可以设置元器件列表的显示条件，在条件中可以使用通配符"*"，如在条件中输入 R*，则在区域 3 的元器件列表中显示所有元器件名为 R 开头的元器件符号。

区域 3：元器件列表区。显示区域 1 元器件库文件中所有符合区域 2 元器件过滤条件的元器件列表。

区域 4：元器件符号图形显示。

区域 5：元器件封装名显示。显示区域 4 中元器件符号图形对应的参考元器件封装名。

区域 6：元器件符号封装图形显示。显示区域 5 中元器件封装名对应的元器件封装图形。

2）加载元器件库

通过下面的操作，在原理图中加载 Motorola Amplifier Operational Amplifier.IntLib 元器件库。

（1）单击图 2-2-5 中"Libraries"面板上部的"Libraries"按钮，系统弹出"Available Libraries"对话框，如图 2-2-7 所示。

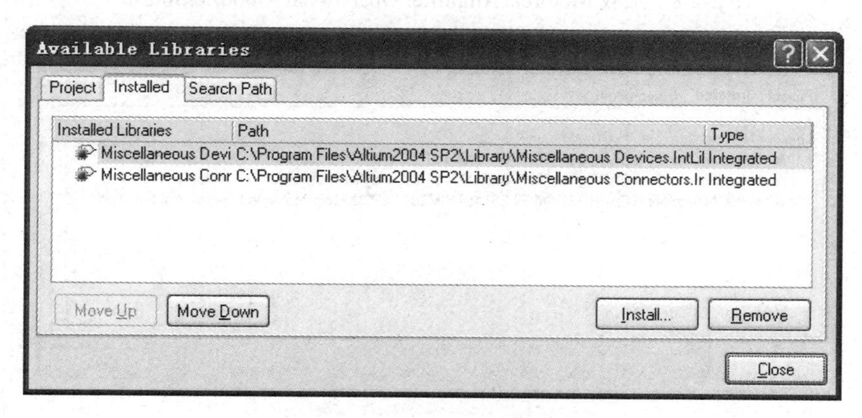

图 2-2-7 "Available Libraries"对话框

（2）选择"Installed"标签，此时在"Installed Libraries"列表中显示系统默认加载的两个元器件库名。

（3）单击"Install"按钮，系统弹出"打开"对话框，在对话框中按照"Motorola Amplifier Operational Amplifier.IntLib"所在路径，选中该文件→单击"打开"按钮，如图 2-2-8 所示。

（4）此时，"Available Libraries"对话框变为如图 2-2-9 所示，"Motorola Amplifier Operational Amplifier.IntLib"文件名出现在列表中。

（5）单击"Close"按钮关闭"Available Libraries"对话框，则加载了 Motorola Amplifier Operational Amplifier.IntLib 元器件库。

图 2-2-8　加载 Motorola Amplifier Operational Amplifier.IntLib

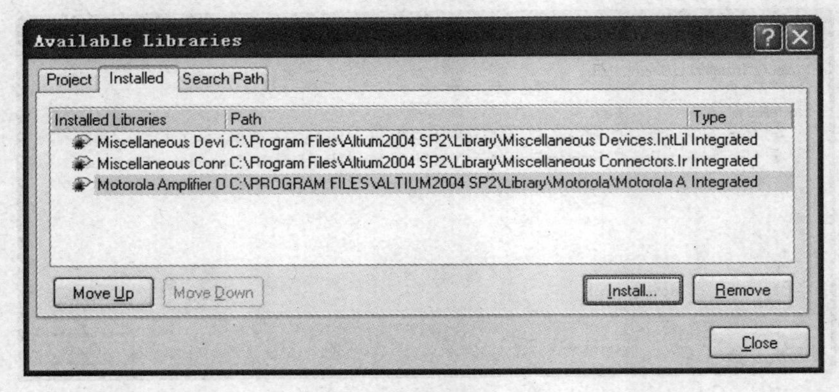

图 2-2-9　加载后的“Available Libraries”对话框

2.2.2　放置元器件

1．调整图纸画面大小

在原理图图纸上单击鼠标左键，使光标聚焦到图纸上→按“Page Up”键直到画面上显示栅格。如果图纸已能看到栅格，可以省略这一步。

X:285 Y:760　Grid:5

图 2-2-10　状态栏

此时，在屏幕左下角应显示如图 2-2-10 所示的状态栏，其中 X 和 Y 是光标当前在图纸中位置的坐标值，坐标原点在图纸左下角；Grid: 5 表示图纸设置的 Snap 的值是 5，设置方法参见 2.1.1。

如果未显示状态栏，可执行菜单命令“View”→“Status Bar”调出状态栏。

2．元器件属性

Protel DXP 2004 SP2 对原理图元器件符号设置了下列 4 个属性。

（1）Lib Ref（元器件名称）：元器件符号在元器件库中的名字。如表 2-2-1 中电阻符号在元器件库中的名称为 RES2，在放置元器件时必须输入，否则系统找不到该元器件，元器件名称不会在原理图中显示出来。

（2）Designator（元器件标号）：元器件在原理图中的序号，如 R1、C1 等。每个元器件必须有元器件标号，并且不能相同。也可以先使用系统默认的标号如 R？等，所有元器件均放置完毕后再使用系统的自动安排元器件标号功能统一安排元器件标号。

（3）Comment（元器件标注）：如电阻阻值、电容容量、集成电路芯片型号等。如果不进行仿真可不输入，如表 2-2-1 中的 D1。

出于软件的原因，在需要将绘制的原理图转换成印制电路板图时，最好不要输入Ω、μ 等全角符号；对于电阻阻值，如果单位是Ω，可以不写，如表 2-2-1 中的 510；对于电容容量单位，可用小写的 u 代替 μ。

（4）Footprint（元器件封装）：元器件的外形名称。一个元器件可以有不同的外形，即可以有多种封装。元器件的封装主要用于印制电路板图，这一属性值在原理图中不显示。如果绘制的原理图需要转换成印制电路板图，在元器件属性中必须输入该项内容。关于元器件封装的概念将在第 6 章中介绍。

3．放置元器件

由于 Protel DXP 2004 SP2 对原理图元器件符号定义了 4 个属性，在放置元器件前就应该首先确定这 4 个属性，特别是元器件名 Lib Ref。但是对于初学者，往往不清楚符号的元器件名，为方便读者学习，本书涉及的原理图均配有元器件属性列表，如表 2-2-1 所示。

下面就按照表 2-2-1 所示的元器件属性，介绍放置元器件的操作。

1）第一种方法

（1）执行菜单命令“Place”→“Part”或按两次“P”键或在“Wiring”工具栏中单击“放置元器件”图标→弹出“Place Part”（放置元器件）对话框，如图 2-2-11 所示，图中显示的是元器件符号的 4 个属性。

（2）按照表 2-2-1 中 R1 的属性值分别输入到各自属性旁边的文本框中，单击“OK”按钮，光标变成十字形，并且元器件符号随光标移动。

（3）此时，可按“空格”键旋转方向，按“X”键水平翻转，按“Y”键垂直翻转，确定方向后，在适当位置单击鼠标左键放置好一个元器件符号。此时，仍有一个电阻符号随光标移动，可继续放置。如果单击鼠标右键，则继续弹出“Place Part”对话框，重复上述步骤放置其他元器件符号，单击“Cancel”按钮退出。

（4）如果元器件符号放置后仍需移动或改变方向，可在元器件符号上按住鼠标左键移动位置；在元器件符号上按住鼠标左键后再按“空格”键旋转方向，按“X”键水平翻转，按“Y”键垂直翻转，以改变方向。

按照同样的方法可以放置其他元器件符号。

2）第二种方法

以上放置元器件符号的方法虽然操作方便，但在实际使用时必须注意元器件名 Lib Ref 的输入不能错一个字符，否则系统将提示找不到该元器件符号的信息。例如 C1 的元器件名称为 Cap Pol2，如果输入时，Cap 与 Pol2 之间没有空格，系统就会提示找不到。

下面以放置电容 C1 为例介绍第二种方法。

（1）在图 2-2-5 的区域 1 中选择 Miscellaneous Devices. IntLib（C1 所在元器件库）。

（2）在区域 2 中输入 C*（Cap Pol2 的开头字母），则在元器件符号浏览区中显示所有以 C 开头的元器件。

（3）从列表中选择 Cap Pol2，单击“Place Cap Pol2”按钮，如图 2-2-12 所示，光标变成十字形，并且元器件符号随光标移动。以下可按照第一种方法中（3）介绍的方法进行放置操作。

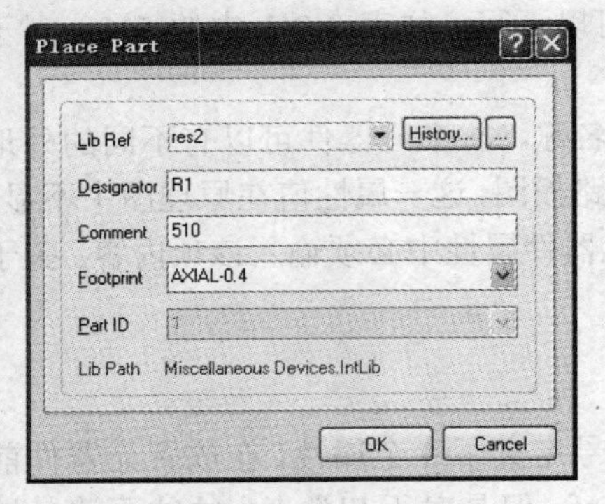

图 2-2-11 “Place Part”对话框

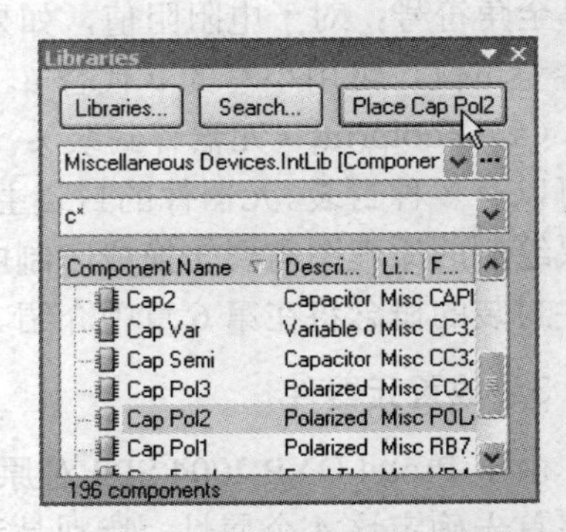

图 2-2-12 第二种放置元器件的方法

这种方法的优点是查找速度快，而且可以不必输入元器件符号的全部名称，可避免由于元器件名称输入错误而找不到符号，但前提是必须知道元器件符号所在的元器件库。

3）第三种方法

对于常用元器件（如电阻、电容、集成电路等）符号，可以单击“Utilities”工具栏中的“常用元器件”图标 的下拉按钮，从中选择某个元器件符号，然后按“Tab”键，在弹出的属性对话框中按元器件符号属性要求进行设置。关于元器件符号的属性编辑，请参见 2.2.6 节中介绍的元器件符号的属性编辑方法。

4）第四种方法

如果电路图中有多个相同的符号（如有多个电阻），可在放置了一个电阻之后，使用“放置选中对象”图标进行放置，具体操作如下。

图 2-2-13 选中电阻

（1）放置一个电阻，然后单击该电阻将其选中，如图 2-2-13 所示。

（2）单击“Schematic Standard”工具栏中的“放置选中对象”图标 。

（3）此时，一个与选中电阻符号完全相同的符号粘在十字光标上，在适当位置单击鼠标左键将其放置好。

（4）双击该电阻符号，在弹出的属性对话框中进行各属性的修改，关于元器件属性的编辑，请参见 2.2.6 中介绍的元器件符号的属性编辑方法。

这个命令对放置重复图形非常简单。

重要提示：在放置元器件符号过程中，如果发现元器件的封装与表 2-2-1 中所给出的不一致，可以暂时采用系统默认的封装形式，关于元器件封装的修改方法将在 2.2.6 中进行专门介绍。

4．编辑已放置好的元器件符号

（1）移动元器件符号。如果元器件已放置在图纸上，但位置不合适，可在元器件符号上按住鼠标左键并拖动。

（2）改变元器件符号方向。在已放置好的元器件符号上按住鼠标左键，再按“空格”键、“X”键、“Y”键可改变方向。

（3）移动元器件标号或标注。对于已放置好的元器件符号，有时元器件标号或标注的放置位置不合适，需单独移动。移动方法是在元器件标号或标注上按住鼠标左键并拖动。

注意：是在元器件标号或标注上按住鼠标左键，不要在元器件符号上按住鼠标左键。

（4）改变元器件标号或标注方向。在元器件标号或标注上按住鼠标左键，再按“空格”键、“X”键、“Y”键。

（5）编辑元器件符号属性。双击元器件符号，在弹出的属性对话框中进行修改，操作方法见 2.2.6。

2.2.3 绘制导线

Protel DXP 2004 SP2 对画线方法进行了改进，使画线更加简便。

在绘制导线前，应将所有元器件符号按照图 2-2-1 所示放置到适当位置，如图 2-2-14 所示。

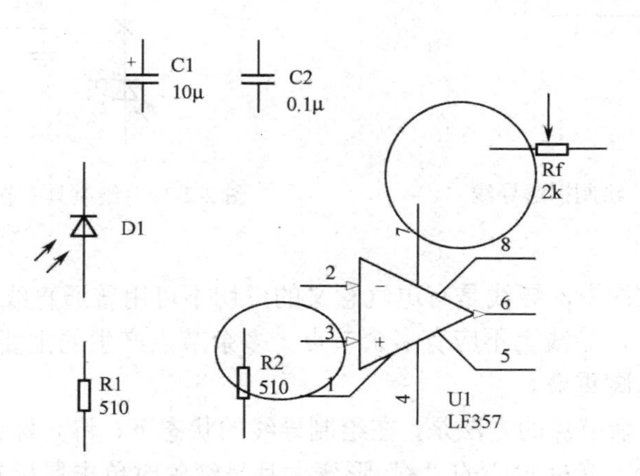

图 2-2-14 将所有元器件符号放置到适当位置

放置元器件符号时，应注意可调电阻 Rf 左边引脚的端点不应与 U1 第 7 引脚的端点在同一水平线和同一垂直线上，电阻 R2 上边引脚的端点不应与 U1 第 3 引脚的端点在同一条线上，原因是 Rf 与 U1 的第 7 引脚、R2 与 U1 的第 3 引脚不相连。

（1）执行菜单命令“Place”→“Wire”或在“Wiring”工具栏中单击“放置导线”图标，光标变为十字形，在光标中心有一个“×”形图案，如图 2-2-15 所示。

（2）将光标移到元器件符号引脚端点处，此时光标中心的“×”形变成红色且变大，如图 2-2-16 所示，单击鼠标左键确定导线的起点。

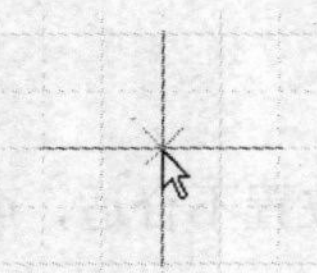

图 2-2-15　绘制导线时的光标

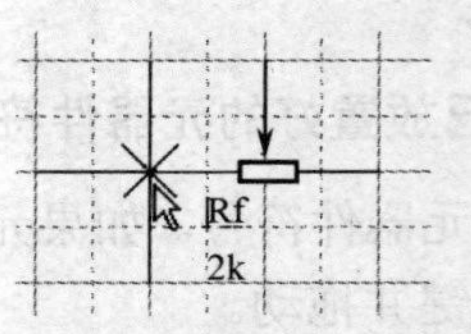

图 2-2-16　光标移到元器件符号引脚端点处的情况

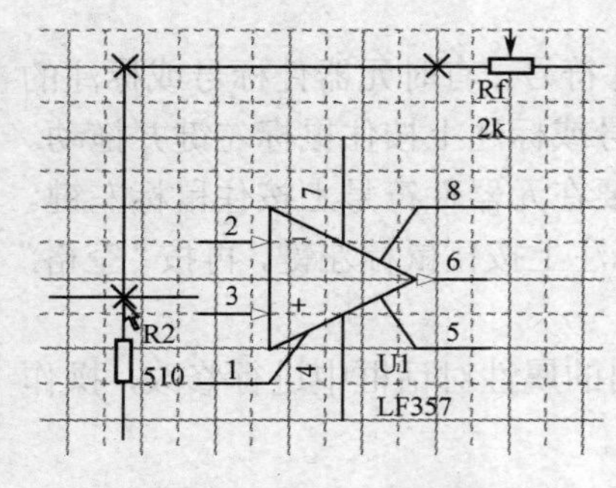

图 2-2-17　绘制导线时的情况

（3）拖动光标在需要拐弯的位置单击鼠标左键，继续拖动光标在电阻 R2 上边引脚的端点处再单击鼠标左键，如图 2-2-17 所示。

（4）此时仍处于画线状态，将光标移至其他位置可继续绘制其他导线，也可单击鼠标右键退出画线状态。

绘制拐弯导线小窍门：要绘制如图 2-2-18 所示具有拐弯的导线，可先在二极管负极处单击鼠标左键→将光标上移到 C2 点处时，先不单击鼠标左键，如图 2-2-19 所示，如果此时拐弯的高度不合适，可以上、下移动光标，直到拐弯高度合适再单击两次鼠标左键，最后单击鼠标右键退出画线状态。

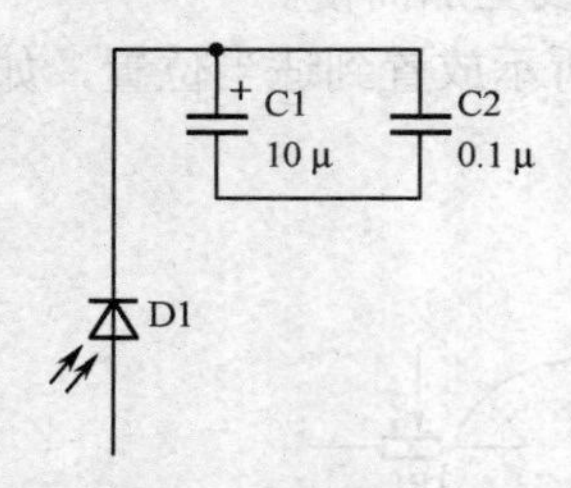

图 2-2-18　绘制拐弯导线

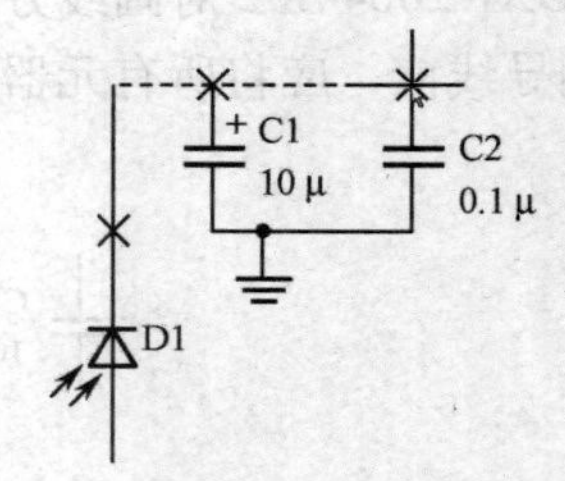

图 2-2-19　绘制具有拐弯导线的简单方法

特别提示：

（1）在 Protel 软件中，导线是有电气意义的，切不可用普通直线代替。

（2）绘制导线时，导线上不应有多余节点。多余节点产生的主要原因是导线与导线、导线与元器件符号引脚重叠。

（3）避免出现多余节点的方法是，在绘制导线的状态下，将光标移至元器件符号引脚或另一导线的端点处、光标中心的“×”形变大且呈红色时单击鼠标左键，则不会产生多余节点。这种现象是因为在如图 2-1-12 所示的“Document Options”对话框中选中了“Electrical Grid（电气栅格）”区域中的“Enable”选项，如果未启动电气栅格，不会出现上述现象。

（4）对于多余节点不应简单删除，应找出产生的原因，从根本上加以消除。

2.2.4 放置电源和接地符号

1）第一种方法

（1）执行菜单命令“Place”→“Power Port”或在“Wiring”工具栏中单击“电源符号”图标，则一个电源（接地）符号粘在光标上随光标移动。

（2）按“Tab”键，弹出“Power Port”（电源符号）对话框，如图 2-2-20 所示。

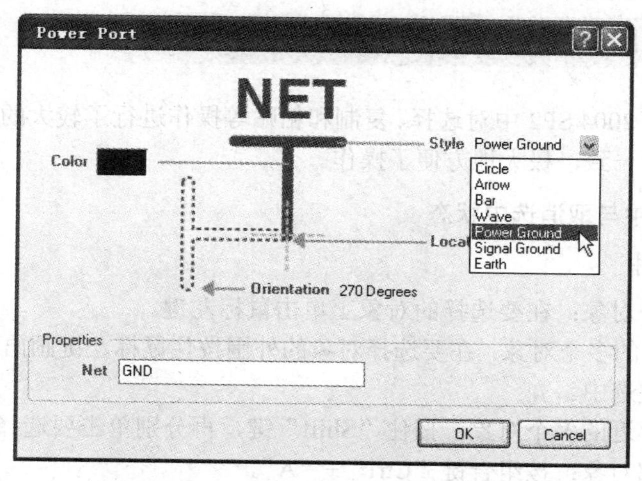

图 2-2-20 “Power Port”（电源符号）”对话框

① Net：是电源、接地符号的网络标号，如电源符号中的 Vcc、+5V 等，对于接地符号，在本教材中一定要输入 GND，无论其是否显示。

② Style：电源、接地符号的各种显示形式，单击右侧的下拉按钮，显示如图 2-2-20 所示的显示形式列表。图 2-2-21 所示为各种选项的显示形式。

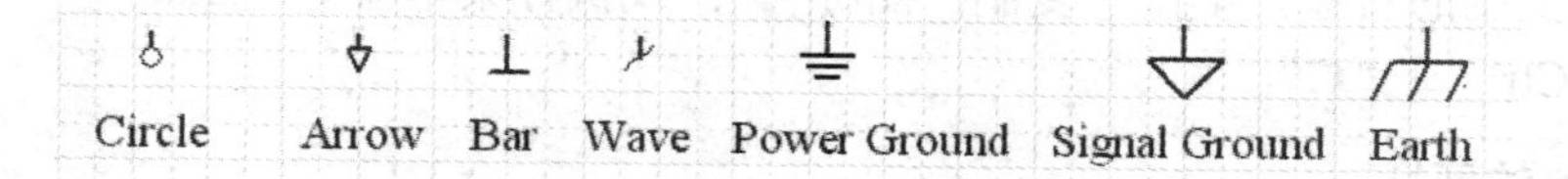

图 2-2-21 电源、接地符号的各种显示形式

③ Color：电源、接地符号的显示颜色，单击“Color”右侧的颜色块，在弹出的调色板中选择所需颜色即可。

（3）在对话框中进行如下设置。

在“Net”框中输入 GND，单击“Style”右侧的下拉按钮，从中选择 Power Ground，单击“OK”按钮。

如果是电源或输出符号（V+、V-、Vo），则在“Net”框中输入相应的名称，在“Style”框中选择 Circle。

注意：无论是电源、接地、输入、输出符号，符号中的 Net 值不能为空，特别是在该原理图需要转换成印制电路板图时。

（4）按“空格”键旋转方向，单击鼠标左键进行放置，单击鼠标右键退出放置状态。

2）第二种方法

（1）单击“Utilities”工具栏中的 ⏚ ▾ 中的下拉按钮，在下拉菜单中选择相应的电源、接地符号形式，按“Tab”键在“Power Port（电源符号）”对话框中修改属性。

（2）单击鼠标左键进行放置。

至此，一张简单的电路原理图绘制完毕。

2.2.5 对象的复制、粘贴、删除和移动

在 Protel DXP 2004 SP2 中对选择、复制和粘贴等操作进行了较大的改变，与 Windows 中的操作方法取得一致，极大地方便了操作。

1．对象的选中与取消选中状态

1）对象的选中

（1）选择单个对象：在要选择的对象上单击鼠标左键。

（2）选择邻近的多个对象：在要选择对象的外围按住鼠标左键画出一个矩形，矩形内的所有对象全部被选中。

（3）选择不邻近的多个对象：按住“Shift”键，再分别单击要选择的对象。

（4）选择全部对象：按组合键“Ctrl”+“A”。

（5）执行菜单命令“Edit”→“Select”来进行选择。

2）取消选中状态

最简单的方法是，在图纸中被选中对象以外的任何位置单击鼠标左键即可。

2．对象的复制

选中要复制的对象，单击“复制”图标 ；或执行菜单命令“Edit”→“Copy”；或按组合键“Ctrl”+“C”。

3．对象的剪切

选中要剪切的对象，单击“剪切”图标 ；或执行菜单命令“Edit”→“Cut”；或按组合键“Ctrl”+“X”，则将被选中的内容复制到剪贴板上，与复制不同的是，选中的对象也随之消失。

4．对象的粘贴

接复制或剪切操作，单击“粘贴”图标 ；或执行菜单命令“Edit”→“Paste”；或按组合键“Ctrl”+“V”。

5．阵列式粘贴

阵列式粘贴可以完成同时粘贴多次剪贴板内容的操作。

图 2-2-22 是分别对 R1 进行阵列式粘贴后的两种效果。

1）完成如图 2-2-22（b）所示的粘贴

（1）用鼠标左键单击 R1→按组合键“Ctrl”+“C”，完成复制操作。

（2）执行菜单命令“Edit”→“Paste Array”，或单击“Utilities”工具栏中的“高级绘图工具”图标 中的下拉按钮，在弹出的下拉菜单中选择阵列式粘贴图标，如图 2-2-23 所示。

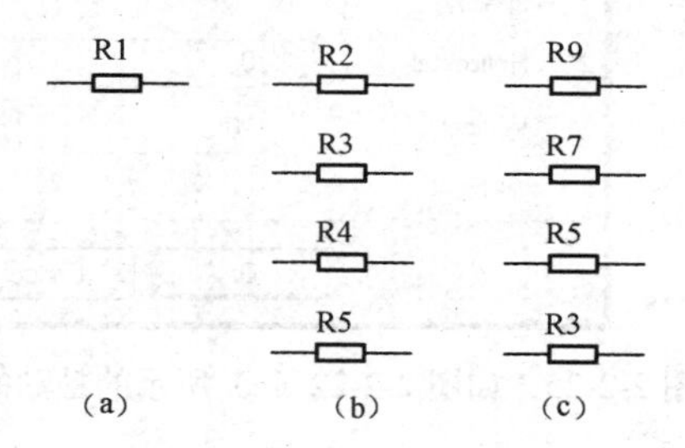

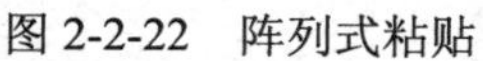

图 2-2-22 阵列式粘贴

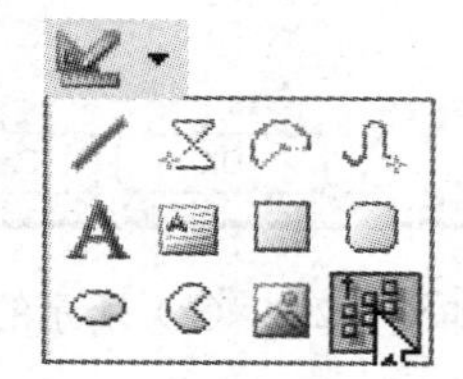

图 2-2-23 选择阵列式粘贴图标

（3）系统弹出“Setup Paste Array（阵列粘贴设置）”对话框，按图 2-2-24 所示进行设置。

① Item Count：要粘贴的对象个数。这里设置为 4。

② Primary Increment：元器件标号的增长变量。因为在图 2-2-22（b）中，元器件标号是依次增长的，所以设置为 1。

③ Horizontal：粘贴对象的水平间距。因为在图 2-2-22（b）中，R2~R5 是垂直排成一列的，所以该项设置为 0。

④ Vertical：粘贴对象的垂直间距。因为元器件标号是从上往下逐渐增大的，所以设置为－20。

设置完毕，单击“OK”按钮。

（4）在适当位置单击鼠标左键，进行粘贴。

注意：在粘贴时，粘贴基准点选在最上面，即 R2 处。

2）完成如图 2-2-22（c）所示的粘贴

按照 1）中介绍的步骤进行操作，需要注意两点：

（1）在执行选择性粘贴操作前，一定要先执行复制操作，这样元器件标号才如图 2-2-22（c）所示，如果在执行了“1)”的粘贴操作后直接进行“2)”的粘贴操作，则元器件标号会在“1)”的基础上进行变化。

（2）“Setup Paste Array”对话框的设置，如图 2-2-25 所示。

① Primary Increment：因为在图 2-2-22（c）中元器件标号的增长间距是 2，所以设置为 2。

② Vertical：因为元器件标号是从下往上逐渐增大的，所以设置为 20。

（3）在粘贴时，粘贴基准点选在最下面，即 R3 处。

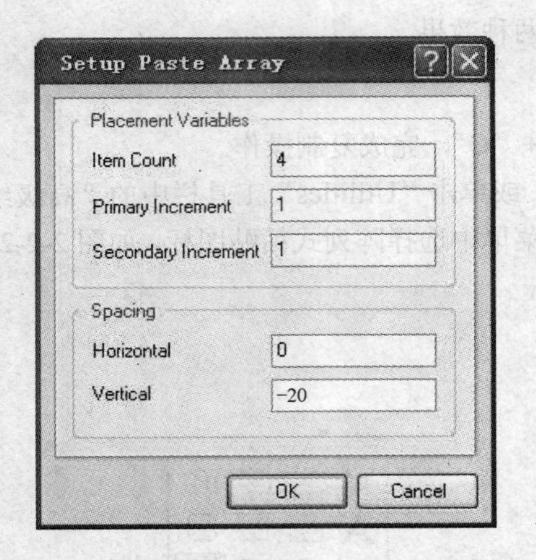

图 2-2-24　如图 2-2-22（b）所示的粘贴的设置

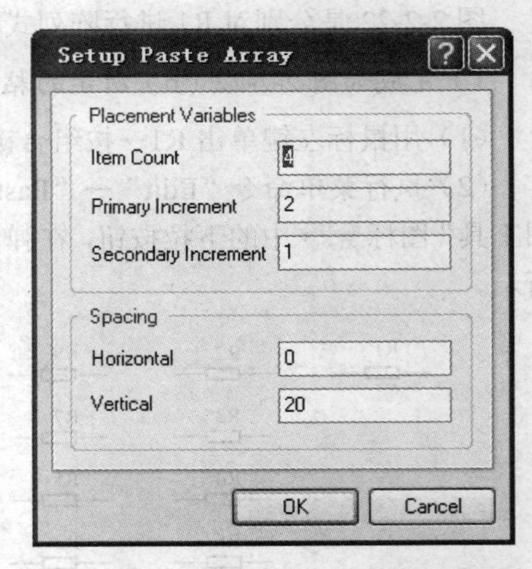

图 2-2-25　如图 2-2-22（c）所示的粘贴的设置

6．对象的删除

（1）选中要删除的对象。

（2）按“Delete”键。

7．对象的移动

这里主要介绍同时移动多个对象的方法。

（1）按照“1”中介绍的“选择不邻近的多个对象”方法，在原理图中选择多个对象。

（2）单击“移动选择对象”图标，光标变成十字形。

（3）将十字光标在选中的图形上单击鼠标左键，则选中的所有对象跟随光标一起移动，在适当位置再单击鼠标左键，将其放置。

（4）在选中对象以外的任何位置单击鼠标左键，取消选中状态。

2.2.6　元器件符号属性和导线属性编辑

1．编辑元器件符号属性

在绘制电路图过程中，有时需要修改元器件的标号、标注、封装形式，甚至修改元器件的图形符号，有时需要修改显示字体的大小或颜色，这就是元器件及其标号的属性编辑。

1）元器件符号的属性编辑

元器件符号的属性编辑在“Component Properties（元器件属性）”对话框中进行，如图 2-2-26 所示。调出该对话框的方法有四种。

第一种方法：在放置元器件符号过程中符号处于浮动状态时，按“Tab”键。

第二种方法：双击已经放置好的元器件符号。

第三种方法：在元器件符号上单击鼠标右键，在弹出的快捷菜单中选择 Properties。

第四种方法：执行菜单命令“Edit”→“Change”，用十字光标单击对象。

其他对象的属性对话框均可采用这几种方法调出，读者可参考此操作。

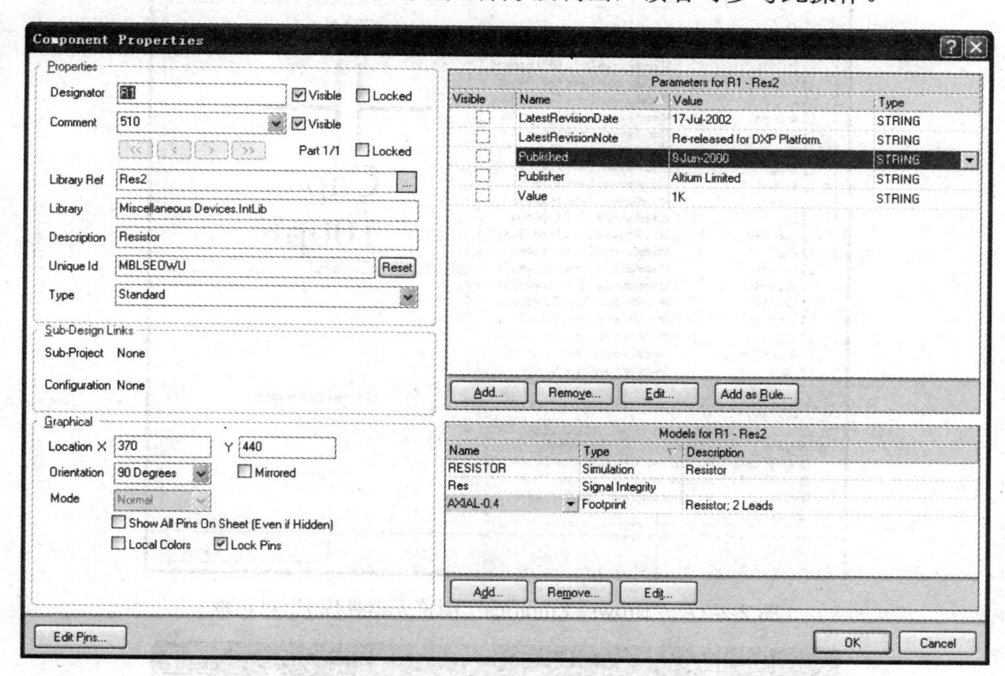

图 2-2-26 “Component Properties（元器件属性）”对话框

（1）“Properties”区域。

① Designator：元器件在原理图中的标号，如图中的 R1，可直接对其进行修改。选中后面的“Visible”复选框，显示该元器件标号，否则不显示。

② Comments：元器件标注。可以是电阻阻值、电容容量、集成电路型号等元器件的简单说明或注释，如图中的 510，可直接对其进行修改。选中后面的“Visible”复选框，显示该元器件标注，否则不显示。

③ Library Ref：符号在元器件库中的名称。可在此项中选择其他元器件符号，方法是可以直接在“Library Ref”右侧的文本框中输入新的元器件符号名称，也可以在元器件库中进行选择。在元器件库中进行选择的操作方法如下：

单击“Library Ref”最右侧的“…”按钮，系统弹出“Browse Libraries（浏览元器件库）”对话框，如图 2-2-27 所示。在“Component Name（元器件名称）”列表中选择需要的元器件符号名称，单击“OK”按钮，则刚选择的元器件符号名称出现在“Library Ref”右侧的文本框中。

如果图 2-2-27 中“Libraries”旁显示的元器件库中没有需要的元器件符号，可以单击其右侧的下拉箭头，从已加载的元器件库列表中选择其他元器件库，而后再在“Component Name”列表中选择元器件。

如果已加载的元器件库列表中没有需要的元器件库，可以单击其右侧的“…”按钮，此时系统弹出“Available Libraries（已加载元器件库）”对话框，如图 2-2-28 所示。单击“Install”按钮，加载其他元器件库，加载完毕，单击“Close”按钮将其关闭，再进行选择。

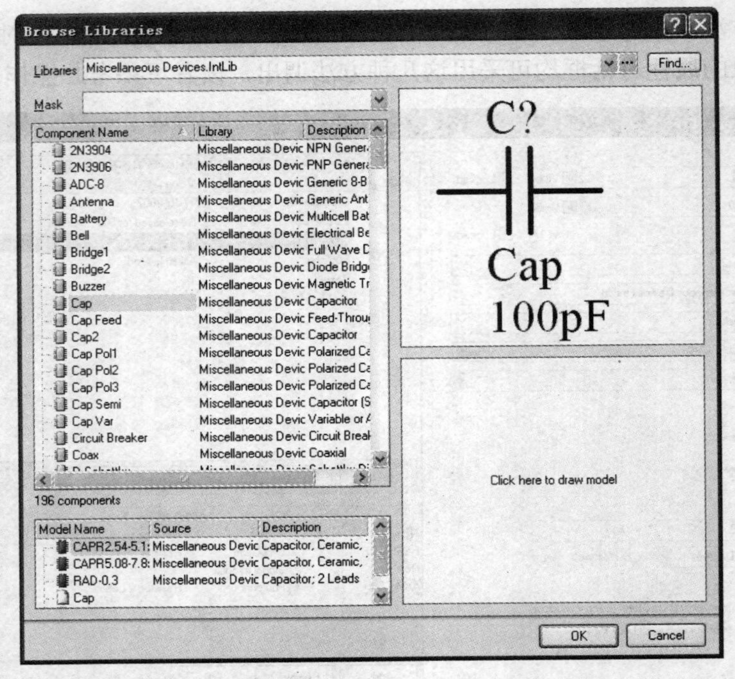

图 2-2-27 “Browse Libraries（浏览元器件库）”对话框

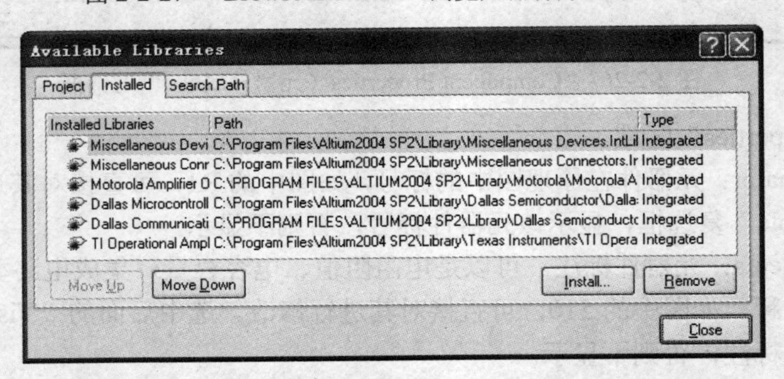

图 2-2-28 “Available Libraries（已加载元器件库）”对话框

④ Library：元器件符号所在的元器件库名称。

⑤ Description：元器件属性描述。

⑥ Unique Id：该元器件在本设计文档中的 ID，是唯一的编号，由系统随机而定。

⑦ Type：元器件类型。

（2）“Sub-Design Links”区域。与子项目设计有关的链接设置。

（3）“Graphical”区域。

① Location X、Y：元器件符号在图中的坐标值。

② Orientation：元器件符号的旋转角度。选中后面的“Mirrored”复选框，则元器件符号呈镜像方式显示。

③ Mode：元器件符号的模型。

其中，“Show All Pins On Sheet（Even if Hidden）”的含义是显示该元器件符号的所有

引脚内容。如果选中该复选框，则该元器件所有被隐藏的引脚、被隐藏的引脚名或引脚号全部被显示，建议不要选中该项。

“Lock Pins”的含义是锁定引脚，如果取消该项的选中状态，则该元器件符号的引脚可以随意移动，而不是随着元器件符号整体移动，建议不要取消该项的选中状态。

（4）“Parameters”区域。是元器件参数列表区域，在一般情况下，需要取消“Value”的选中状态。

（5）“Models”区域。给出元器件模型列表，包括元器件仿真、信号完整性和元器件封装等内容。

“例”将图 2-2-1 中电容 C2 的封装 RAD-0.1 改为 RAD-0.2。

① 双击电容 C2，系统弹出 C2 的属性对话框，如图 2-2-29 所示。

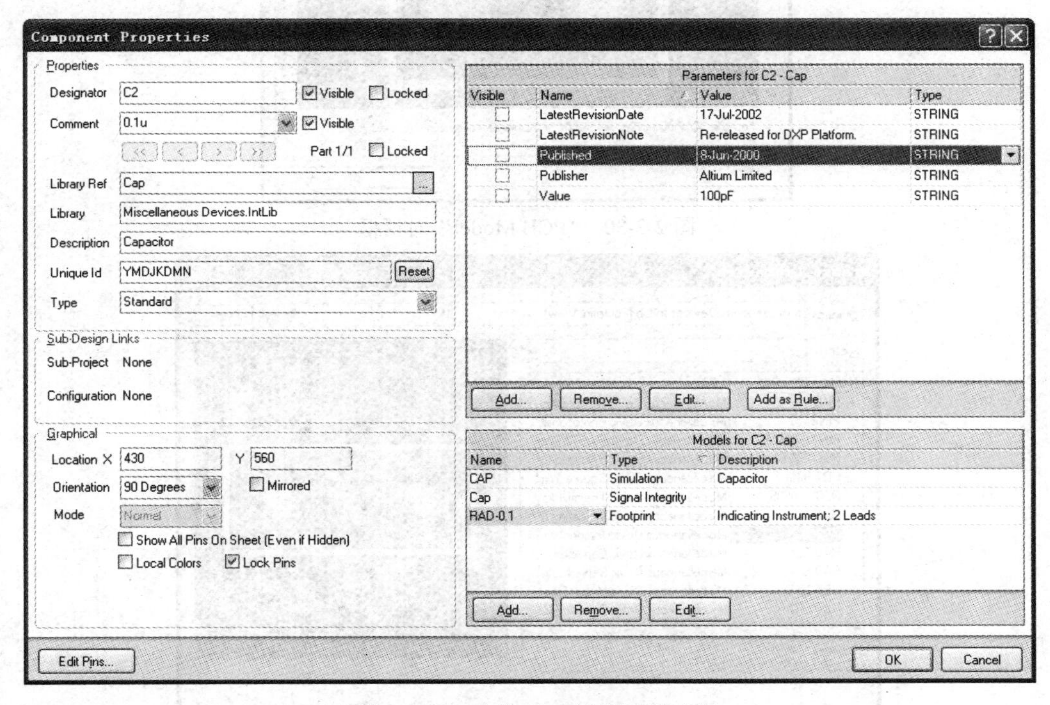

图 2-2-29 电容 C2 的属性对话框

② 在“Models”区域中用鼠标左键单击 RAD-0.1→单击该区域中的“Edit”按钮，系统弹出“PCB Model”对话框，如图 2-2-30 所示。

③ 在“PCB Model”对话框的“PCB Library”区域中选中“Any”选项，在“Footprint Model”区域中单击“Name”右侧的“Browse”按钮，系统弹出“Browse Libraries”对话框，如图 2-2-31 所示。

④ 在“Browse Libraries”对话框的元器件封装列表中选择 RAD-0.2，单击“OK”按钮返回“PCB Model”对话框，单击“OK”按钮返回 C2 的属性对话框，此时在原来显示 RAD-0.1 的位置已显示 RAD-0.2，单击“OK”按钮，关闭属性对话框。

如果在“Browse Libraries”对话框的元器件封装列表中没有要选择的封装名，可以在该对话框中选择其他元器件库，或通过加载其他元器件库的方法进行查找。

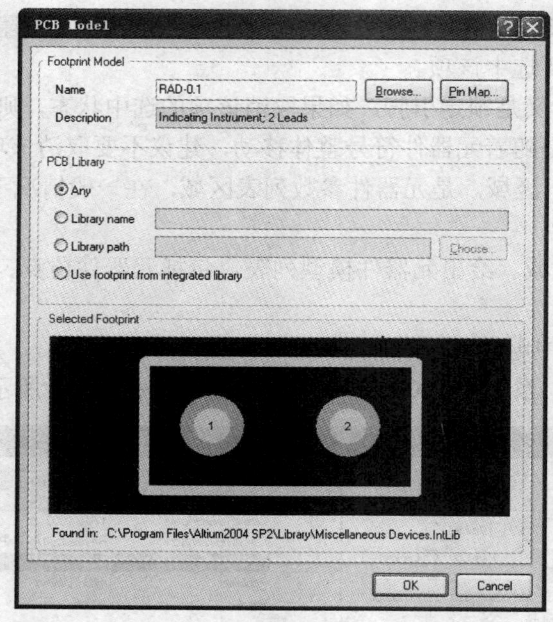

图 2-2-30 “PCB Model”对话框

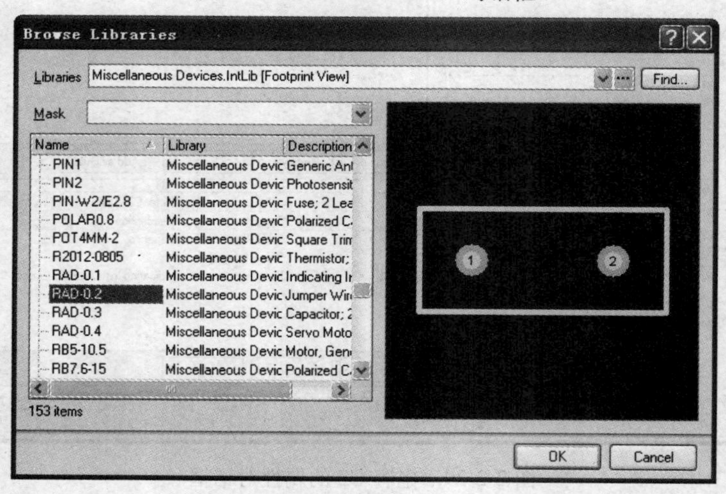

图 2-2-31 “Browse Libraries”对话框

2）元器件标号的显示属性编辑

要修改元器件标号的显示属性（如标号的字体、字号、颜色等参数），可通过以下操作实现。

（1）双击元器件标号，注意，只是双击元器件标号而不是双击元器件符号，系统弹出“Parameter Properties”对话框，如图 2-2-32 所示。

（2）单击“Color”右侧的颜色块，可修改元器件标号的颜色；单击“Font”右侧的“Change”按钮，系统弹出“字体”对话框，如图 2-2-33 所示，在其中可以选择字体、字形和字号，选择完毕单击“确定”按钮，返回“Parameter Properties”对话框，单击“OK”按钮，修改完毕。

元器件标注显示属性的编辑操作与之相同。

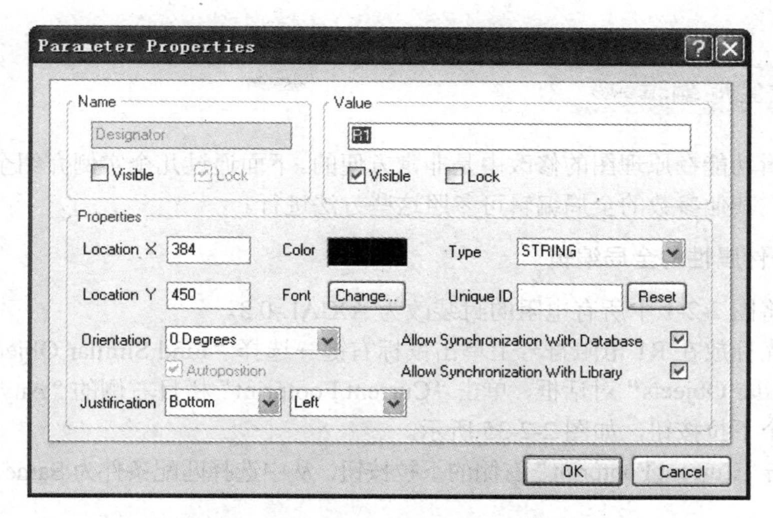

图 2-2-32 “Parameter Properties”对话框

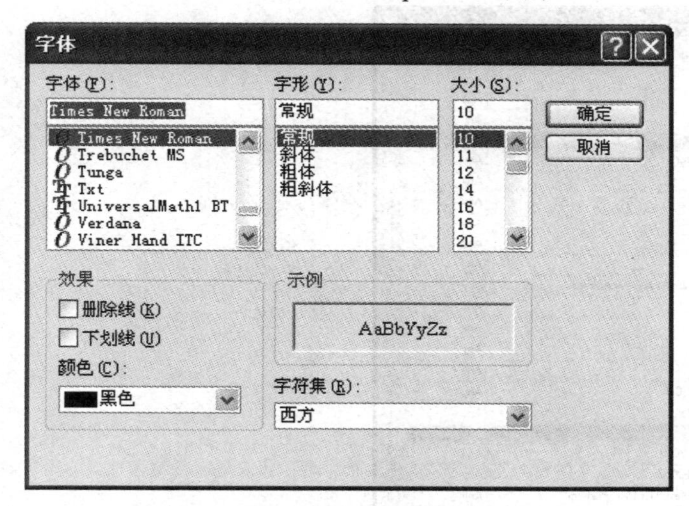

图 2-2-33 “字体”对话框

2．编辑导线属性

双击任一导线，系统弹出“Wire（导线）”对话框，如图 2-2-34 所示。

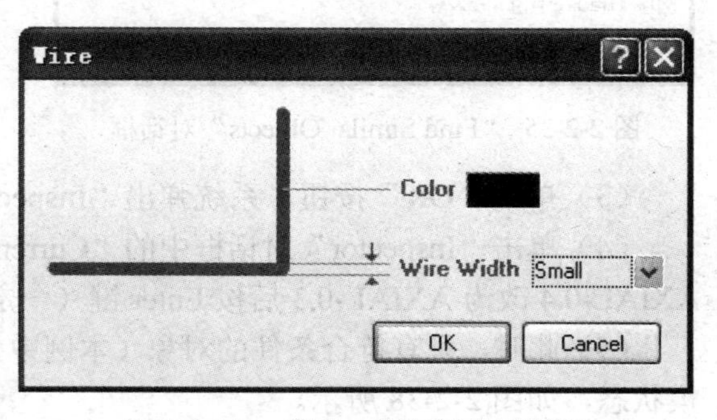

图 2-2-34 “Wire（导线）”对话框

（1）单击 Color 右侧的颜色块，可以修改导线颜色。

（2）单击“Wire Width”右侧的下拉按钮，可选择导线的粗细，共有下列 4 个选项。

① Smallest：最细。

② Small：细。

③ Medium：中粗。

④ Large：最粗。

2.2.7 全局编辑

全局编辑功能在原理图的修改中是非常方便的。下面通过几个实例介绍全局编辑功能的操作方法，其他参数的全局编辑可参照这些方法进行。

1．元器件属性的全局编辑

要求：将图 2-2-1 中所有电阻的封装改为 AXIAL-0.3。

（1）将光标放在 R1 电阻符号上单击鼠标右键→选择“Find Similar Objects”，系统弹出“Find Similar Objects”对话框，单击“Current Footprint”栏目右侧的“Any”，则“Any”右侧出现一个下拉按钮，如图 2-2-35 所示。

（2）单击“Current Footprint”右侧的下拉按钮，从中选择匹配条件为 Same，如图 2-2-36 所示。

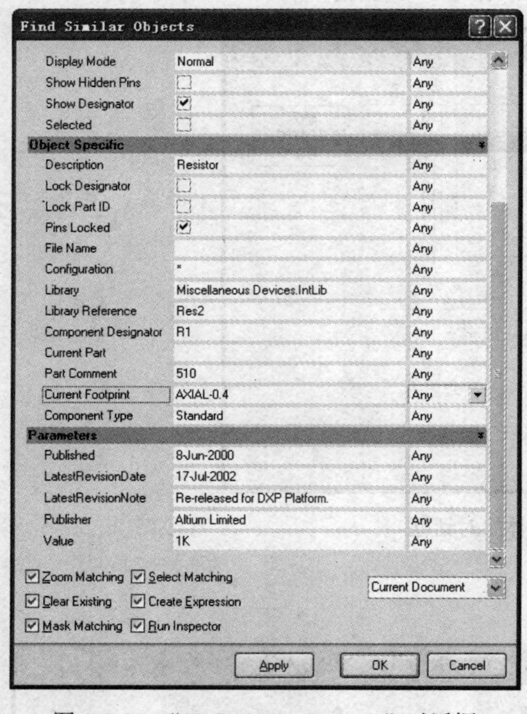

图 2-2-35 “Find Similar Objects”对话框

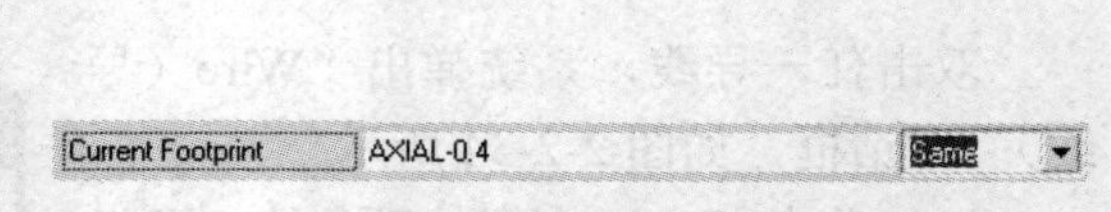

图 2-2-36 设置当前封装的匹配条件为 Same

（3）单击“OK”按钮，系统弹出“Inspector”对话框，如图 2-2-37 所示。

（4）单击“Inspector”对话框中的“Current Footprint”栏目右侧的“<…>”，将其中的 AXIAL-0.4 改为 AXIAL-0.3 后按 Enter 键（一定要按 Enter 键），关闭“Inspector”对话框。

（5）此时，只有符合条件的对象（本例中为电阻）被选中，电路图的其他对象变成掩模状态，如图 2-2-38 所示。

（6）单击屏幕右下角的“Clear”按钮，清除掩模状态，使窗口显示恢复正常。

检查电路中的电阻，每个电阻的封装都变为 AXIAL-0.3。

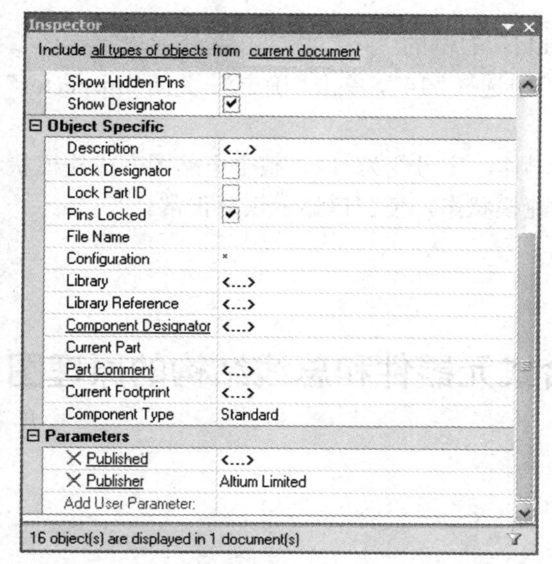

图 2-2-37 具有元器件属性的“Inspector”对话框

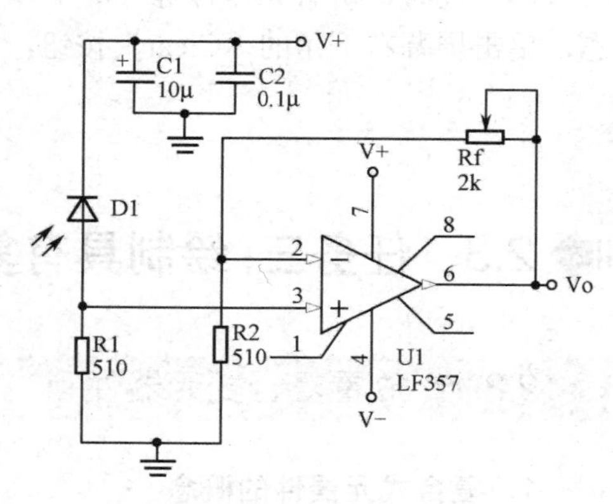

图 2-2-38 掩模状态

2．字符属性的全局编辑

要求：将图 2-2-1 中所有元器件标号的字号改为 14，字形为斜体。

（1）将光标放在任一元器件标号上单击鼠标右键→选择“Find Similar Objects”，系统弹出“Find Similar Objects”对话框，单击“Fontld”栏目右侧的“Any”，则“Any”右侧出现一个下拉按钮。

（2）单击“Fontld”右侧的下拉按钮，从中选择匹配条件为 Same，单击“OK”按钮，系统弹出“Inspector”对话框。

（3）单击“Inspector”对话框中的“Fontld”，在该栏目右侧出现“…”按钮，如图 2-2-39 所示。

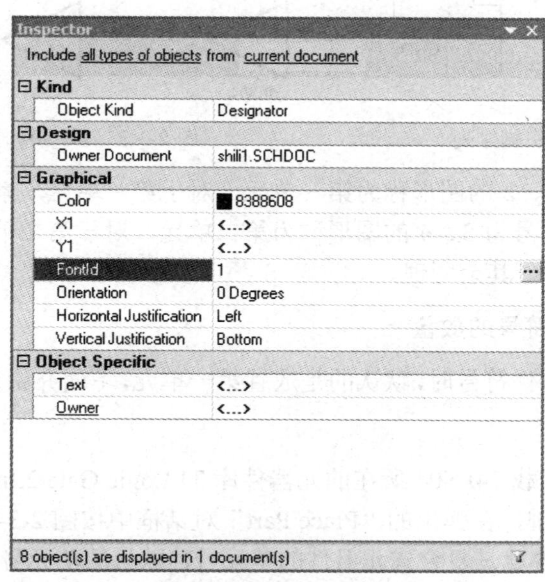

图 2-2-39 具有字符属性的“Inspector”对话框

（4）单击“Inspector”对话框中的“Fontld”右侧的“…”按钮，系统弹出“字体”对话框，在“字形”中选择“斜体”，在“大小”中选择“14”，单击“确定”，关闭“Inspector”对话框。

（5）此时，所有元器件标号的字体变为斜体，字号变为14，整个电路图变成掩模状态，单击屏幕右下角的“Clear”按钮，清除掩模状态，使窗口显示恢复正常。

2.3 任务三：绘制具有复合式元器件和总线结构的原理图

2.3.1 放置复合式元器件

1．复合式元器件的概念

对于集成电路，在一个芯片上往往有多个相同的单元电路。例如，非门电路74LS04有14个引脚，在一个芯片上包含6个非门，引脚7是接地端，引脚14是电源端，为芯片上的所有单元供电，如图2-3-1所示。在Protel软件中，这6个非门元器件符号的名称一样，只是引脚号不同，如图2-3-2中的U1A、U1B等，这样的元器件称为复合式元器件。

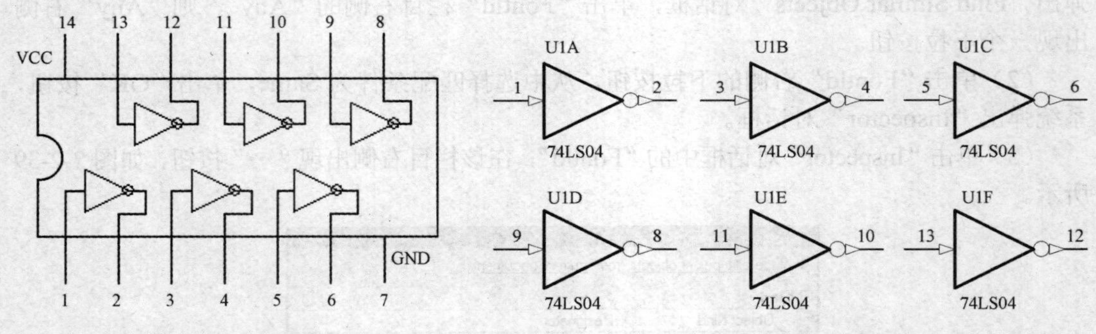

图2-3-1 74LS04的引脚排列　　图2-3-2 74LS04原理图符号

其中，引脚号为1、2的图形称为第一单元，对于第一单元，系统会在元器件标号的后面自动加上A；引脚号为3、4的图形称为第二单元，对于第二单元，系统会在元器件标号的后面自动加上B，其余同理。

2．复合式元器件符号的放置

在放置复合式元器件符号时，默认的是放置第一单元，下面介绍放置其他单元的方法。

1）第一种方法

（1）在原理图中加载74LS04所在的元器件库TI Logic Gate 2.IntLib。

（2）按两次“P”键，在弹出的“Place Part”对话框中按图2-3-3所示输入各属性值，“Part ID”栏目中的内容就是复合式元器件的单元号，默认的单元号是A，单击“Part ID”栏目右侧的下拉按钮，在“Part ID”的下拉列表中，显示了该元器件共有几个单元，从中选择 B，如图 2-3-3 所示，单击“OK”按钮即可。

放置其他单元均可参照此操作进行。

2）*第二种方法*

在放置元器件的过程中，当元器件符号处于浮动状态时，按“Tab”键，调出如图 2-3-4 所示的“Component Properties（元器件属性）”对话框，在“Properties”区域中单击“＜”、“＞”按钮，使“Part”旁的数字显示为 2/6。Part 2/6 表示该元器件共有 6 个单元，当前放置的是第二单元。

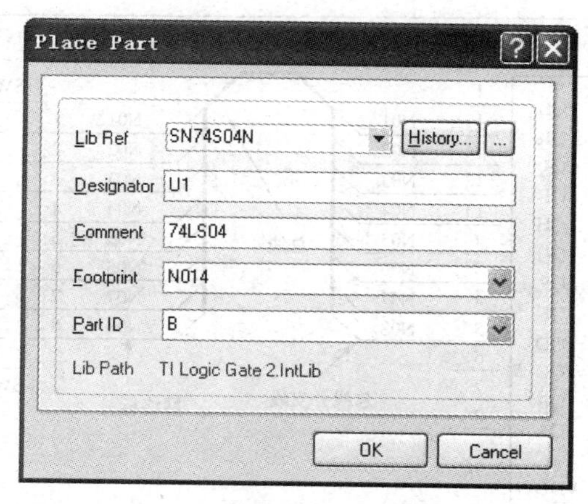

图 2-3-3　放置第二单元时的设置

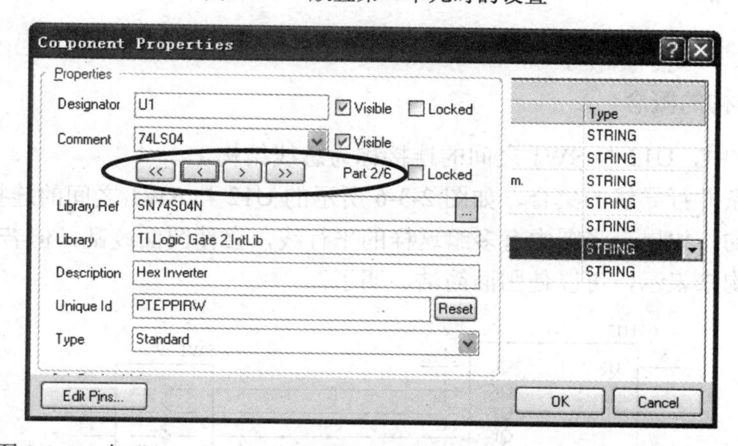

图 2-3-4　在“Component Properties”对话框中进行放置第二单元的设置

3）*第三种方法（依次放置每个单元）*

执行第一种方法，在“Place Part”对话框的“Part ID”栏目中输入 A，单击“OK”按钮，第一次放置的是第一单元，而后继续单击鼠标左键可以依次放置其他单元。

2.3.2　绘制总线结构原理图

要求：绘制如图 2-3-5 所示的总线结构原理图。

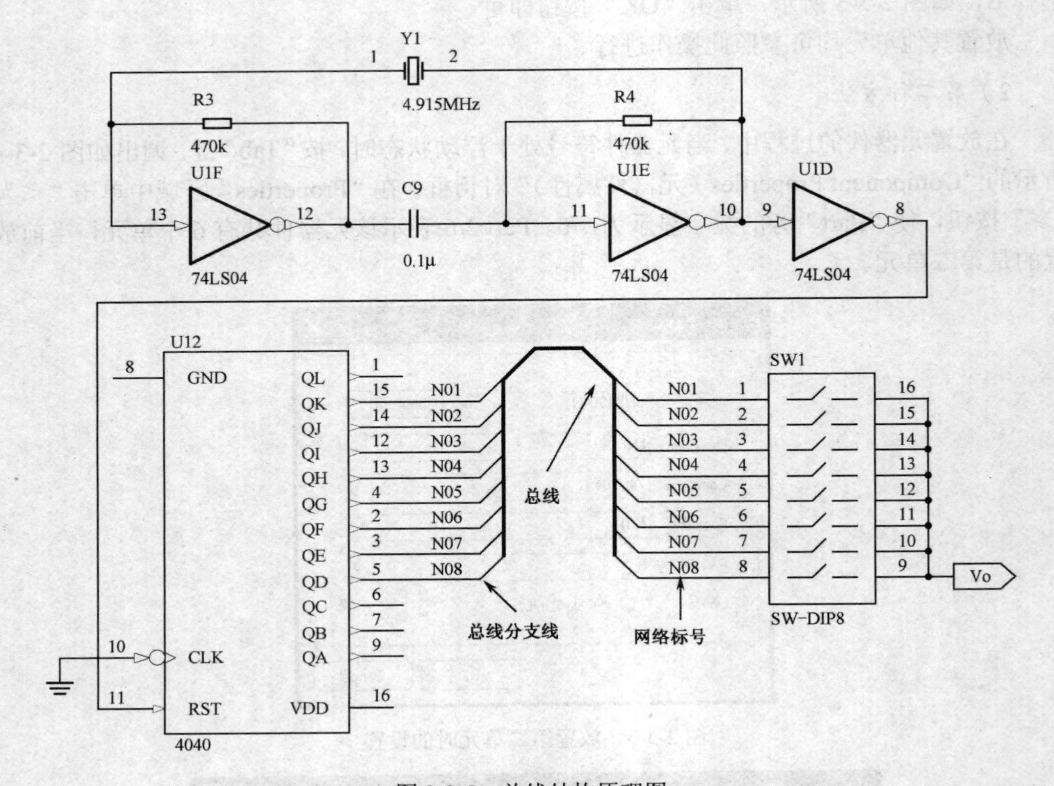

图 2-3-5　总线结构原理图

1. 总线结构的概念

在图 2-3-5 中，U12 与 SW1 之间的连接称为总线结构。

总线是多条并行导线的集合，如图 2-3-6 所示的 U12 与 SW1 之间的连接是通过 8 条平行导线实现的。如果一张图中有多组这样的平行线，会使图面凌乱，但若用图 2-3-6 中所示的总线结构来表示，可以使图面简洁、明了。

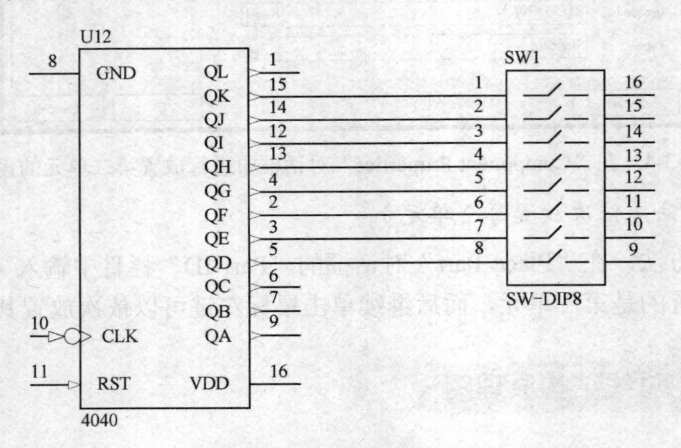

图 2-3-6　多条并行导线连接

在图 2-3-5 中，粗线称为总线，总线与导线之间的斜线称为总线分支线，N01、N02等称为网络标号。对于 U12 和 SW1，虽然每个元器件的 8 条线都通过总线分支线连接到总线上，但只有网络标号相同的导线在电气上才是连接在一起的。

2．放置总线

执行菜单命令“Place”→“Bus”或单击“Wiring”工具栏中的图标，按照绘制导线的方法进行绘制即可。

3．放置总线分支线

执行菜单命令“Place”→“Bus Entry”或单击“Wiring”工具栏中的图标，按“空格”键可以改变方向，单击鼠标左键进行放置。

4．放置网络标号

在 Protel DXP 2004 SP2 中，网络标号具有实际的电气连接意义。在电路图上具有相同网络标号的导线，被视为连接在一起，即在两个或两个以上没有直接绘制连接导线的网络中，把应该连接在一起的电气连接点定义成相同的网络标号，使它们在电气含义上真正连接在一起，如图 2-3-5 中的 N01、N02 等。图中标有 N01 的两条导线在电气上是连接在一起的，其余同理。通常，网络标号可以使用在以下场合。

（1）简化电路图：如果连接线路比较远或线路过于复杂，走线比较困难时，可以利用网络标号代替实际走线。

（2）总线结构：通过总线连接的具有相同网络标号导线是连接在一起的。

（3）层次式电路或多重式电路：在这些电路中，利用网络标号表示各个模块之间的连接关系。

网络标号的作用范围可以是一张电路图，也可以是一个项目中的多张电路图。

放置网络标号的方法：执行菜单命令“Place”→“Net Label”或在“Wiring”工具栏中单击“放置网络标号”图标→光标变成十字形且有一表示网络标号的虚线框粘在光标上→按“Tab”键弹出“Net Label（网络标号）”对话框，如图 2-3-7 所示。

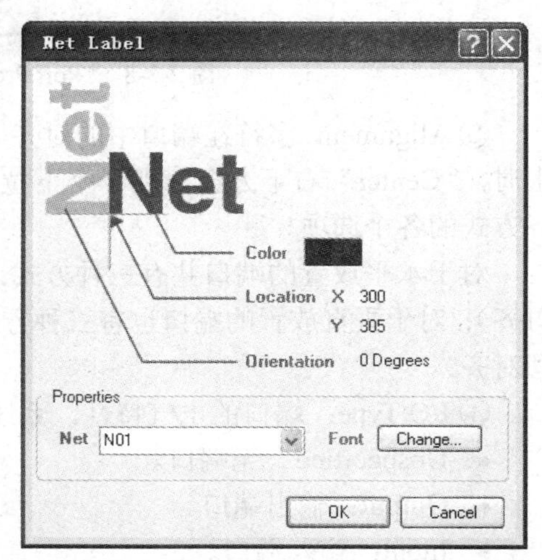

图 2-3-7 “Net Label（网络标号）”对话框

在“Net”框中输入网络标号，单击“Font”右侧的“Change”按钮，可以设置网络标号的字体、字形、字号等内容，单击“OK”按钮，此时可以用“空格”键旋转方向，单击鼠标左键放置网络标号。

特别提示：

（1）网络标号不能直接放在元器件符号引脚上，一定要放在元器件符号引脚的延长线上。因此，在绘制总线结构时，一定要先用导线将元器件符号引脚引出，再放置总线分支线。

（2）网络标号是具有电气意义的，切不可用字符串代替。

（3）如果放置的网络标号最后一位是数字，在下一次放置时，网络标号的数字将自动加1。

5．放置端口

图2-3-5中的 Vo 称为端口。放置端口的操作步骤如下。

（1）执行菜单命令“Place”→“Port”或在“Wiring”工具栏中用鼠标左键单击“放置端口”图标 →光标变成十字形且有一表示端口的虚线框粘在光标上→按“Tab”键弹出“Port Properties（端口属性）”对话框，如图2-3-8所示。

① Name：端口名称，即端口显示出来的名称，如图2-3-5中的Vo。在此输入Vo。

② Style：端口的显示类型。将光标放在“Style”右侧的“Right”上，则在其右下方出现一个下拉箭头，如图2-3-8所示。用鼠标左键单击该下拉箭头，从中选择所需的显示类型，本例选择Right。

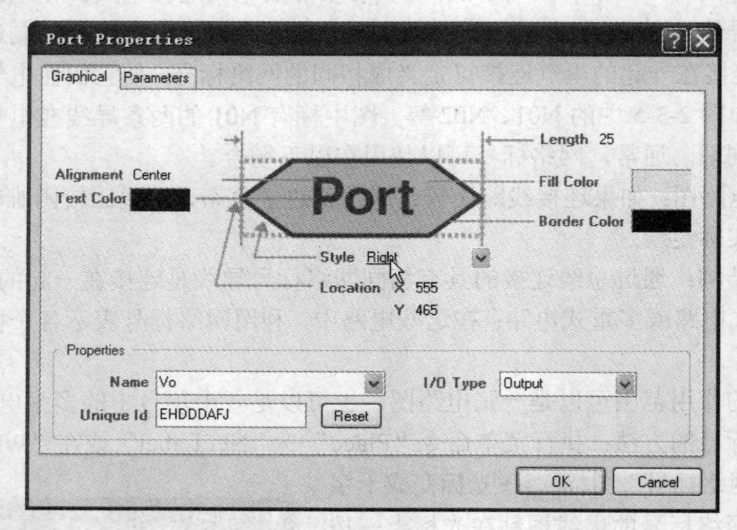

图2-3-8 “Port Properties（端口属性）”对话框

③ Alignment：字符在端口中的对齐方式。当将光标放置到“Alignment”右侧的“Center”上时，“Center”右下方会出现一个下拉箭头，用鼠标左键单击这个下拉箭头，会出现对齐方式的各个选项。

对于水平放置的端口共有三种方式：Left（左对齐）、Right（右对齐）、Center（中间对齐）；对于垂直放置的端口也有三种方式：Top（顶对齐）、Bottom（底对齐）、Center（中间对齐）。

④ I/O Type：端口的电气特性，系统共设置了四种电气特性，本例选择Output。

- Unspecified：无端口。
- Output：输出端口。
- Input：输入端口。
- Bidirectional：双向端口。

⑤ Text Color：端口中的字符颜色。

⑥ Fill Color：端口的填充颜色。

⑦ Border Color：端口的边框颜色。

（2）按要求设置好端口的属性后，在适当位置单击鼠标左键，移动光标，当端口的大小合适时再单击鼠标左键，则放置好一个端口。此时若按“Tab”键则弹出“Port Properties”对话框，可继续设置并放置端口，或单击鼠标右键退出放置状态。

改变已放置好端口的大小：对于已经放置好的端口，也可以不通过属性对话框的设置直接改变其大小，操作步骤如下。

（1）单击已放置好的端口，端口周围出现虚线框。

（2）拖动虚线框上的控制点，即可改变其大小，如图 2-3-9 所示。

图 2-3-9　改变端口大小的操作

2.4　任务四：查找元器件符号

Protel DXP 2004 SP2 中的元器件库众多，而且每个元器件符号的名称多数是使用者不熟知的。怎样查找到这些元器件符号，是使用者在绘制原理图时经常遇到的问题。下面介绍查找元器件符号的一般方法。

要求：查找与非门符号 74LS32，了解存放该元器件符号的库文件名称，并将其放置到原理图中。

（1）打开一个原理图文件。

（2）用鼠标左键单击屏幕右下角的“System”标签→在弹出的菜单中选择“Libraries”→在“Libraries”面板的最上边单击中间的“Search”按钮，系统弹出“Libraries Search（查找元器件符号）”对话框，如图 2-4-1 所示。

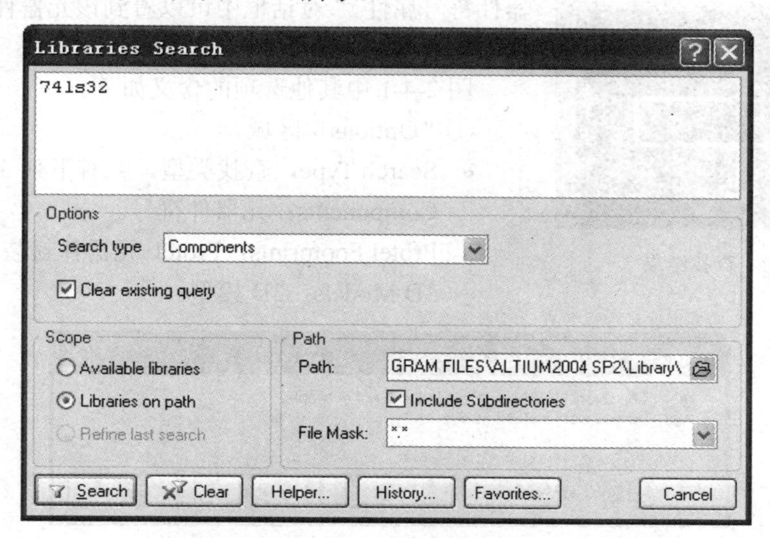

图 2-4-1　“Libraries Search（查找元器件符号）”对话框

（3）对话框的最上部是一个文本框，在该文本框中输入要查找的元器件符号名称，如图 2-4-1 所示的 74ls32。

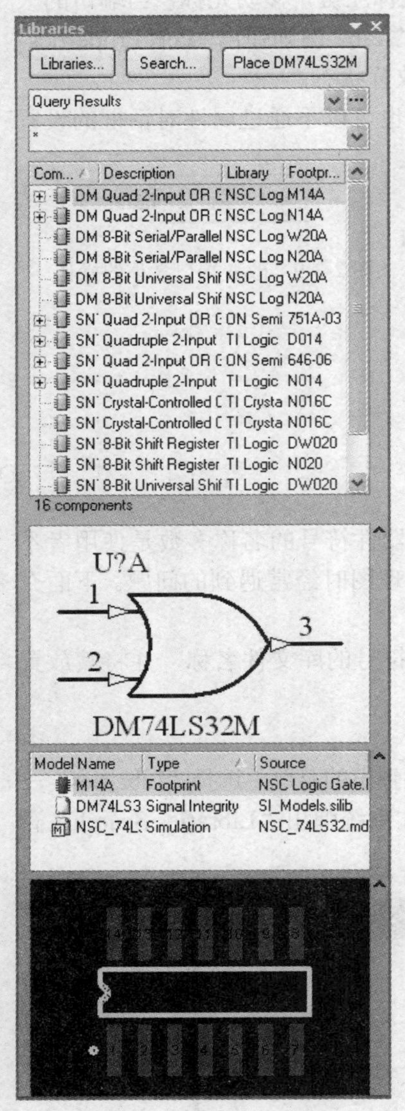

图 2-4-2　查找结果

注意：因为 Protel DXP 2004 SP2 支持模糊查找，所以只要输入元器件名称即可。Protel DXP 2004 SP2 还支持通配符“*”，也可以在元器件符号名称的开始、结尾以及中间加入*，如将 74LS32 写成*74*32*，以便增加查找范围。读者可自己练习在文本框中输入*74*32*，观察查找结果，会发现查找到的结果远比输入 74LS32 时多得多，当然其中有一些并不是 74LS32。

（4）按图 2-4-1 所示输入相应内容后，单击“Search”按钮，系统开始查找，查找结果如图 2-4-2 所示。

（5）从图 2-4-2 的元器件符号列表中选择符合条件的元器件符号→单击“Place DM74LS32M”按钮，将元器件符号放置到原理图中。

如果查找到的元器件符号所在元器件库未加载到原理图编辑器中，在单击“Place DM74LS32M”按钮后，系统弹出如图 2-4-3 所示的对话框，询问是否将该元器件库加载到原理图编辑器中。

单击“Yes”按钮，在放置元器件符号的同时加载该元器件库。

单击“No”按钮或“Cancel”按钮，只放置元器件符号，不加载元器件库。

（6）在放置元器件符号的过程中按“Tab”键或双击已放置好的元器件符号，在“Component Properties（元器件符号属性）”对话框中可以看到该元器件符号所在元器件库等信息。

图 2-4-1 中其他选项的含义如下。

①“Options”区域。

- Search Type：查找类型，共有下列 3 个类型。

  Components：元器件符号。

  Protel Footprints：Protel 元器件封装。

  3D Models：3D 模型。

图 2-4-3　询问是否将该元器件库加载到原理图编辑器中

②“Scope”区域：共有 3 个选项。

- Available Libraries：在当前已加载的元器件库中查找。
- Libraries on path：在右侧“Path”中选定路径下的所有元器件库中查找，推荐选项。
- Refine last Search：在最后查找的元器件库中查找。

③“Path”区域：共有两个选项。

- Path：设置“Libraries on path”选项中元器件库所在路径，对此项一般不做更改，使用系统默认路径。
- Include Subdirectories：包含 Path 中设置路径的子目录，选中则包含，一般应选中。

“Clear”按钮：单击此按钮可清除文本框中的内容。

“Helper”按钮：帮助。

“History”按钮：查找过的内容列表。

“Favorites”按钮：喜爱元器件列表，可以从查找过的内容列表中选择喜爱的元器件。

单击“History”按钮，系统弹出“Expression Manager”对话框，在对话框的“History”选项卡中显示查找过的元器件符号列表，如图 2-4-4 所示。

在图 2-4-4 中选择需要的元器件符号查找信息作为喜爱元器件，然后单击“Add To Favorites”按钮，该信息就会出现在“Favorites”列表中。

选择“Favorites”选项卡，显示喜爱元器件列表，如图 2-4-5 所示。

单击“Expression Manager”对话框中的“Apply Expression”按钮，立即开始查找。

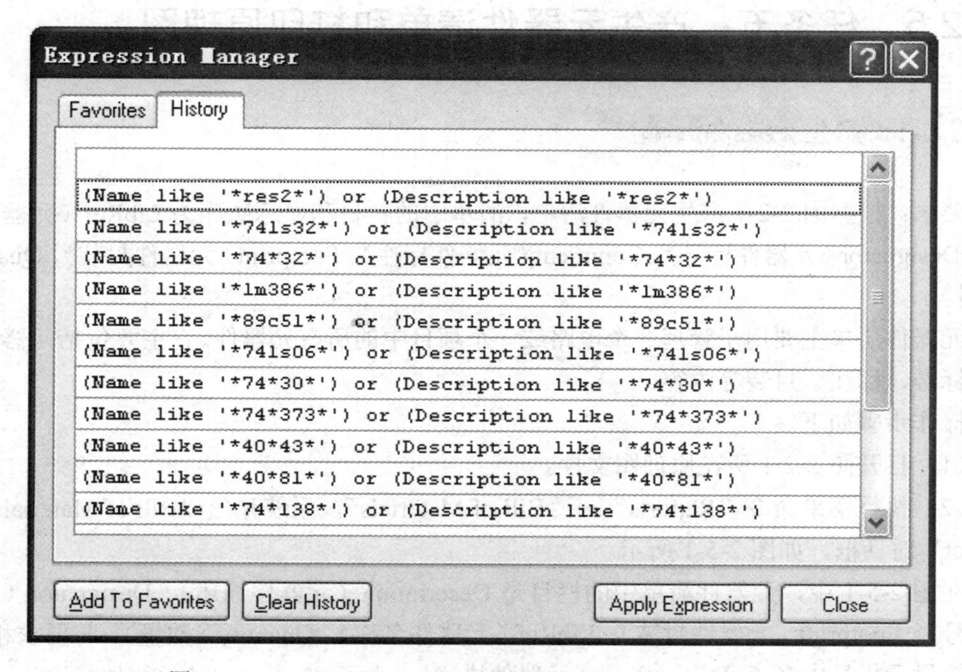

图 2-4-4 “Expression Manager”对话框的“History”选项卡

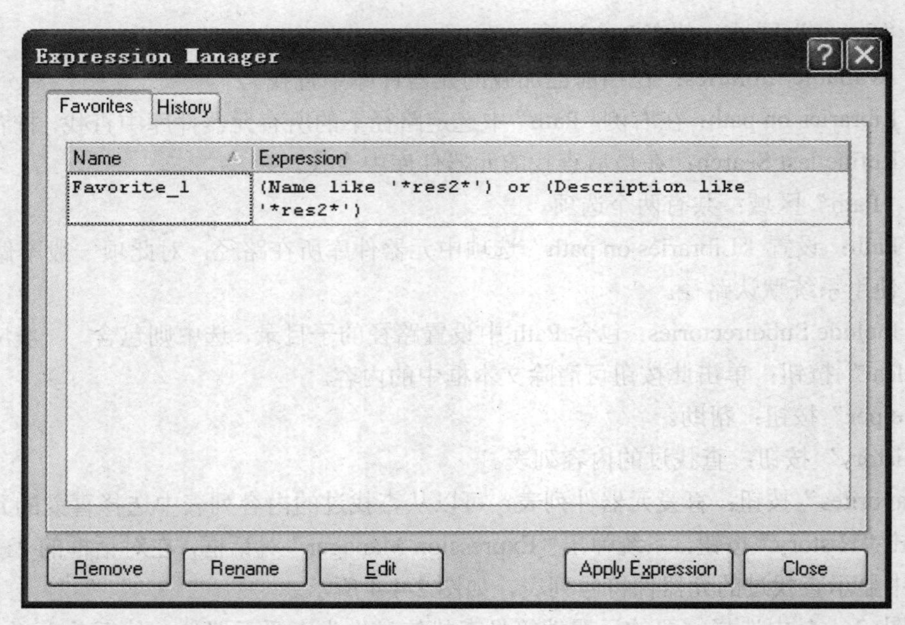

图 2-4-5 “Expression Manager”对话框的“Favorites”选项卡

2.5 任务五：产生元器件清单和打印原理图

2.5.1 产生元器件清单

要求：根据图 2-2-1 产生元器件清单，清单中的栏目和显示顺序为 LibRef（元器件名称）、Designator（元器件标号）、Comment（元器件标注）、Footprint（元器件封装）、Quantity（数量）。

元器件清单主要用于管理一个电路或一个项目中的所有元器件。它主要包括元器件名称、标号、标注、封装等内容。

操作步骤如下。

（1）打开图 2-2-1 所在原理图文件。

（2）执行菜单命令“Reports”→“Bill of Materials”，系统弹出“Bill of Materials For Project”对话框，如图 2-5-1 所示。

在图 2-5-1 中，元器件清单中的栏目是 Description（元器件描述）、Designator（元器件标号）、Footprint（元器件封装）、LibRef（元器件名称）、Quantity（数量）。与要求相比，目前的显示栏目中多了 Description（元器件描述），少了 Comment（元器件标注），显示顺序也与要求不同。

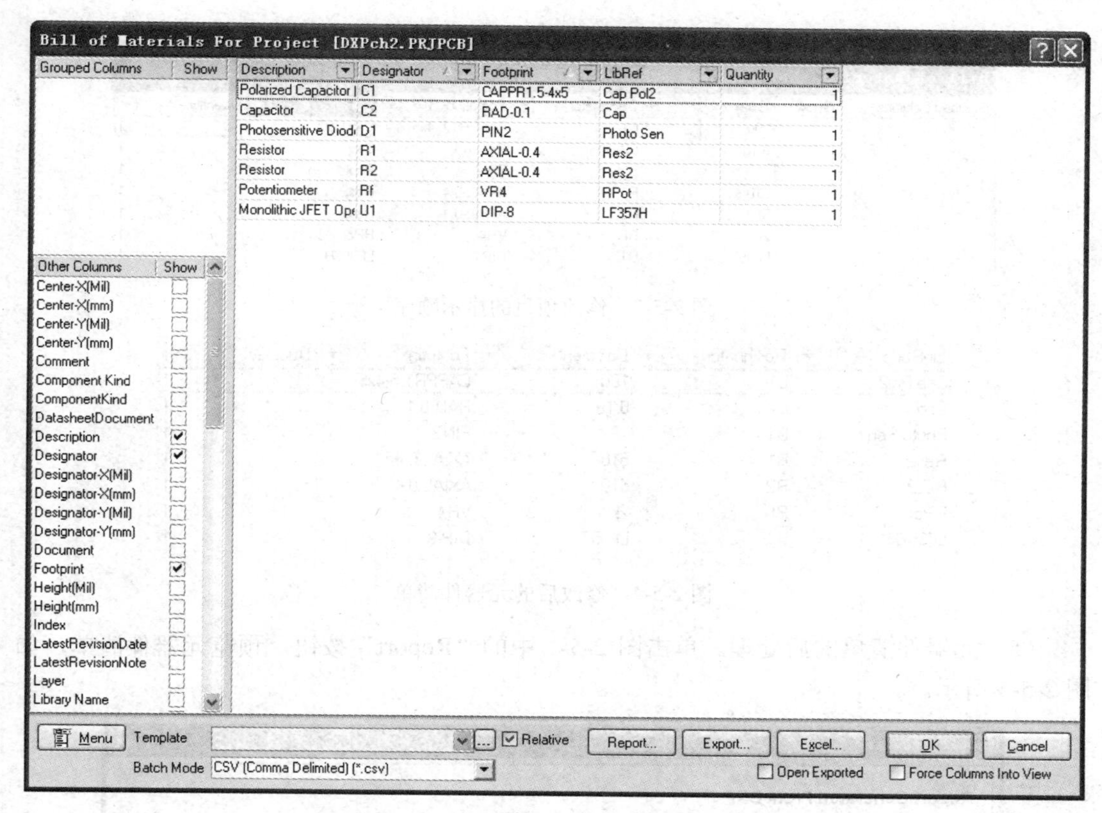

图 2-5-1 “Bill of Materials For Project”对话框

（3）改变列表中的显示栏目。

① 在列表中增加 Comment（元器件标注）：在“Bill of Materials”对话框的左侧“Other Column（其他栏目）”中选中“Comment”，即单击“Comment”后面的复选框。

② 在列表中去掉 Description（元器件描述）：在“Bill of Materials For Project”对话框的左侧“Other Column（其他栏目）”中去掉“Description”后面的“√”。

改变后的元器件清单如图 2-5-2 所示。

Comment	Designator	Footprint	LibRef	Quantity
10u	C1	CAPPR1.5-4x5	Cap Pol2	1
0.1u	C2	RAD-0.1	Cap	1
	D1	PIN2	Photo Sen	1
510	R1	AXIAL-0.4	Res2	1
510	R2	AXIAL-0.4	Res2	1
2k	Rf	VR4	RPot	1
LF357	U1	DIP-8	LF357H	1

图 2-5-2 修改显示项目后的元器件清单

（4）改变显示栏目的顺序。在图 2-5-2 的栏目名称上按住鼠标左键，如图 2-5-2 中的“LibRef”所示，按住鼠标左键向左移动，直到代表栏目位置的上、下箭头出现在列表栏目名称的最左侧，如图 2-5-3 中的上、下箭头所示，松开鼠标左键即可，其他栏目的显示顺序可按此方法进行调整。调整后的元器件清单如图 2-5-4 所示。

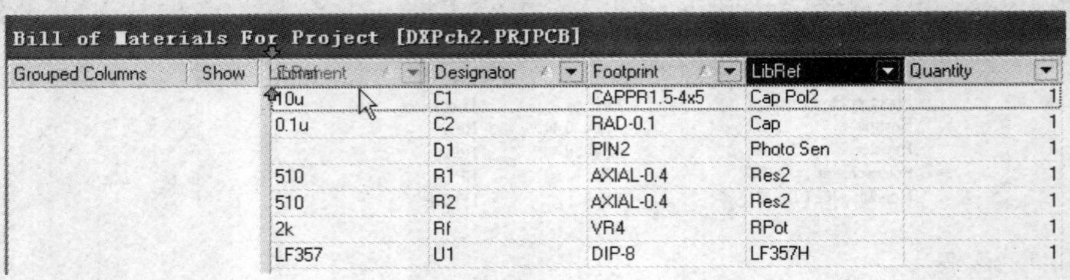

Bill of Materials For Project [DXPch2.PRJPCB]

Grouped Columns	Show	Comment	Designator	Footprint	LibRef	Quantity
		10u	C1	CAPPR1.5-4x5	Cap Pol2	1
		0.1u	C2	RAD-0.1	Cap	1
			D1	PIN2	Photo Sen	1
		510	R1	AXIAL-0.4	Res2	1
		510	R2	AXIAL-0.4	Res2	1
		2k	Rf	VR4	RPot	1
		LF357	U1	DIP-8	LF357H	1

图 2-5-3　修改项目的显示顺序

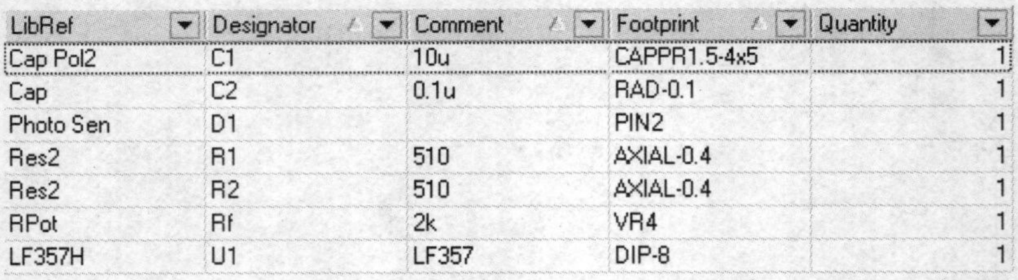

LibRef	Designator	Comment	Footprint	Quantity
Cap Pol2	C1	10u	CAPPR1.5-4x5	1
Cap	C2	0.1u	RAD-0.1	1
Photo Sen	D1		PIN2	1
Res2	R1	510	AXIAL-0.4	1
Res2	R2	510	AXIAL-0.4	1
RPot	Rf	2k	VR4	1
LF357H	U1	LF357	DIP-8	1

图 2-5-4　修改后的元器件清单

（5）元器件清单的后处理。单击图 2-5-1 中的“Report”按钮，预览元器件清单，如图 2-5-5 所示。

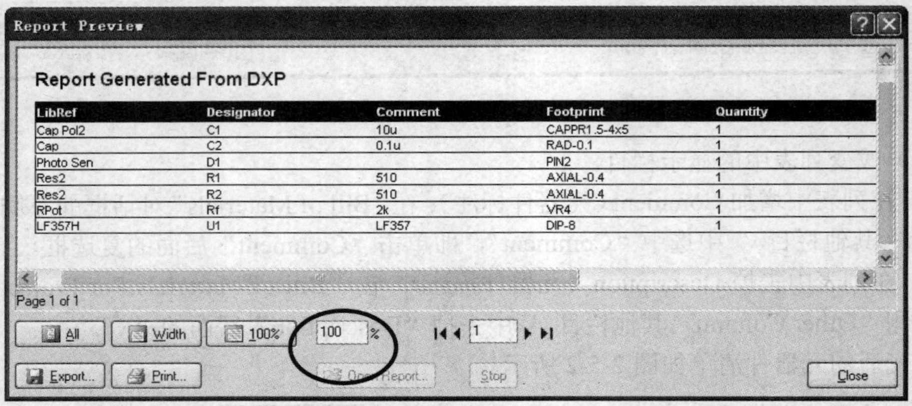

Report Preview

Report Generated From DXP

LibRef	Designator	Comment	Footprint	Quantity
Cap Pol2	C1	10u	CAPPR1.5-4x5	1
Cap	C2	0.1u	RAD-0.1	1
Photo Sen	D1		PIN2	1
Res2	R1	510	AXIAL-0.4	1
Res2	R2	510	AXIAL-0.4	1
RPot	Rf	2k	VR4	1
LF357H	U1	LF357	DIP-8	1

Page 1 of 1

All　Width　100%　100 %　1

Export...　Print...　Open Report...　Stop　Close

图 2-5-5　预览元器件清单

修改图 2-5-5 中“%”前的百分比，可改变显示比例。修改方法：输入百分比后按 Enter 键。

单击图 2-5-5 中的“Export”按钮，可将该元器件清单导出并进行保存。保存时，可在“保存”对话框中选择保存路径，并在保存类型中选择所需的文件类型；单击“Print”按钮，可以打印。

单击图 2-5-1 中的“Export”按钮，直接将该元器件清单导出并进行保存。

单击图 2-5-1 中的“Excel”按钮并选中按钮下方的“Open Exported”选项，系统打开 Excel 应用程序并生成以.xsl 为扩展名的元器件清单文件，如图 2-5-6 所示。

（6）单击“OK”按钮，关闭如图 2-5-1 所示的对话框。

Microsoft Excel - DXPch2

	A	B	C	D	E
1	LibRef	Designator	Comment	Footprint	Quantity
2	Cap Pol2	C1	10u	CAPPR1.5-4x5	1
3	Cap	C2	0.1u	RAD-0.1	1
4	Photo Sen	D1		PIN2	1
5	Res2	R1	510	AXIAL-0.4	1
6	Res2	R2	510	AXIAL-0.4	1
7	RPot	Rf	2k	VR4	1
8	LF357H	U1	LF357	DIP-8	1

DXPch2　就绪　数字

图 2-5-6　打开 Excel 应用程序并生成以.xsl 为扩展名的元器件清单文件

2.5.2　打印原理图

要求：在 Protel DXP 2004 SP2 中打印如图 2-2-1 所示的电路图。

1．页面设置

执行菜单命令“File”→“Page Setup”，系统弹出“Schematic Print Properties（原理图打印属性）”对话框，如图 2-5-7 所示。

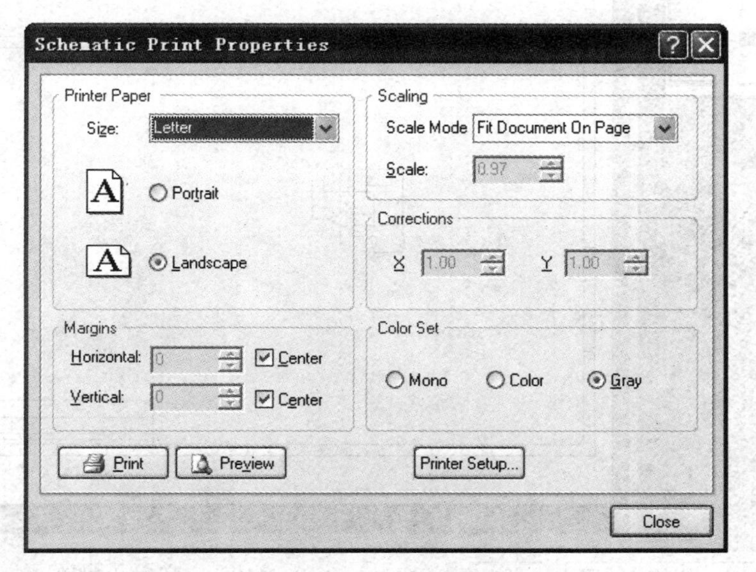

图 2-5-7　“Schematic Print Properties（原理图打印属性）”对话框

（1）“Printer Pager”区域：打印纸张设置。

- Size：设置打印纸张尺寸。
- Portrait：垂直方向打印。
- Landscape：水平方向打印。

（2）“Scaling”区域：打印比例设置。

- Scale Mode：打印比例选择。

- Fit Document On Page：自动充满页面。
- Scaled Print：设置打印比例。
- Scale：如果在“Scale Mode”框中选择了“Scaled Print”，则需要在“Scale”框中输入具体比例。

（3）“Corrections”区域：设置缩放比例。如果在“Scale Mode”框中选择了“Scaled Print”，则需要在“Corrections”区域中输入具体缩放比例。缩放比例需在“X”和“Y”框中分别输入。

（4）“Margins”区域：用于设置页边距。

（5）“Color Set”区域：打印颜色设置。

- Mono：单色打印。
- Color：彩色打印。
- Gray：灰度打印。

2．打印预览

在图 2-5-7 中单击“Preview”按钮，或在原理图编辑器界面中执行菜单命令“File”→“Printer Preview”，系统显示打印效果，如图 2-5-8 所示。

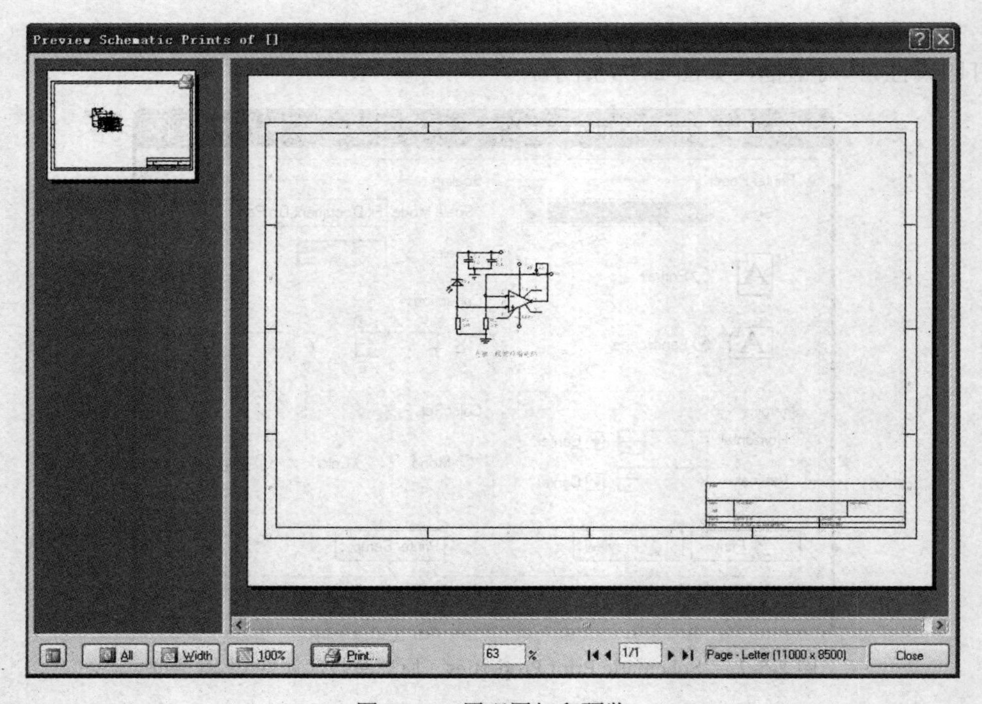

图 2-5-8　原理图打印预览

3．打印设置

在图 2-5-8 中单击“Print”按钮，或在原理图编辑器界面中执行菜单命令“File”→“Printer”，系统弹出打印设置对话框，如图 2-5-9 所示。

（1）“Printer”区域：打印机设置。

- Name：选择打印机名称。

- “Properties”按钮：单击该按钮，系统弹出打印机属性设置对话框，如图 2-5-10 所示。在图 2-5-10 中单击“高级”按钮，系统弹出打印机高级属性设置对话框，如图 2-5-11 所示。

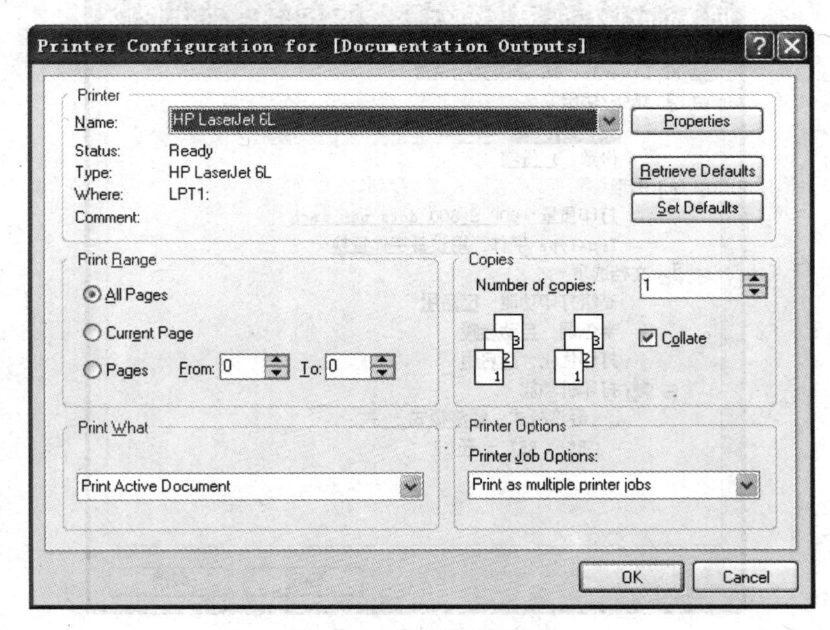

图 2-5-9 打印设置对话框

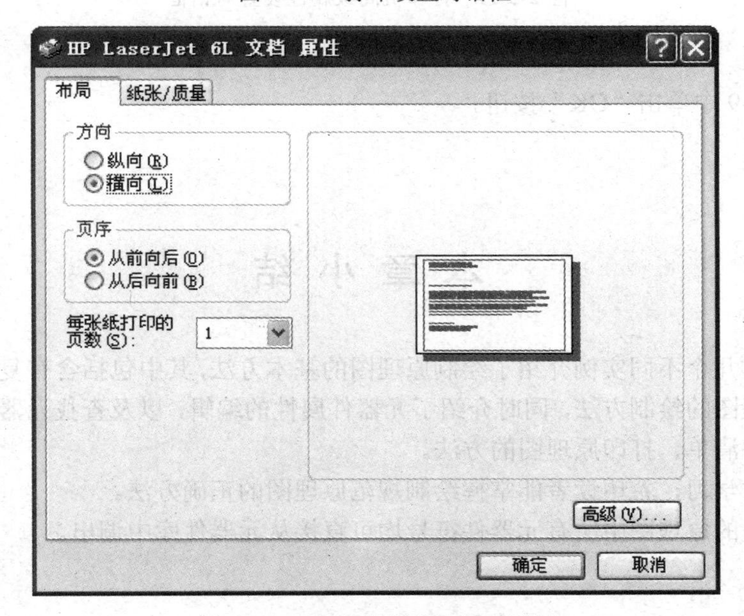

图 2-5-10 打印机属性设置对话框

（2）“Print Range”区域：打印页数设置。

- All Pages：全部打印。
- Current Pages：打印当前页。

- Pages：打印指定页。

（3）“Copies”区域：设置打印份数。

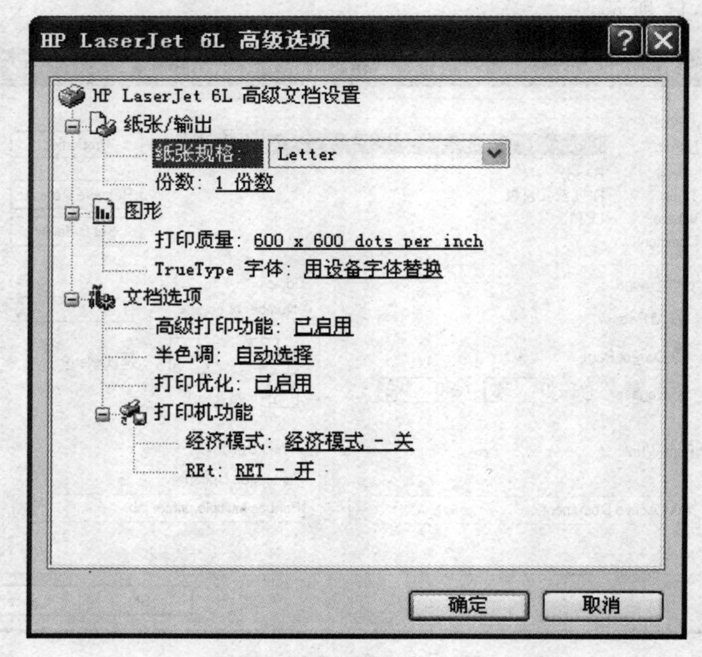

图 2-5-11　打印机高级属性设置对话框

4．打印

在图 2-5-9 中单击“OK”按钮。

本 章 小 结

本章通过几个不同实例介绍了绘制原理图的基本方法，其中包括含有复合式元器件和总线结构原理图的绘制方法，同时介绍了元器件属性的编辑，以及查找元器件和根据原理图生成元器件清单、打印原理图的方法。

通过本章学习，希望读者能掌握绘制规范原理图的正确方法。

本章涉及的原理图中所有元器件符号均可直接从元器件库中调出。

练　习　题

2.1　绘制如图 2-6-1 所示的电路图，元器件属性如表 2-6-1 所示。

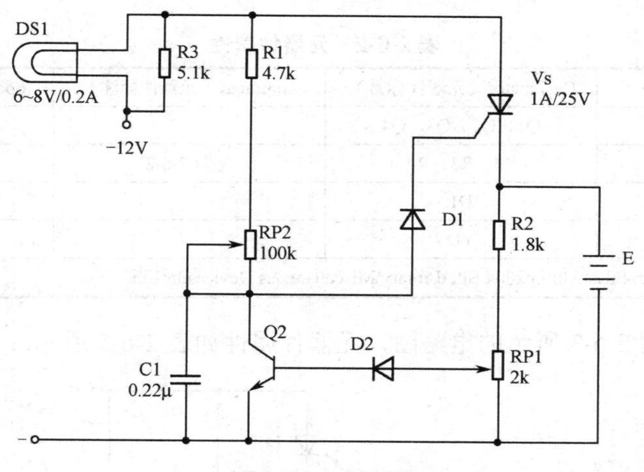

图 2-6-1　电路图

表 2-6-1　元器件属性

Lib Ref（元器件名称）	Designator（元器件标号）	Comment（元器件标注）	Footprint（元器件封装）
Lamp	DS1	6~8V/0.2A	PIN2
RES2	R1	4.7k	AXIAL-0.4
RES2	R2	1.8k	AXIAL-0.4
RES2	R3	5.1k	AXIAL-0.4
RPot	RP1	2k	VR5
RPot	RP2	100k	VR5
Cap	C1	0.22	RAD-0.1
NPN	Q2		BCY-W3
Diode	D1、D2		BAT-2
SCR	Vs	1A/25V	SFM-T3/E10.7V
Battery	E		BAT-2
元器件符号在 C:\Program Files\Altium2004 SP2\Library\Miscellaneous Devices.IntLib			

2.2　绘制如图 2-6-2 所示的电路图，元器件属性如表 2-6-2 所示。

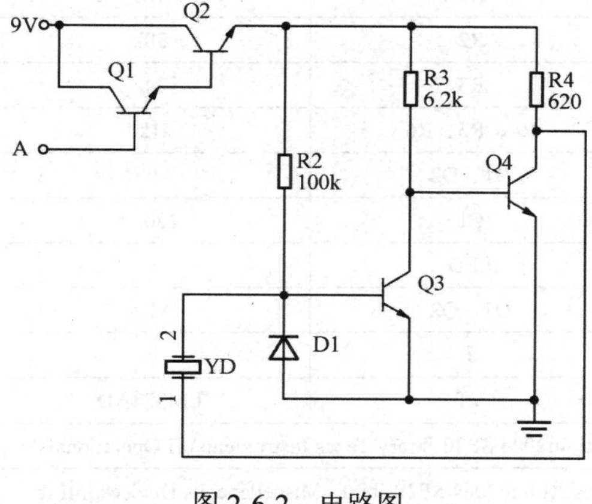

图 2-6-2　电路图

表 2-6-2 元器件属性

Lib Ref（元器件名称）	Designator（元器件标号）	Comment（元器件标注）	Footprint（元器件封装）
NPN	Q1、Q2、Q3、Q4	见图 2-6-2	BCY-W3
RES2	R2、R3、R4		AXIAL-0.4
Diode	D1		BAT-2
XTAL	YD		BCY-W2/D3.1
元器件符号在 C:\Program Files\Altium2004 SP2\Library\Miscellaneous Devices.IntLib			

2.3　绘制如图 2-6-3 所示的电路图，元器件属性如表 2-6-3 所示。

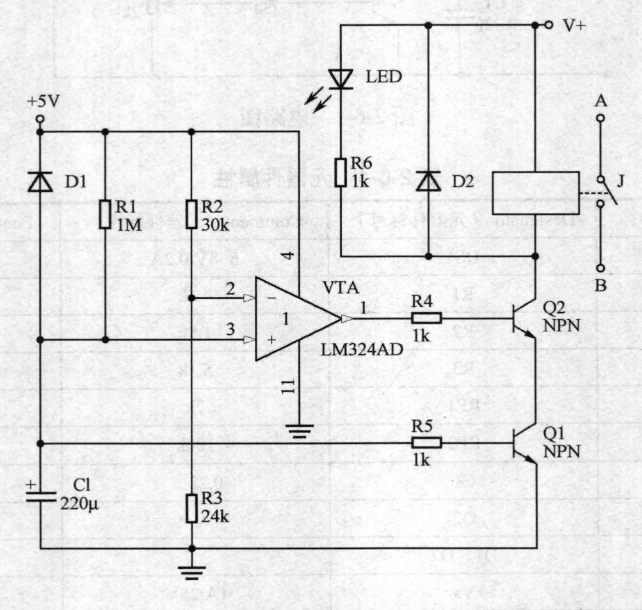

图 2-6-3　电路图

表 2-6-3　元器件属性

Lib Ref（元器件名称）	Designator（元器件标号）	Comment（元器件标注）	Footprint（元器件封装）
RES2	R1	1M	AXIAL-0.4
RES2	R2	30k	AXIAL-0.4
RES2	R3	24k	AXIAL-0.4
RES2	R4、R5、R6	1k	AXIAL-0.4
Diode	D1、D2		BAT-2
Cap Pol2	C1	220	CAPPR2-5x6.8
LED2	LED		DSO-F2/D6.1
NPN	Q1、Q2	NPN	BCY-W3
Relay-SPST	J		DIP-P4
LM324AD	VT	LM324AD	D014
LM324AD 在 C:\Program Files\Altium2004 SP2\Library\Texas Instruments\TI Operational Amplifier.IntLib			
其余元器件符号在 C:\Program Files\Altium2004 SP2\Library\Miscellaneous Devices.IntLib			

2.4 绘制如图 2-6-4 所示的电路图，元器件属性如表 2-6-4 所示。其中，端口 Ai、Bi、Ci-1 的电气特性是 Input，Si、Ci 的电气特性是 Output。

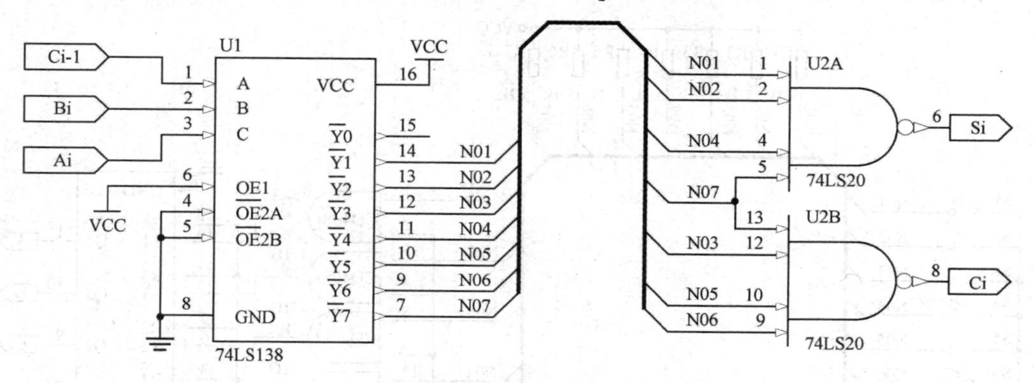

图 2-6-4 电路图

表 2-6-4 元器件属性

Lib Ref（元器件名称）	Designator（元器件标号）	Comment（元器件标注）	Footprint（元器件封装）
DM74LS138M	U1	74LS138	M16A
DM74LS20M	U2	74LS20	M14A
DM74LS138M 在 C:\Program Files\Altium2004 SP2\Library\National Semiconductor\ NSC Logic Decoder Demux.IntLib			
DM74LS20M 在 C:\Program Files\Altium2004 SP2\Library\National Semiconductor\ NSC Logic Gate.IntLib			

2.5 绘制如图 2-6-5 所示的电路图，元器件属性如表 2-6-5 所示。其中，端口 A、B、C、Port 的电气特性是 Input。

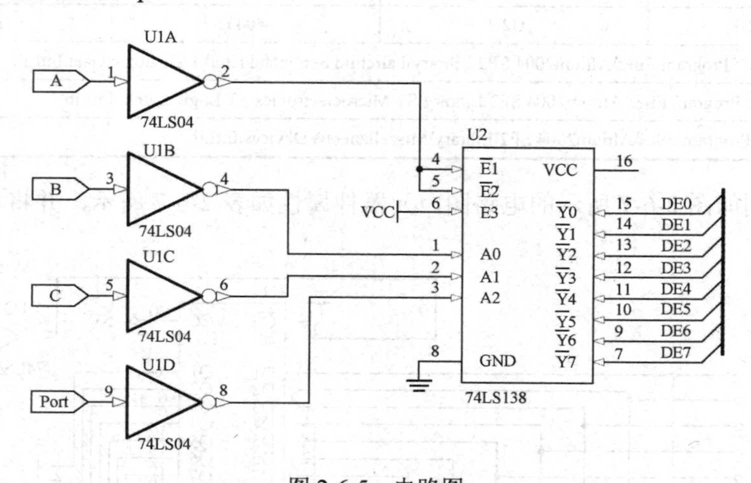

图 2-6-5 电路图

表 2-6-5 元器件属性

Lib Ref（元器件名称）	Designator（元器件标号）	Comment（元器件标注）	Footprint（元器件封装）
SN74F04N	U1	74LS04	N014
MC74LVX138D	U2	74LS138	751B-05
SN74F04N 在 C:\Program Files\Altium2004 SP2\Library\Texas Instruments\TI Logic Gate 2.IntLib			
MC74LVX138D 在 C:\Program Files\Altium2004 SP2\Library\ON Semiconductor\ON Semi Logic Decoder Demux.IntLib			

2.6　绘制如图 2-6-6 所示的电路图，元器件属性如表 2-6-6 所示。其中，端口 A、B、C、D 的电气特性是 Output。

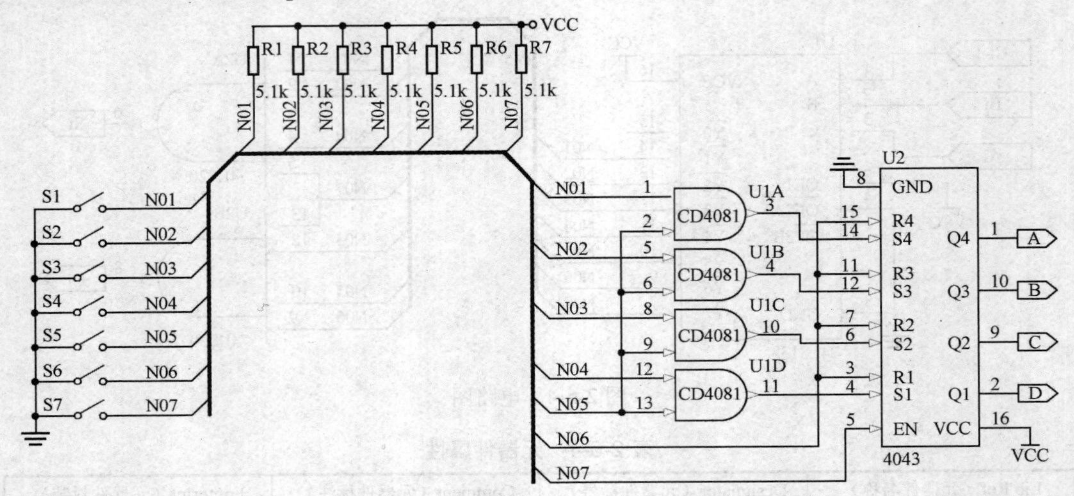

图 2-6-6　电路图

表 2-6-6　元器件属性

Lib Ref（元器件名称）	Designator（元器件标号）	Comment（元器件标注）	Footprint（元器件封装）
RES2	R1 ~ R7	5.1k	AXIAL-0.4
SW-SPST	S1 ~ S7		SPST-2
CD4081BCM	U1	CD4081	M14A
HCC4043BF	U2	4043	DIP16
CD4081BCM 在 C:\Program Files\Altium2004 SP2\Library\Fairchild Semiconductor\ FSC Logic Gate.IntLib			
HCC4043BF 在 C:\Program Files\Altium2004 SP2\Library\ST Microelectronics\ST Logic Latch. IntLib			
其余元器件在 C:\Program Files\Altium2004 SP2\Library\Miscellaneous Devices.IntLib			

2.7　绘制如图 2-6-7 所示的电路图，元器件属性如表 2-6-7 所示，并将其改造为总线结构原理图。

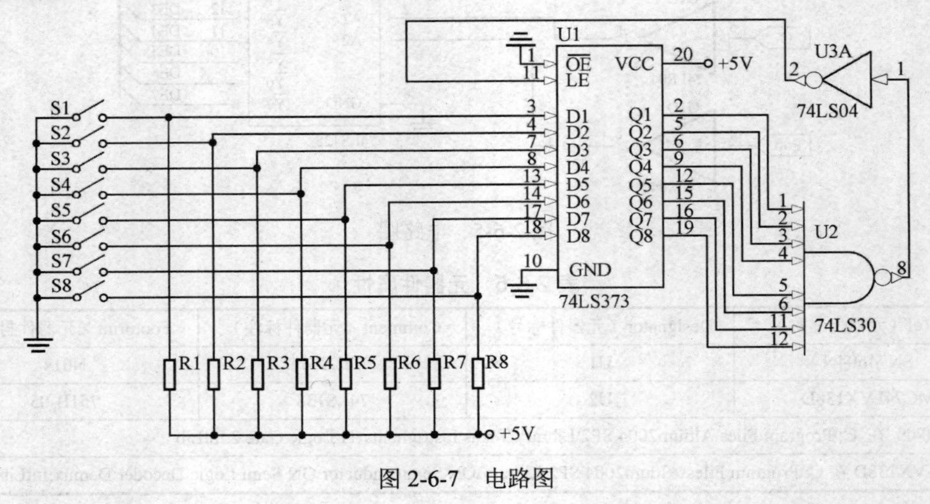

图 2-6-7　电路图

表 2-6-7 元器件属性

Lib Ref（元器件名称）	Designator（元器件标号）	Comment（元器件标注）	Footprint（元器件封装）
RES2	R1 ~ R8		AXIAL-0.4
SW-SPST	S1 ~ S8		SPST-2
74F373SC	U1	74LS373	M20B
DM74ALS30AM	U2	74LS30	M14A
SN74F04N	U3	74LS04	N014
74F373SC 在 C:\Program Files\Altium2004 SP2\Library\National Semiconductor\NSC Logic Latch.IntLib			
DM74ALS30AM 在 C:\Program Files\Altium2004 SP2\Library\Fairchild Semiconductor\ FSC Logic Gate.IntLib			
SN74F04N 在 C:\Program Files\Altium2004 SP2\Library\Texas Instruments\TI Logic Gate 2.IntLib			
其余元器件在 C:\Program Files\Altium2004 SP2\Library\Miscellaneous Devices.IntLib			

第3章

原理图元器件符号编辑

背景

Protel DXP 2004 SP2 的元器件库尽管非常庞大，但由于电子制造业的迅猛发展，新的元器件不断涌现，使得元器件库无法及时囊括所有元器件符号。本章通过几个简单实例，介绍在原理图元器件库文件中如何绘制元器件符号，以及如何调用自己绘制的元器件符号。

要点

- 新建原理图元器件库文件
- 绘制元器件符号轮廓
- 放置引脚
- 设置引脚的反向标志、时钟标志
- 增加复合式元器件符号的新单元
- 修改元器件库中已有的元器件符号
- 调用自己绘制的元器件符号等

3.1 任务一：原理图元器件库文件界面

3.1.1 在工程项目中建立原理图元器件库文件

要求：在工程项目中建立原理图元器件库文件，了解原理图元器件库文件界面。

（1）新建或打开一个工程项目，执行菜单命令“File”→“New”→“Library”→“Schematic Library”或在项目名称上单击鼠标右键，在快捷菜单中选择“Add New to Project”→“Schematic Library”，则在左边的“Projects（项目）”面板中出现了 Schlib1.SchLib 的文件名，同时在右边打开该原理图元器件库文件，如图 3-1-1 所示。

（2）继续执行菜单命令“File”→“Save”，系统弹出“保存”对话框，选择工程项目文件所在文件夹，采用默认文件名，单击“保存”按钮。

3.1.2　原理图元器件库文件界面介绍

1. 工作窗口

原理图元器件库文件的工作窗口中间显示一个十字形，即坐标原点在十字中心，绘制元器件符号时要特别注意。

2. “SCH Library” 面板

“SCH Library” 面板是元器件库管理器，主要作用是管理该文件中元器件符号。

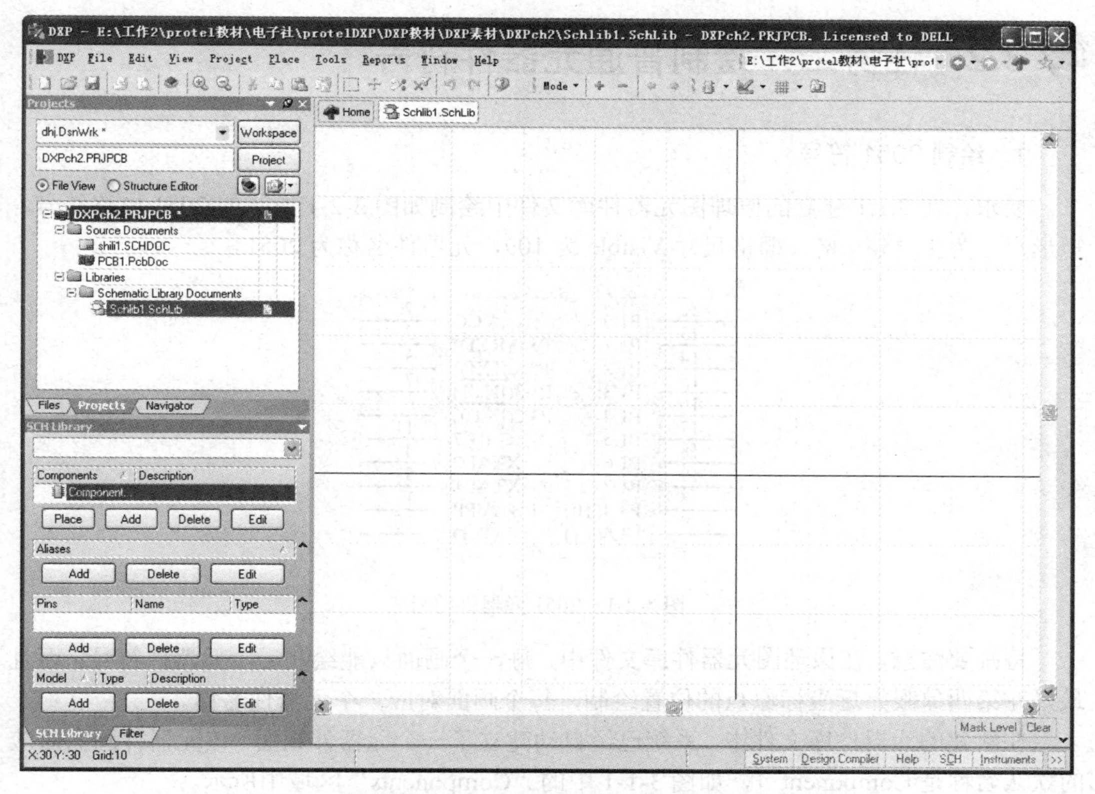

图 3-1-1　新建的 Schlib1.SchLib 原理图元器件库文件界面

“SCH Library” 面板打开与关闭的操作是执行菜单命令 “View” → “Workspace Pants” → “SCH” → “SCH Library” 或在屏幕右下角用鼠标左键单击 “SCH” 标签→选择 “SCH Library”。

（1）“Components” 区域。主要功能是管理元器件符号，如查找、增加新的元器件符号，删除元器件符号，将元器件符号放置到原理图文件中，编辑元器件符号等。

（2）“Aliases” 区域。主要功能是设置元器件符号的别名。

（3）“Pins” 区域。主要功能是在当前工作窗口中显示元器件符号引脚列表，以及显示引脚信息。

（4）“Model”区域。主要功能是指定元器件符号的PCB封装、信号完整性或仿真模式等。

3．画面调整

原理图元器件库文件的画面调整与原理图文件相同，可以使用“Page Up”键放大画面，使用“Page Down”键缩小画面，使用“End”刷新画面等。

还可以按住鼠标右键移动画面。

3.2 任务二：绘制普通元器件符号

1．绘制2051符号

要求：在3.1.1建立的原理图元器件库文件中绘制如图3-2-1所示的2051电路符号，矩形尺寸为11格×9格（栅格尺寸Visible为10），元器件名称为2051。

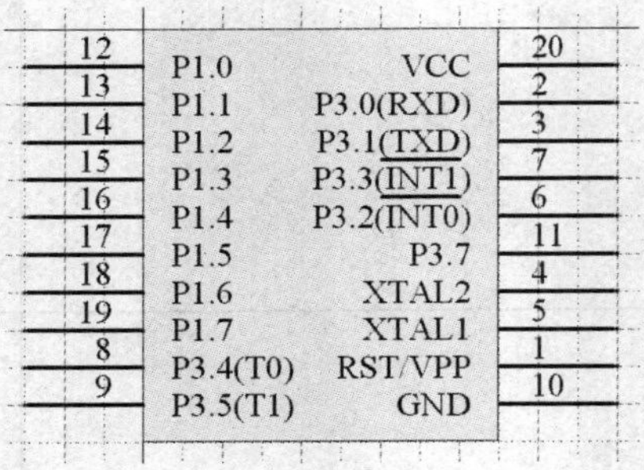

图3-2-1 2051元器件符号

特别要注意，在原理图元器件库文件中，每一个画面只能绘制一个元器件符号，而且最好在第四象限靠近坐标原点的位置绘制，每个画面对应一个元器件名称。

在新建的元器件库文件中，系统已经自动建立了一个元器件画面，该元器件画面对应的默认名称是Component_1，如图3-1-1中的“Components”区域中所示。

以下介绍绘制2051符号的操作过程。

1）设置锁定栅格尺寸

执行菜单命令“Tools”→“Document Options”，系统弹出“Library Editor Workspace”对话框，如图3-2-2所示，将“Snap”的值改为“5”，其他可采用默认设置。

2）放大画面

按“Page Up”键放大屏幕，直到屏幕上出现栅格。

3）设置栅格颜色

如果栅格看不清楚，最好修改栅格的颜色使栅格看得比较清楚，这样便于绘图，如

图 3-2-1 中的栅格所示。执行菜单命令“Tools”→“Schematic Preferences”，系统弹出“Preferences”对话框，在对话框左侧的“Schematic”下一级选择“Grids”，在对话框右侧的“Grid Options”区域中用鼠标左键单击“Grid Color”右侧的颜色块，从中选择所需颜色，如图 3-2-3 所示。

图 3-2-2　在“Library Editor Workspace”对话框中修改“Snap”的值

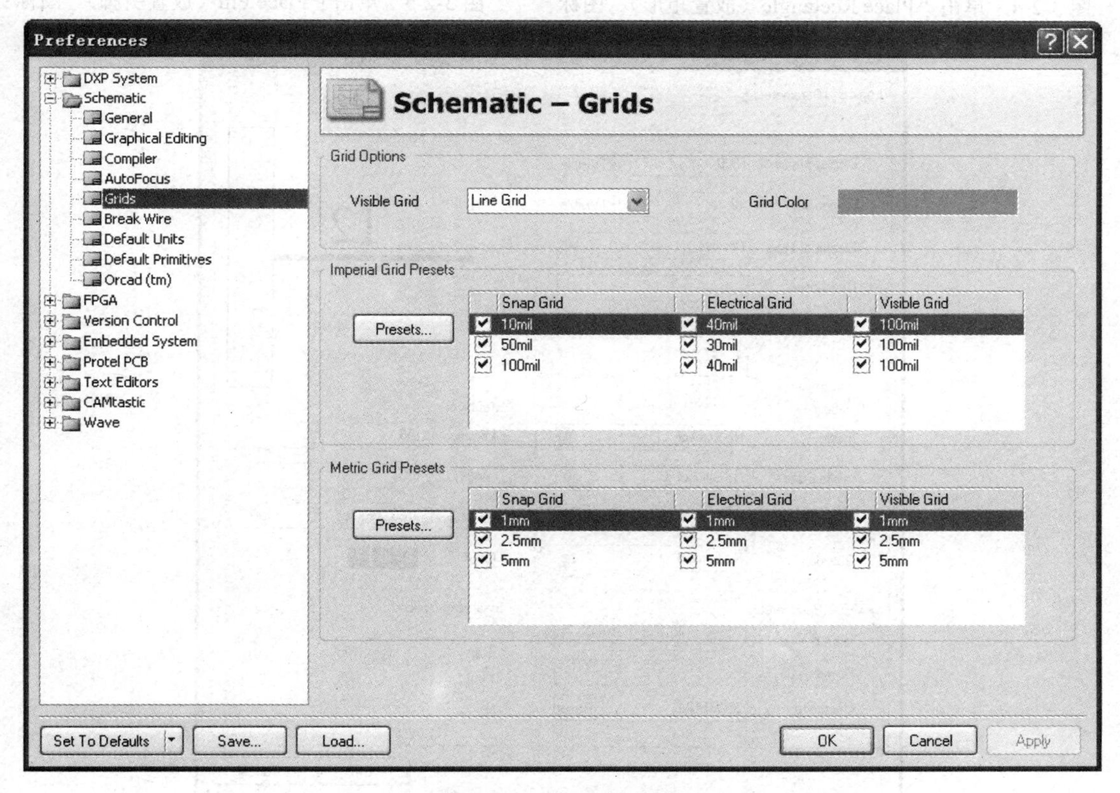

图 3-2-3　修改栅格颜色

4）放置矩形

单击“Utilities”工具栏上的图标→用左键单击图标旁的下拉箭头，在工具栏中单击“Place Rectangle（放置矩形）”图标，如图3-2-4所示。

在十字坐标第四象限靠近中心的位置绘制元器件符号外形，尺寸为11格×9格，如图3-2-1所示。

5）放置引脚

单击“Utilities”工具栏中的图标→用左键单击图标旁的下拉箭头，在工具栏中单击“Place Pin（放置引脚）”图标，如图3-2-5所示→按“Tab”键，系统弹出“Pin Properties（引脚属性）”对话框，如图3-2-6所示。

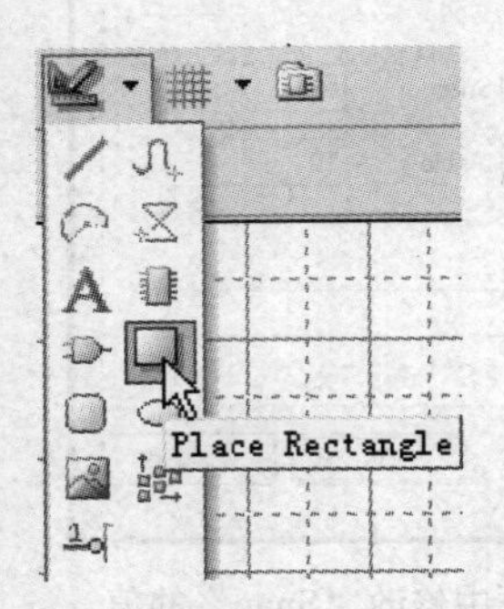

图3-2-4 单击“Place Rectangle（放置矩形）”图标

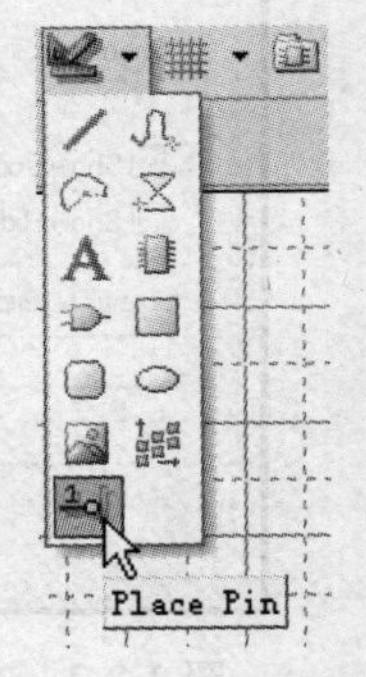

图3-2-5 单击“Place Pin（放置引脚）”图标

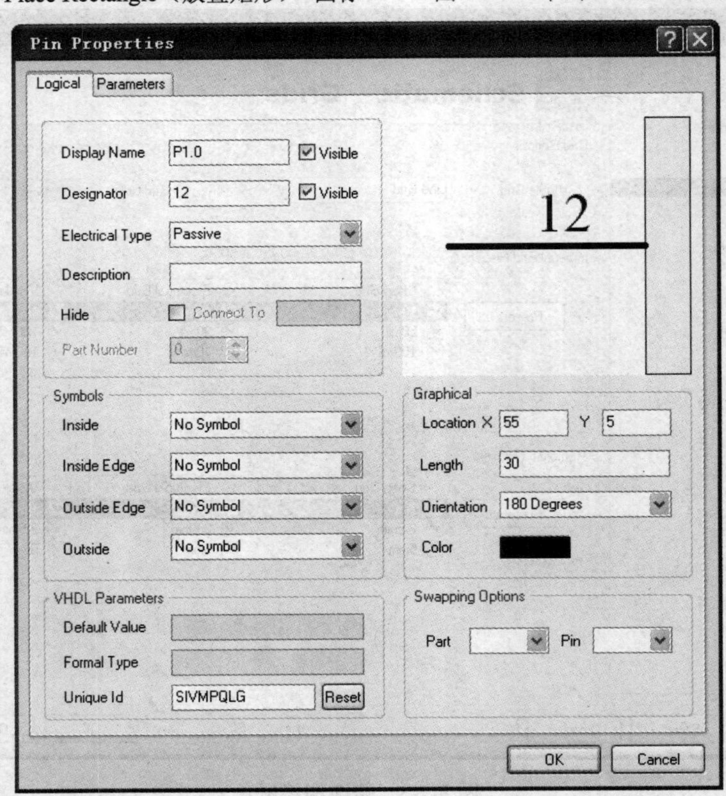

图3-2-6 “Pin Properties（引脚属性）”对话框

“Pin Properties（引脚属性）”对话框中常用选项的含义如下。

（1）Display Name：引脚名，如 P1.0 等。选中“Display Name”右侧的“Visible”，则在引脚上显示引脚名，如图 3-2-1 中所有引脚的引脚名全部为显示。

（2）Designator：引脚号，每个引脚必须有，如 12 等。选中“Designator”右侧的“Visible”，则在引脚上显示引脚号，如图 3-2-1 中所有引脚的引脚号全部为显示。

（3）Electrical Type：引脚的电气性质。

① Input：输入引脚。

② IO：输入/输出双向引脚。

③ Output：输出引脚。

④ Open Collector：集电极开路型引脚。

⑤ Passive：无源引脚（如电阻电容的引脚）。

⑥ HiZ：高阻引脚。

⑦ Emitter：射极输出。

⑧ Power：电源（如 VCC 和 GND）。

在一般情况下，如无规定可以将引脚设置为 Passive。

（4）Location X、Location Y：引脚的位置。

（5）Length：引脚长度，修改 Length 的值可以改变引脚长度。

按图 3-2-6 设置好后，在矩形的左上端放置第 12 引脚。

放置引脚时应注意，引脚是有方向的，如图 3-2-7 所示引脚的一端连在十字光标的中心，这一端一定要朝外放置，否则引脚对外就不具有电气特性。当引脚处于浮动状态时，按“空格”键或“X”键或“Y”键可改变方向。

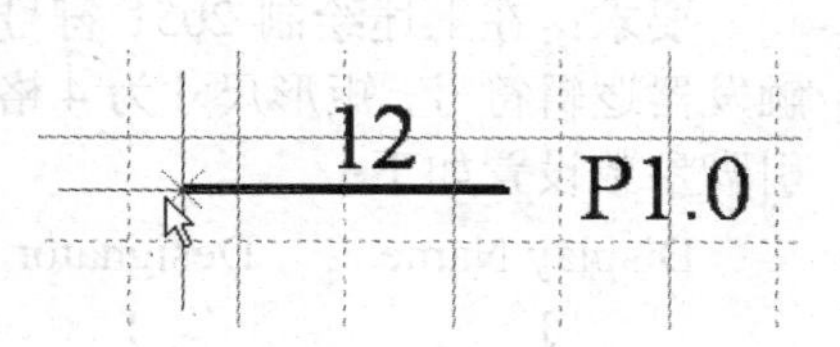

图 3-2-7　放置引脚

放置好一个引脚后，可以按“Tab”键，继续设置其他引脚参数进行放置，最后单击鼠标右键退出放置状态。

在放置第 6、7 引脚时要注意，因为这两个引脚的引脚名上有反向标志，此时应注意引脚名的正确输入，以第 7 引脚为例，如图 3-2-8 所示。

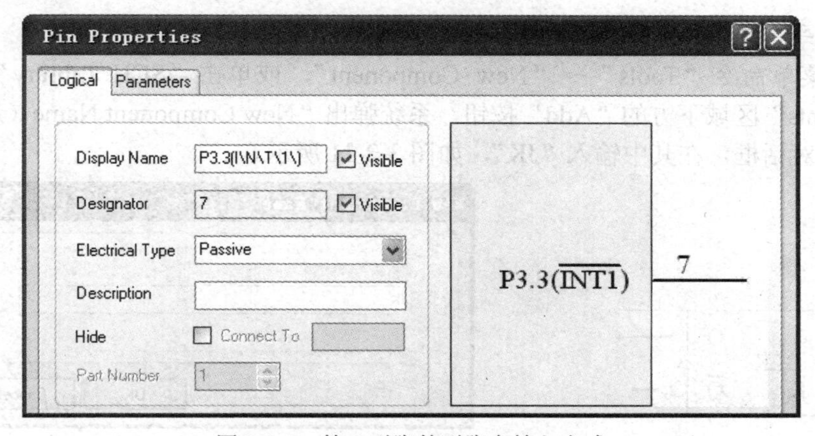

图 3-2-8　第 7 引脚的引脚名输入方式

在“INT1”中，每个字符后面均输入一个反斜杠“\”，反斜杠显示出来就是反向标志，这种表示反向的方法，只在“Display Name”中有效。

在放置VCC和GND引脚时要注意，在“Electrical Type（电气特性）”中选择“Power”。

6）修改元器件符号名称

执行菜单命令“Tools”→“Rename Component”，系统弹出“Rename Component”对话框，将其中的元器件符号名称修改为2051，如图3-2-9所示。

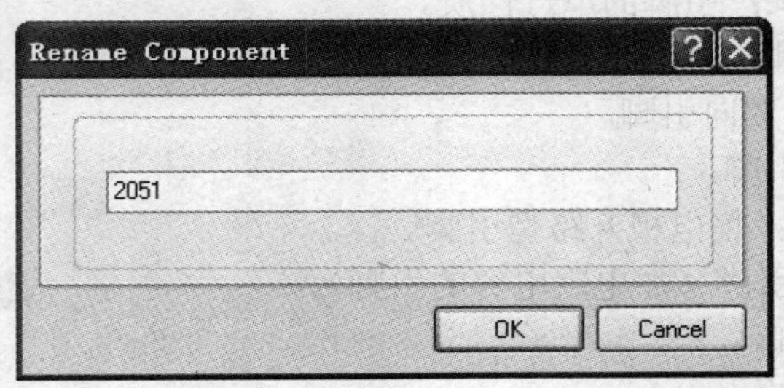

图3-2-9 修改元器件符号名称

7）保存

单击“保存”按钮，进行保存。

2．绘制JK触发器逻辑符号

要求：在上述绘制2051符号的原理图元器件库文件中，绘制如图3-2-10所示的JK触发器逻辑符号，矩形尺寸为4格×5格（栅格尺寸Visible为10），元器件符号名称为JK。引脚参数设置如下：

Display Name	Designator	Electrical Type	Length
J	1	Input	20
K	2	Input	20
Q	3	Output	20
$\overline{Q}$	4	Output	20
CLK	5	Input	20

1）建立一个新元器件符号画面

执行菜单命令“Tools”→“New Component”，或单击“SCH Library”面板中的“Components”区域下方的“Add”按钮，系统弹出“New Component Name（新元器件符号名称）”对话框，在其中输入“JK”，如图3-2-11所示。

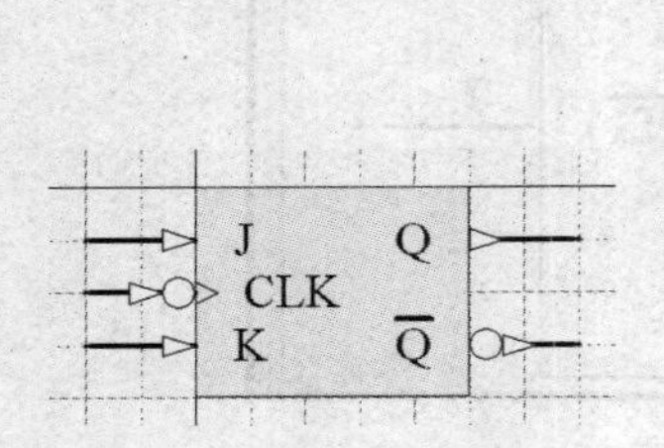

图3-2-10 JK触发器逻辑符号

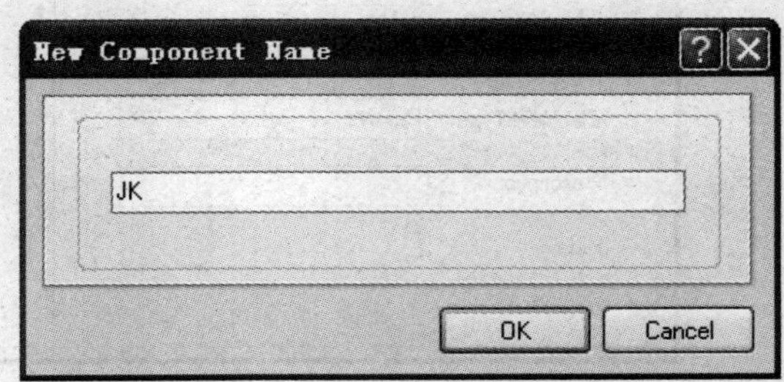

图3-2-11 “New Component Name（新元器件符号名称）”对话框

2）、3）、4）均同2051绘制步骤。

5）放置引脚

（1）放置第 1、2、3 引脚时的属性设置。以放置 J 引脚为例。调出“Pin Properties（引脚属性）”对话框后，在“Display Name”中输入“J”；在“Designator”中输入“1”，特别要注意将“Designator”右侧的“Visible”选项前的“√”去掉；将“Electrical Type”修改为“Input”；将“Length”修改为“20”即可。

（2）引脚 $\overline{Q}$ 的反向标志属性设置。在“Symbols”区域的“Outside Edge”中选择“Dot”，如图 3-2-12 所示，则会在引脚上出现一个反向标志。

（3）引脚 CLK 的反向和时钟标志属性设置。在“Symbols”区域的“Outside Edge”中选择“Dot”，如图 3-2-12 所示，则会在引脚上出现一个反向标志。

在“Symbols”区域的“Inside Edge”中选择“Clock”，如图 3-2-13 所示，则会在引脚上出现一个时钟标志。

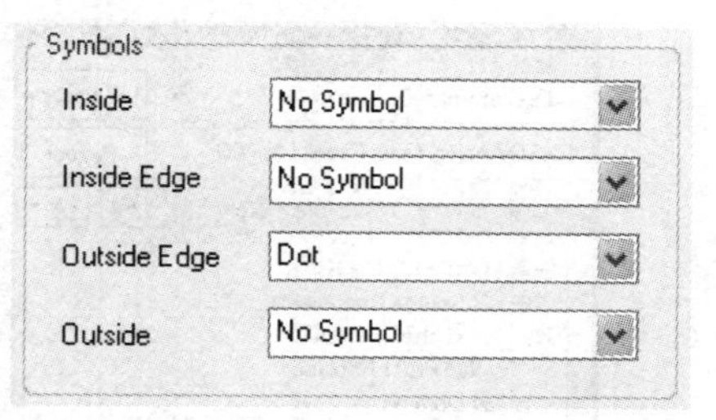

图 3-2-12　引脚 $\overline{Q}$ 的反向标志属性设置

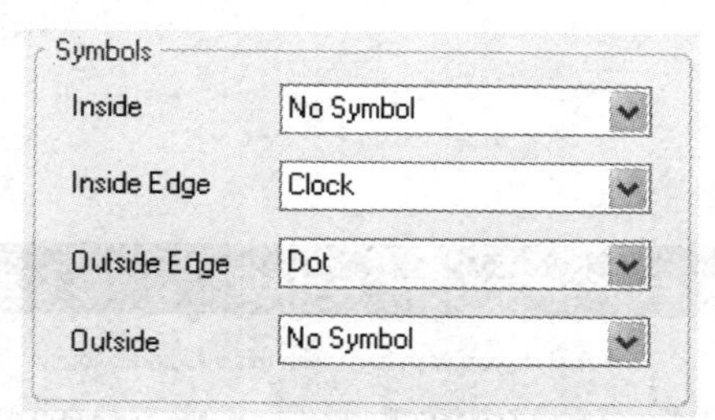

图 3-2-13　引脚 CLK 的反向和时钟标志属性设置

6）保存

单击“保存”按钮，进行保存。

3.3　任务三：修改已有元器件符号

如果要对系统元器件库中已有的元器件符号进行修改，最好在自己建的元器件库中进行。

这个方法的思路是，将一个原理图元器件库中的符号复制到自己建的元器件库中，进行修改并改名。

要求：利用 NSC Analog Timer Circuit.SchLib 中的 LM555CH 元器件符号，在 3.1 节建立的原理图元器件库文件中绘制自己的 555_1 元件符号，如图 3-3-1 所示。

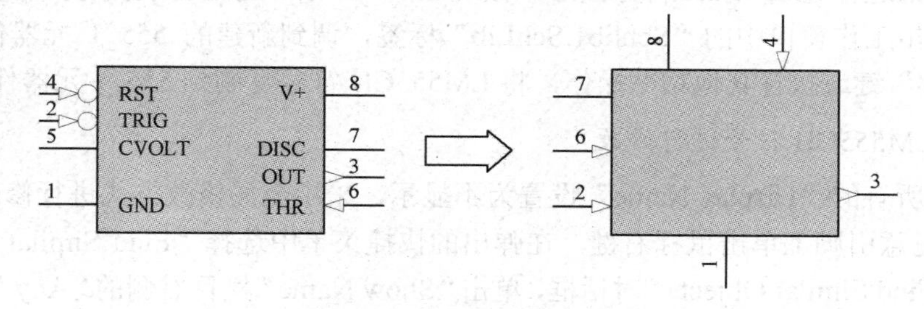

图 3-3-1　LM555CH 符号和 555_1 符号

1）建立一个新元器件画面

执行菜单命令“Tools”→“New Component”，或单击“SCH Library”面板中的“Components”区域下方的“Add”按钮，在弹出的“New Component Name”对话框中输入 555_1，建立一个名为 555_1 的新元器件符号画面。

2）打开 NSC Analog Timer Circuit.SchLib 元器件库

（1）用鼠标左键单击“打开”图标，在 Library 文件夹的 NSC Analog Timer Circuit. SchLib 文件夹下，选择 NSC Analog Timer Circuit. SchLib 元器件库，单击“打开”按钮后，系统弹出如图 3-3-2 所示的对话框。

（2）单击“Extract Sources”按钮将 NSC Analog Timer Circuit. SchLib 元器件库加入到“Projects”面板中，如图 3-3-3 所示。

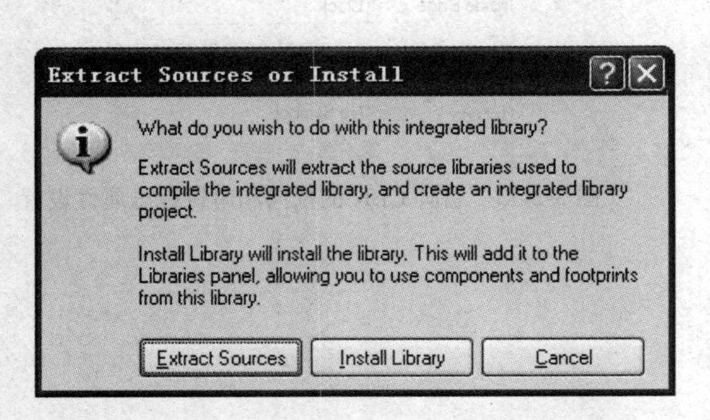

图 3-3-2 “Extract Sources or Install”对话框

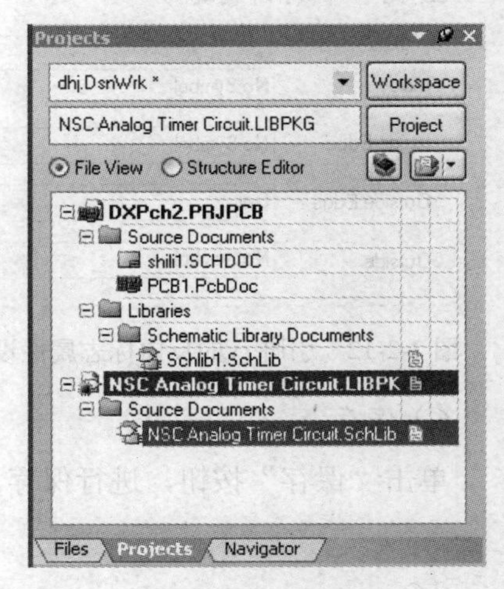

图 3-3-3 加入 NSC Analog Timer Circuit. SchLib 后的“Projects”面板

（3）双击“Projects”面板中的“NSC Analog Timer Circuit.SchLib”将该文件打开。

3）调出 LM555CH 元器件符号

在“SCH Library”面板的“Components”区域中选择“LM555CH”，则右侧工作窗口中显示该元器件符号图形。

4）将 LM555CH 符号复制到 555_1 元器件画面中

（1）全部选择 LM555CH 符号图形，按“Ctrl”+“C”组合键或执行其他复制操作。

（2）单击工作窗口中的“Schlib1.SchLib”标签，调到新建的 555_1 元器件画面，按“Ctrl”+“V”键或执行其他粘贴操作，将 LM555CH 符号复制到 555_1 元器件画面中。

5）对 LM555CH 符号进行修改

（1）将所有的“Display Name”设置为不显示，采用全局修改方式进行修改。

① 在任意引脚上单击鼠标右键，在弹出的快捷菜单中选择“Find Similar Objects”，系统弹出“Find Similar Objects”对话框，单击“Show Name”栏目右侧的“Any”，则“Any”右侧出现一个下拉按钮，从中选择“Same”，如图 3-3-4 所示，然后单击“OK”按钮。

② 此时，系统弹出“Inspector”对话框，将对话框中“Show Name”右侧的“√”去掉，如图 3-3-5 所示。此时，画面中所有引脚的引脚名均不显示，但图形处于掩模状态。

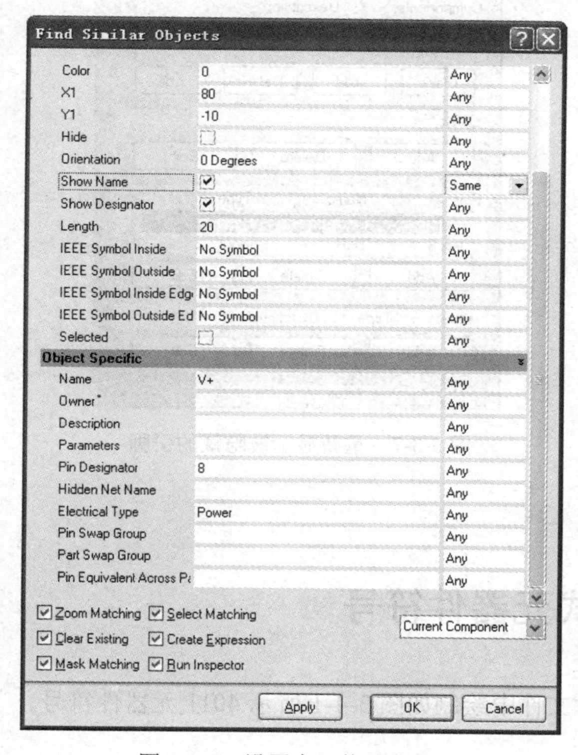

图 3-3-4 设置全局修改条件

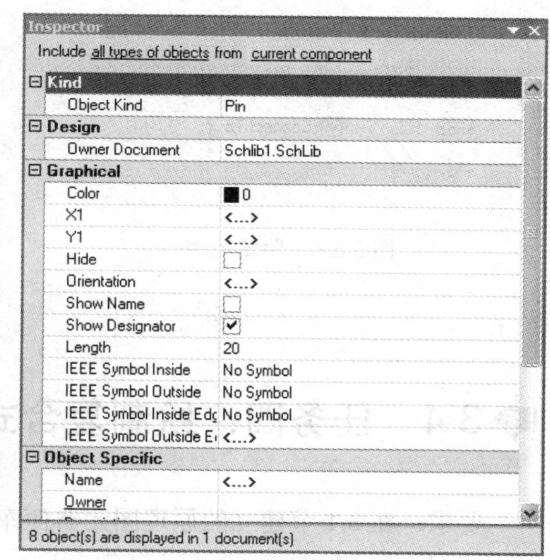

图 3-3-5 不显示引脚名的全局修改

③ 关闭“Inspector”对话框，用鼠标左键单击屏幕右下角的“Clear”标签，清除掩模状态即可。

（2）按要求修改引脚位置。

修改方法包括拖动引脚可改变引脚位置，在引脚上按住鼠标左键后按“空格”键可旋转引脚方向、按“X”或“Y”键可翻转引脚。

其中，第 5 引脚可以放置在符号中没有引脚的任何位置，但方向不能错，即按住引脚时，十字光标中心所在引脚端点朝外。本例中将其放置在第 3 引脚的上方。

（3）去掉第 2、4 引脚的反向标志。

双击引脚，在属性对话框中将“Dot”改为“No Symbol”。

（4）将第 5 引脚隐藏。

双击第 5 引脚，在属性对话框中选中“Hide”右侧的复选框，如图 3-3-6 所示。

如果要重新显示隐藏的引脚，可在“SCH Library”面板的“Pins”区域中选择被隐藏的引脚，如图 3-3-7 所示，然后用鼠标左键单击“Pins”区域中的“Edit”按钮，在弹出的属性对话框中去掉“Hide”旁的“√”即可。

6）保存

完成保存操作。

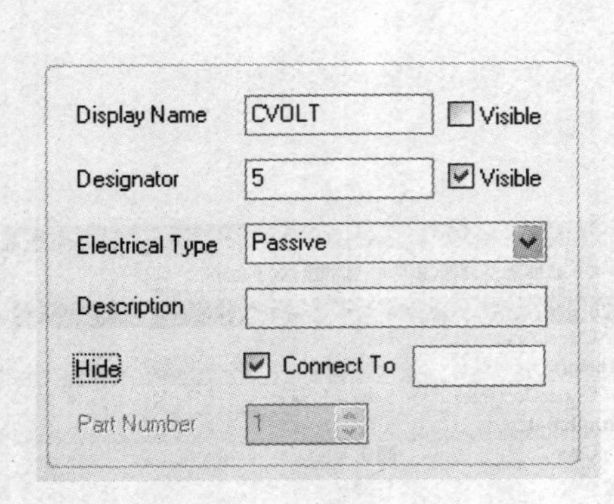

图 3-3-6　隐藏引脚

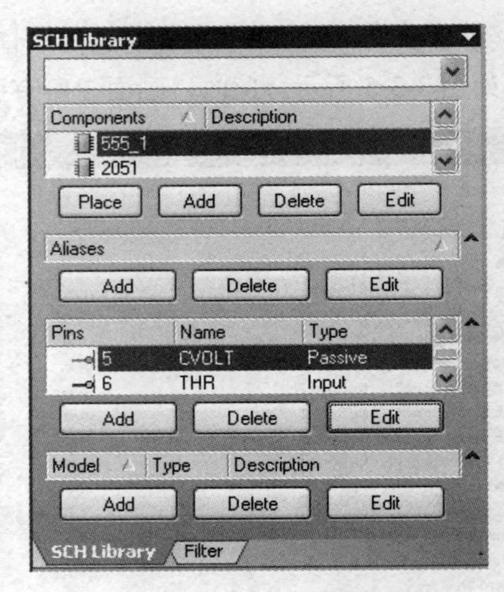

图 3-3-7　重新显示被隐藏的引脚

3.4　任务四：绘制复合式元器件符号

要求：在 3.1 节建立的原理图元器件库文件中绘制如图 3-4-1 所示 4011 元器件符号。

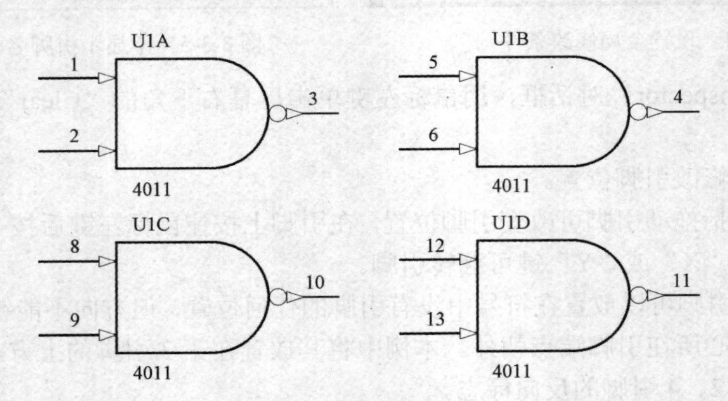

图 3-4-1　4011 元器件符号

复合式元器件符号中各单元的元件名相同、图形相同，只是引脚号不同。如图 3-4-1 所示，元器件标号中的 A、B、C、D 分别表示第一、二、三、四单元，这 4 个符号在元器件库中属于一个元器件符号。

1）建立一个新元器件画面

执行菜单命令“Tools”→“New Component”，或单击“SCH Library”面板中“Components”区域下方的“Add”按钮，在弹出的“New Component Name”对话框中输入 4011，建立一个名为 4011 的新元器件符号画面。

2）按照图 3-4-2 所示尺寸绘制第一单元

（1）绘制元器件符号轮廓中的直线。用鼠标左键单击“Utilities”工具栏上的图标→用鼠标左键单击图标旁的下拉箭头，在工具栏中单击“Place Line（绘制直线）”图标，如图 3-4-3 所示，按图 3-4-2 所示尺寸绘制直线。

（2）绘制元器件符号轮廓中的圆弧。用鼠标左键单击“Utilities”工具栏上的图标→用鼠标左键单击图标旁的下拉箭头，在工具栏中单击“Place Elliptical Arcs（绘制圆弧）”图标，如图 3-4-4 所示，按图 3-4-2 所示尺寸绘制圆弧。

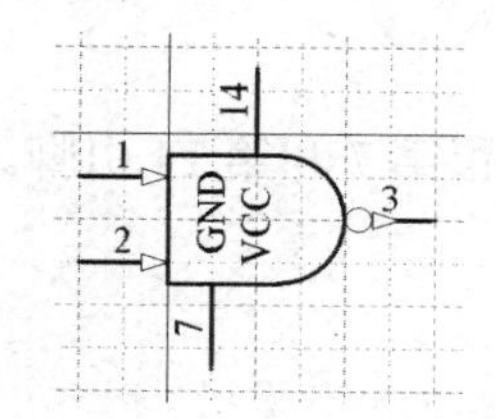

图 3-4-2　4011 第一单元图形

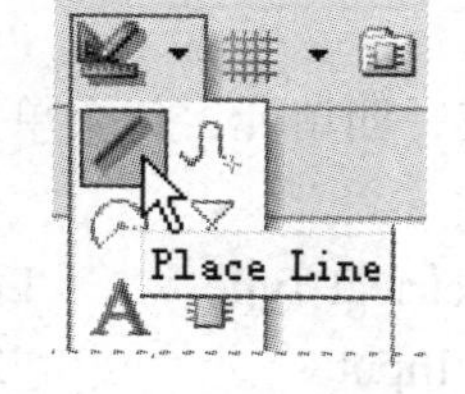

图 3-4-3　单击“Place Line（绘制直线）”图标

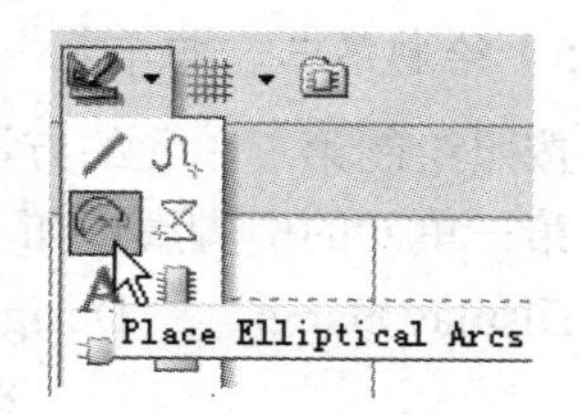

图 3-4-4　单击“Place Elliptical Arcs（绘制圆弧）”图标

（3）放置引脚

Display Name	Designator	Electrical Type	Length
A	1	Input	20
B	2	Input	20
J	3	Output	20
GND	7	Power	20
VCC	14	Power	20

按以上设置放置各引脚。

注意：引脚 1、2、3 的引脚名不显示。

3）保存

完成保存操作。

4）绘制第二单元

执行菜单命令“Tools”→“New Part”，此时在“SCH Library”面板的“Components”区域中的“4011”前出现了一个“+”，用鼠标左键单击“+”，发现在“4011”下出现了“Part A”和“Part B”两个单元名，如图 3-4-5 所示。

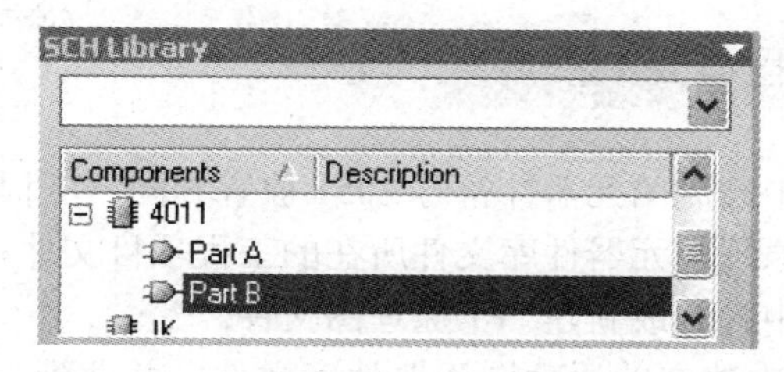

图 3-4-5　建立复合式元器件符号中的第二单元

单击“Part A”，则工作窗口显示以上绘制好的第一单元图形。单击“Part B”，工作窗口显示新建立的第二单元画面。

将Part A中的图形复制到Part B中，对第4、5、6引脚进行修改，第7和第14引脚保留。

Display Name	Designator	Electrical Type	Length
A	5	Input	20
B	6	Input	20
J	4	Output	20

5）绘制第三、四单元

按照绘制第二单元的方法，绘制第三、四单元。每个单元都保留第7和第14引脚。

第三单元的引脚属性如下：

Display Name	Designator	Electrical Type	Length
A	8	Input	20
B	9	Input	20
J	10	Output	20

第四单元的引脚属性如下：

Display Name	Designator	Electrical Type	Length
A	12	Input	20
B	13	Input	20
J	11	Output	20

6）隐藏每个单元的第7和第14引脚

双击第7引脚，在属性对话框中选中“Hide”右侧的复选框。

按这个操作方法，将每个单元的第7和第14引脚全部隐藏。

7）保存

完成保存操作。

3.5 任务五：使用自己绘制的元器件符号

3.5.1 在同一工程项目中使用

要求：将在第3章中绘制的元器件符号2051放置到同一工程项目的原理图文件中。

（1）打开第3章的原理图元器件库文件所在的工程项目文件。

（2）在该工程项目中打开或新建一个原理图文件。

（3）打开在第3章中建立的原理图元器件库文件，并调到2051元器件符号所在的画面。

（4）在“SCH Library”面板的“Components”区域中单击“Place”按钮，2051符号

被放置到打开的原理图文件中。

单击“Place”按钮后，如果工作窗口没有打开的原理图文件，则系统自动打开一个原理图文件，并将该元器件符号放置在其中。

3.5.2 在不同工程项目中使用

要求：将在第 3 章中绘制的元器件符号 2051 放置到另一工程项目的原理图文件中。

1. 第一种方法

将元器件符号 2051 所在的原理图元器件库文件导入到原理图文件所在的工程项目中。

（1）打开或新建一个工程项目文件。

（2）在“Projects”面板的工程项目名称上单击鼠标左键。

（3）在弹出的快捷菜单中选择“Add Existing To Project”。

（4）选择元器件符号 2051 所在的原理图元器件库文件，将其导入到工程项目中。

（5）以下按照 3.5.1 中的操作进行。

2. 第二种方法

将元器件符号 2051 所在的原理图元器件库文件加载到原理图文件中。

（1）在工程项目文件中打开或新建一个原理图文件。

（2）用鼠标单击屏幕右下角的“System”标签→选择“Libraries”，打开“Libraries”面板。

（3）在“Libraries”面板中单击“Libraries”按钮→在弹出的“Available Libraries”对话框中单击“Install”按钮→系统弹出“打开”对话框（如图 3-5-1 所示）。

（4）在图 3-5-1 中单击“文件类型”右侧的下拉按钮，从中选择“Schematic Librareis (*.SCHLIB)”，在“查找范围”中找到元器件符号 2051 所在的原理图元器件库文件，单击“打开”按钮。

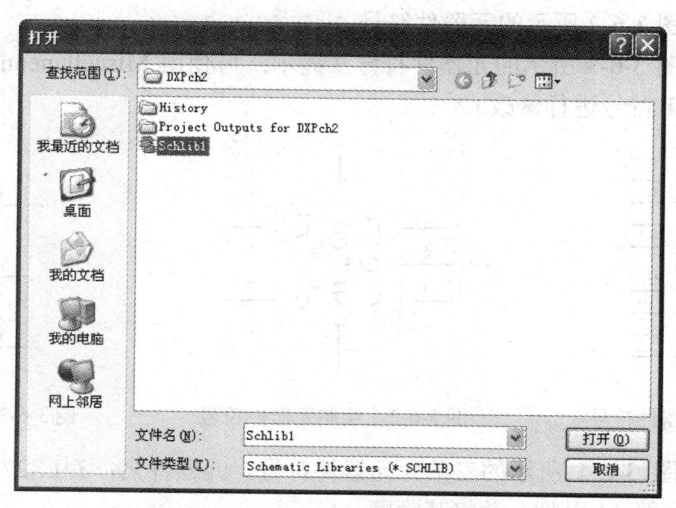

图 3-5-1 将文件类型改为 Schematic Libraries

（5）返回“Available Libraries”对话框，此时，该原理图元器件库已加载到“Libraries”面板中，单击“Close”按钮，回到“Libraries”面板，即可在“Libraries”面板中看到加载的原理图元器件库文件。

（6）从中选择2051元器件，单击“Place 2051”按钮，即可将2051放置到原理图中。

本章小结

本章通过几个实例介绍了在原理图元器件库文件中如何绘制元器件符号，以及使用自己所绘制的元器件符号的方法。

在使用原理图元器件库文件时，要特别注意三个问题：

（1）一个编辑画面上只能绘制一个元器件符号，因为系统将一个编辑画面中的所有内容都视为一个符号。

（2）要注意元器件符号中的引脚都是具有电气特性的，而且引脚具有方向性，要使用专门放置引脚的命令，千万不能用直线代替。

（3）编辑画面中只有靠近坐标原点位置有图形，其余地方不能有多余的图形。

在学习了原理图编辑和本章内容后，应该可以绘制任何电路图。

练习题

3.1 绘制如图3-6-1所示的元器件符号。

3.2 绘制如图3-6-2所示的元器件符号。

3.3 绘制如图3-6-3所示的元器件符号（提示：可使用Miscellaneous Devices.IntLib中的RELAY-SPST符号进行修改）。

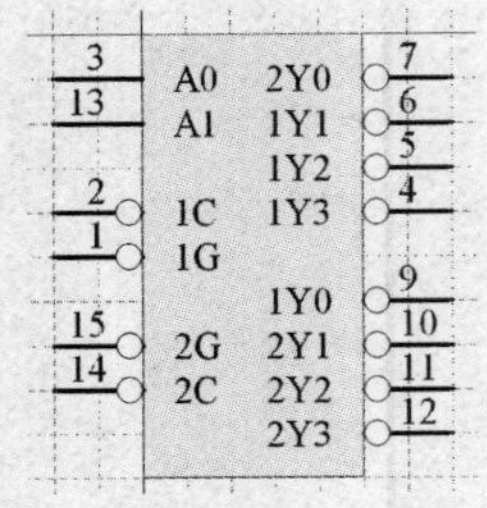

图3-6-1 绘制元器件符号

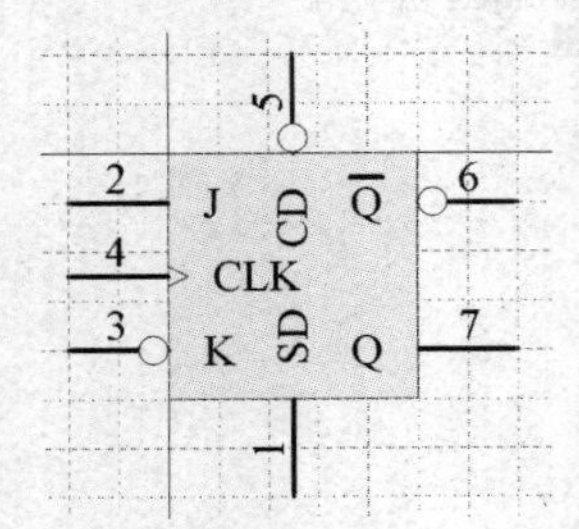

图3-6-2 绘制元器件符号

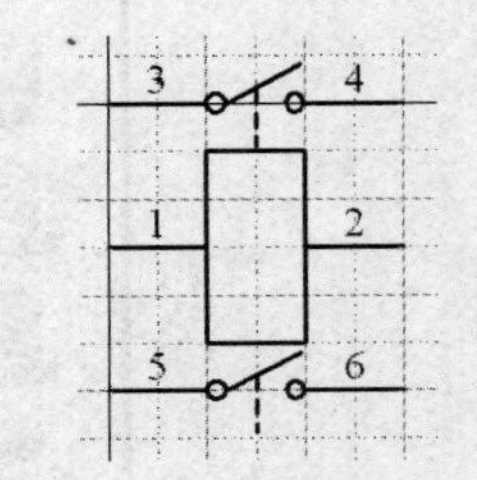

图3-6-3 绘制元器件符号

3.4 绘制如图3-6-4所示的三单元元器件符号。元器件名：74LS27_1。要求：每个单元都要有第7和第14引脚，并将其隐藏。

引脚属性如下：

Display Name	Designator	Electrical Type	Length
1	1	Input	20
2	2	Input	20
3	3	Input	20
4	4	Input	20
5	5	Input	20
9	9	Input	20
10	10	Input	20
11	11	Input	20
13	13	Input	20
6	6	Output	20
8	8	Output	20
12	12	Output	20
GND	7	Power	20
VCC	14	Power	20

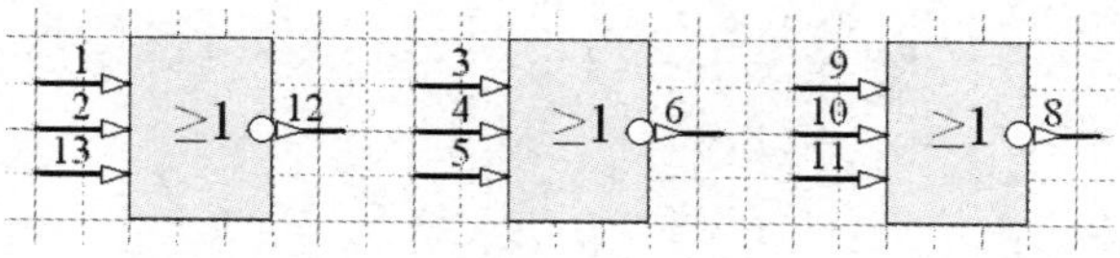

图 3-6-4　三单元器件符号

3.5　绘制如图 3-6-5 所示的电路图。其中，74LS00_1 是四单元元器件符号，需自行绘制。74LS00_1 绘制要求：元器件名为 74LS27_1；每个单元都要有第 7 和第 14 引脚，并将其隐藏。

引脚属性如下：

Display Name	Designator	Electrical Type	Length
1	1	Input	20
2	2	Input	20
4	4	Input	20
5	5	Input	20
9	9	Input	20
10	10	Input	20
12	12	Input	20
13	13	Input	20
3	3	Output	20
6	6	Output	20
8	8	Output	20
11	11	Output	20

Display Name	Designator	Electrical Type	Length
GND	7	Power	20
VCC	14	Power	20

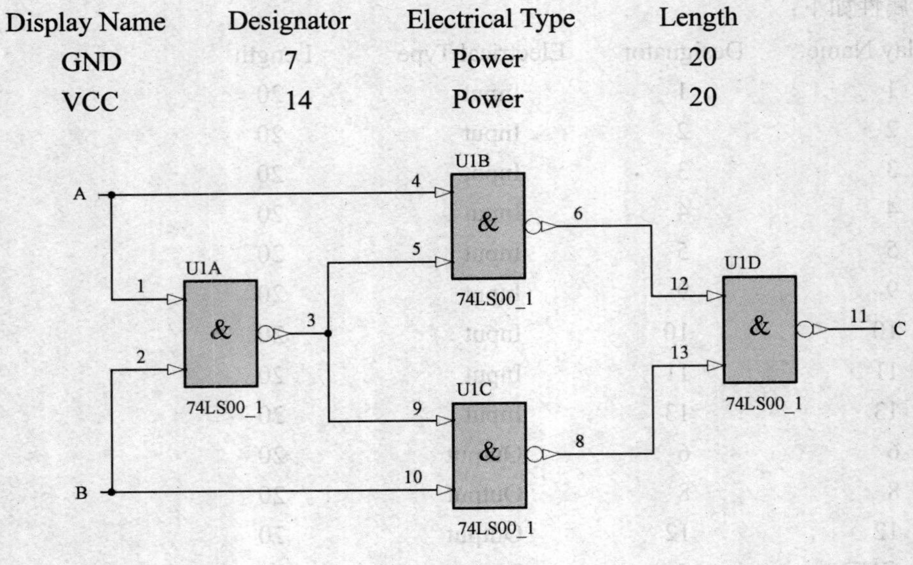

图 3-6-5 电路图

原理图编辑器的其他编辑功能

背景

为了使电路图清晰、易读，设计者往往需要在图中增加一些文字或图形，辅助说明电路的功能、信号流向等。这些文字或图形的增加，应该对图中的电气特性没有丝毫影响，为此，Protel DXP 2004 SP2 提供了很好的绘图功能以及对象的排列和叠放次序等功能。

要点

- 绘制直线
- 放置单行说明文字
- 放置多行文字标注
- 绘制矩形和圆角矩形
- 绘制多边形
- 绘制椭圆弧线
- 绘制椭圆图形
- 绘制扇形
- 绘制曲线
- 排列和对齐对象
- 改变对象叠放次序
- 重新安排元器件标号，快速查找元器件符号和网络连接等

4.1 任务一：绘图工具的使用

Protel DXP 2004 SP2 原理图编辑器的绘图功能都体现在“Utilities”工具栏中的“高级绘图工具”图标中，如图 4-1-1 所示。

这个图标中所绘制的对象均不具有电气特性，因此对原理图中的电气性能没有丝毫影响。

4.1.1 绘制直线

1. 直线绘制方法

用鼠标左键单击图4-1-1中的“放置直线”图标，或执行菜单命令“Place”→“Drawing Tools”→“Line”，以下操作方法同放置导线。

图4-1-1 “高级绘图工具”图标

2. 直线属性编辑

双击已绘制好的直线，或在绘制直线的过程中按“Tab”键，系统弹出“PolyLine（直线）”对话框，如图4-1-2所示。

“Poly Line”对话框中各选项的含义如下。

（1）Line Width：线宽，共有4种线宽，即Smallest、Small、Medium、Large。

（2）Line Style：线型，共有3种线型，即Solid（实线）、Dashed（虚线）、Dotted（点线）。

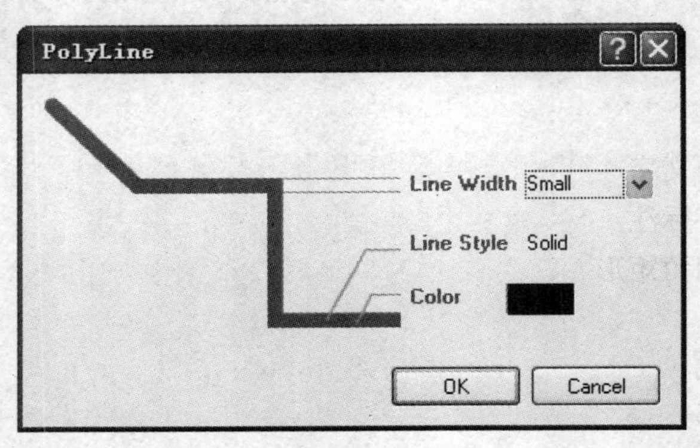

图4-1-2 “Polyline（直线）”对话框

将光标放到图4-1-2中的“Solid”上面，则在Solid右侧出现一个下拉按钮，用鼠标左键单击该下拉按钮后，可在随之出现的下拉列表中选择不同线型。

（3）Color：直线的颜色。

设置完毕，单击“OK”按钮。

3. 改变直线的长短或位置

用鼠标左键单击已画好的直线，在直线两端出现控制点时，拖动控制点可改变直线的长短，拖动直线本身可改变其位置。

4.1.2 单行文字标注

（1）用鼠标左键单击图4-1-1中的“放置单行文字标注”图标A，或执行菜单命令“Place”→“Text String”，光标变成十字形，并且在光标上有一虚线框。

（2）按“Tab”键，系统弹出“Annotation”对话框，如图 4-1-3 所示。

- Text：说明文字内容，如图 4-1-3 中的&。
- Location X、Y：说明文字的位置。
- Orientation：说明文字的方向，共有 4 种方向，即 0 Degrees（0°）、90 Degrees（90°）、180 Degrees（180°）、270 Degrees（270°）。
- Color：说明文字的颜色。
- Font：可以设置说明文字的字体和字号。用鼠标左键单击“Change”按钮，系统弹出“字体”对话框（如图 4-1-4 所示），设置后单击“确定”按钮返回“Annotation”对话框。

单击“OK”按钮。

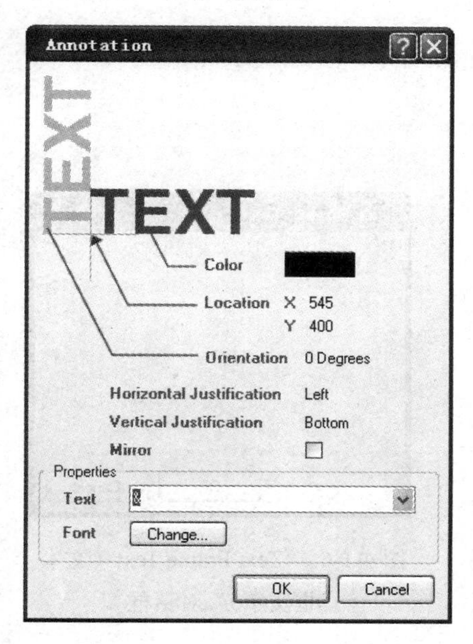

图 4-1-3 “Annotation”对话框

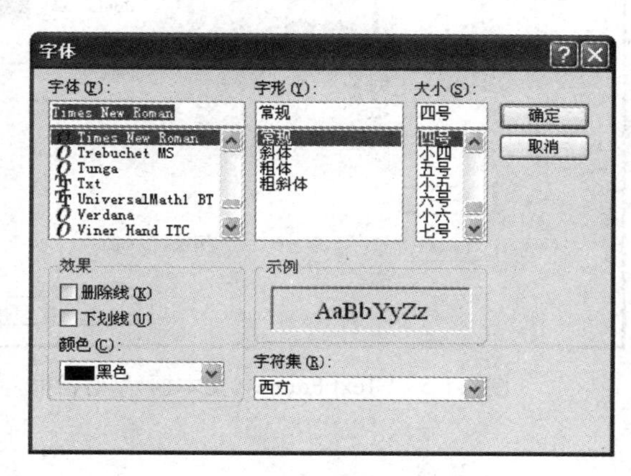

图 4-1-4 “字体”对话框

（3）此时，说明文字仍处于浮动状态，在适当位置单击鼠标左键即放置好。

（4）系统仍处于放置说明文字状态，按“Tab”键可继续弹出“Annotation”对话框，如果不按“Tab”键则直接单击鼠标右键退出放置状态。

4.1.3 多行文字标注

如果需要放置多行说明文字，则要使用放置文本框的命令。

1．操作步骤

（1）用鼠标左键单击图 4-1-1 中的“放置文本框”图标，或执行菜单命令“Place”→“Text Frame”，光标变成十字形，并且在光标上有一虚线框。

（2）单击鼠标左键确定文本框的左下角。

（3）移动鼠标可以看到屏幕上有一个虚线预拉框，在该预拉框的对角位置单击鼠标左键，则放置了一个文本框，并自动进入下一个放置过程。

（4）单击鼠标右键结束放置状态。

2．编辑文本框

双击已放置好的文本框，或在放置文本框过程中按“Tab”键，系统弹出“Text Frame（文本框）”对话框，如图4-1-5所示。

- Text：编辑文字。用鼠标左键单击右边的“Change”按钮，出现“Text Frame Text（文本框文字）”对话框，如图4-1-6所示。在该对话框中输入要显示的文字后单击“OK”按钮，返回如图4-1-5所示的对话框。

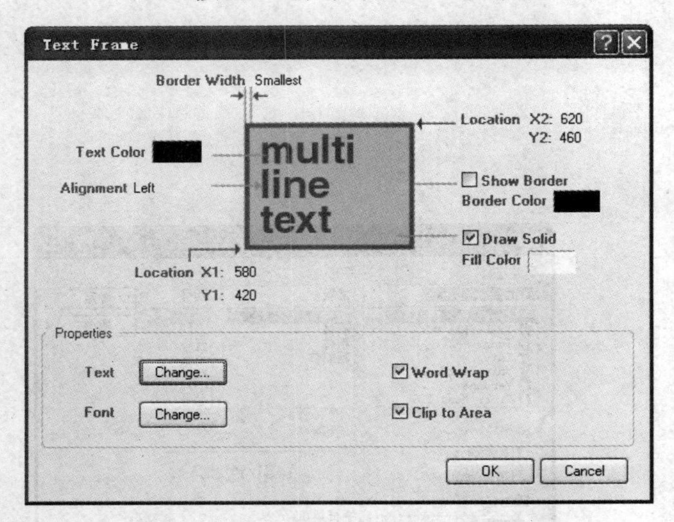

图4-1-5 “Text Frame（文本框）”对话框

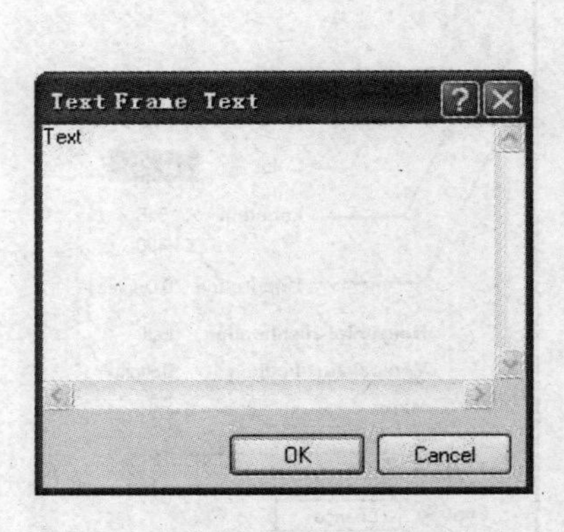

图4-1-6 “Text Frame Text（文本框文字）”对话框

- Location X1、Y1：文本框一个顶点位置。
- Location X2、Y2：文本框对角线顶点位置。
- Border Width：边框宽度。与直线的宽度设置相同。
- Border Color：边框颜色。
- Fill Color：填充颜色。
- Text Color：文本颜色。
- Font：文本字体。
- Draw Solid：是否填充在“Fill Color”选项中设置的颜色，选中表示填充。
- Show Border：是否显示边框线，选中表示显示。
- Alignment：文字的对齐方式，有3种对齐方式，即Center（中间对齐）、Left（左对齐）、Right（右对齐）。
- Word Wrap：确定文本超出边框时是否自动换行。选中为自动换行。
- Clip To Area：如果文字超出了边框确定是否显示，选中为不显示。

设置完毕，单击“OK”按钮。

3．改变已放置好文本框的尺寸

用鼠标左键单击已放置好的文本框，文本框四周出现控制点。拖动任一控制点即可改变文本框的尺寸。

4.1.4 绘制矩形和圆角矩形

1．绘制矩形（圆角矩形）

下面以绘制矩形为例。

（1）用鼠标左键单击图 4-1-1 中的“绘制矩形”图标□，或执行菜单命令“Place”→“Drawing Tools”→“Rectangle”，光标变成十字形，并且十字光标上带着一个与前次绘制相同的浮动矩形。

（2）移动光标到合适位置，单击鼠标左键，确定矩形的一个角。

（3）移动光标选择合适的矩形大小，在矩形的对角线位置单击鼠标左键，则放置好一个矩形。

（4）此时仍为放置状态，可继续放置，也可单击鼠标右键退出放置状态。

2．矩形的编辑

双击已绘制好的矩形，或在绘制矩形过程中按“Tab”键，系统弹出“Rectangle（矩形）”对话框，如图 4-1-7 所示。

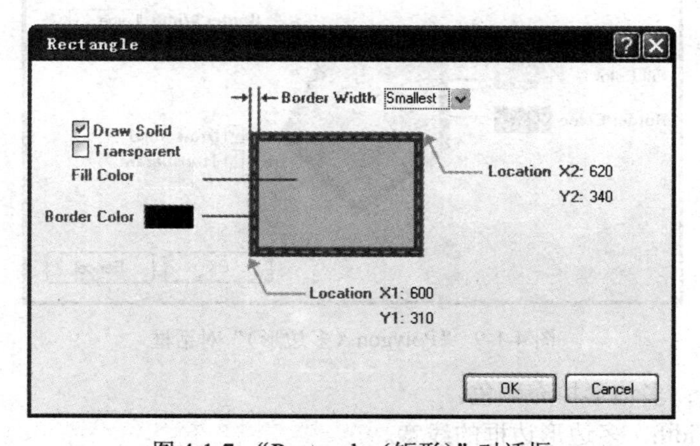

图 4-1-7 “Rectangle（矩形）”对话框

- Border Width：矩形边框的线宽。
- Border Color：矩形边框的颜色。
- Fill Color：矩形的填充颜色。
- Draw Solid：是否填充颜色。选中为填充，即矩形显示在“Fill Color”中选择的填充颜色。

3．改变已绘制好矩形的大小

用鼠标左键单击已放置好的矩形，矩形四周出现控制点。拖动任一控制点即可改变矩形的大小。

4.1.5 绘制多边形

1．绘制多边形

（1）用鼠标左键单击图4-1-1中的“绘制多边形”图标，或执行菜单命令“Place”→“Drawing Tools”→“Polygons”，光标变成十字形。

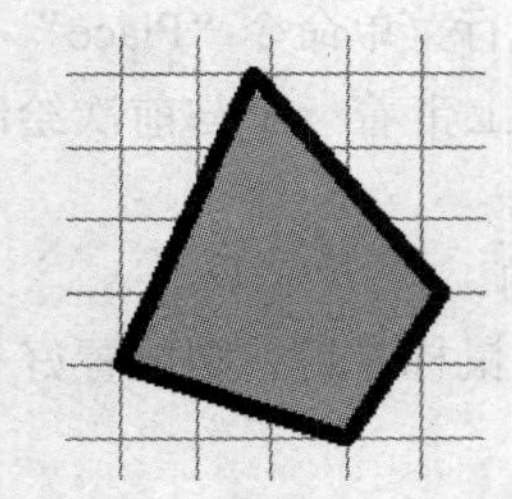

图4-1-8 绘制完成的多边形

（2）在多边形的每一个顶点处单击鼠标左键，即可绘制出所需的多边形，如图4-1-8所示。

（3）绘制完毕，单击鼠标右键，自动进入下一个绘制状态。

（4）此时可继续绘制其他多边形，最后连续单击鼠标右键两次退出绘制状态。

2．多边形的属性编辑

双击已绘制好的多边形，或在绘制多边形过程中按“Tab”键，系统弹出“Polygon（多边形）”对话框，如图4-1-9所示。

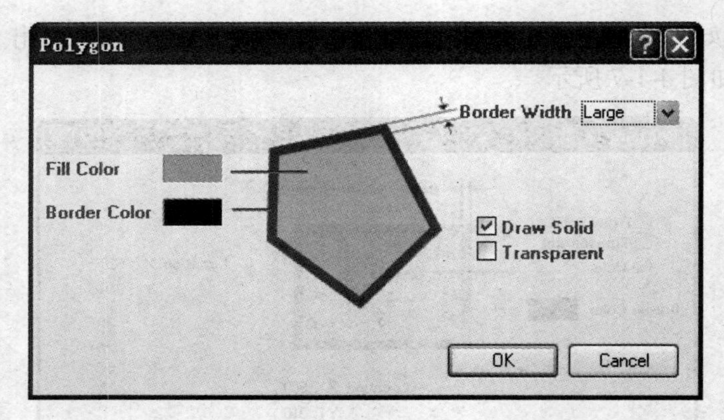

图4-1-9 “Polygon（多边形）”对话框

- Fill Color：多边形填充颜色。
- Border Width：多边形边框的线宽。
- Border Color：多边形边框的颜色。
- Draw Solid：是否填充颜色。选中为填充，即多边形显示在“Fill Color”中选择的填充颜色。

3．改变多边形的大小和形状

用鼠标左键单击已放置好的多边形，多边形四周出现控制点。拖动任一控制点即可改变多边形的大小，但不能增加多边形的拐点。

4.1.6　绘制椭圆弧线和圆形弧线

1. 绘制椭圆弧线

（1）用鼠标左键单击图 4-1-1 中的“绘制椭圆弧线”图标，或执行菜单命令“Place”→“Drawing Tools”→“Elliptical Arc”，光标变成十字形，并且十字光标上带着一个与前次绘制相同的椭圆弧线形状。

（2）在合适位置单击鼠标左键，确定椭圆圆心。

（3）此时，光标自动跳到椭圆横向的圆周顶点，移动光标，在合适位置单击鼠标左键，确定横向半径长度。

（4）光标自动跳到椭圆纵向的圆周顶点，移动光标，在合适位置单击鼠标左键，确定纵向半径长度。

（5）光标自动跳到椭圆弧线的一端，移动光标，在合适位置单击鼠标左键，确定椭圆弧线的起点。

（6）光标自动跳到椭圆弧线的另一端，移动光标，在合适位置单击鼠标左键，确定椭圆弧线的终点。

（7）至此，一个完整的椭圆弧线绘制完成，同时自动进入下一个绘制过程，单击鼠标右键退出绘制状态。

图 4-1-10 为绘制椭圆弧线的过程。

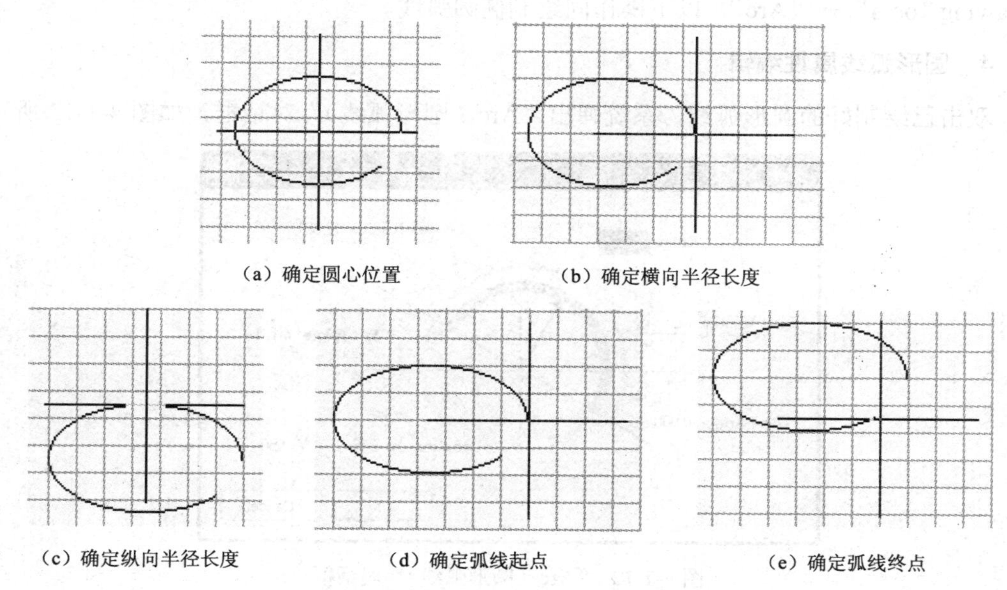

图 4-1-10　绘制椭圆弧线的过程

2. 椭圆弧线属性编辑

双击已绘制好的椭圆弧线，系统弹出如图 4-1-11 所示的“Elliptical Arc（椭圆弧线）”对话框。

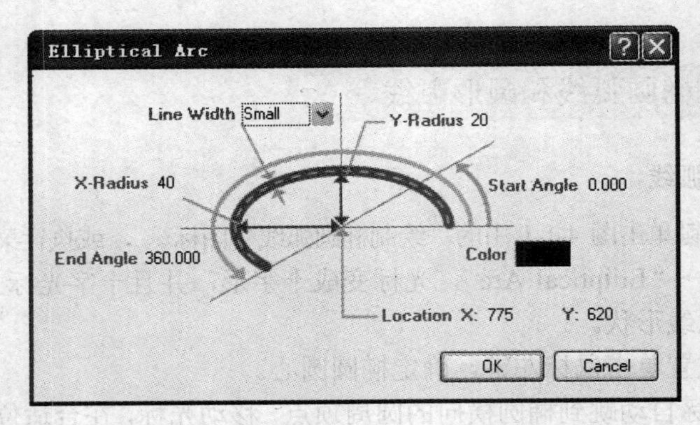

图 4-1-11 “Elliptical Arc（椭圆弧线）”对话框

- Line Width：椭圆弧线线宽。
- X-Radius：X 方向半径。
- Y-Radius：Y 方向半径。
- Start Angle：弧线开始角度。
- End Angle：弧线结束角度。
- Location X、Y：椭圆中心坐标。

3．绘制圆形弧线

用鼠标左键单击图 4-1-1 中的“绘制圆形弧线”图标，或执行菜单命令“Place”→“Drawing Tools”→“Arc”，以下操作同绘制椭圆弧线。

4．圆形弧线属性编辑

双击已绘制好的圆形弧线，系统弹出“Arc（圆形弧线）”对话框，如图 4-1-12 所示。

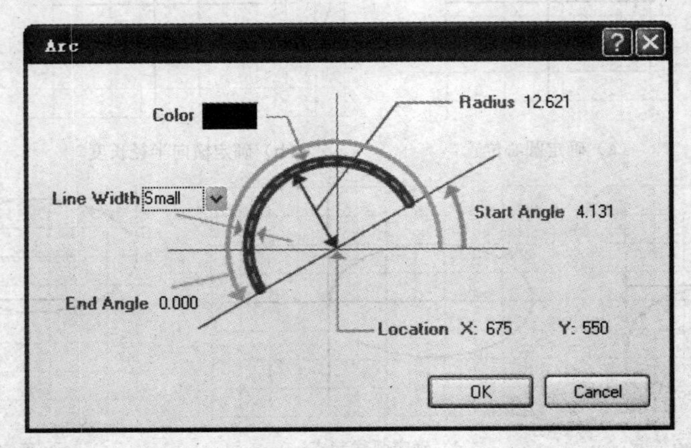

图 4-1-12 “Arc（圆形弧线）”对话框

- Line Width：圆形弧线线宽。
- Radius：半径。
- Start Angle：弧线开始角度。
- End Angle：弧线结束角度。

- Location X、Y：圆心坐标。

4.1.7 绘制椭圆图形

（1）单击图 4-1-1 中的“绘制椭圆”图标，或执行菜单命令“Place”→“Drawing Tools”→“Ellipses”，光标变成十字形，并且十字光标上带着一个与前次绘制相同的椭圆图形形状。

（2）在合适位置单击鼠标左键，确定椭圆圆心。

（3）此时光标自动跳到椭圆横向的圆周顶点，移动光标，在合适位置单击鼠标左键，确定横向半径长度。

（4）光标自动跳到椭圆纵向的圆周顶点，移动光标，在合适位置单击鼠标左键，确定纵向半径长度。

（5）至此，一个完整的椭圆图形绘制完毕，同时自动进入下一个绘制过程，单击鼠标右键退出绘制状态。

4.1.8 绘制扇形

扇形的绘制与椭圆图形的绘制类似。

（1）单击图 4-1-1 中的“绘制扇形”图标，或执行菜单命令“Place”→“Drawing Tools”→“Pie Charts”，光标变成十字形，并且十字光标上带着一个与前次绘制相同的扇形形状。

（2）在合适位置单击鼠标左键，确定扇形圆心。

（3）在合适位置单击鼠标左键，确定扇形半径。

（4）移动光标，在合适位置单击鼠标左键，确定扇形的起点。

（5）移动光标，在合适位置单击鼠标左键，确定扇形的终点。

（6）至此，一个完整的扇形绘制完毕，同时自动进入下一个绘制过程，单击鼠标右键退出绘制状态。

4.1.9 绘制曲线

1．绘制曲线

（1）单击图 4-1-1 中的“绘制曲线”图标，或执行菜单命令“Place”→“Drawing Tools”→“Beziers”，光标变成十字形。

（2）单击鼠标左键确定曲线起始点，如图 4-1-13 中的 A 点。

（3）移动光标在 B 点处单击鼠标左键，确定与曲线相切的两条切线的交点。

（4）移动光标，屏幕出现一个弧线，在合适位置（如 C 点）单击鼠标左键两次，将弧线固定。

（5）此时，可继续绘制曲线的另外部分，也可单击鼠标右键，完成一个绘制过程，并自动进入下一个绘制过程。

（6）再单击鼠标右键退出绘制状态。

2．编辑曲线

用鼠标左键单击曲线的任一端点，曲线周围出现控制点，如图 4-1-14 所示，拖动控制点可改变曲线的形状。

在曲线的绘制过程中需要确定与曲线相切的两条切线的交点位置，如图 4-1-13 中的 B 点。因此，要迅速画好各种曲线，还需多加练习。

“例”绘制如图 4-1-15 所示的正弦曲线。

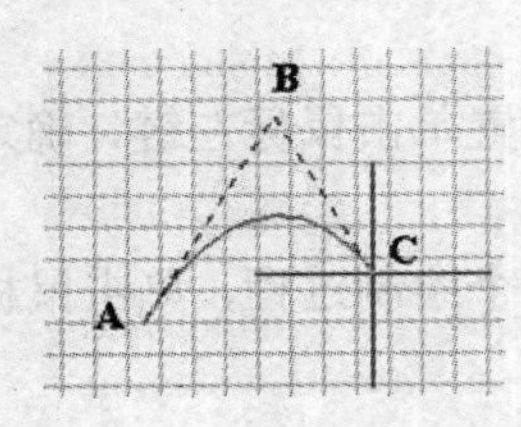

图 4-1-13 曲线绘制过程

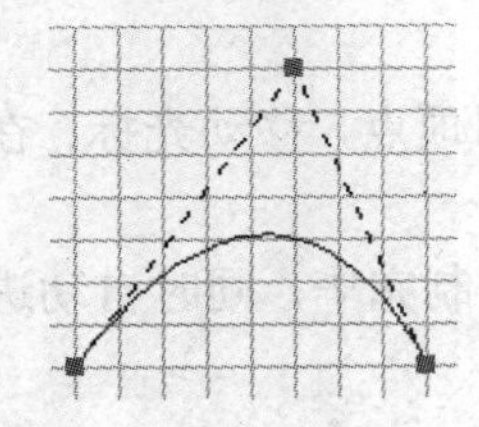
图 4-1-14 编辑曲线

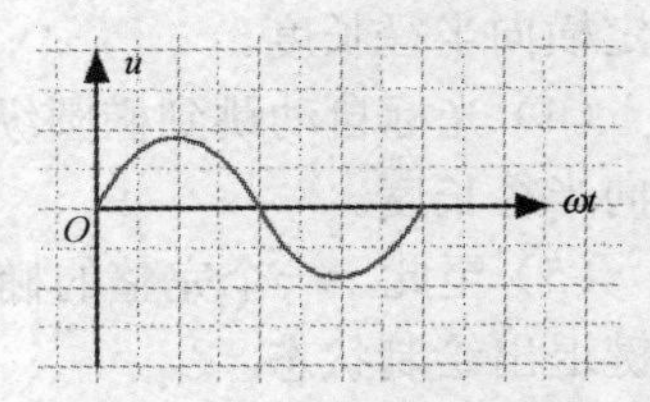

图 4-1-15 正弦曲线

（1）新建或打开一个原理图文件。

（2）执行菜单命令“Design”→“Document Options”，系统弹出“Document Options”对话框，选中“Snap”前的复选框，并将“Snap”右侧的值改为 5，然后单击“OK”按钮。

（3）用鼠标左键单击图 4-1-1 中的“绘制直线”图标 ╱，绘制如图 4-1-15 所示的坐标系。

（4）用鼠标左键单击图 4-1-1 中的“绘制曲线”图标，绘制正弦曲线的正半周，用复制的方法绘制出负半周，在粘贴过程中按“Y”键翻转其方向。

（5）执行菜单命令“Design”→“Document Options”，系统弹出“Document Options”对话框，将“Snap”右侧的值改为 1，然后单击“OK”按钮。

（6）用鼠标左键单击图 4-1-1 中的“绘制多边形”图标，绘制坐标系中的箭头。

（7）用鼠标左键单击图 4-1-1 中的“放置文字”图标 **A**，放置坐标系中的文字。

4.1.10 插入图片

1．插入图片

在原理图中可以插入图片。Protel DXP 2004 SP2 支持的图形文件类型有位图文件（扩展名为 BMP、DIB、RLE）、JPEG 文件（扩展名为 JPG）、图元文件（扩展名为 WMP）等。

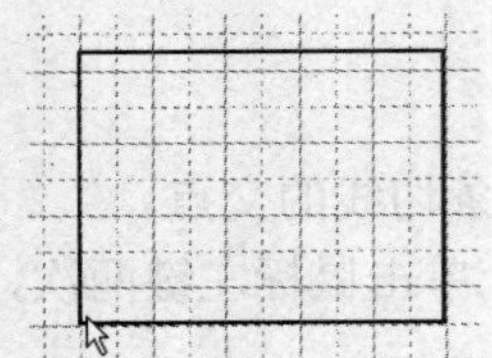
图 4-1-16 插入图片时的图片框

（1）用鼠标左键单击图 4-1-1 中的“插入图片”图标，或执行菜单命令“Place”→“Drawing Tools”→“Graphic”。

（2）系统弹出如图 4-1-16 所示的图片框，此矩形框随光标移动。单击鼠标左键确定图片的一个角点，然后在另一个对角线顶点再单击鼠标左键。

（3）系统弹出如图 4-1-17 所示的“打开”对话框，从中选择所需图片文件名后，单击“打开”按钮，即放置好一张图片，并自动进入下一放置过程。

（4）单击鼠标右键退出放置状态。

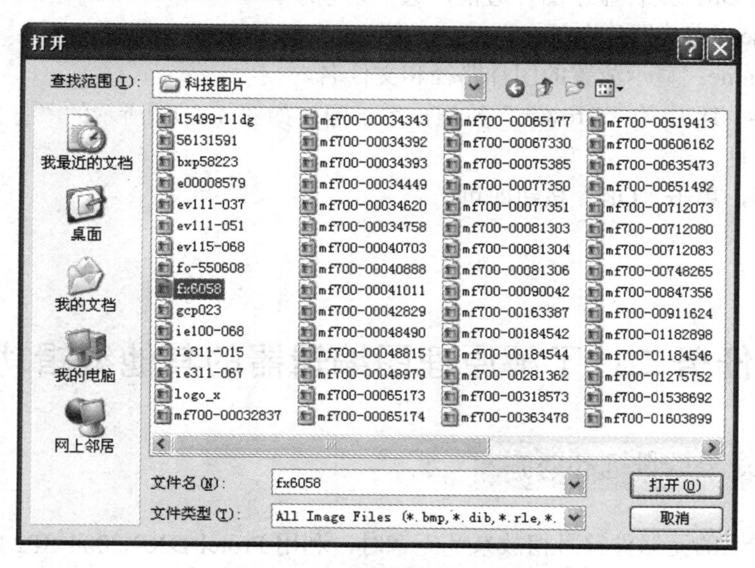

图 4-1-17　选择所需图片文件

2．编辑图片属性

双击已放置好的图片，或在图片放置过程中按“Tab”键，系统弹出“Graphic（图片）”对话框，如图 4-1-18 所示。

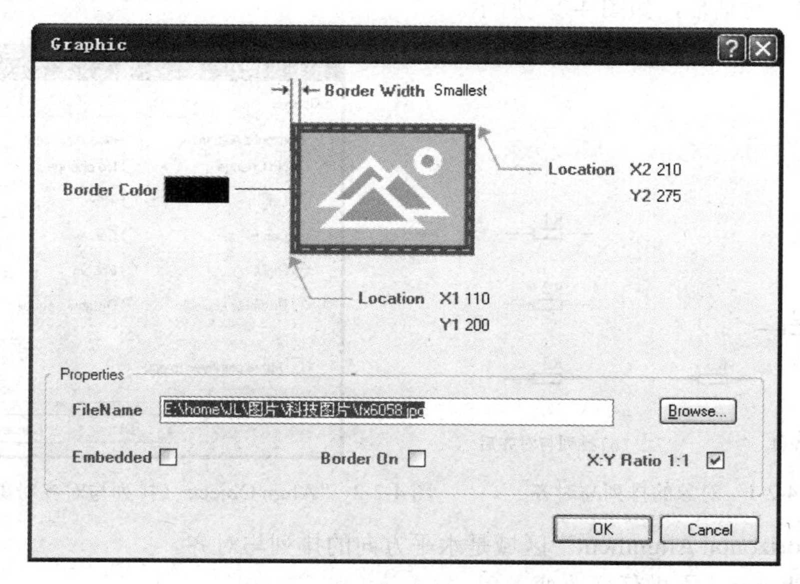

图 4-1-18　“Graphic（图片）”对话框

- Border Width：图片边框线宽，将光标放在“Smallest”上，在“Smallest”右侧出现一个下拉按钮，用鼠标左键单击此下拉按钮可以从下拉列表中选择不同的线宽。

- Border Color：图片边框颜色。
- X：Y Ratio 1：1：是否保持图片 X 方向与 Y 方向原有的比例关系，选中表示保持。
- Border On：是否显示图片边框，选中则显示。
- Browse：查找图片文件。
- File Name：显示放置的图片路径和文件名。

单击图 4-1-18 中的“Browse”按钮，系统弹出如图 4-1-17 所示的“打开”对话框，可选择图片文件。

选择完毕，单击“OK”按钮即可。

4.2 任务二：了解原理图编辑器的其他编辑功能

4.2.1 对象的排列和对齐

当原理图上的元器件符号摆放杂乱无章时，利用 Protel DXP 2004 SP2 的排列与对齐功能，可以迅速地使图面整齐，极大地提高工作效率。

要求：将图 4-2-1（a）中所示的电阻等间距地排成一列，如图 4-2-1（b）所示。

（1）将图 4-2-1（a）中的三个电阻全部选中。

（2）执行菜单命令“Edit”→“Align”→“Align”，系统弹出“Align Objects（排列与对齐对象）”对话框，如图 4-2-2 所示。

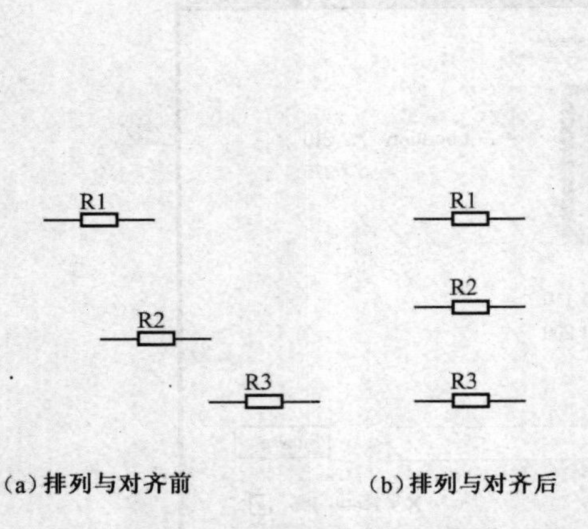

图 4-2-1 对象的排列与对齐

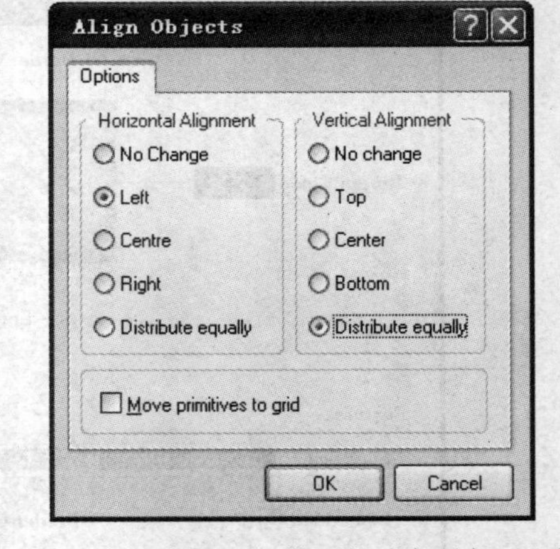

图 4-2-2 “Align Objects（排列与对齐对象）”对话框

① “Horizontal Alignment”区域是水平方向的排列与对齐。

- No Change：不做任何改变。
- Left：对象左对齐。
- Center：对象中间对齐。
- Right：对象右对齐。

- Distribute equally：等间隔分布。

② “Vertical Alignment”区域是垂直方向的排列与对齐。

- No Change：不做任何改变。
- Top：对象顶端对齐。
- Center：对象中间对齐。
- Bottom：对象底端对齐。
- Distribute equally：等间隔分布。

在本例中按图 4-2-2 所示进行设置，水平方向选择“Left（左对齐）”，垂直方向选择“Distribute equally（等间隔分布）”，单击“OK”按钮，则图 4-2-1（a）变为图 4-2-1（b）。

操作中应注意的问题如下。

（1）在执行菜单命令“Edit”→“Align”前，一定要先选中要排列的对象，否则“Align”的下一级菜单是灰颜色的，不能使用。

（2）如果只做单一的排列或对齐操作，如只做左对齐或只做等间隔分布等，可以在“Edit”→“Align”的下一级菜单中选择相应的命令。

4.2.2 改变对象叠放次序

1．移到最上层

要求：将图 4-2-3（a）中的矩形移到最上层。

1）第一种方法

（1）执行菜单命令“Edit”→“Move”→“Bring To Front”，光标变成十字形。

（2）在矩形图形上单击鼠标左键，矩形图形移到最上层。

（3）单击鼠标右键退出此状态。

2）第二种方法

（1）执行菜单命令“Edit”→“Move”→“Move To Front”，光标变成十字形。

（2）在矩形图形上单击鼠标左键，则矩形变为浮动状态，随光标移动。

（3）再单击鼠标左键，矩形图形移到最上层。

（4）单击鼠标右键退出此状态。

2．移到最低层

要求：将图 4-2-3（b）中的矩形移到最低层。

（1）执行菜单命令“Edit”→“Move”→“Send To Back”，光标变成十字形。

（2）在矩形图形上单击鼠标左键，矩形图形移到最低层。

（3）单击鼠标右键退出此状态。

3．将一个对象移到另一个对象的上面

要求：将图 4-2-4（a）中的矩形移到椭圆与三角形之间，如图 4-2-4（b）所示。

（1）执行菜单命令“Edit”→“Move”→“Bring To Front of”，光标变成十字形。

（2）用鼠标左键单击准备上移的对象（如矩形）。

（3）在参考对象即椭圆上单击鼠标左键，则矩形处于参考对象的上面。

（4）单击鼠标右键退出此状态。

（a）　　（b）

图 4-2-3　移到最上层

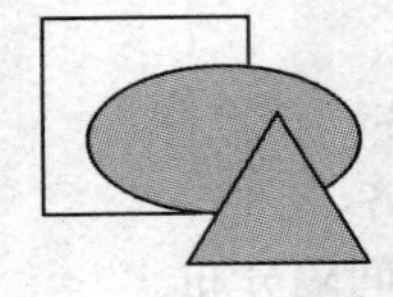

（a）改变层次前

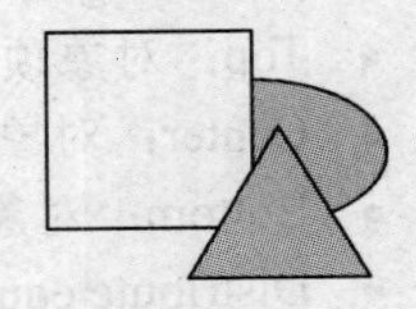

（b）矩形出现在椭圆与三角形之间

图 4-2-4　将一个对象移到另一个对象的上面

4．将一个对象移到另一个对象的下面

要求：将图 4-2-4（b）中的矩形移到椭圆下面，如图 4-2-4（a）所示。

1）*第一种方法*

执行“2”中的移到最低层操作。

2）*第二种方法*

执行菜单命令“Edit”→“Move”→“Send To Back of”，以下操作同“3”。

4.2.3　重新安排元器件标号

一个电路设计中的元器件编号是不能重复的。为了保证在整个设计中元器件编号的唯一性，系统提供了元器件重新编号的功能。

（1）在一个工程项目中打开一个已经绘制完毕的原理图文件。

（2）执行菜单命令“Tools”→“Annotate”，系统弹出“Annotate”对话框，如图 4-2-5 所示。

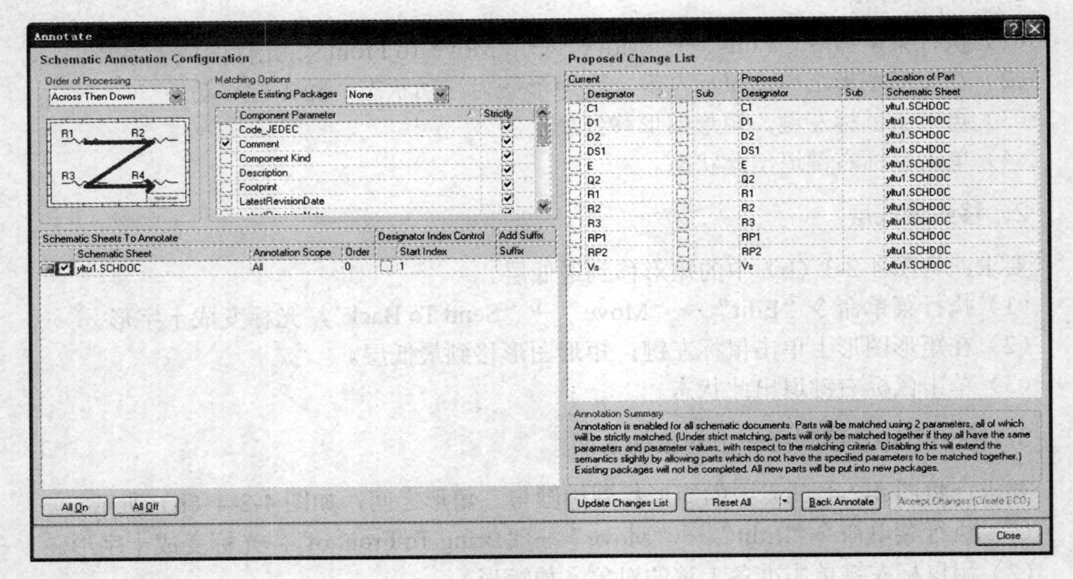

图 4-2-5　“Annotate”对话框

- “Order of Processing”区域：选择元器件编号的排列方向，共有4个选项，如图4-2-6~图4-2-9所示。

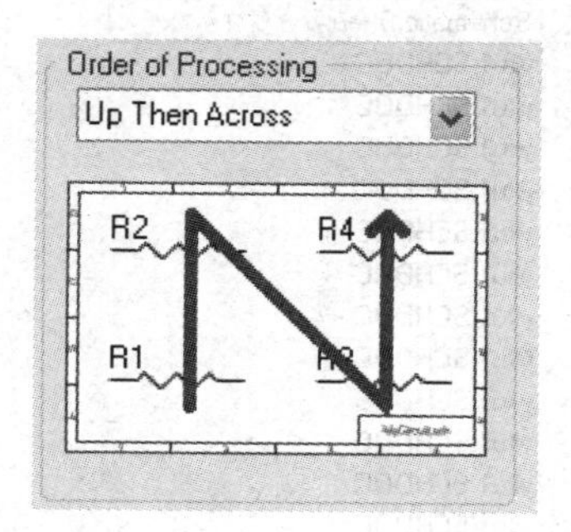

图 4-2-6 “Up Then Across”排列方式

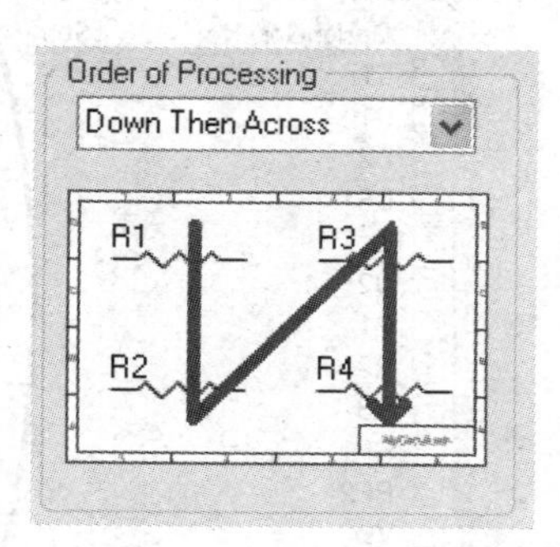

图 4-2-7 “Down Then Across”排列方式

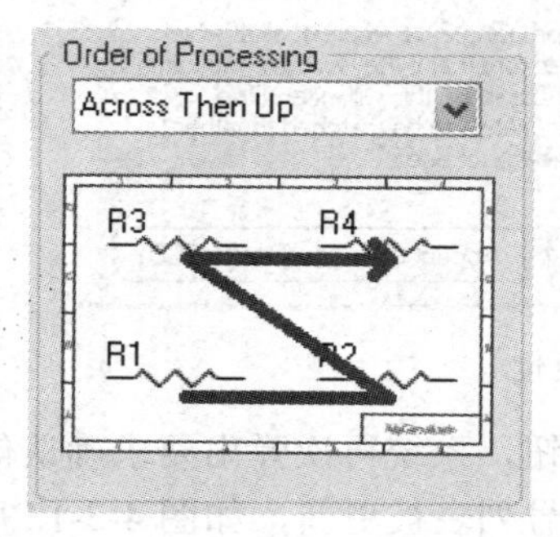

图 4-2-8 “Across Then Up”排列方式

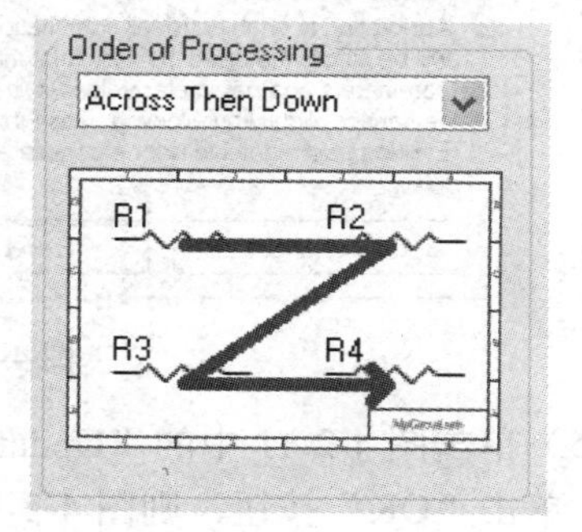

图 4-2-9 “Across Then Down”排列方式

- Component Parameter：从中选择匹配参数来决定标示对象，系统要求至少选择一个参数，本例中选择“Comment”。
- Schematic Sheet：从当前项目设计中选择需要重新标示元器件编号的文档，在文档名前勾选“√”表示选中。
- Designator Index Control：选择是否使用标示索引控制，当选中该复选框时，可以在Start Index下面的输入栏中输入标示的起始下标。

（3）在“Order of Processing”区域中选择一个元器件编号排列方式，用鼠标左键单击“Reset All”按钮，系统弹出要求确认信息对话框，如图4-2-10所示。

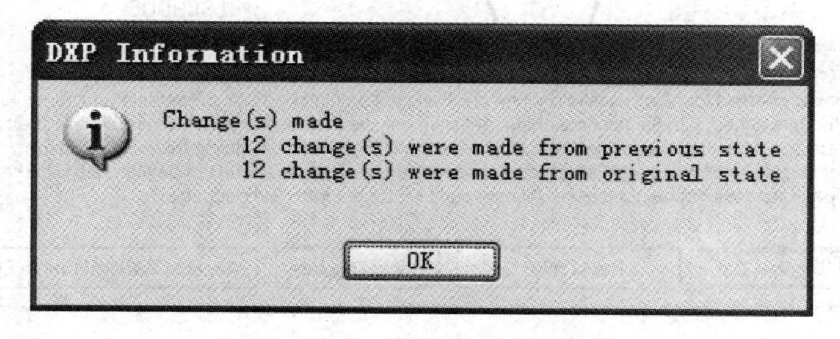

图 4-2-10 确认信息对话框

（4）单击“OK”按钮，图4-2-5中的“Proposed”区域中的“Designator”列表中的元器件编号被复位，均呈现出“？”，如图4-2-11所示。

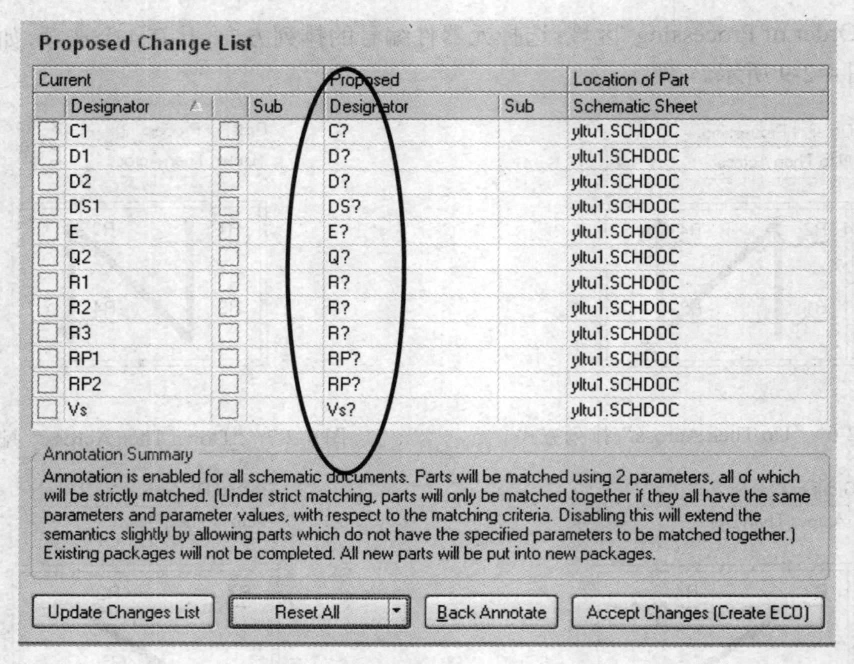

图 4-2-11　元器件编号被复位

（5）单击图 4-2-11 中的“Update Change List”按钮，系统再次弹出要求确认信息对话框，单击“OK”按钮，则图 4-2-11 所示的元器件编号列表被更新，如图 4-2-12 所示。

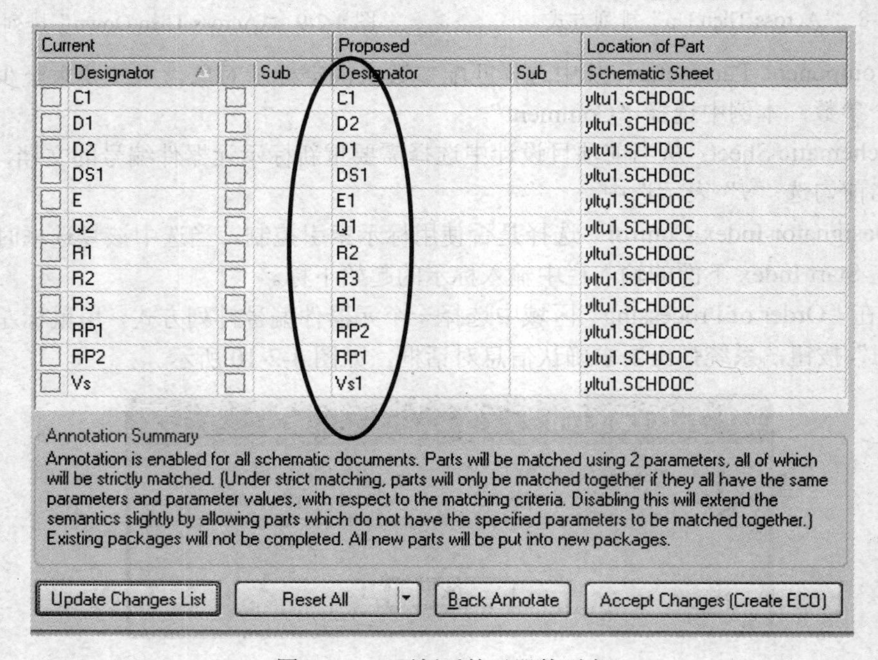

图 4-2-12　更新后的元器件列表

（6）单击“Accept Changes （Create ECO）”按钮，系统弹出“Engineering Change Order（元器件编号变化对照）”列表，如图 4-2-13 所示。

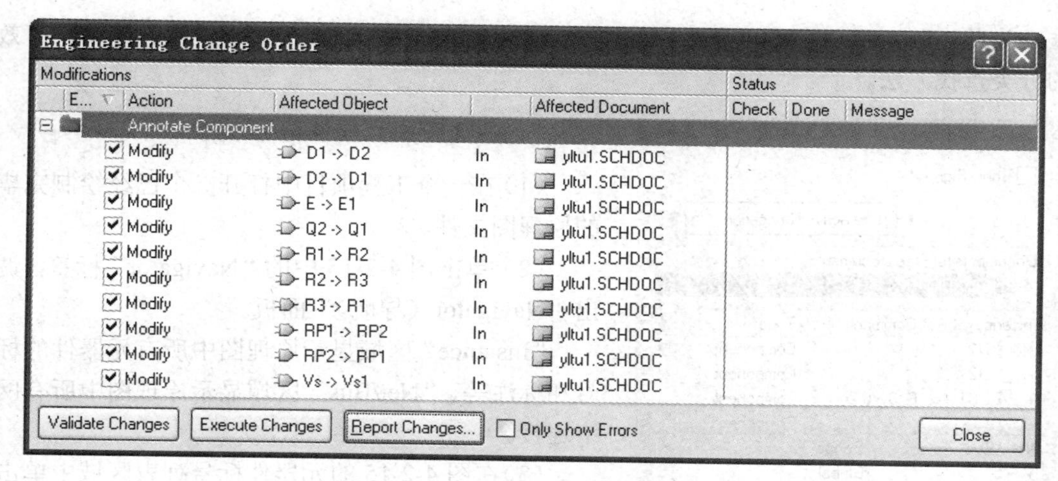

图 4-2-13　元器件编号变化对照列表

（7）单击“Execute Changes”按钮，执行所有改变，则 Engineering Change Order（元器件编号变化对照）列表呈现出如图 4-2-14 所示的状态。如果执行时未发现问题，则在每个元器件编号的右边都将显示检查完成标记“√”，如图 4-2-14 所示。

（8）单击图 4-2-14 中的“Close”按钮，系统返回“Annotate”对话框，单击“Annotate”对话框中的“Close”按钮，回到原理图编辑界面，元器件编号已改变。

Engineering Change Order

E...	Action	Affected Object		Affected Document	Check	Done	Message
Annotate Component							
✓	Modify	D1 -> D2	In	yltu1.SCHDOC	✓	✓	
✓	Modify	D2 -> D1	In	yltu1.SCHDOC	✓	✓	
✓	Modify	E -> E1	In	yltu1.SCHDOC	✓	✓	
✓	Modify	Q2 -> Q1	In	yltu1.SCHDOC	✓	✓	
✓	Modify	R1 -> R2	In	yltu1.SCHDOC	✓	✓	
✓	Modify	R2 -> R3	In	yltu1.SCHDOC	✓	✓	
✓	Modify	R3 -> R1	In	yltu1.SCHDOC	✓	✓	
✓	Modify	RP1 -> RP2	In	yltu1.SCHDOC	✓	✓	
✓	Modify	RP2 -> RP1	In	yltu1.SCHDOC	✓	✓	
✓	Modify	Vs -> Vs1	In	yltu1.SCHDOC	✓	✓	

Validate Changes　Execute Changes　Report Changes...　Only Show Errors　Close

图 4-2-14　执行元器件编号改变后的情况列表

4.2.4　快速查找元器件符号和网络连接

在绘制原理图的过程中，有时需要分门别类地查看某些内容，如图中已放置了哪些元器件符号，这些元器件符号的标号如何等。对于这些要求，要在整张原理图中逐一查找，显然不现实；而且，如果要在一张图幅很大、元器件符号很多的电路图中查找某一个元器件符号，单纯通过放大画面和移动画面的方法也很麻烦。

为此，Protel DXP 2004 SP2 中的“Navigator（导航）”面板提供了快速、简单、有效的分类查找方法。

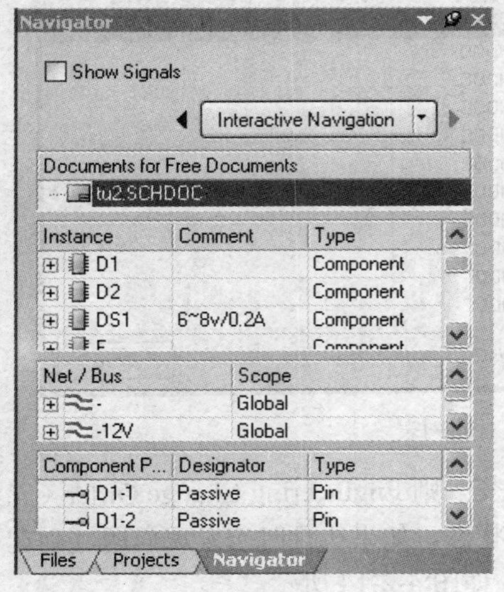

图 4-2-15 “Navigator（导航）”面板

1. 快速查找元器件符号

（1）在一个工程项目中打开一个已经绘制完毕的原理图文件。

（2）单击图 4-2-15 中的“Navigator”标签，调出“Navigator（导航）”面板。

“Instance”区域显示原理图中所有元器件的标号和标注等，“Net/Bus”区域显示原理图中所有网络连接。

（3）在图 4-2-15 的元器件标号列表区域中单击要查找的元器件标号如（D1），或在 D1 所在行上单击鼠标右键，然后在弹出的快捷菜单中选择“Jump to D1”，则 D1 及其关联的元器件符号显示在工作窗口，其他元器件符号呈现掩模状态，如图 4-2-16 所示。

（4）用鼠标左键单击工作窗口右下角的“Clear”标签，清除掩模状态。

2. 快速查找网络连接

查找网络连接的方法与查找元器件符号的方法相同。

（1）按照快速查找元器件的方法调出“Navigator（导航）”面板。

（2）在“Net/Bus”区域中单击要查找的网络名称（如 GND），则 GND 网络的连接情况显示在工作窗口，其他元器件符号和网络则呈现掩模状态，如图 4-2-17 所示。

（3）用鼠标左键单击工作窗口右下角的“Clear”标签，清除掩模状态。

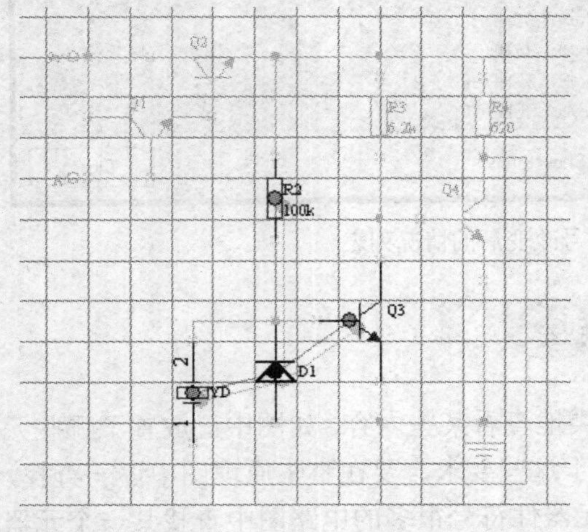

图 4-2-16 显示 D1 以及与其关联的元器件符号

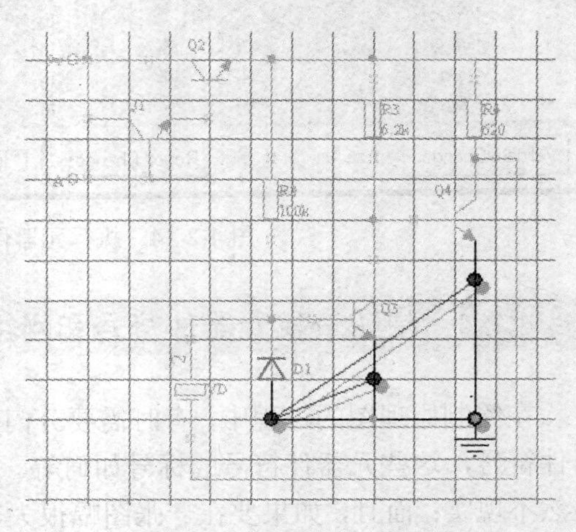

图 4-2-17 显示 GND 网络

本章小结

本章主要介绍了原理图编辑器中不具有电气特性对象的绘制和编辑方法，以及对象的排列和对齐、对象的叠放次序等；同时还介绍了在原理图中重新安排元器件标号的方法和快速浏览和查找元器件符号以及网络连接的方法。学习了这些操作以后，不仅可以大大提高原理图的绘制速度，而且可以减少绘制过程中的一些人为错误（特别是在元器件标号的设置方面），并可以给原理图加上图文并茂的说明，从而使原理图更加易读。

练习题

4.1　绘制如图4-3-1所示的电容充、放电曲线。

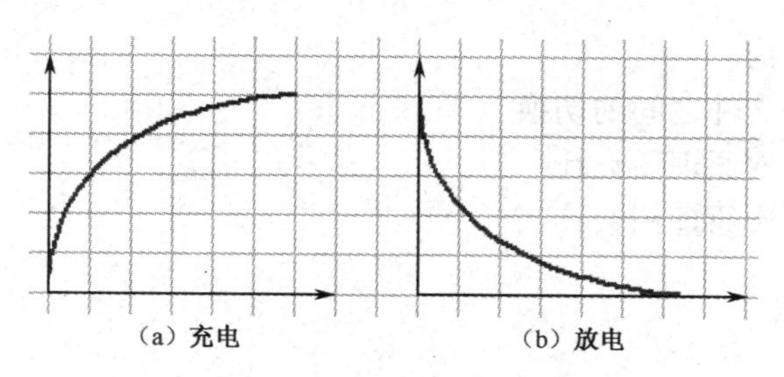

图4-3-1　电容充、放电曲线

4.2　在原理图中放置一个无填充颜色、无边框的文本框，内容自选。

4.3　绘制一个半径为30mil、线宽为Medium的半圆弧线。

4.4　打开一个已经绘制完成的原理图文件，练习重新安排元器件标号的操作和快速查找元器件符号、网络连接的操作。

第5章 层次原理图

背景

如果把一个比较复杂的电路画在一张图纸上，可能会出现一张图纸难以容纳全部电路的情况，而且很难清晰地把各功能单元区分开来。原理图的层次化设计解决了这一问题，它既可以使读者更好地把握电路整体结构，又能很方便地查看各单元电路内容。

要点

- 层次原理图结构
- 不同层次电路文件之间的切换
- 自顶向下的层次原理图设计
- 自底向上的层次原理图设计

5.1　任务一：了解层次原理图的结构

层次式电路是将一个大的电路分成几个功能块，再对每个功能块里的电路进行细分，还可以再建立下一层模块，如此下去，形成树状结构。

层次式电路主要包括两大部分：主电路图和子电路图。其中，主电路图与子电路图的关系是父电路与子电路的关系，在子电路图中仍可包含下一级子电路。

5.1.1　主电路图

图 5-1-1 所示为 4 Port Serial Interface.schdoc 主电路图。

从图 5-1-1 中可以看出，主电路图相当于整机电路中的方框图，主电路图中的一个方块图相当于一个模块。图中的每一个模块都对应着一个具体的子电路。与方框图不同的是，主电路图中的连接更具体，各方块图之间的每一个连接都要在主电路图中表示出来。

需要注意的是，与原理图相同，方块图之间的连接也要采用具有电气性能的 Wire（导线）和 Bus（总线）。

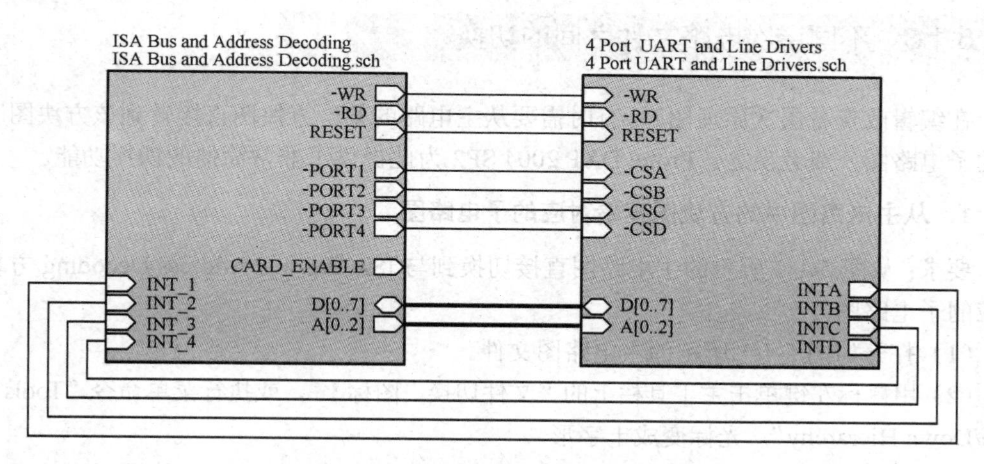

图 5-1-1 4 Port Serial Interface.schdoc 主电路图

5.1.2 子电路图

一般情况下，子电路图都是一些具体的电路原理图，如图 5-1-2 所示。

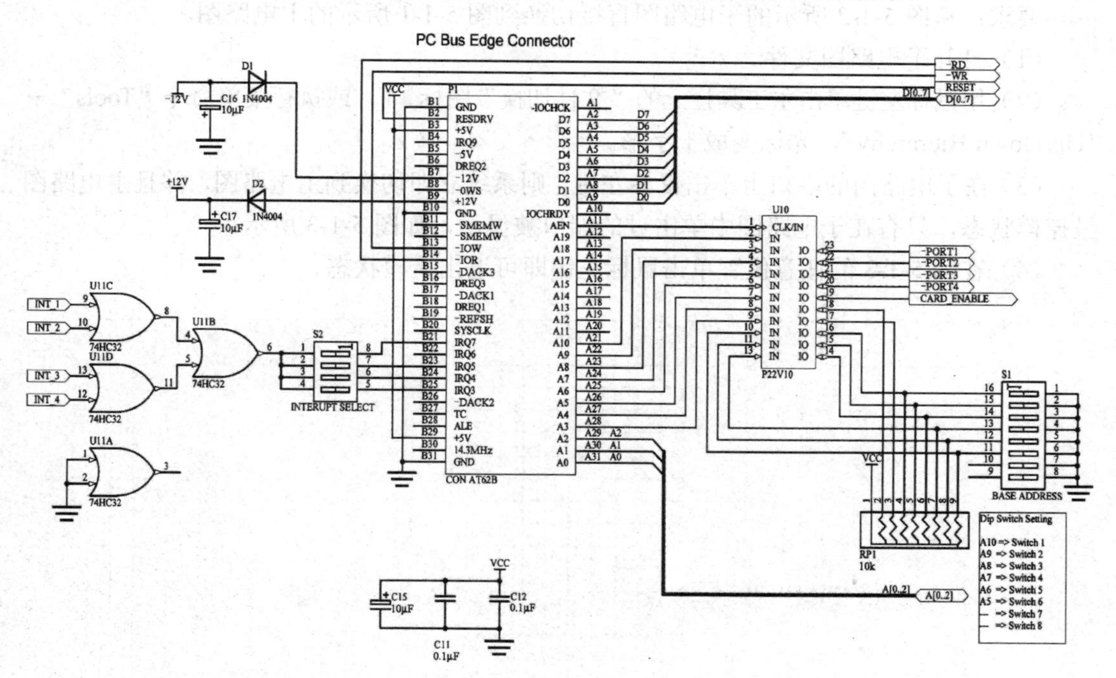

图 5-1-2 与 ISA Bus and Address Decoding 方块图对应的子电路

在图 5-1-1 所示的主电路图中，ISA Bus and Address Decoding 方块图共有 14 个端口。在图 5-1-2 中所示的子电路图中也有 14 个端口，而且端口的方向都是一致的。因此，主电路方块图中的端口与子电路图中的端口是一一对应的。

5.1.3 不同层次电路文件之间的切换

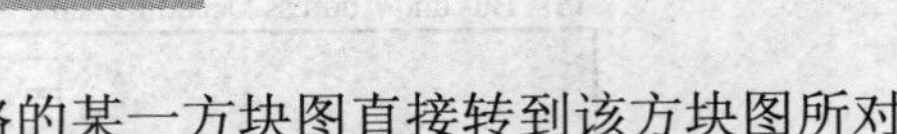

在编辑或查看层次原理图时，有时需要从主电路的某一方块图直接转到该方块图所对应的子电路图，或者反之。Protel DXP 2004 SP2 为此提供了非常简便的切换功能。

1. 从主电路图中的方块图查看对应的子电路图

要求：从图 5-1-1 所示的主电路图直接切换到与 ISA Bus and Address Decoding 方块图对应的子电路图。

（1）打开如图 5-1-1 所示的主电路图文件。

（2）用鼠标左键单击主工具栏上的“文件切换”图标，或执行菜单命令“Tools”→“Up/Down Hierarchy”，光标变成十字形。

（3）在准备查看的方块图上单击鼠标左键，则系统立即切换到该方块图对应的子电路图上。

（4）单击鼠标右键，退出切换状态。

2. 从子电路图查看对应的主电路图

要求：从图 5-1-2 所示的子电路图直接切换到图 5-1-1 所示的主电路图。

（1）打开子电路图文件。

（2）用鼠标左键单击主工具栏上的“文件切换”图标，或执行菜单命令“Tools”→“Up/Down Hierarchy”，光标变成十字形。

（3）在子电路图的端口上单击鼠标左键，则系统立即切换到主电路图，并且主电路图呈掩模状态，只有在子电路图中单击过的端口被显示，如图 5-1-3 所示。

（4）在图 5-1-3 的任意位置单击鼠标左键即可退出掩模状态。

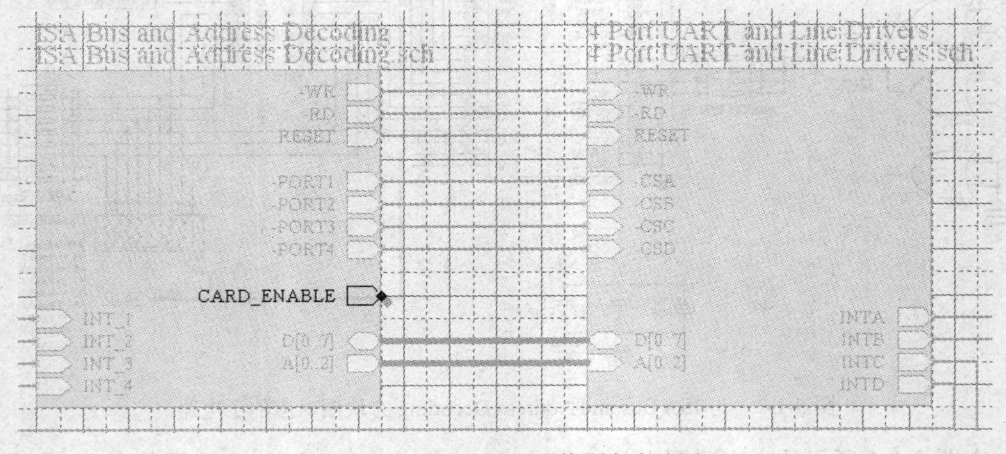

图 5-1-3 从子电路图切换到主电路图

5.2 任务二：创建层次原理图

层次原理图的创建方法有两种，即自顶向下和自底向上，下面分别加以介绍。

要求：用两种方法创建图 5-1-1 所示的主电路图和图 5-1-2 所示的子电路图。

5.2.1 自顶向下层次原理图设计

自顶向下层次原理图设计方法的思路是，先设计主电路图，再根据主电路图设计子电路图。

1. 准备工作

（1）为层次原理图创建一个专门文件夹，以保存以下操作中创建的所有文件。

（2）创建一个工程项目文件并保存在该文件夹下。

（3）在工程项目中创建一个原理图文件并将其命名为 4 Port Serial Interface.schdoc，然后保存。

2. 设计主电路图

1）放置方块图

（1）单击“Wiring”工具栏中的“放置方块图”图标，或执行菜单命令“Place”→“Sheet Symbol”，光标变成十字形，并且十字光标上带着一个与前次绘制相同的方块图形状。

（2）按“Tab”键，系统弹出“Sheet Symbol”对话框，双击已放置好的方块图，也可弹出“Sheet Symbol”对话框（如图 5-2-1 所示）。

（3）在“Designator”文本框中输入该方块图的名称，如 ISA Bus and Address Decoding，方块图名称最好与子电路图的文件名相同；在“Filename”文本框中输入该方块图对应的子电路图文件名，如 ISA Bus and Address Decoding.schdoc。

（4）在方块图的对角线位置分别单击鼠标左键，则放置好一个方块图。

（5）此时仍处于放置方块图状态，可重复以上步骤继续放置，也可单击鼠标右键，退出放置状态。

2）放置方块图中电路端口

（1）单击“Wiring”工具栏中的“放置方块图中端口”图标，或执行菜单命令“Place”→“Add Sheet Entry”，光标变成十字形。

（2）将十字光标移到方块图上单击鼠标左键，出现一个浮动的方块电路端口（如图 5-2-2 所示），此端口随光标的移动而移动。

（3）按“Tab”键，系统弹出“Sheet Entry（方块图端口）”对话框，如图 5-2-3 所示。双击已放置好的端口也可弹出“Sheet Entry”对话框。

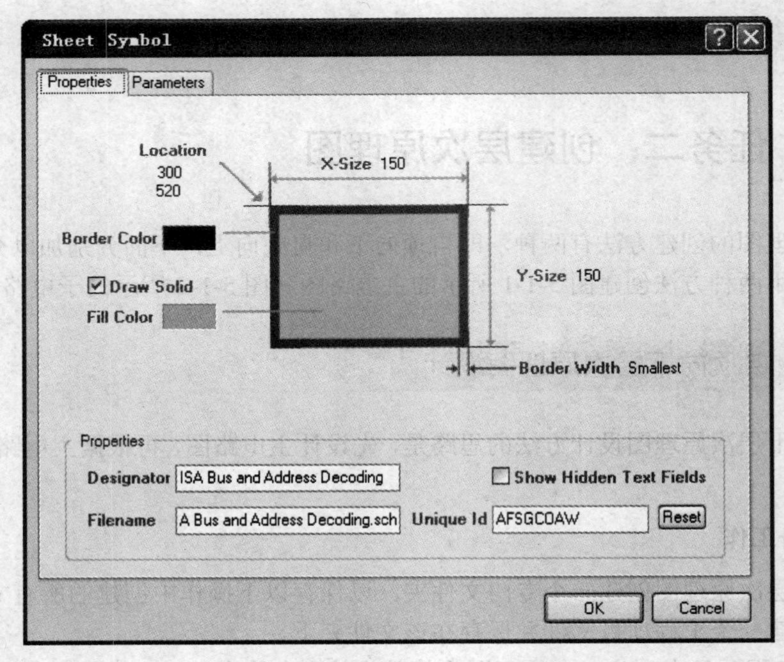

图 5-2-1 “Sheet Symbol”对话框

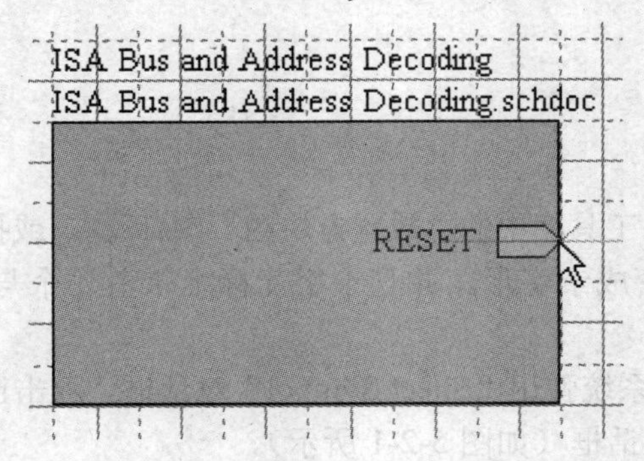

图 5-2-2 浮动的方块电路端口

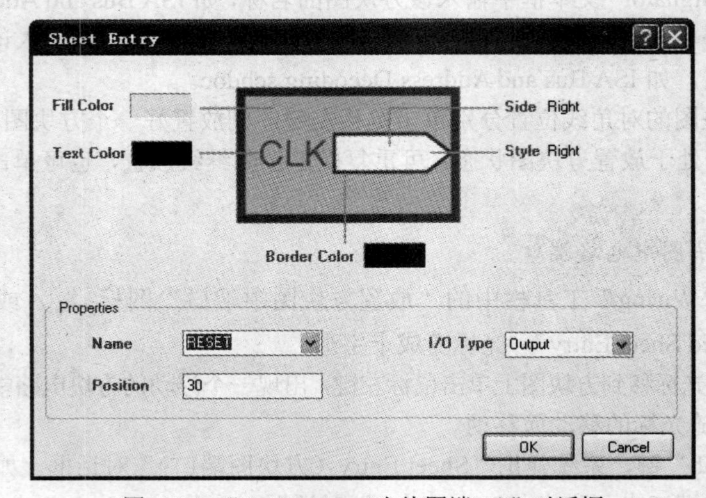

图 5-2-3 “Sheet Entry（方块图端口）”对话框

① Name：端口显示的名称，如 RESET。

② I/O Type：端口的电气特性。共有以下 4 种类型。

- Unspecified：不指定端口的电气类型。
- Output：输出端口。
- Input：输入端口。
- Bidirectional：双向端口。

选择端口电气特性时，要看端口在方块图中的位置与箭头方向。例如图 5-1-1 中的 RESET，方向向右为输出状态，应选择 Output。

③ Side：端口的停靠方向。此项无需设置，当改变端口的停靠位置时，Side 中的选项会自动变化。

④ Style：端口中的箭头指向。

水平方向有下列 4 项。

- None：无方向。
- Left：指向左方。
- Right：指向右方。
- Left & Right：双向。

垂直方向有下列 4 项。

- None：无方向。
- Top：指向顶端。
- Bottom：指向底端。
- Top & Bottom：双向。

图 5-1-1 中的 RESET 端口应选择 Right。

设置完毕单击“OK”按钮确定。

（4）此时，方块电路端口仍处于浮动状态，并随光标的移动而移动。在合适位置单击鼠标左键，完成了一个方块电路端口的放置。

（5）系统仍处于放置方块电路端口的状态，重复以上步骤可放置方块电路的其他端口，单击鼠标右键，可退出放置状态。

放置好端口的方块电路如图 5-2-4 所示。

3）连接各电路

在所有的方块电路及端口都放置好以后，用导线（Wire）或总线（Bus）进行连接。

3. 设计子电路图

子电路图是根据主电路图中的方块电路，利用有关命令自动建立的，不能用建立新原理图文件的方法建立。

（1）在主电路图中执行菜单命令“Design”→“Create Sheet From Symbol”，光标变成十字形。

（2）将十字光标移到名为 ISA Bus and Address Decoding 的方块电路上，单击鼠标左键，系统弹出“Confirm”对话框，如图 5-2-5 所示，要求用户确认端口的输入/输出方向。

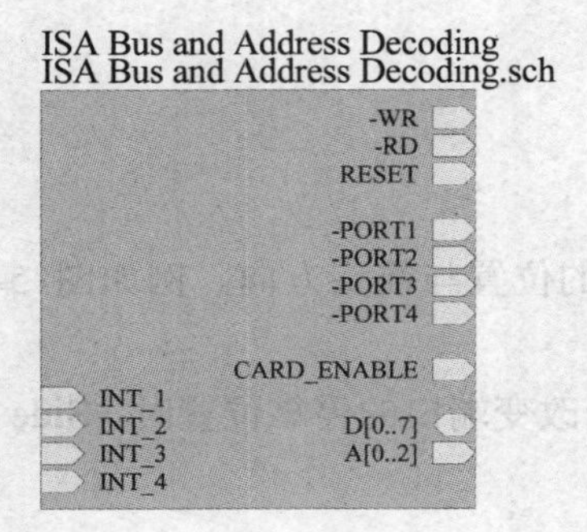

图 5-2-4　放置好端口的方块电路

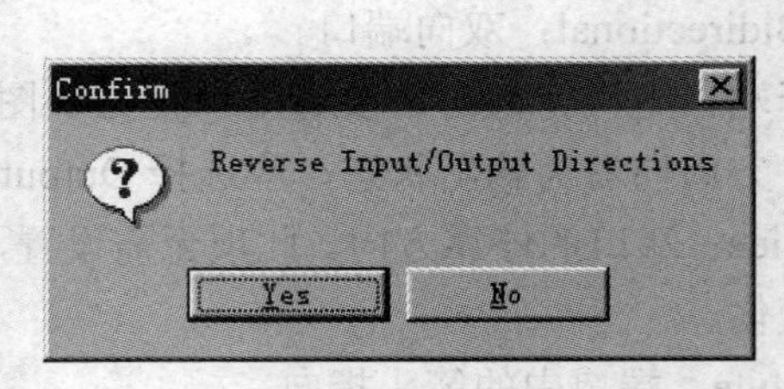

图 5-2-5　“Confirm”对话框

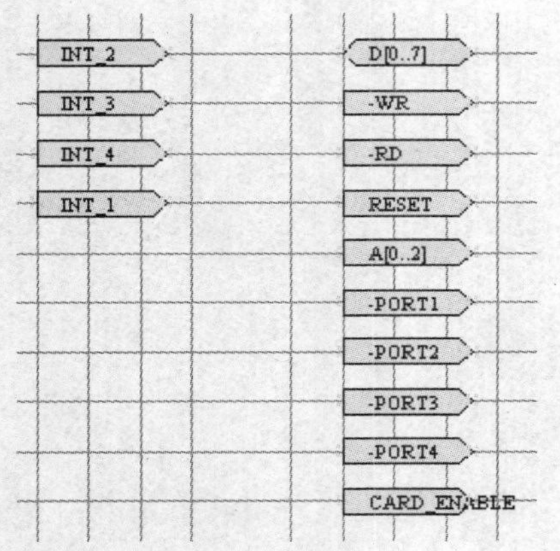

图 5-2-6　自动生成的 ISA Bus and Address Decoding 子电路图

如果单击“Yes”按钮，则所产生的子电路图中的 I/O 端口方向与主电路图方块电路中端口的方向相反，即输入变成输出，输出变成输入。

如果单击“No”按钮，则端口方向不变。

这里单击“No”按钮。

（3）单击“No”按钮后，系统自动生成名为 ISA Bus and Address Decoding 的子电路图，并且自动切换到 ISA Bus and Address Decoding.schdoc 子电路图界面，如图 5-2-6 所示。

从图 5-2-6 中可以看出，子电路图中包含了 ISA Bus and Address Decoding 方块电路中的所有端口，无须自己再单独放置 I/O 端口。

（4）在该原理图中绘制 ISA Bus and Address Decoding 模块的内部电路。

5.2.2　自底向上层次原理图设计

自底向上层次原理图设计方法的思路是，先设计子电路图，再根据子电路图设计主电路图。

首先创建一个工程项目文件并保存。

1. 设计子电路图

（1）在该工程项目中建立一个原理图文件，保存时将文件名改为 ISA Bus and Address Decoding.schdoc。

（2）利用第 2 章介绍的方法绘制子电路图，其中，I/O 端口使用“Wiring”工具栏中的“放置 I/O 端口”图标进行绘制。

（3）重复以上步骤，建立并绘制所有子电路图。

2．根据子电路图产生主电路图中对应的方块电路

（1）在该工程项目中新建一个原理图文件，并将文件名改为 main.schdoc。

（2）在 main.schdoc 原理图文件中执行菜单命令“Design”→“Create Symbol From Sheet”，系统弹出“Choose Document to Place”对话框，如图 5-2-7 所示。在对话框中列出了当前目录中所有原理图文件名。

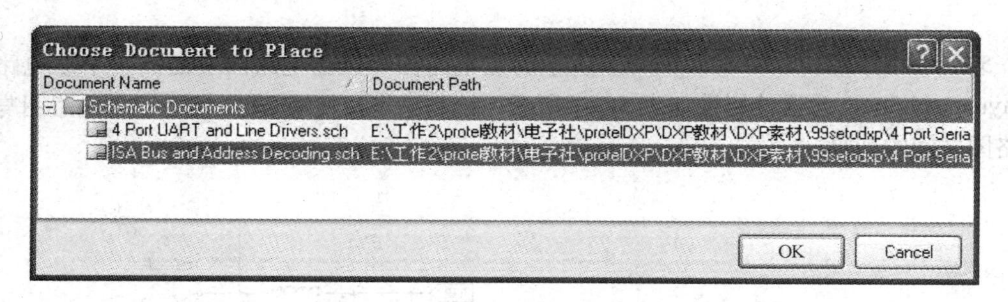

图 5-2-7 “Choose Document to Place”对话框

（3）选择准备转换为方块电路的原理图文件名，如 ISA Bus and Address Decoding.schdoc，单击“OK”按钮。

（4）系统弹出如图 5-2-5 所示的“Confirm”对话框，确认端口的输入/输出方向。这里单击“No”按钮。

（5）光标变成十字形且出现一个浮动的方块电路图形，随光标的移动而移动，在合适的位置单击鼠标左键，即放置好与 ISA Bus and Address Decoding.schdoc 对应的方块电路（如图 5-2-8 所示）。在该方块图中已包含 ISA Bus and Address Decoding.schdoc 中所有的 I/O 端口，无需自己再进行放置。

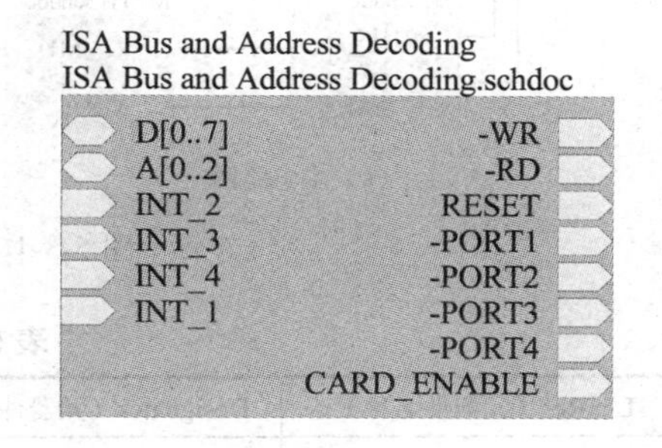

图 5-2-8　与 ISA Bus and Address Decoding.schdoc 对应的方块电路

（6）重复以上步骤，可放置与所有子电路图对应的方块电路。

（7）按照连线需要移动方块电路中端口的位置，而后用导线或总线等工具进行连线即可。

本 章 小 结

本章的内容是针对比较复杂的电路原理图设计。在学习这一章时，读者应注意主电路图中的方块电路和子电路图是一一对应的，主电路图方块电路中的端口与子电路图中的端口也是一一对应的。设计正确的层次原理图可以使用本章介绍的切换方法在主电路图与子电路图之间切换。层次原理图的设计方法主要有两种，即自顶向下和自底向上。

练 习 题

5.1 绘制如图 5-3-1（a）、（b）所示的主电路图和该主电路图下面的一个子电路图 dianyuan.schdoc，元器件属性如表 5-3-1 所示。绘制完毕，使用图标进行主电路图与子电路图之间的切换。

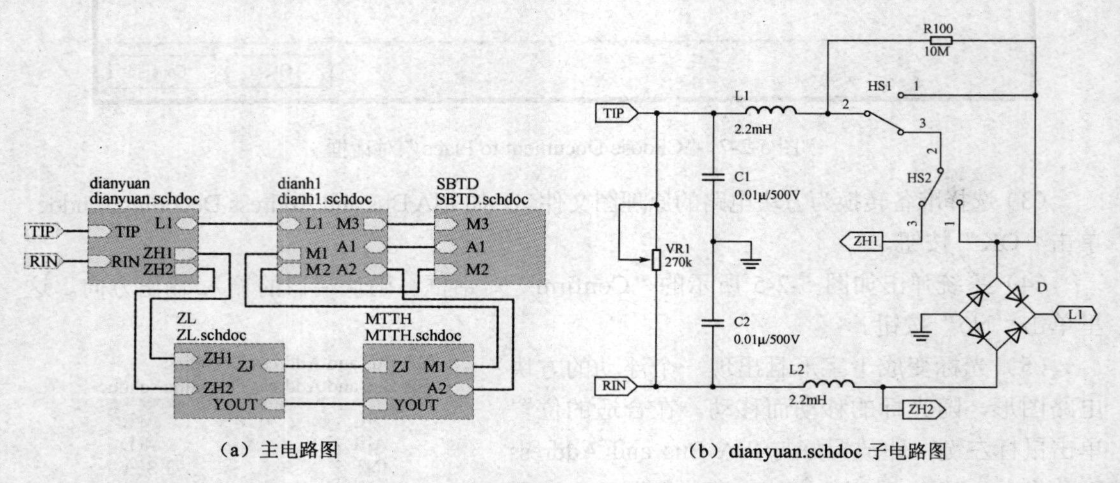

（a）主电路图 （b）dianyuan.schdoc 子电路图

图 5-3-1 绘制主电路与子电路图

表 5-3-1 元器件属性

Lib Ref（元器件名称）	Designator（元器件标号）	Comment（元器件标注）	Footprint（元器件封装）
RPot	VR1	270k	VR5
Cap	C1、C2	0.01 /500V	RAD-0.3
Inductor	L1、L2	2.2mH	INDC1005-0402
RES2	R100	10M	AXIAL-0.4
SW-SPDT	HS1、HS2		TL36WW15050
Bridge1	D		E-BIP-P4/D10
元器件在 C:\Program Files\Altium2004 SP2\Library\Miscellaneous Devices.IntLib			

5.2 绘制如图 5-3-2（a）、（b）所示的主电路图和该主电路图下面的一个子电路图 shizhong.schdoc，绘制完毕，使用图标进行主电路图与子电路图之间的切换。

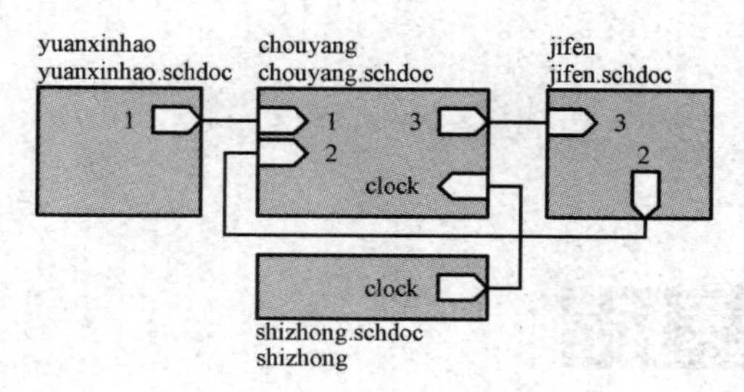

（a）主电路图

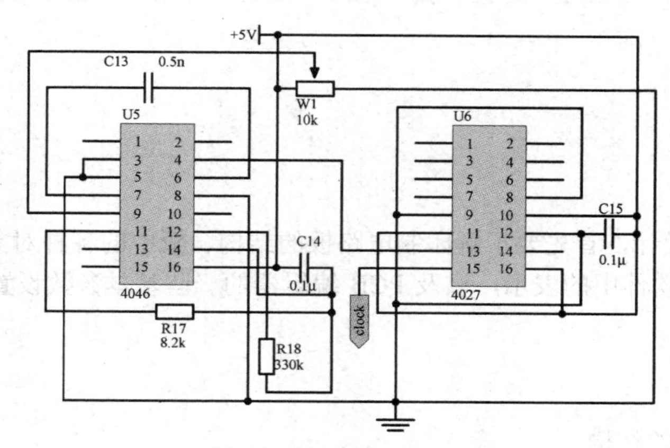

（b）子电路图 shizhong.schdoc

图 5-3-2　主电路图和子电路图

表 5-3-2 元器件属性

Lib Ref（元器件名称）	Designator（元器件标号）	Comment（元器件标注）	Footprint（元器件封装）
RES2	R17	8.2k	AXIAL-0.4
RES2	R18	330k	AXIAL-0.4
CAP	C13	0.5n	RAD-0.2
CAP	C14、C15	0.1	RAD-0.2
RPot	W1	10k	VR5
Header 8X2	U5	4046	HDR2X8
Header 8X2	U6	4027	HDR2X8
Header 8X2 在 Miscellaneous Connectors.IntLib			
其余元器件在 C:\Program Files\Altium2004 SP2\Library\Miscellaneous Devices.IntLib			

第6章

PCB设计基础

背景

要进行 PCB 设计，首先要了解印制电路板的结构、板中的各种对象及其用途，了解这些对象在 Protel 软件中的表示，以及 PCB 编辑器的一些基本参数设置，这是进行 PCB 设计的基础。

要点

- 印制电路板的结构
- 印制电路板图在 PCB 文件中的表示
- 元器件封装的概念
- 元器件封装在 PCB 文件中的表示
- PCB 文件的建立
- PCB 编辑器中一些常用参数的设置等

6.1 任务一：认识印制电路板

6.1.1 印制电路板结构

印制电路板简称为 PCB（Printed Circuit Board），是通过一定的制作工艺，在绝缘度非常高的基材上覆盖一层导电性能良好的铜箔构成覆铜板，按照 PCB 图的要求，在覆铜板上蚀刻出相关的图形，再经钻孔等后处理制成，以供元器件装配所用。

印制电路板可按板材的不同分类，也可按结构的不同分类。

印制电路板根据结构不同可分为单面板、双面板和多层板。

单面板是指在一面覆铜的电路板，只可在覆铜的一面布线。制作成本简单，但由于只能在一面布线且不允许交叉，布线难度较大，适用于比较简单的电路。

双面板是两面覆铜，两面均可布线。制作成本低于多层板，由于可以两面布线，布线难度降低，因此是最常用的结构。

多层板一般指3层以上的电路板。多层板不仅两面覆铜，在电路板内部也包含铜箔，各铜箔之间通过绝缘材料隔离。多层板布线容易，而且可以把中间层专门设置为电源层和接地层，提高了抗干扰能力，减少了PCB的面积，但制作成本较高，多用于电路布线密集的情况。

本教材只介绍单面板和双面板的绘制。

6.1.2 印制电路板中的各种对象

图6-1-1是双面板中的一面，另一面与其相似。

从图6-1-1中可以看出，印制电路板上的对象主要有下列6个。

（1）铜膜导线：用于各导电对象之间的连接，由铜箔构成，具有导电特性。

（2）焊盘：用于放置焊锡、连接导线和元器件引脚，由铜箔构成，具有导电特性。

（3）过孔：用于连接印制电路板不同板层的铜膜导线，由铜箔构成，具有导电特性。

（4）元器件符号轮廓：表示元器件在PCB板中实际所占面积大小，不具有导电特性。

（5）字符：可以是元器件的标号、标注或其他需要标注的内容，不具有导电特性。

（6）阻焊剂：为防止焊接时焊锡溢出造成短路，需在铜膜导线上涂覆一层阻焊剂。阻焊剂只留出焊点的位置，而将铜膜导线覆盖住，不具有导电特性。

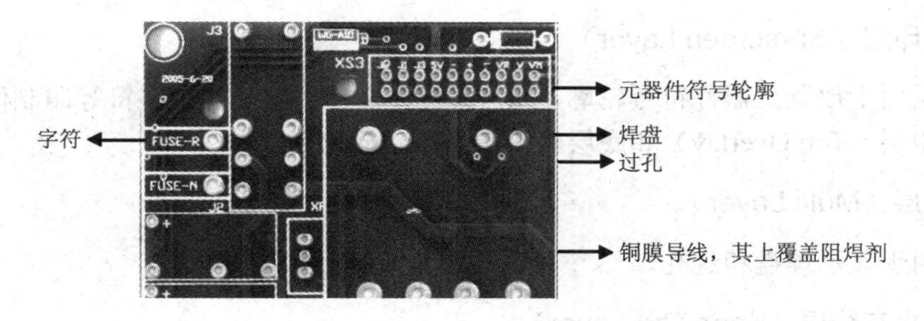

图6-1-1 印制电路板

6.2 任务二：了解印制电路板图在Protel软件中的表示

印制电路板上的各种对象在Protel软件中都有表示，本节只介绍一些主要对象的表示方法。

6.2.1 工作层

工作层是PCB设计中一个非常重要的概念。在Protel软件中，主要以工作层表示印制电路板中的不同对象。

1．信号层（Signal Layer）

信号层用于表示铜膜导线所在的层面，包括顶层（Top Layer）、底层（Bottom Layer）和 30 个中间层（Mid Layer），其中中间层只用于多层板。

2．内部电源/接地层（Internal Plane Layer）

内部电源/接地层共有 16 个，用于在多层板中布置电源线和接地线。

3．机械层（Mechanical Layer）

机械层共有 16 个。用于设置电路板的外形尺寸、数据标记、对齐标记、装配说明以及其他机械信息。这些信息因设计公司或 PCB 制造厂家的要求而有所不同。

4．阻焊层（Solder Mask Layer）

阻焊层用于表示阻焊剂的涂覆位置，包括顶层阻焊层（Top Solder）和底层阻焊层（Bottom Solder）。

5．Paste Mask Layer（锡膏防护层）

锡膏保护层与阻焊层的作用相似，不同的是，在机器焊接时对应的是表面粘贴式元件的焊盘。它包括顶层锡膏防护层（Top Paste）和底层锡膏防护层（Bottom Paste）。

6．丝印层（Silkscreen Layer）

丝印层用于放置元器件符号轮廓、元器件标注、标号以及各种字符等印制信息。它包括顶层丝印层（Top Overlay）和底层丝印层（Bottom Overlay）。

7．多层（Multi Layer）

多层用于显示焊盘和过孔。

8．禁止布线层（Keep Out Layer）

禁止布线层用于定义在电路板上能够有效放置元器件和布线的区域，主要用于 PCB 设计中的自动布局和自动布线。

各种工作层通过 PCB 编辑器下方的工作层标签显示（如图 6-2-1~图 6-2-5 所示），标签在最上面的表示当前层。

图 6-2-4 中的字符是反的，这是因为 PCB 编辑器中的图形都是从顶层方向看去的，底层的所有图形包括字符都是从顶层透视的结果。

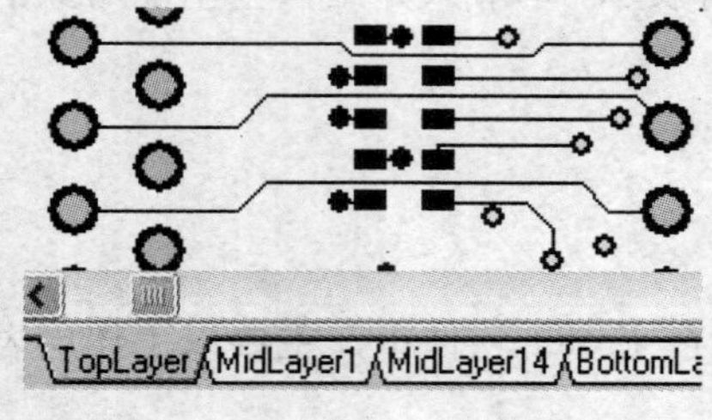

图 6-2-1　顶层（Top Layer）的布线

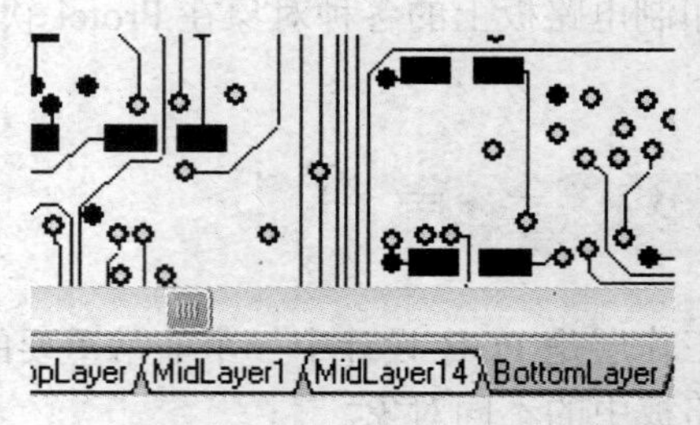

图 6-2-2　底层（Bottom Layer）的布线

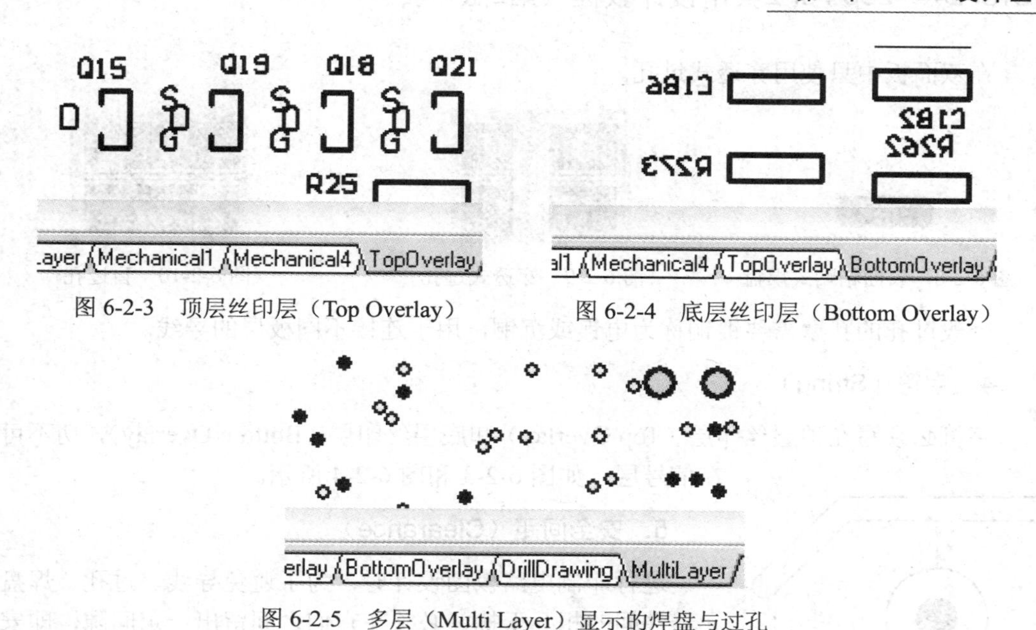

图 6-2-3　顶层丝印层（Top Overlay）

图 6-2-4　底层丝印层（Bottom Overlay）

图 6-2-5　多层（Multi Layer）显示的焊盘与过孔

6.2.2　铜膜导线、焊盘、过孔、字符等的表示

1．铜膜导线（Track）

铜膜导线（Track）必须绘制在信号层，即顶层（Top Layer）、底层（Bottom Layer）和中间层（Mid Layer）。

2．焊盘（Pad）

焊盘（Pad）分为两类，即插接式和表面粘贴式，分别对应具有插接式引脚的元器件和表贴式（表面粘贴式）元器件。

插接式焊盘中间有孔，孔的大小应稍大于元器件引脚直径，但不能太大，太大不利于元器件的安装与焊接，焊盘外径（焊盘直径）最好大于孔径 6mm。插接式焊盘尺寸如图 6-2-6 所示，插接式焊盘的三种类型如图 6-2-7 所示。

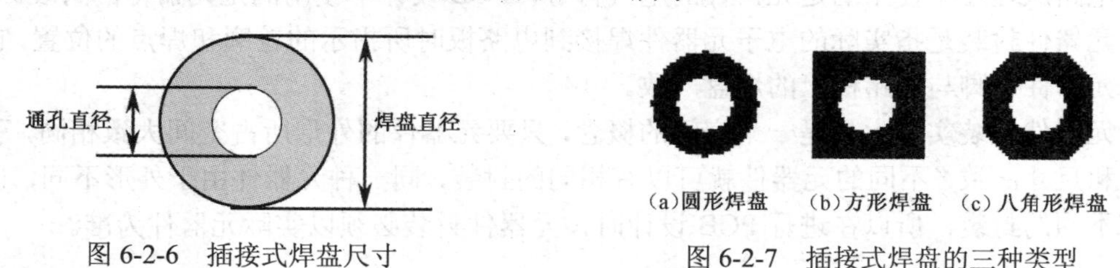

图 6-2-6　插接式焊盘尺寸

图 6-2-7　插接式焊盘的三种类型

表面粘贴式焊盘中间无孔，如图 6-2-8 所示。

3．过孔（Via）

过孔（Via）也称为导孔。过孔分为三种，即从顶层到底层的穿透式过孔（如图 6-2-9 所示）从顶层到内层或从内层到底层的盲过孔（如图 6-2-10 所示）和层间的隐藏过孔。

在双面板中只使用穿透式过孔。

图 6-2-8 表面粘贴式焊盘

图 6-2-9 穿透式过孔

图 6-2-10 盲过孔

一般过孔的孔壁需要镀铜称为电镀或沉铜，用于连接不同板层的导线。

4. 字符（String）

字符必须写在顶层丝印层（Top Overlay）和底层丝印层（Bottom Overlay），切不可写在信号层，如图 6-2-3 和图 6-2-4 所示。

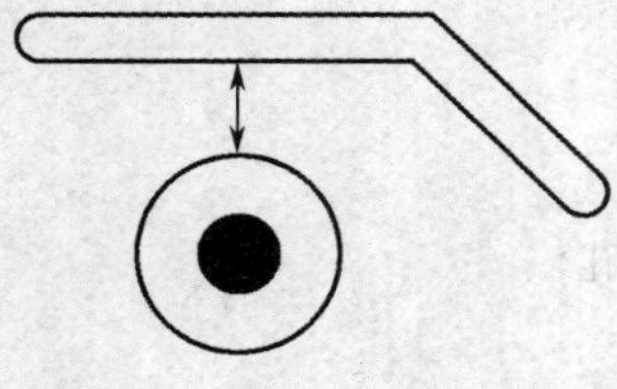
图 6-2-11 安全间距

5. 安全间距（Clearance）

进行印制电路板图设计时，为了避免导线、过孔、焊盘及元器件间的相互干扰，必须在它们之间留出一定间隙，即安全间距（如图 6-2-11 所示）。

安全间距要根据电路的工作原理、元器件以及铜箔导线流过的电流大小、工作频率等因素进行确定。

6.3 任务三：认识元器件封装

6.3.1 元器件封装

1. 元器件封装的概念

电路原理图中使用的是元器件的电气符号，PCB 设计中使用的是元器件的封装。

元器件封装是指实际的电子元器件焊接到电路板时所指示的轮廓和焊点的位置，它保证了元器件引脚与电路板上的焊盘一致。

元器件封装实际上只是一个空间的概念，只要元器件的外形所占空间大致相同，引脚位置和尺寸一致，不同的元器件就可以有相同的封装，同一种元器件由于外形不同，也可以有不同的封装，所以在进行 PCB 设计时，元器件封装必须以实际元器件为准。

2. 元器件封装的分类

根据焊接方式不同，元器件封装可分为两大类：插接式和表面粘贴式。

插接式元器件封装：焊接时需先将元器件的引脚插入焊盘通孔中，在电路板的另一面焊锡，如图 6-3-1（a）所示。

表面粘贴式元器件封装：顾名思义，此类封装元器件的放置与焊锡在电路板的同一面，焊盘只限于表层，即顶层（Top Layer）和底层（Bottom Layer），中间无孔，仿佛粘贴在电路板上，如图 6-3-1（b）所示。

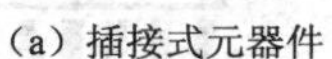

（a）插接式元器件

（b）表面粘贴式元器件

图 6-3-1　元器件封装的分类

6.3.2　常用元器件封装

1．电容类封装

电容可分为无极性和有极性电容，图 6-3-2 是无极性电容封装，图 6-3-3 是有极性电容封装。图 6-3-2 和图 6-3-3 中显示的只是电容类封装中的插接式封装，表贴式电容封装请参见相应的元器件库。

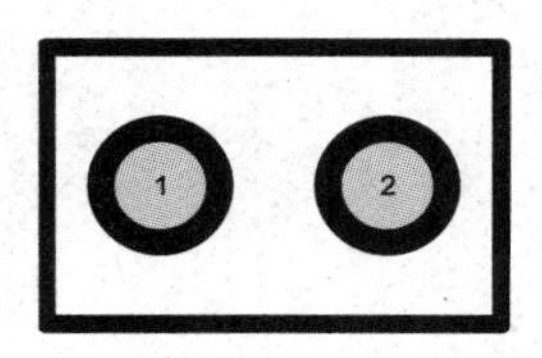

图 6-3-2　无极性电容封装

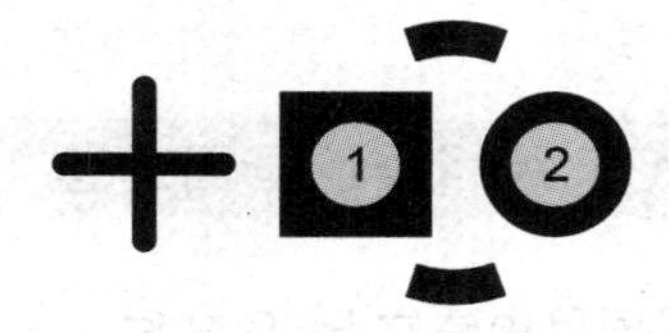

图 6-3-3　有极性电容封装

2．电阻类封装

电阻类常用的封装为 AXIAL 系列，图 6-3-4 是电阻封装。图 6-3-4 显示的只是电阻类封装中的插接式封装，表贴式电阻封装请参见相应的元器件库。

3．二极管类封装

图 6-3-5 为二极管封装，其中带有标志的一端为二极管负极。

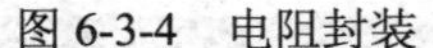

图 6-3-4　电阻封装

图 6-3-5　二极管封装

4．晶体管类封装

图 6-3-6 为常用小功率三极管封装。表贴（表面粘贴）式三极管封装如图 6-3-7 所示。

图 6-3-6　常用小功率三极管封装

图 6-3-7　表贴式三极管封装

5. 集成电路封装

集成电路封装有插接式元器件的双列直插式和单列直插式封装、表贴式元器件封装等。双列直插式芯片封装如图 6-3-8 所示，表贴式芯片封装如图 6-3-9 所示。

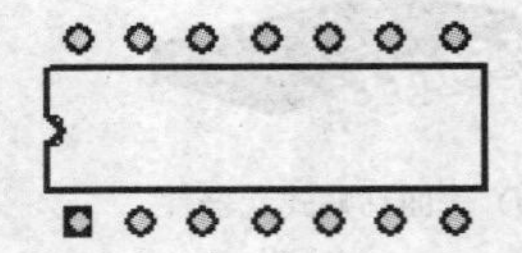

图 6-3-8 双列直插式芯片封装

图 6-3-9 表贴式芯片封装

还有一些常用元器件，如电位器、开关、发光二极管等，这些元器件的封装多数有其特殊性，需要根据实际元器件进行选择或自行绘制。读者在使用这些元器件时要特别注意，不要盲目选择元器件库中提供的封装。

6.4 任务四：PCB 编辑器

6.4.1 PCB 编辑器的画面管理

1. 在工程项目中建立 PCB 文件

（1）新建或打开一个工程项目文件，并执行保存操作。

（2）在“Projects（项目）”面板的项目名称上单击鼠标右键，在快捷菜单中选择“Add New to Project”→“PCB”，则在左边的面板中出现了 PCB1.PcbDoc 的文件名，同时右边打开了一个 PCB 文件，如图 6-4-1 所示。

（3）继续执行菜单命令“File”→“Save”或单击“保存”图标，系统弹出“保存”对话框，选择工程项目文件所在文件夹，并将该 PCB 文件重新命名后，单击“保存”按钮。

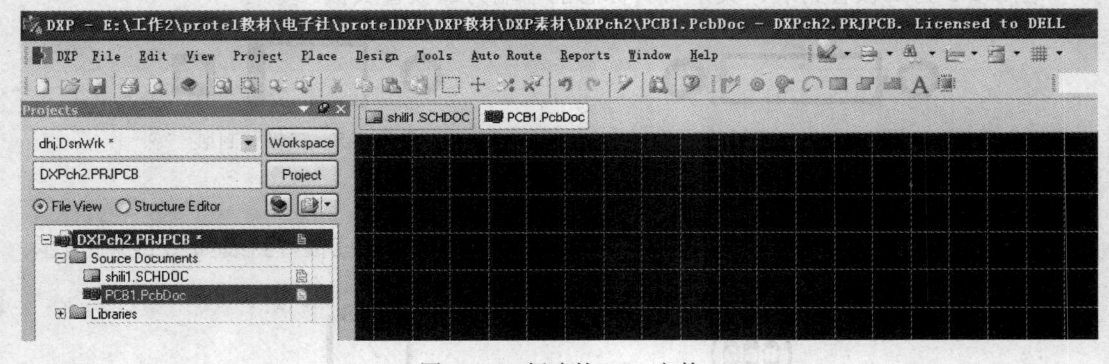

图 6-4-1 新建的 PCB 文件

PCB 编辑器窗口与原理图编辑器窗口类似，工具栏中的有关命令将在各任务中陆续介绍。

2. 管理 PCB 编辑器画面

要求：打开系统提供的示例 C:\Program Files\Altium2004 SP2\Examples\PCB Auto-Routing\PCB Auto-Routing.PrjPCB 中的 Routed BOARD1.PcbDOC 文件，练习各种画面显示的操作。

（1）放大画面。执行菜单命令“View”→“Zoom In”或按“Page Up”键。

（2）缩小画面。执行菜单命令“View”→“Zoom Out”或按“Page Down”键。

（3）显示电路板的全部内容。执行菜单命令“View”→“Fit Document”或单击“PCB Standard”工具栏中的图标，则图纸上的全部内容都显示在工作窗口中间。

（4）放大指定区域。执行菜单命令“View”→“Area”或单击“PCB Standard”工具栏中的图标，用十字光标分别在要放大区域的两个对角线顶点单击鼠标左键，则选定的区域放大在工作区中间。

（5）快速移动画面。按住鼠标右键，此时光标变成手形，拖动即可。

6.4.2 PCB 编辑器的工作层管理

要求：打开系统提供的示例 C:\Program Files\Altium2004 SP2\Examples\PCB Auto-Routing\PCB Auto-Routing.PrjPCB 中的 Routed BOARD1.PcbDOC 文件，练习各种有关工作层的操作。

1. 当前工作层的转换

图 6-4-2 中显示的是 PCB 文件中的工作层标签，标签在最上面的是当前工作层，如图 6-4-2 中的 Top Layer。要想对哪一层进行操作，首先要将其转换为当前工作层。

TopLayer / BottomLayer / Mechanical4 / TopOverlay / TopPaste / BottomPaste / TopSolder / BottomSolder / DrillGuide / KeepOutLayer / DrillDrawing / MultiLayer

图 6-4-2 PCB 文件中的工作层标签

以下介绍几种当前工作层的快速转换方法。

（1）用鼠标左键单击要设置为当前层的工作层标签。

（2）按小键盘上的“*”键，可在 Top Layer 和 Bottom Layer 之间进行转换，这种方法在绘图过程中鼠标正在使用时非常方便。

（3）按小键盘上的“+”或“－”键，可按工作层标签的排列顺序依次将其设置为当前工作层。

2. 单层显示

电路板图显示时，将各工作层重叠在一起进行显示，系统为各工作层赋予不同的颜色，从而使用户可以方便地区分不同工作层上的对象。但是，如果要单独查看某一层的内容，这种显示模式显然不方便。这时，可以采用系统提供的单层显示功能。

执行菜单命令“Tools”→“Preferences”，系统弹出“Preferences”对话框→用鼠标左键单击对话框左侧的“Protel PCB”前的“+”图标，使其变为“－”→单击“Protel PCB”

文件夹下的“Display”选项→在对话框右侧的“Display Options”区域中选中“Single Layer Mode（单层显示模式）”复选框，如图 6-4-3 所示→单击“OK”按钮即可。

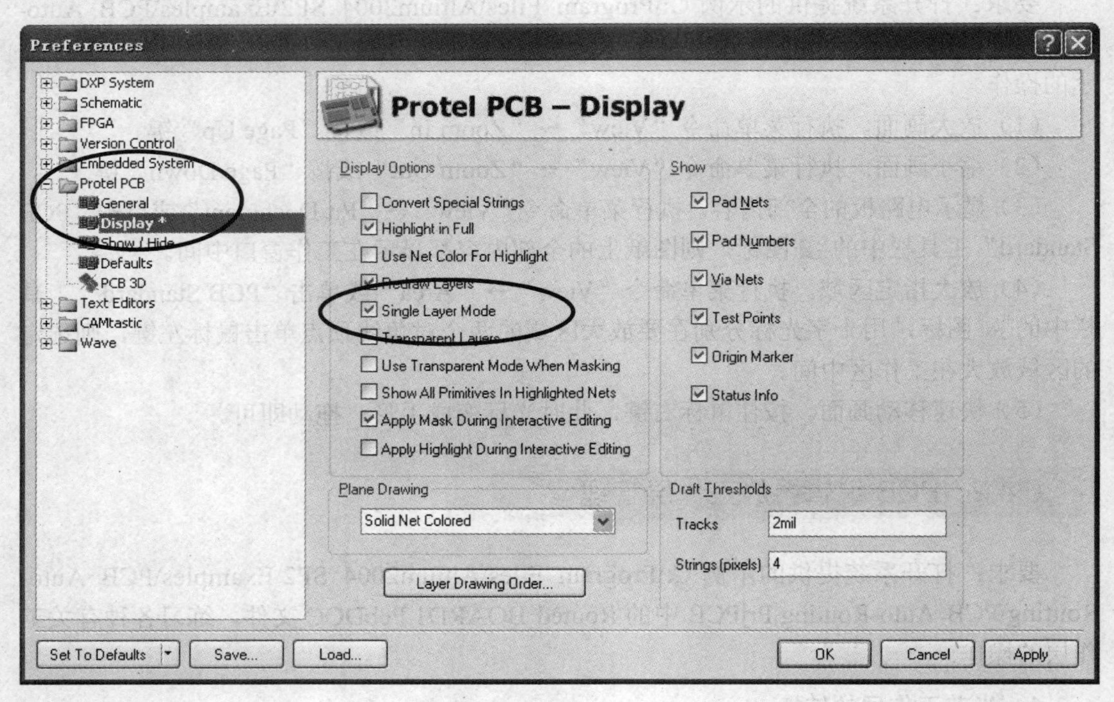

图 6-4-3 设置单层显示模式

单层显示时，系统只显示当前工作层的内容。图 6-2-1~图 6-2-5 所示即为单层显示的效果。

3. 工作层的显示

PCB 编辑器提供了众多工作层，但在使用时不一定都需要，对于暂时不需要的工作层可以将其设置为不显示。

对工作层的显示可在图 6-4-4 所示的对话框中进行设置。

执行菜单命令“Design”→“Board Layers & Colors”，系统弹出“Board Layers & Colors”对话框，如图 6-4-4 所示。

在图 6-4-4 中，要想显示工作层，就要选中工作层名称后面的“Show”选项，但并不是所有工作层都是这样设置，如下面介绍的信号层、内部电源/接地层和机械层，就需要其他的设置。

1）*信号层*

在信号层区域，Top Layer 和 Bottom Layer 两层的“Show（显示）”选项均被选中，表示这两个工作层均处于显示状态。如果去掉“Show”选项的√，则该层在工作窗口不显示。

如果去掉信号层区域下方“Only show layers in layer stack（仅显示在工作层堆栈管理器中被选定使用的工作层）”选项的“√”，则信号层区域变成如图 6-4-5 所示。

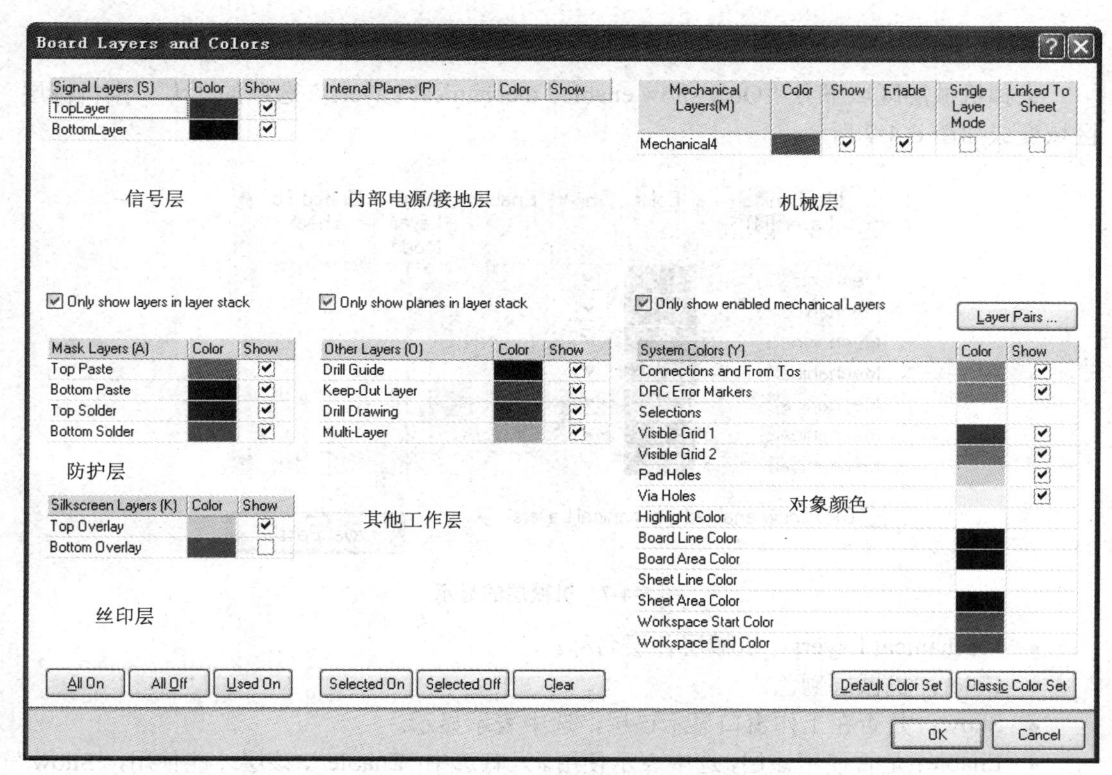

图 6-4-4 “Board Layers and Colors”对话框

图 6-4-5 中显示了 PCB 编辑器提供的所有信号层，但是中间层 Mid-Layer 1~ Mid-Layer 30 均是灰颜色的，即不可用。要使用这些中间信号层，必须在工作层堆栈管理器中选中这些工作层，因为本书只介绍单面板和双面板设计，所以不介绍这一操作。

2）内部电源/接地层

如果去掉内部电源/接地层区域下方“Only show layers in layer stack”（仅显示在工作层堆栈管理器中被选定使用的工作层）选项的“√”，则内部电源/接地层区域变成如图 6-4-6 所示。

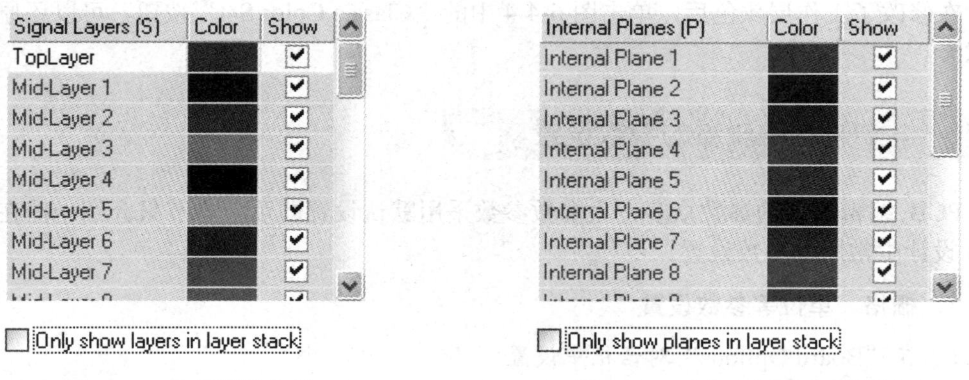

图 6-4-5 信号层的显示　　　　图 6-4-6 内部电源/接地层的显示

内部电源/接地层主要用于多层板，这里不做介绍。

3）机械层

去掉机械层区域下方“Only show enabled mechanical Layers”选项的“√”，则机械层区域变成如图 6-4-7 所示。

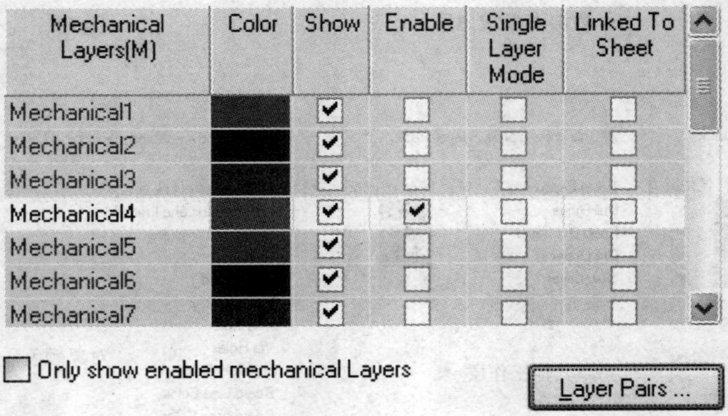

Mechanical Layers(M)	Color	Show	Enable	Single Layer Mode	Linked To Sheet
Mechanical1		✔	☐	☐	☐
Mechanical2		✔	☐	☐	☐
Mechanical3		✔	☐	☐	☐
Mechanical4		✔	✔	☐	☐
Mechanical5		✔	☐	☐	☐
Mechanical6		✔	☐	☐	☐
Mechanical7		✔	☐	☐	☐

☐ Only show enabled mechanical Layers　　Layer Pairs ...

图 6-4-7　机械层的显示

- Mechanical Layers：机械层各层名称。
- Color：机械层颜色。
- Show：是否在工作窗口显示该层，选中表示显示。
- Enable：是否使用该层，选中表示使用。只有选中“Enable”，该层才能使用，“Show”选项中的选中也才能有效。例如在图 6-4-7 中，因为只有 Mechanical4 选中“Enable”，，所以在工作窗口只能看到 Mechanical4 工作层。
- Single Layer Mode：选中该项，则在单层显示模式时，该机械层可以与其他层同时显示。只有机械层有这个功能。

4．工作层的颜色

在默认状态下，系统为每个工作层赋予一个颜色。要修改工作层颜色，可以单击工作层名称后面的颜色块，在弹出的调色板中进行修改。

建议读者如无特殊需要，尽量使用默认颜色。

在修改了工作层颜色后，单击图 6-4-4 中的“Classic Color Set”按钮，可以还原为默认状态。

6.4.3　PCB 编辑器的参数设置

PCB 编辑器中的参数众多，大多数参数采用默认设置即可。本节只介绍一些在进行 PCB 设计中常用的参数设置。

1．栅格、单位等参数设置

1）在“Board Options”对话框中设置

执行菜单命令“Design”→“Board Options”或在 PCB 文件的工作窗口单击鼠标右键，在快捷菜单中选择“Options”→“Board Options”，系统弹出“Board Options”对话

框，如图 6-4-8 所示。

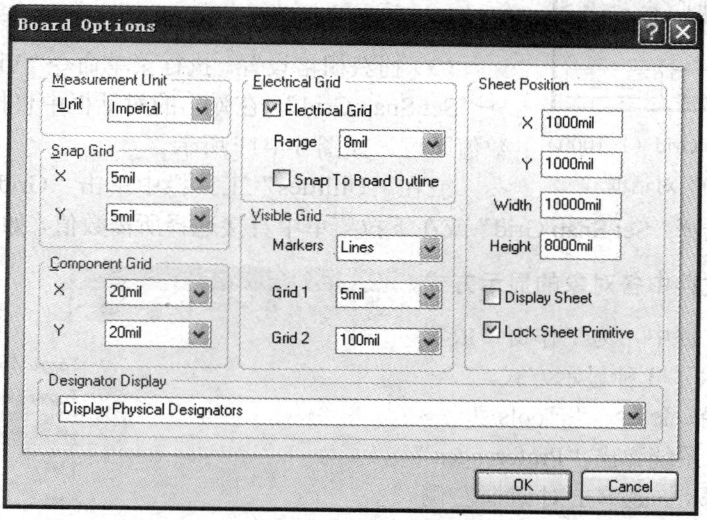

图 6-4-8　“Board Options”对话框

（1）单位设置。在“Measurement Unit”区域中进行单位设置。

PCB 文件中共有两种单位，即 Imperial（英制）和 Metric（公制），单击 Unit 右侧的下拉按钮，从中进行选择。

PCB 文件的当前单位可在屏幕左下角的状态栏中显示出来，如图 6-4-9 所示。

图 6-4-9　PCB 文件中的状态栏

如果未显示以上状态栏，可执行菜单命令“View”→“Status Bar”调出状态栏。

（2）栅格类型设置。在“Visible Grid”区域的“Markers”中进行设置。

PCB 文件中共有两种栅格类型，即 Lines（线状）和 Dots（点状）。用鼠标左键单击“Markers“右侧的下拉按钮，从中进行选择。

（3）显示栅格设置。在“Visible Grid”区域的“Grid 1”和“Grid 2”中进行设置，注意要分别设置 X 和 Y 值。

（4）捕获栅格设置。在“Snap Grid”区域中进行设置。注意要分别设置 X 和 Y 值。

2）快捷设置

（1）栅格类型转换。执行菜单命令“View”→“Grids”→“Toggle Visible Grid Kind”，可在两种栅格之间转换。

或在“Utilities”工具栏中单击“Grids（栅格）”图标旁的下拉按钮，从中选择“Toggle Visible Grid Kind”，如图 6-4-10 所示。

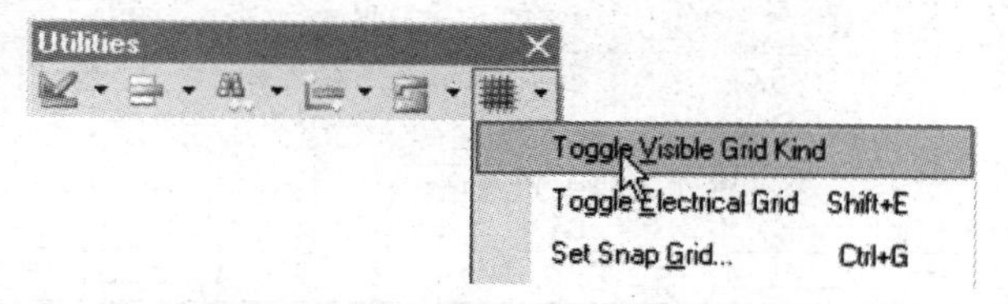

图 6-4-10　栅格类型快速转换

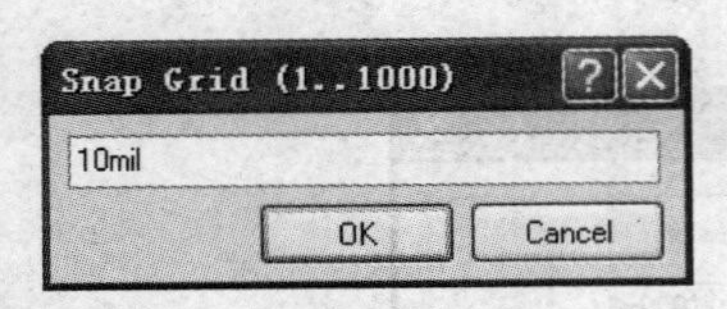

图 6-4-11 “Snap Grid（1..1000）（捕获栅格）”对话框

（2）单位转换。执行菜单命令“View”→“Toggle Units”或直接按“Q”键，可在两种单位中进行转换。

（3）捕获栅格设置。执行菜单命令“View”→“Grids”→“Set Snap Grid”，在弹出的对话框中直接输入捕获栅格数值即可，如图 6-4-11 所示。

或在“Utilities”工具栏中单击“Grids”图标旁的下拉按钮，从中选择“Set Snap Grid”或在下拉菜单中直接选择所需数值，如图 6-4-12 所示。

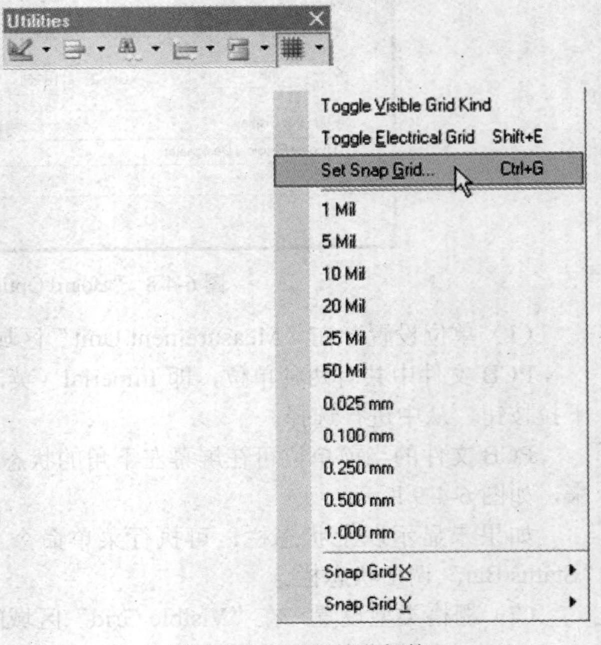

图 6-4-12 设置捕获栅格

2. PCB 文件中各对象的显示方式

在 PCB 文件中，为工作窗口放置的各种对象提供了 3 种显示方式。

执行菜单命令“Tools”→“Preferences”，系统弹出“Preferences”对话框→用鼠标左键单击对话框左侧“Protel PCB”前的“+”图标，使其变为“－”→单击“Protel PCB”文件夹下的“Show/Hide”，“Preferences”对话框变为如图 6-4-13 所示。

- Final：精细显示，是默认选择。
- Draft：轮廓显示，选择该项，相应对象只显示符号的轮廓，如图 6-4-14 所示。
- Hidden：隐藏。

“All Final”按钮：全部精细显示。

“All Draft”按钮：全部轮廓显示。

“All Hidden”按钮：全部隐藏。

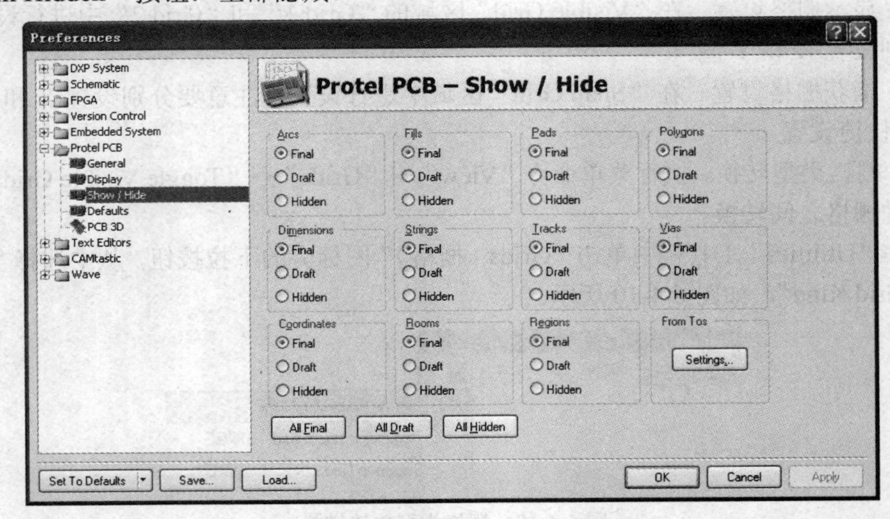

图 6-4-13 Show/Hide 显示方式设置

电阻封装的Final（精细）显示如图6-4-14（a）所示。单击“All Draft”按钮后，电阻封装的All Draft（全部轮廓）显示如图6-4-15（b）所示。

（a）Final（精细）显示　　（b）All Draft（全部轮廓）显示

图6-4-14　电阻封装的两种显示方式

焊盘的Final（精细）显示和Draft（轮廓）显示如图6-4-15所示。

（a）Final（精细）显示　　（b）Draft（轮廓）显示

图6-4-15　焊盘封装的两种显示方式

3. 显示原点标记

执行菜单命令“Tools”→“Preferences”，系统弹出“Preferences”对话框→用鼠标左键单击对话框左侧“Protel PCB”前的“+”图标，使其变为“－”→单击“Protel PCB”文件夹下的“Display”选项→在对话框右侧的“Show”区域中选中“Origin Marker”（原点标记）复选框→单击“OK”按钮即可。显示的原点标记如图6-4-16所示。

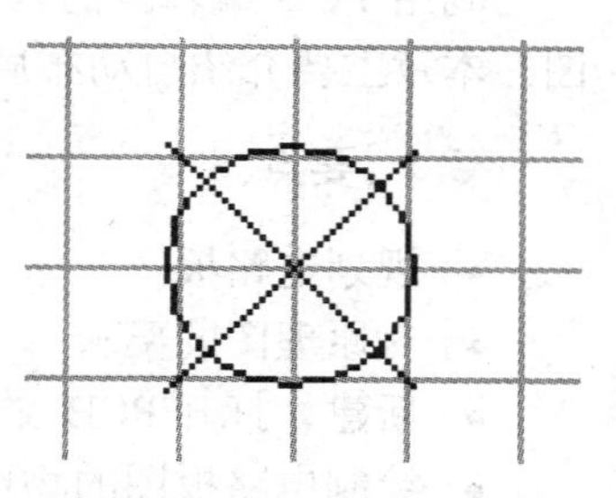

图6-4-16　显示的原点标记

本章小结

本章主要介绍了印制电路板的基本概念、元器件封装的概念，实际印制电路板上各种对象在Protel软件中的表示方法，特别介绍了PCB编辑器的一些参数设置和基本操作，内容看似简单，却是在PCB设计中经常用到的。

练习题

6.1　查看实际印制电路板中元器件封装符号与电路图中的元器件符号有何不同。

6.2　查看实际印制电路板中焊盘与过孔有何不同。

6.3　打开一个已绘制完毕的PCB文件，练习本章中介绍的各种设置。

第7章

自动布局与自动布线的基本步骤

背景

利用 PCB 编辑器的自动布局、自动布线功能可以方便地将原理图转换为印制电路板图。本章主要介绍自动布局、自动布线的基本步骤以及转换前对原理图的要求。

要点

- 规划电路板
- 对原理图的要求
- 新建、打开 PCB 文件
- 绘制电路板图的物理边界和电气边界
- 将原理图数据导入到 PCB 文件中，介绍自动布局和自动布线规则
- 自动布局和布线的基本步骤
- 单面板与双面板的设置等

7.1 任务一：学习自动布局与自动布线的基本步骤

要求：绘制如图 7-1-1 所示的原理图，利用自动布局、自动布线方法将其转换为双面印制电路板图。

电路板尺寸：宽 2000mil，高 1200mil。

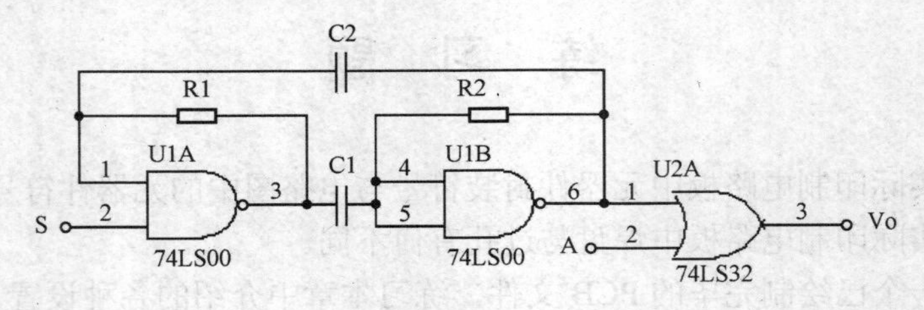

图 7-1-1　可控多谐振荡器电路原理图

可控多谐振荡器电路元器件符号属性如表 7-1-1 所示。

表 7-1-1 可控多谐振荡器电路元器件属性

Lib Ref（元器件名称）	Designator（元器件标号）	Comment（元器件标注）	Footprint（元器件封装）
Res2	R1、R2		AXIAL-0.4
Cap	C1、C2		RAD-0.2
SN74LS00N	U1	74LS00	646-06
DM74LS32N	U2	74LS32	N14A
U1 在 C:\Program Files\Altium2004 SP2\Library\ON Semiconductor\ON Semi Logic Gate.IntLib 中			
U2 在 C:\Program Files\Altium2004 SP2\Library\National Semiconductor\ NSC Logic Gate.IntLib 中			
其余元器件在\Program Files\Altium2004 SP2\Library\Miscellaneous Devices.IntLib			

7.1.1 电路板图设计流程

在进行印制电路板设计之前，先要了解印制电路板图的设计过程。图 7-1-2 是一般印制电路板图的设计过程。

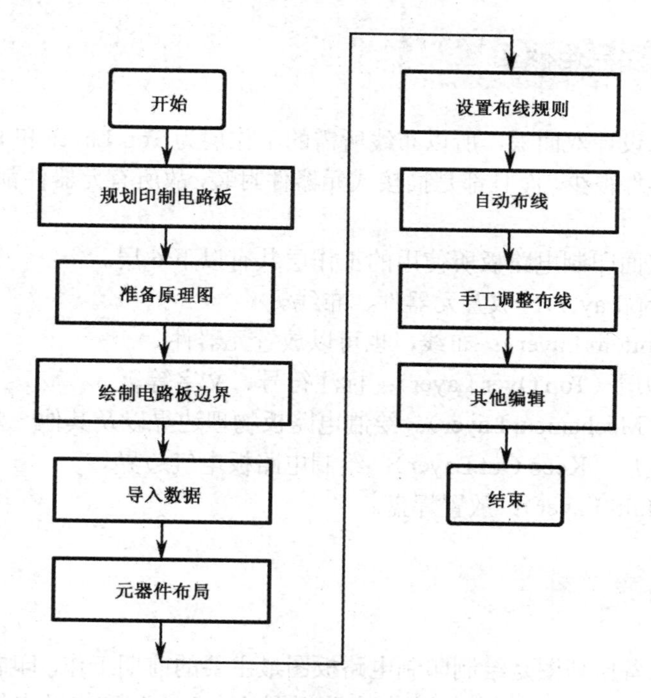

图 7-1-2 一般印制电路板图的设计流程

（1）规划印制电路板。根据印制电路板的设计要求确定是单面板还是双面板，所需哪些工作层，大多数元器件放置在哪一层，布线的要求，电路板与外界的接口形式，接插件的安装位置，以及一些特殊元器件的位置（如对数码管的位置要求，对开关或接插件等的位置要求）等。

（2）准备原理图。这是绘制印制电路板图最主要的前期工作。因为本章介绍印制电路板图的自动布局与自动布线过程，所以对原理图的要求非常高：一是要求原理图的绘制要标准；二是所有元器件都要有封装，而且封装一定是根据实际元器件确定的，有些封装甚至需要自行绘制。

（3）绘制电路板边界。需要在 Mechanical Layer（机械层）绘制电路板的物理边界，在 Keep Out Layer（禁止布线层）绘制电气边界。

（4）导入数据。将原理图中元器件之间的连接关系和元器件封装信息导入 PCB 编辑器中。

（5）元器件布局。根据设计要求对元器件进行布局。

（6）设置布线规则。因为要自动布线，所以首先要根据设计要求设置布线规则。

（7）自动布线。对印制电路板进行自动布线。在实际设计中，往往是先对一些有特殊要求的网络进行手工布线，然后再进行自动布线。

（8）手工调整布线。因为自动布线的结果往往很难满足要求，如有的线拐弯太多，有的走线不够合理等，所以必须进行手工调整，以满足设计要求。

（9）其他编辑。有的电路板需要覆铜，有的需要添加一些字符，还可能有一些其他要求等，这一切都需要对电路板图做进一步完善。

7.1.2 规划印制电路板

因为本例要求设计双面板，所以布线所需的工作层为 Top Layer 和 Bottom Layer；又因为本例中的元器件很少，而且都是插接式元器件封装，故所有元器件都放置在顶层（Top Layer）。

总结起来，双面印制电路板所使用的工作层共有以下 6 层。

（1）顶层（Top Layer）：放置元器件、布线。

（2）底层（Bottom Layer）：布线，也可以放置元器件。

（3）顶层丝印层（Top Over Layer）：标注符号、文字等。

（4）机械层（Mechanical Layer）：绘制电路板物理边界以及其他一些尺寸标注等。

（5）禁止布线层（Keep Out Layer）：绘制电路板电气边界。

（6）多层（Multi Layer）：放置焊盘。

7.1.3 准备原理图

如前所述，准备原理图是绘制印制电路板图最主要的前期工作，印制电路板图的设计能否成功关键取决于原理图的设计。印制电路板图的自动布局和自动布线对原理图的要求很高，主要是指电路图绘制完整、规范。这里的规范是指下列内容。

（1）所有元器件都要有标号，而且不能重复不能为空。

（2）元器件之间使用导线连接，在具有总线结构的电路图中，总线、总线分支线、网络标号缺一不可。

（3）电源、接地符号绘制正确，连接正确无遗漏。

（4）所有元器件都要有封装，而且封装要根据实际元器件确定。

除此之外，还要特别注意，电路中所有元器件所在的元器件库都要加载到原理图编辑器中，这一点至关重要。

特别对于从其他软件中导入的原理图，更要事先确定元器件库并进行加载。

7.1.4　绘制电路板边界

绘制电路板边界包括绘制物理边界和电气边界。

1．设置当前原点

在 PCB 编辑器中，系统已定义了一个坐标系，该坐标系的原点称为绝对原点，位置在工作窗口的左下角。

为绘图方便，用户可自行定义坐标系，该坐标系的原点称为相对原点，或称当前原点。

（1）在如图 7-1-1 所示的原理图所在的工程项目中新建一个 PCB 文件，并进行保存。

（2）显示原点标记。执行菜单命令“Tools”→“Preferences”，系统弹出“Preferences”对话框→单击对话框左侧“Protel PCB”前的“+”图标，使其变为“－”→单击“Protel PCB”文件夹下的“Display”选项→在对话框右侧的“Show”区域中选中“Origin Marker（原点标记）”复选框→单击“OK”按钮显示原点标记（此操作可参考 6.4.3 中的有关内容）。

（3）设置当前原点。执行菜单命令“Edit”→“Origin”→“Set”或在“Utilities”工具栏中用鼠标左键单击“Set Origin（设置当前原点）”图标，如图 7-1-3 所示。

（4）在工作窗口左下角的任意位置单击鼠标左键，则此点变为当前原点。当光标放在当前原点位置时，屏幕左下角的坐标值为 0，0。

2．绘制物理边界

物理边界是指电路板的实际大小，这一尺寸是设计要求的，要在 Mechanical Layer（机械层）中绘制。

在本例中，选择在 PCB 文件中已默认打开的 Mechanical1 Layer（机械层 1）中绘制物理边界。

在绘制物理边界时要注意，因为是电路板的实际边界，所以要绘制得非常规范，严格按照要求进行绘制。若要求的电路板形状是矩形，则要注意边框线的水平与垂直，拐弯应是直角，不应出现不该出现的多余线段和拐弯或毛刺等。

（1）单击“Mechanical1 Layer”工作层标签，将 Mechanical1 Layer 设置为当前层。

（2）执行菜单命令“Place”→“Line”或在“Utilities”工具栏中单击“Place Line”图标，如图 7-1-4 所示。

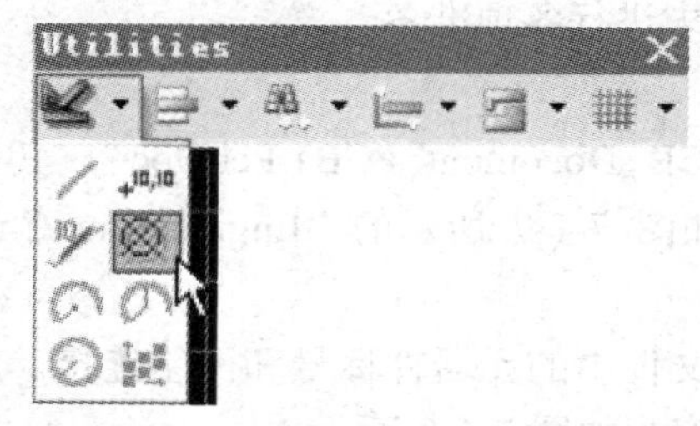

图 7-1-3　单击“Set Origin”图标

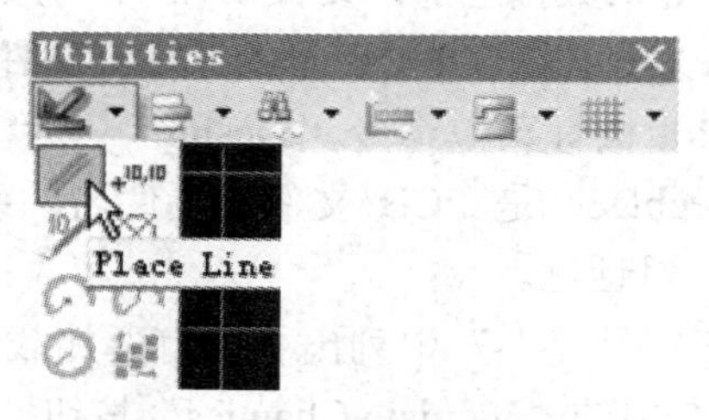

图 7-1-4　单击“Place Line”图标

（3）以当前原点为起点，按尺寸要求绘制物理边界（宽为2000mil，高为1200mil），如图7-1-5所示。

如果使用鼠标画线，在拐弯处单击两次鼠标左键；如果使用键盘中的箭头键“→”、“←”、“↑”、“↓”画线，在拐弯处按两次“Enter”键，建议使用键盘画线。

使用键盘上的箭头键画线时，按住“Shift”+“箭头”键可提高画线的速度。

3. 绘制电气边界

电路板的电气边界是指在电路板上设置的元器件自动布局和自动布线范围。电气边界一般定义在禁止布线层（Keep Out Layer）。禁止布线层是一个对电路板的自动布局和自动布线非常有用的层，它用于限制布局和布线的范围。

电气边界可稍大于或稍小于物理边界。

本例中选择电气边界稍小于物理边界。

（1）单击“Keep Out Layer”工作层标签，将Keep Out Layer设置为当前层。

（2）执行菜单命令“Place”→“Line”或在“Utilities”工具栏中单击“Place Line”图标，如图7-1-4所示。

（3）在物理边界内侧距物理边界20mil的位置绘制电气边界，如图7-1-6所示。

（4）单击“保存”图标，对文件进行保存。

图7-1-5 绘制完成的物理边界

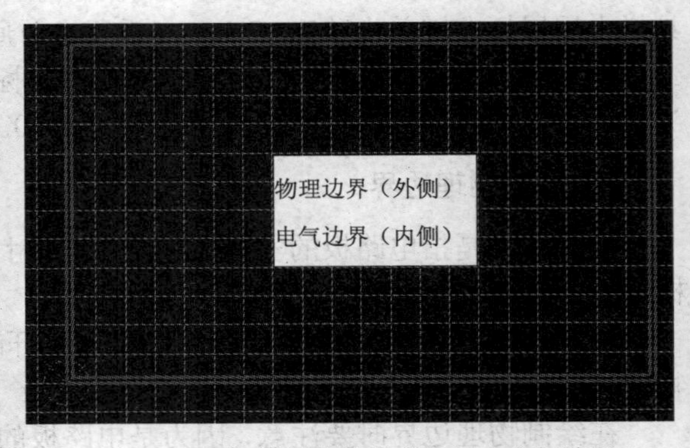

图7-1-6 绘制完成的物理边界和电气边界

7.1.5 导入数据

导入数据是指将原理图中的元器件封装和连接关系信息导入到PCB文件中。

在导入数据之前，要按7.1.3中对原理图的要求进行各项准备。

（1）打开图7-1-1所示的原理图文件。

（2）执行菜单命令“Design”→“Update PCB Document PCB1.PcbDoc”，其中，PCB1.PcbDoc是PCB文件的文件名，系统弹出如图7-1-7所示的“Engineering Change Order”对话框。

（3）图7-1-7中列出了所有要加载到PCB文件中的元器件标号和网络连接。单击图7-1-7中的“Validate Changes”按钮，图7-1-7变为如图7-1-8所示。

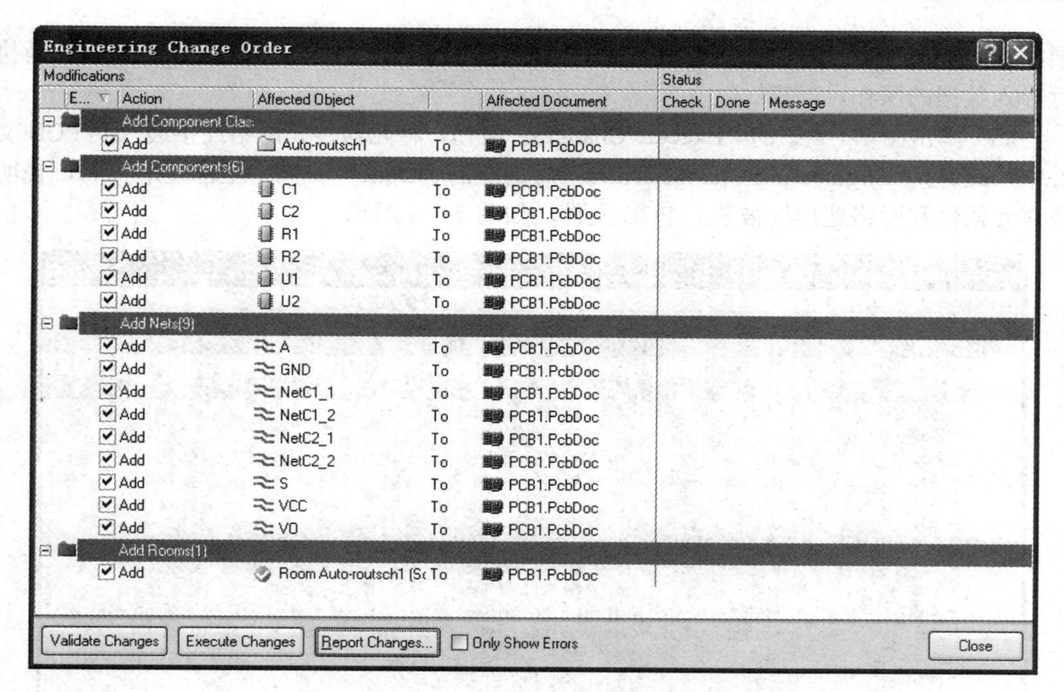

图 7-1-7 “Engineering Change Order”对话框

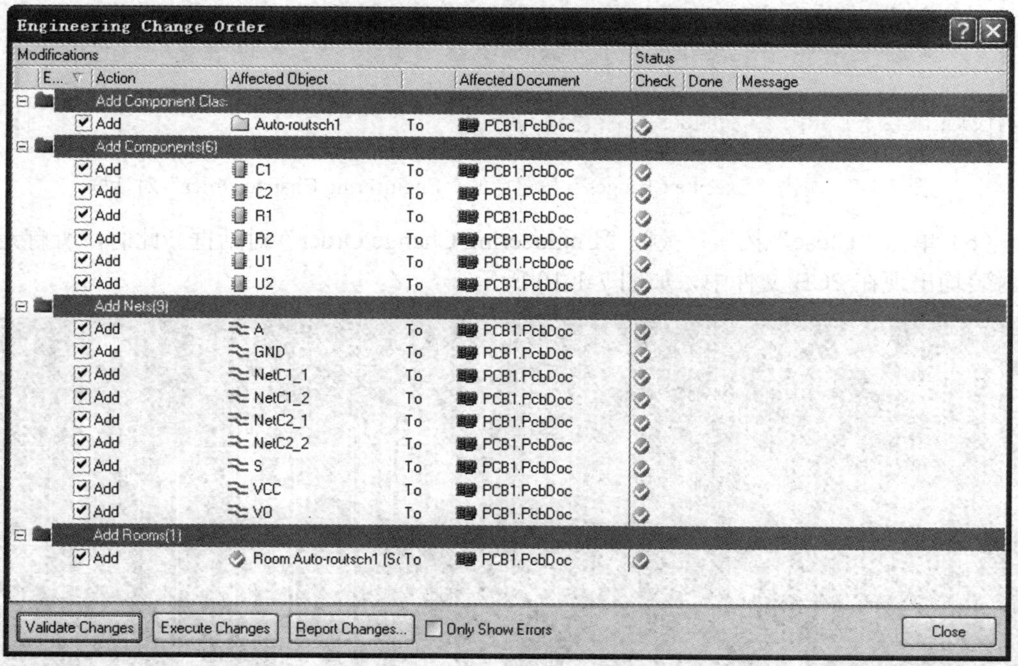

图 7-1-8 单击“Validate Changes”按钮后的“Engineering Change Order”对话框

（4）在如图 7-1-8 所示的“Engineering Change Order”对话框的“Check”一列显示检查后无错误的标志“√”，只有检查后全部正确（如图 7-1-8 所示），才能进行下一步。如果有错误，则在“Check”列的相应行中显示红色的×。此时，不能继续进行下面的操作，要根据“Message”中的提示找到错误原因在原理图中进行修改，修改并保存后再重新执行导入数据的操作。

（5）单击图 7-1-8 中的“Execute Changes”按钮，将元器件和网络连接装入到 PCB 文件中。此时，“Engineering Change Order”对话框的“Done”一列中全部显示“√”，说明所有元器件和网络连接均被装入 PCB 文件，如图 7-1-9 所示。

Engineering Change Order

E...	Action	Affected Object		Affected Document	Check	Done	Message
	Add Component Clas:						
✔	Add	Auto-routsch1	To	PCB1.PcbDoc	✔	✔	
	Add Components(6)						
✔	Add	C1	To	PCB1.PcbDoc	✔	✔	
✔	Add	C2	To	PCB1.PcbDoc	✔	✔	
✔	Add	R1	To	PCB1.PcbDoc	✔	✔	
✔	Add	R2	To	PCB1.PcbDoc	✔	✔	
✔	Add	U1	To	PCB1.PcbDoc	✔	✔	
✔	Add	U2	To	PCB1.PcbDoc	✔	✔	
	Add Nets(9)						
✔	Add	A	To	PCB1.PcbDoc	✔	✔	
✔	Add	GND	To	PCB1.PcbDoc	✔	✔	
✔	Add	NetC1_1	To	PCB1.PcbDoc	✔	✔	
✔	Add	NetC1_2	To	PCB1.PcbDoc	✔	✔	
✔	Add	NetC2_1	To	PCB1.PcbDoc	✔	✔	
✔	Add	NetC2_2	To	PCB1.PcbDoc	✔	✔	
✔	Add	S	To	PCB1.PcbDoc	✔	✔	
✔	Add	VCC	To	PCB1.PcbDoc	✔	✔	
✔	Add	VO	To	PCB1.PcbDoc	✔	✔	
	Add Rooms(1)						
✔	Add	Room Auto-routsch1 (Sc	To	PCB1.PcbDoc	✔	✔	

Validate Changes　Execute Changes　Report Changes...　Only Show Errors　Close

图 7-1-9　单击“Execute Changes”按钮后的“Engineering Change Order”对话框

（6）单击“Close”按钮，关闭“Engineering Change Order”对话框。此时，所有元器件封装均出现在 PCB 文件中，如图 7-1-10 所示。

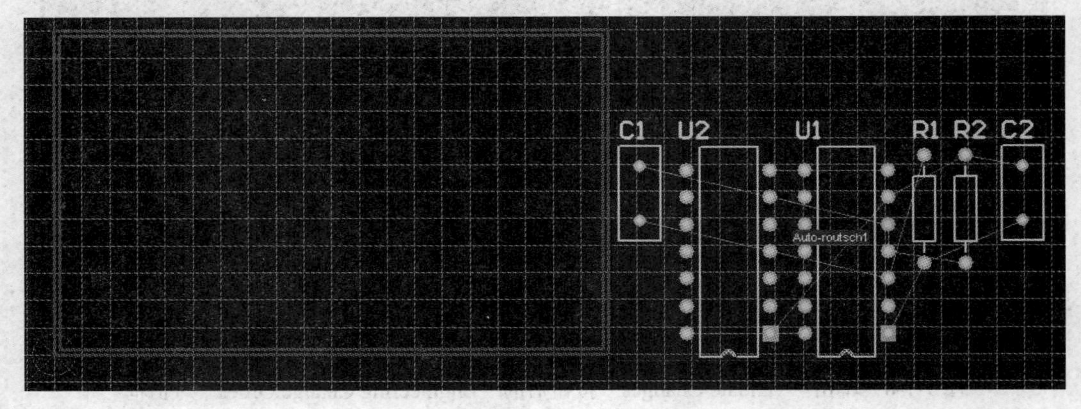

图 7-1-10　装入元器件后的 PCB 文件

在图 7-1-10 中，所有元器件均在一个元器件 Room（空间）中，这个元器件空间只是为了便于整体移动元器件，将元器件装入电路板边框后，可以将这个房间删除。

在图 7-1-10 中，元器件之间存在一种表示电气连接关系的线，这种线称为飞线。如果没有电气连接关系，则不显示飞线。

如果 PCB 文件中不显示飞线，可执行菜单命令“Design”→“Board Layers and colors”→在弹出的 Board Layers and Colors 对话框的 Sysitem Colors 区域中选中 Connections and From Tos 右侧的 Show 复选框即可。

7.1.6　元器件自动布局

在图 7-1-10 中，元器件只是被装入了 PCB 文件，但是并未将元器件放到电路板的边框中，所以要执行元器件的自动布局操作。

1. 元器件布局规则介绍

在自动布局前，可以设置的规则很多，一般情况下，只设置少数几个必需的规则，其他均可采用默认设置。元器件自动布局规则在“PCB Rules and Constraints Editor”对话框中设置，如图 7-1-11 所示。

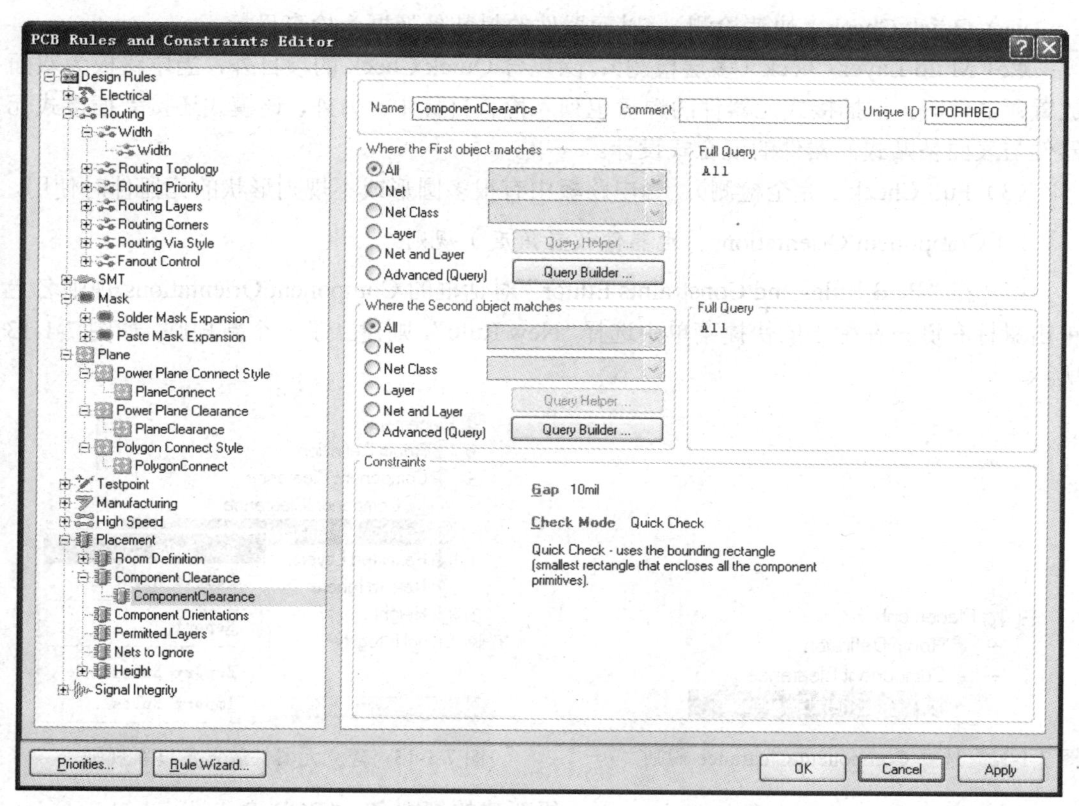

图 7-1-11　“PCB Rules and Constraints Editor”对话框

执行菜单命令“Design”→“Rules”，系统弹出“PCB Rules and Constraints Editor”对话框。

下面介绍几个常用规则。

1）Component Clearance（安全间距）规则

该规则用于设置元器件、铜膜导线、过孔、焊盘等导电对象之间的最小间距。

在图 7-1-11 中，单击 Placement 下一级 Component Clearance 规则中的 Component Clearance，如图 7-1-12 所示。

此时，“PCB Rules and Constraints Editor”对话框右侧显示 Component Clearance 规则设置画面，如图 7-1-11 所示。

“Where the First object matches”区域和“Where the Second object matches”区域用于设置规则的使用范围，系统默认的范围是 All（所有对象）。

“Constraints”区域用于设置间距数值，系统默认为 10mil。若要修改，则单击图 7-1-11 中“Gap”右边的数值即可。

在“Constraints”区域中，还可在“Check Mode（检测模式）”的下拉框中选择检测模式，将光标放在“Check Mode”右边的“Quick Check”上，“Quick Check”右侧出现一个下拉按钮，单击此下拉按钮，在弹出的下拉列表中进行选择。下列 3 种检测模式可供选择。

（1）Quick Check（快速检测）：以元器件的封装外形框为检查目标。

（2）Multi Layer Check（多层检测）：除包含 Quick Check 的项目外，当电路板为双面放置元器件时，把插接式元器件的焊盘也列入检查目标中。另外，该模式还接受插接式元器件与表面粘贴式元器件的混合式设计。

（3）Full Check（完全检测）：当电路板中有很多圆形或不规则形状的元器件时使用。

2）Component Orientations（元器件放置角度）规则

（1）在“PCB Rules and Constraints Editor”对话框的 Component Orientations 规则名上单击鼠标右键→在弹出的快捷菜单中选择“New Rule”，则建立了一个新规则，如图 7-1-13 所示。

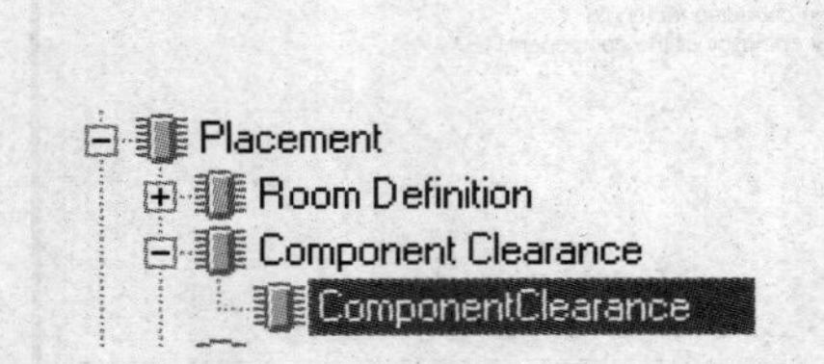

图 7-1-12 选择 Component Clearance 规则

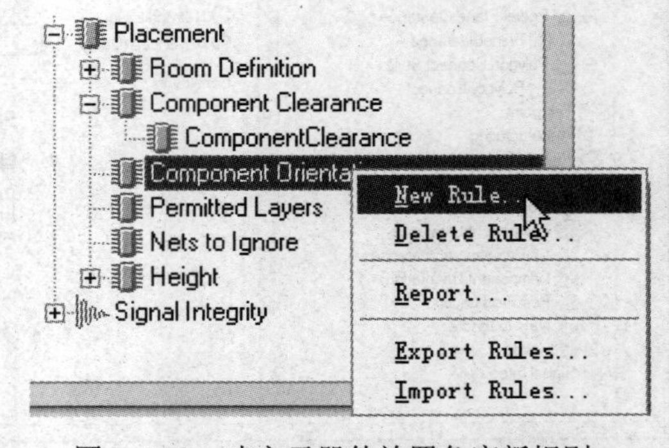

图 7-1-13 建立元器件放置角度新规则

（2）单击 Component Orientations 下一级新建的规则名，“PCB Rules and Constraints Editor”对话框的右侧显示 Component Orientations 规则设置画面，如图 7-1-14 所示。

图 7-1-14 的“Where the First object matches”区域用于设置规则使用的范围，在 Constraints 区域设置旋转角度。

3）Permitted Layers（允许元器件放置工作层）规则

该规则用于设置允许元器件放置的电路板层。建立该规则的方法同“2)”。Permitted Layers 规则设置画面如图 7-1-15 所示。

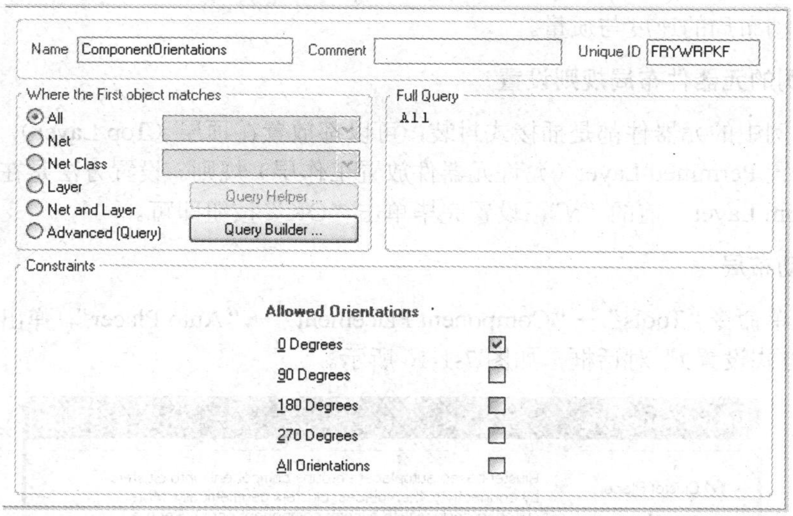

图 7-1-14 设置元器件放置角度规则

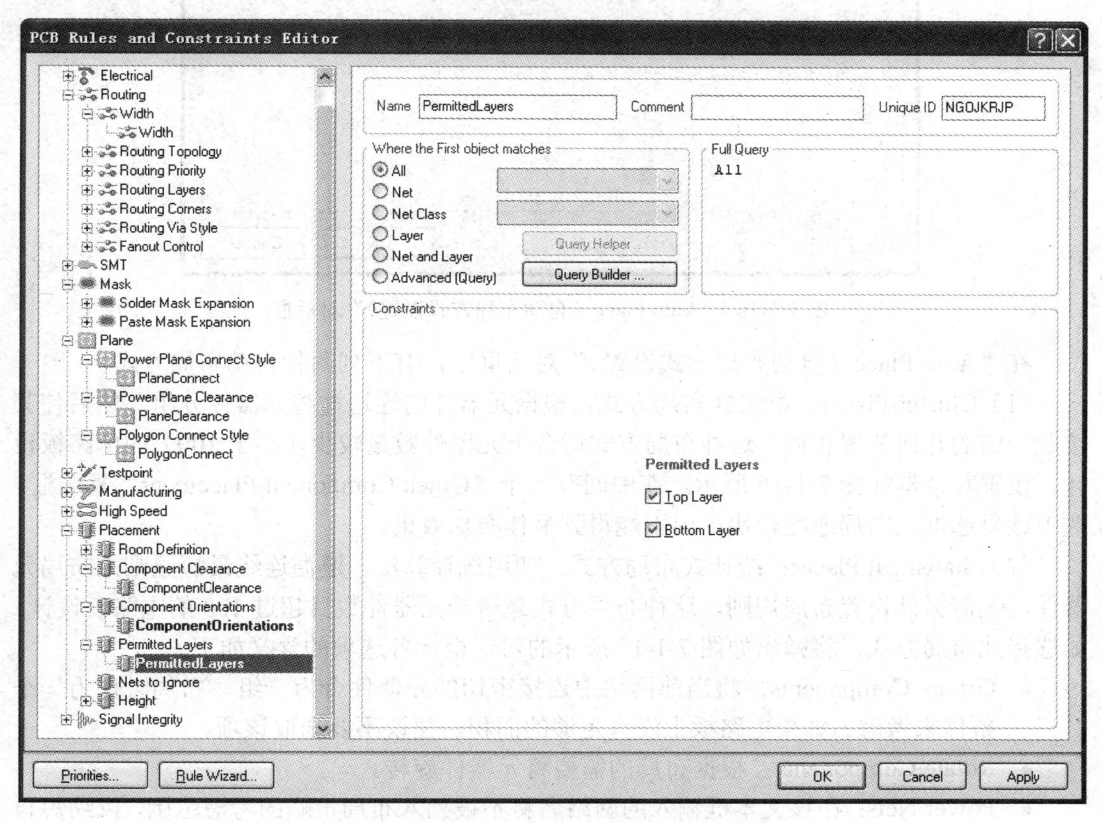

图 7-1-15 设置允许元器件放置工作层规则

系统默认的规则是将 Top Layer 和 Bottom Layer 全部选中，如图 7-1-15 所示。

4）Net to Ignore（网络忽略）规则

用于设置在以 Cluster Placer 方式进行自动布局时应该忽略哪些网络走线造成的影响，以便提高自动布局的速度与质量。

2．本例的元器件布局规则设置

由于本例中的元器件都是插接式封装，可以都放置在顶层（Top Layer），所以要在自动布局前设置 Permitted Layer（允许元器件放置工作层）规则。设置方法是在图 7-1-15 中去掉“Bottom Layer”前的“√”，设置完毕单击“OK”按钮即可。

3．自动布局

执行菜单命令“Tools”→“Component Placement”→“Auto Placer”，弹出“Auto Place（自动布局方式设置）”对话框，如图 7-1-16 所示。

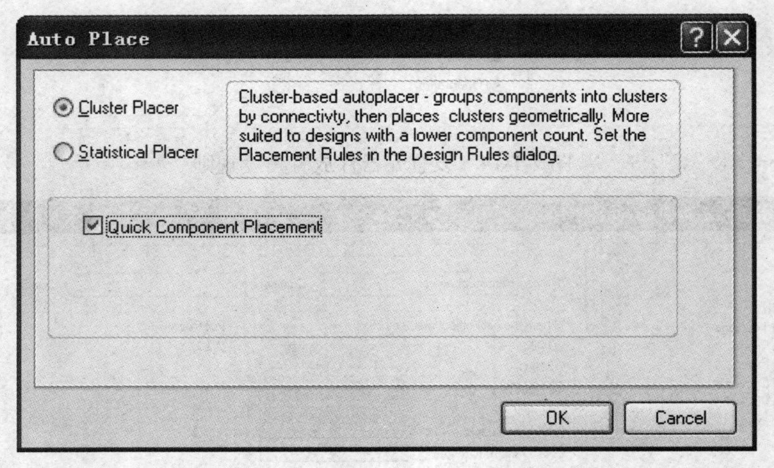

图 7-1-16 “Auto Place（自动布局方式设置）”对话框

在“Auto Place（自动布局方式设置）”对话框中，有下列两种自动布局方式。

（1）Cluster Placer：群集式布局方式。根据元器件的连通性将元器件分组，然后使其按照一定的几何位置布局。这种布局方式适合于元器件数量较少（小于 100）的电路板设计。设置对话框如图 7-1-16 所示，在中间有一个“Quick Component Placement”复选框，选中该复选框，布局速度较快，但不能得到最佳布局效果。

（2）Statistical Placer：统计式布局方式。使用统计算法，遵循连线最短原则来布局元器件，无需另外设置布局规则。这种布局方式最适合元器件数目超过 100 的电路板设计。如选择此布局方式，将弹出如图 7-1-17 所示的对话框，各选项的含义如下。

- Group Components：将当前网络中连接密切的元器件合为一组，布局时作为一个整体来考虑。如果电路板上没有足够的面积，建议不要选取该项。
- Rotate Components：根据布局的需要将元器件旋转。
- Power Nets：在该文本框输入的网络名将不被列入布局策略的考虑范围，以缩短自动布局的时间，电源网络就属于此种网络。在此输入电源网络名称。

- Ground Nets：其含义同 Power Nets。在此输入接地网络名称。
- Grid Size：设置自动布局时的栅格间距。默认为 20mil。

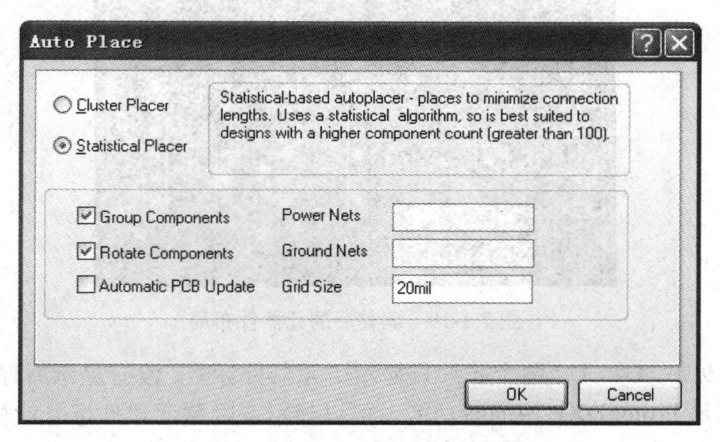

图 7-1-17　统计式布局方式设置

由于本例中的元器件数目很少，所以选择群集式布局方式，如图 7-1-16 所示。图 7-1-18 为显示选中“Quick Component Placement”复选框进行快速布局后的群集式布局结果。

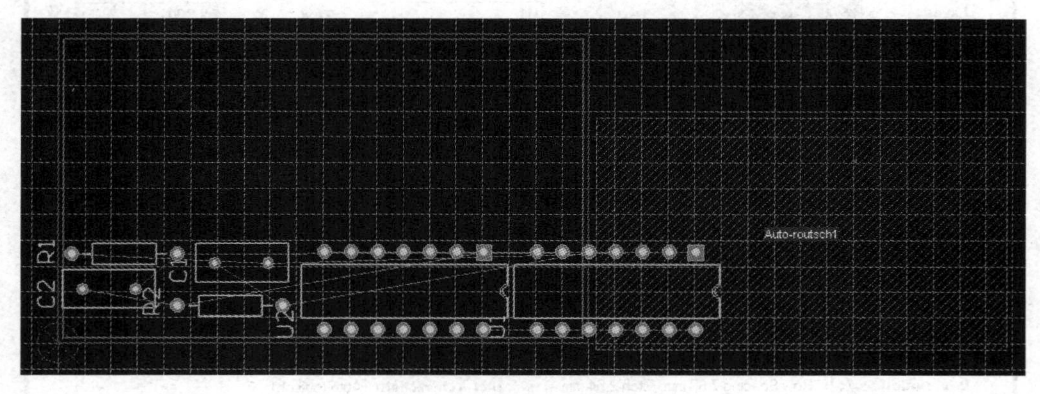

图 7-1-18　群集式布局结果

7.1.7　手工调整布局

如图 7-1-18 所示，布局后的元器件摆放并不理想，需进行手工调整。由于本例中的元器件很少，所以这里只介绍两个最基本的布局原则。

- 就近原则：元器件之间的连线最短。
- 信号流原则：按信号流向布放元器件，以避免输入、输出、高低电平部分交叉成环。

（1）图 7-1-18 中绿色斜线所示的元器件空间已不再需要，单击该区域将其选中，而后按“Delete”键将其删除。

（2）根据以上两个原则调整元器件的位置，调整方法包括直接拖动元器件或元器件标号等可移动位置，用鼠标左键按住元器件或元器件标号再按“空格”键、“X”键、“Y”键可改变方向。

在调整时，可以根据飞线的指示安排元器件的位置。图 7-1-19 是调整后的元器件布局。

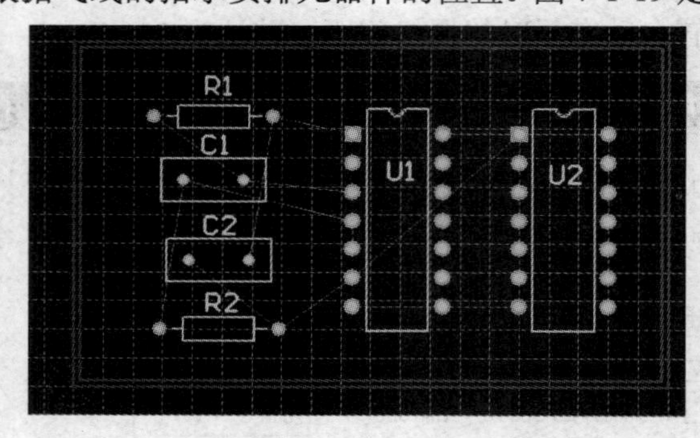

图 7-1-19　调整后的元器件布局

在图 7-1-19 中，U1、U2 两个芯片只显示了元器件标号，没有显示原理图中的 74LS00 和 74LS32，这是 Protel DXP 中的新功能，可以显示或隐藏元器件标号或标注。双击 U1，系统弹出“Component U1”对话框，如图 7-1-20 所示。

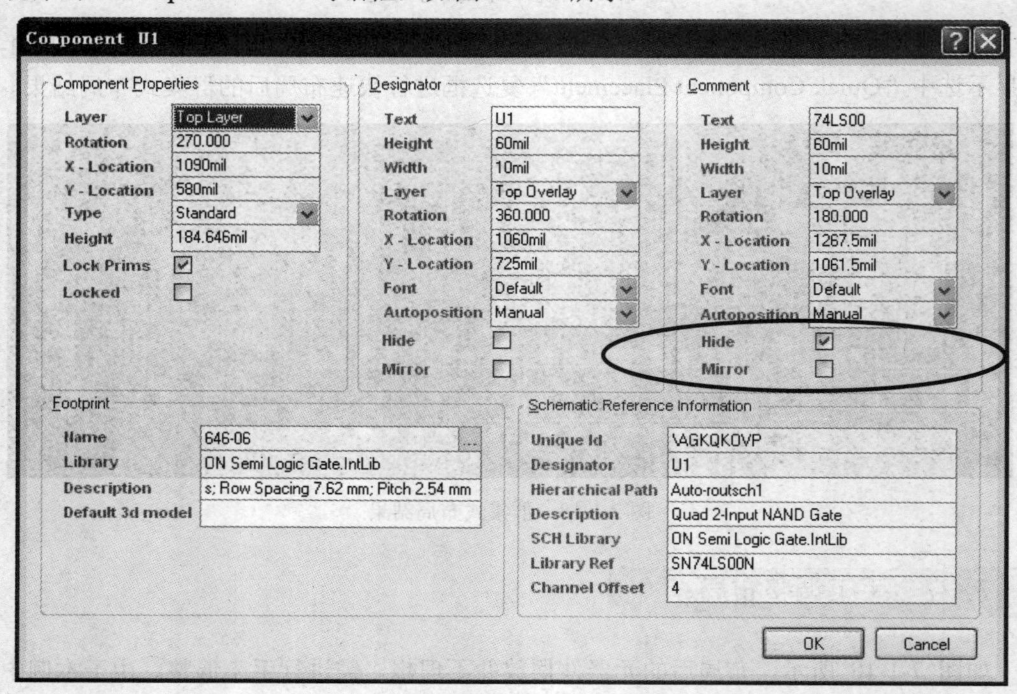

图 7-1-20　“Component U1”对话框

选中“Comment”区域中的“Hide”选项，表示隐藏 U1 的标注 74LS00。

取消“Comment”区域中的“Hide”选项，表示显示 U1 的标注 74LS00。

7.1.8　自动布线规则介绍

设计规则是 PCB 设计的基本规则。在 PCB 的设计过程中，任何一个操作都是在设计规则允许的情况下进行的。Protel DXP 2004 SP2 软件设计了大量自动布线规则，这些规则都在“PCB Rules and Constraints Editor”对话框中进行设置。

执行菜单命令“Design”→“Rules”系统弹出“PCB Rules and Constraints Editor”对话框，多数规则都在对话框左侧窗口中的“Routing”目录下，如图 7-1-21 所示。

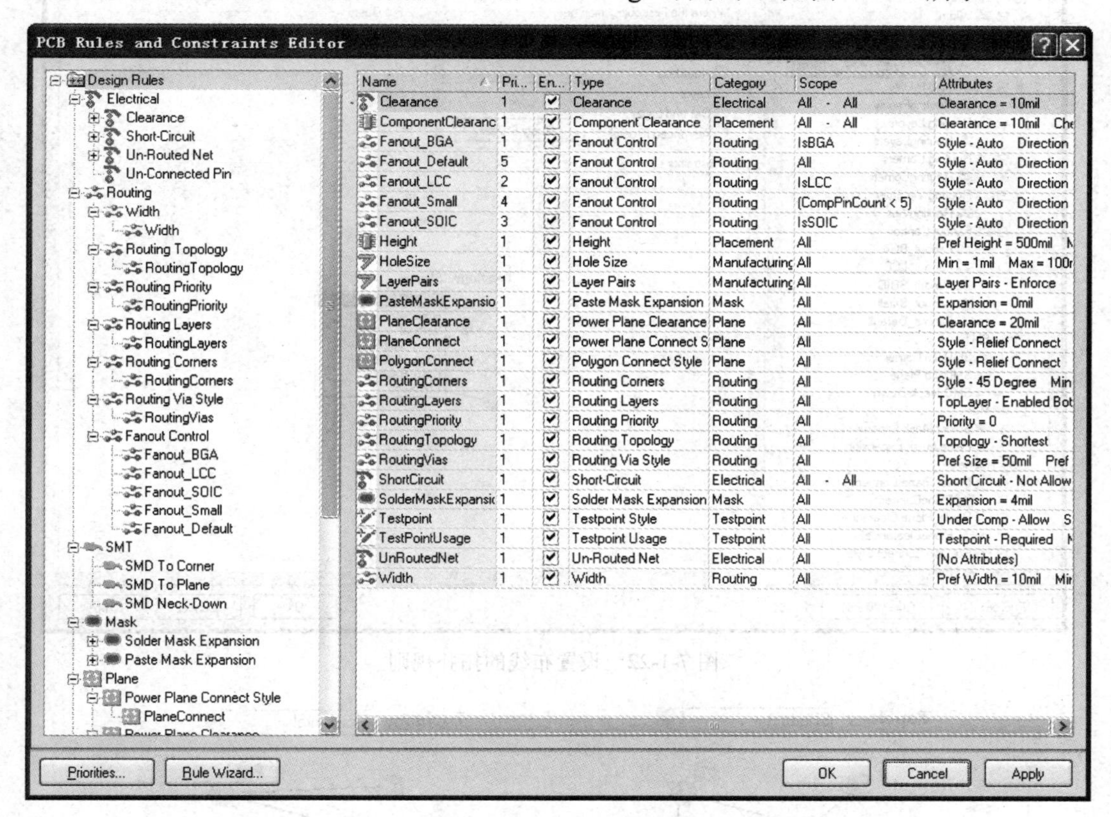

图 7-1-21 “PCB Rules and Constraints Editor”对话框

1. 与布线有关的设计规则

1）Width（布线宽度）规则

该规则用于设置布线时的导线宽度。可以设置不同网络、不同对象的布线宽度。这个规则是布线时必须设置的，关于该规则的使用将在 8.2.2 中进行介绍。

2）Routing Topology（布线的拓扑结构）规则

该规则用于设置由飞线生成的拓扑结构。拓扑结构是指以焊盘为点，以连接各焊盘的导线为线，由点和线构成的几何图形。在 PCB 中，元器件焊盘之间的飞线连接方式称为布线的拓扑结构。在如图 7-1-22 所示的对话框的“Topolgy”下拉框中有 7 种拓扑结构可供选择。

（1）Shortest（最短连线）：含义是生成一组飞线能够连通网络上的所有节点，并且使连线最短，如图 7-1-23 所示。

（2）Horizontal（水平连线）：含义是生成一组飞线能够连通网络上的所有节点，并且使连线在水平方向最短，如图 7-1-24 所示。

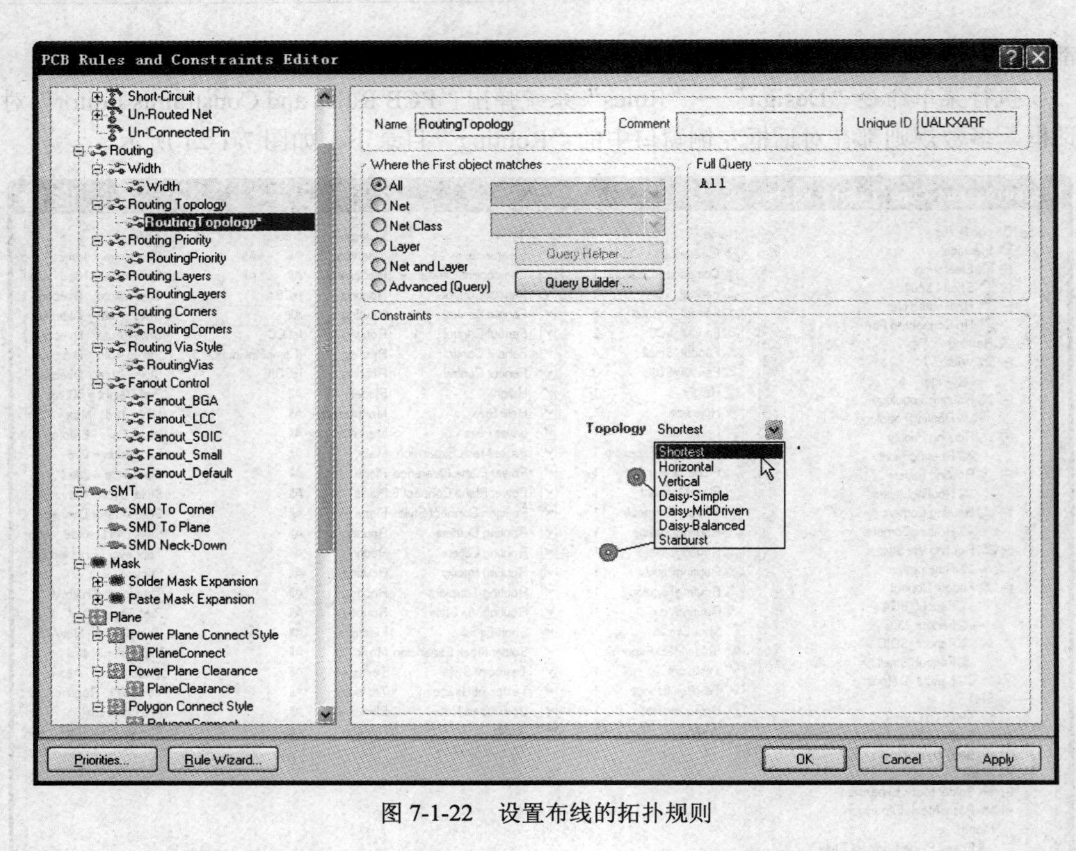

图 7-1-22　设置布线的拓扑规则

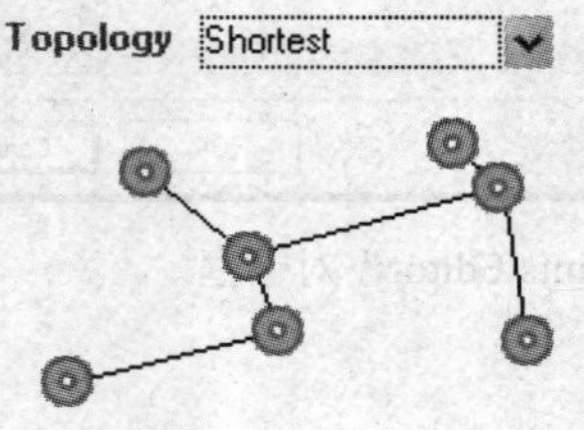

图 7-1-23　Shortest（最短连线）

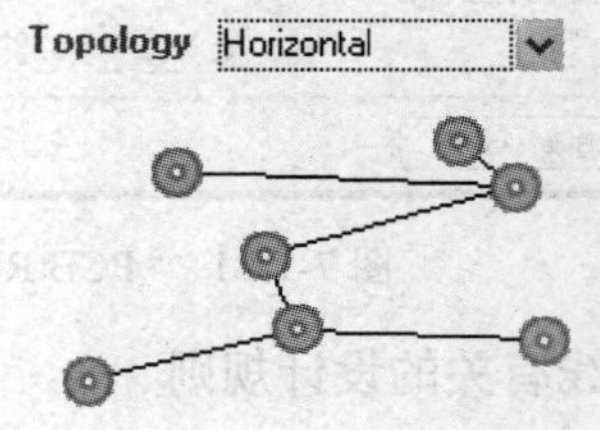

图 7-1-24　Horizontal（水平连线）

（3）Vertical（垂直连线）：含义是生成一组飞线能够连通网络上的所有节点，并且使连线在垂直方向最短，如图 7-1-25 所示。

（4）Daisy Simple（单菊状连线）：含义是在起点和终点之间连通网络上的各节点，并且使连线最短，如图 7-1-26 所示。如果设计者没有指定起点和终点，则此规则与由 Shortest（最短连线）生成的飞线相同。

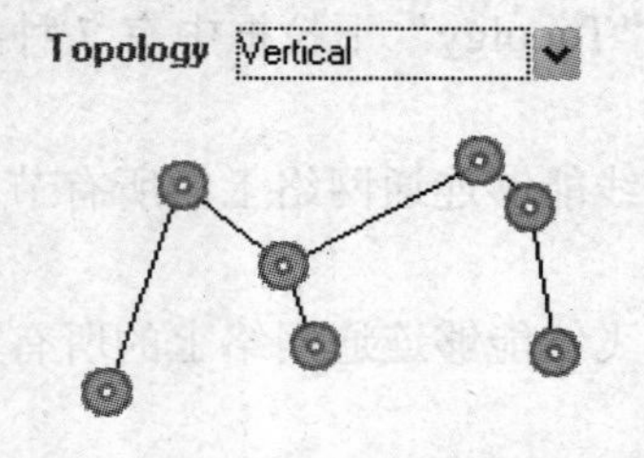

图 7-1-25　Vertical（垂直连线）

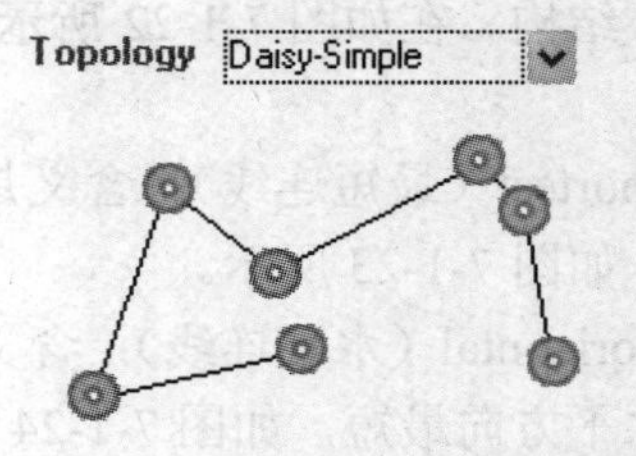

图 7-1-26　Daisy Simple（单菊状连线）

（5）Daisy Mid-Driven（中心菊状连线）：这一规则也需要指定起点和终点。含义是以起点为中心向两边的终点连通网络上的各节点，起点两边的中间节点数目相同，并且使连线最短，如图 7-1-27 所示。

（6）Daisy Balanced（对称菊状连线）：这一规则也需要指定起点和终点。含义是将中间节点数平均分配成组，组的数目和终点数目相同，一个中间节点组和一个终点相连接，所有的组都连接在同一个起点上，起点间用串联的方法连接，并且使连线最短，如图 7-1-28 所示。

如果设计者没有指定起点和终点，系统将采用 Daisy Simple（单菊状连线）规则生成飞线。

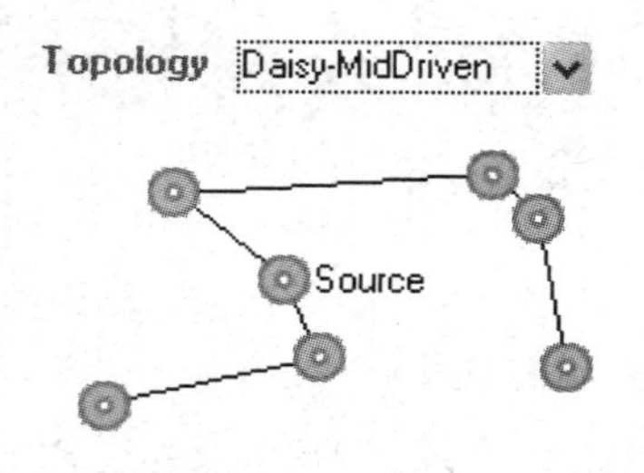

图 7-1-27　Daisy Mid-Driven（中心菊状连线）

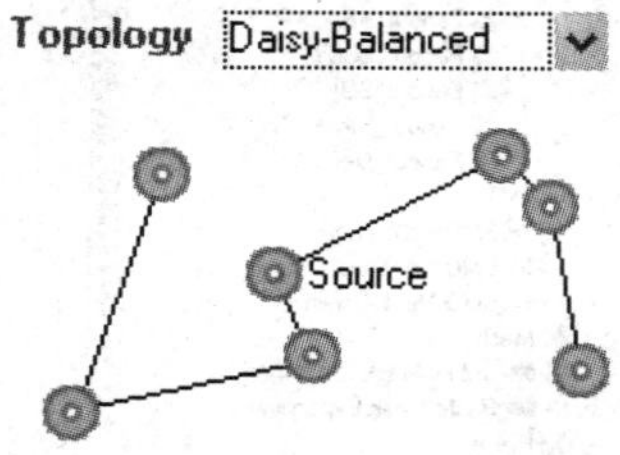

图 7-1-28　Daisy Balanced（对称菊状连线）

（7）Star Burst（放射状连线）：含义是指网络中的每个节点都直接与起点相连接，如果设计者指定了终点，那么终点不直接与起点连接。如果没有指定起点，那么系统将试着轮流以每个节点作为起点连接其他各个节点，找出连线最短的一组连接作为网络的飞线，如图 7-1-29 所示。

系统默认的拓扑结构为 Shortest。

3）Routing Priority（布线优先级）规则

该规则用于设置各布线网络的优先级（布线的先后顺序）。系统提供了 0~100 共 101 个优先级。在图 7-1-30 中的“Where the First object matches”区域中，可以选择改变优先级的范围。单击图 7-1-30 中“Routing Priority 0”右侧的上箭头或下箭头，可以改变优先级。

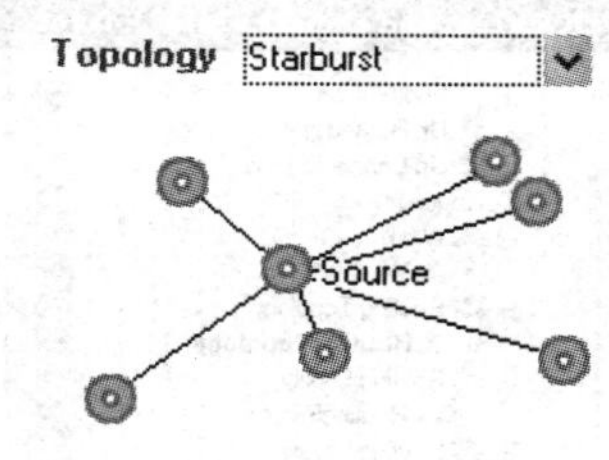

图 7-1-29　Star Burst（放射状连线）

4）Routing Layers（布线工作层）规则

该规则用于设置布线的工作层。系统默认的是双层板设置。

这一规则在进行单面板和多层板设计时必须设置，本书将在 7.2.1 中进行介绍。

5）Routing Corners（布线拐角模式）规则

该规则主要用于设置布线时拐角的形状、拐角走线垂直距离的最小值和最大值。有 3 种拐角模式可选，即 45 Degrees（45°角）、90 Degrees（90°角）和 Round（圆角）。

如果选择了 45° 角，则需在“Setback”中设置拐角的高度；如果选择了圆弧拐角，则需在“Setback”中设置圆弧半径。

图 7-1-31 中的“To”表示导线最大拐角的大小。

系统默认的是 45°角。

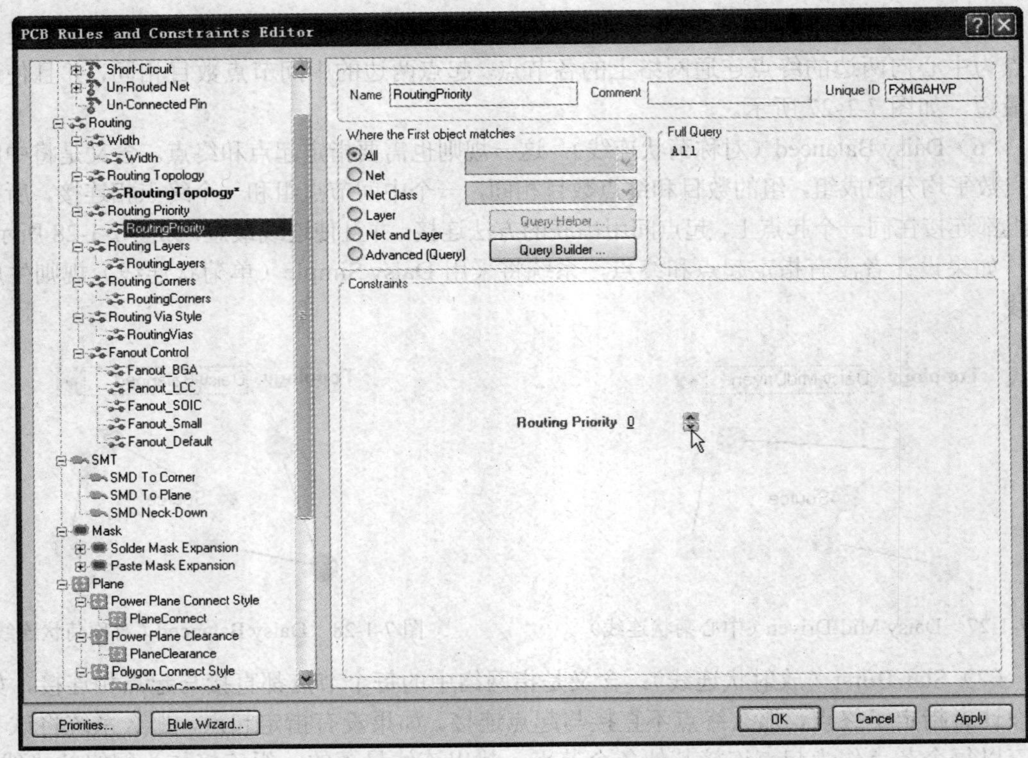

图 7-1-30　设置 Routing Priority（布线优先级）规则

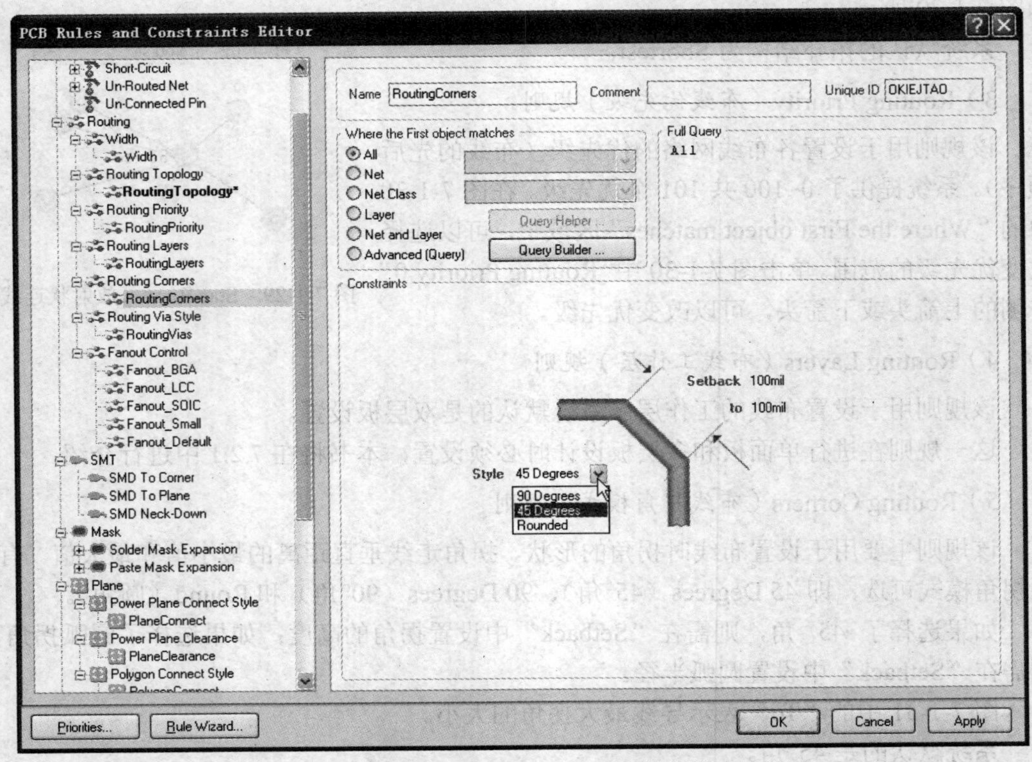

图 7-1-31　设置 Routing Corners（布线拐角模式）规则

6）Routing Via Style（过孔类型）规则

该规则用于设置过孔的外径（Diameter）和内径（Hole Size）的尺寸，如图 7-1-32 所示。

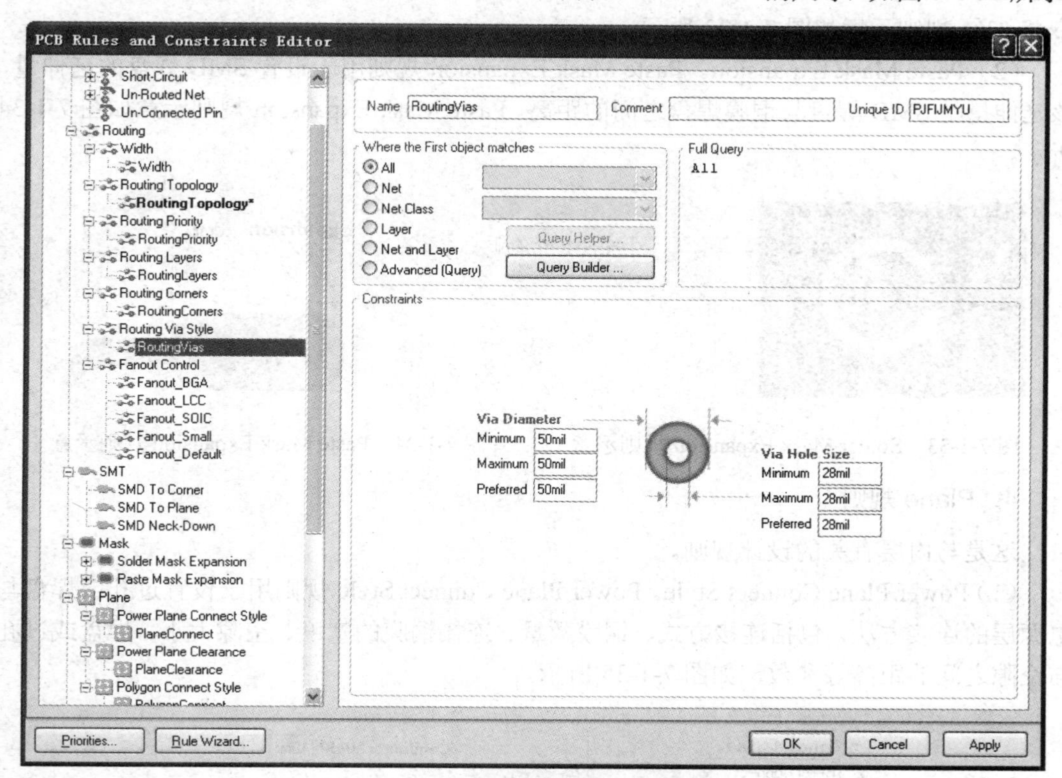

图 7-1-32 设置 Routing Via Style（过孔类型）规则

7）Fanout Control（扇出式布线）规则

该规则用于设置扇出式导线的形状、方向及焊盘、过孔的放置等。在大多数情况下，可以采用默认设置。

2. SMT 规则

这是与 SMD 表贴式元器件布线有关的设计规则。

（1）SMD To Corner。SMD To Corner 规则用于设置 SMD 元器件焊盘与导线拐角之间的最小距离。

（2）SMD To Plane。SMD To Plane 规则用于设置 SMD 与内层（Plane）的焊盘或过孔之间的距离。

（3）SMD Neck-Down。SMD Neck-Down 规则用于设置 SMD 引出导线宽度与 SMD 元器件焊盘宽度之间的比值关系。

3. Mask 规则

这是与焊盘延伸量有关的设计规则。

（1）Solder Mask Expansion。Solder Mask Expansion 规则用于设置阻焊层中焊盘的延

伸量，即阻焊层中的焊盘孔径比焊盘大多少。阻焊层覆盖整个布线层，但它上面留出用于焊接引脚的焊盘预留孔，延伸量就是指焊盘预留孔和焊盘的半径之差。Solder Mask Expansion 规则示意如图 7-1-33 所示。

（2）Paste Mask Expansion。Paste Mask Expansion 规则用于设置 SMD 焊盘的延伸量，该延伸量是 SMD 焊盘与铜膜焊盘之间的距离。Paste Mask Expansion 规则示意如图 7-1-34 所示。

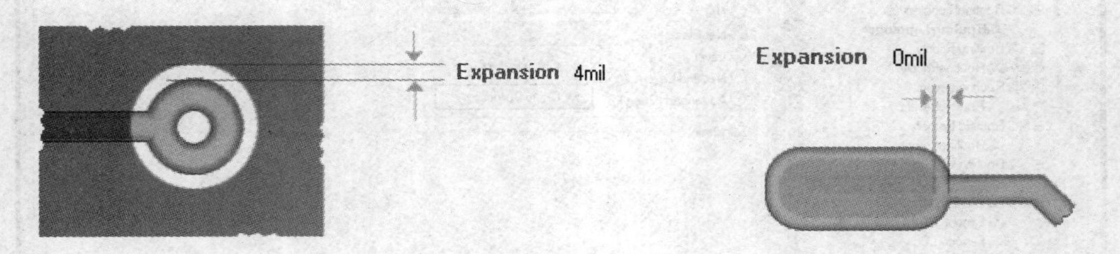

图 7-1-33 Solder Mask Expansion 规则示意　　图 7-1-34 Paste Mask Expansion 规则示意

4. Plane 规则

这是与内层有关的设计规则。

（1）Power Plane Connect Style。Power Plane Connect Style 规则用于设置过孔或焊盘与电源层的连接方法，包括连接方式、铜膜数量、连接铜膜的宽度、空隙大小、焊盘或过孔与空隙之间的距离等参数，如图 7-1-35 所示。

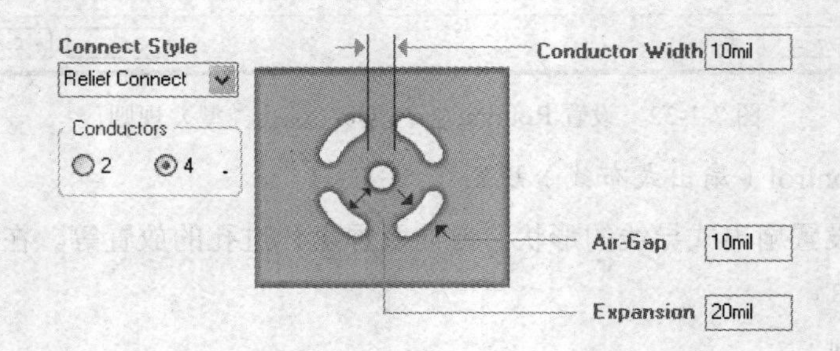

图 7-1-35 Power Plane Connect Style 规则示意

（2）Power Plane Clearance。Power Plane Clearance 规则用于设置电源层与穿过它的焊盘或过孔间的安全距离，如图 7-1-36 所示。

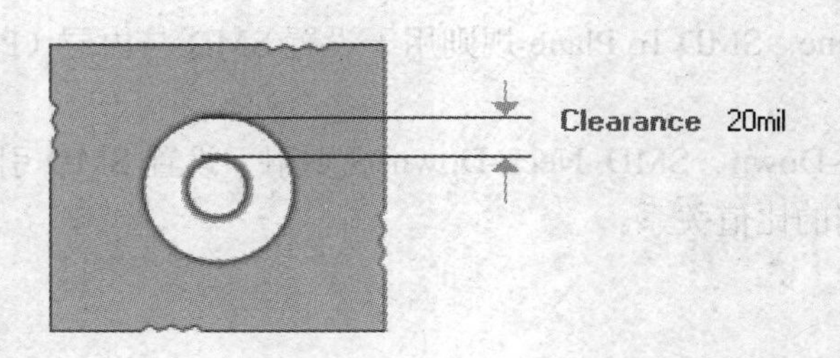

图 7-1-36 Power Plane Clearance 规则示意

（3）Polygon Connect Style。Polygon Connect Style 规则用于设置覆铜与焊盘之间的连接方法，包括覆铜与焊盘之间的连接方式、连接铜膜数量、连接铜膜宽度以及在放射状连接时覆铜与焊盘的连接角度等参数，如图 7-1-37 所示。

5. Testpoint 规则

这是与测试点有关的设计规则。

（1）Testpoint Style。Testpoint Style 规则用于设置测试点的形状和大小。

（2）Testpoint Usage。Testpoint Usage 规则用于设置测试点的用法，包括在同一条网络上是否允许多个测试点存在和设置测试点有效、无效和忽略等参数设置。

6. Manufacturing 规则

这是与电路板制造有关的设计规则。

（1）Minimum Annular Ring。Minimum Annular Ring 规则用于设置最小环宽，即焊盘或过孔与其通孔之间的直径之差，如图 7-1-38 所示。

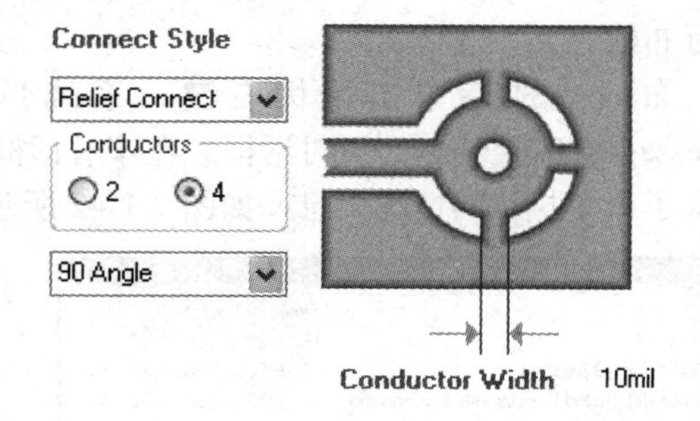

图 7-1-37　Polygon Connect Style 规则示意

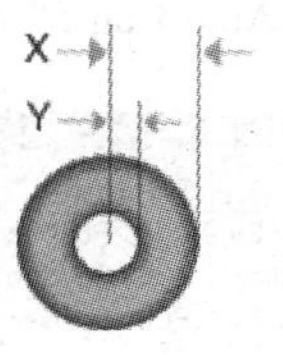

图 7-1-38　Minimum Annular Ring 规则示意

（2）Acute Angle。Acute Angle 规则用于设置具有电气特性的导线与导线之间的最小夹角。最小夹角应不小于 90°，否则将会在蚀刻后残留药物，导致过度蚀刻。Acute Angle 规则示意如图 7-1-39 所示。

（3）Hole Size。Hole Size 规则用于焊盘孔径设置，如图 7-1-40 所示。

图 7-1-39　Acute Angle 规则示意

图 7-1-40　Hole Size 规则示意

（4）Layer Paris。Layer Paris 规则用于设置是否允许使用板层对。通过规则中的复选框进行设置。

自动布线的规则很多，大多数都可以使用默认规则，一般情况下需要设置的规则只有常用的几项，这些常用规则的设置将在不同章节中根据具体实例的要求进行介绍。

由于本章只介绍自动布局和自动布线的基本步骤，不涉及其他设置，所以自动布线规则全部使用默认规则。

7.1.9 自动布线

布线是按照飞线指示在电路板图的信号层绘制铜膜导线。

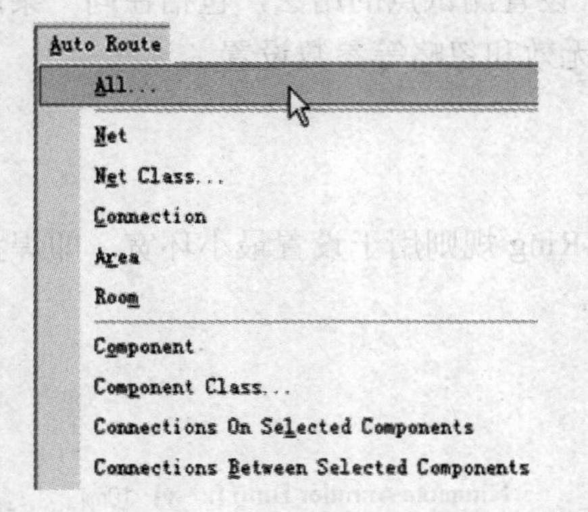

图 7-1-41 “Auto Route”菜单中的部分命令

在“Auto Route”菜单中有多个自动布线的命令，如图 7-1-41 所示。这里介绍几个常用命令。

1．对选定网络进行布线

在“Auto Route”菜单中选择“Net”命令，光标变成十字形。移动光标到某网络的其中一条飞线上，单击鼠标左键，对这条飞线所在的网络进行布线。

布线完成后单击鼠标右键，系统弹出“Messages（布线信息）”对话框。在该对话框中记录了命令执行的情况信息，如图 7-1-42 所示。

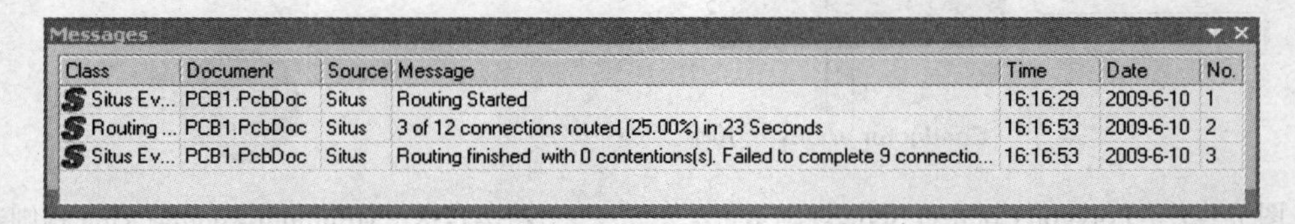

Messages

Class	Document	Source	Message	Time	Date	No.
Situs Ev...	PCB1.PcbDoc	Situs	Routing Started	16:16:29	2009-6-10	1
Routing ...	PCB1.PcbDoc	Situs	3 of 12 connections routed (25.00%) in 23 Seconds	16:16:53	2009-6-10	2
Situs Ev...	PCB1.PcbDoc	Situs	Routing finished with 0 contentions(s). Failed to complete 9 connectio...	16:16:53	2009-6-10	3

图 7-1-42 “Messages（布线信息）”对话框

单击图 7-1-42 中的“退出”按钮“×”关闭该对话框，系统显示对选定网络进行布线后的效果，如图 7-1-43 所示。

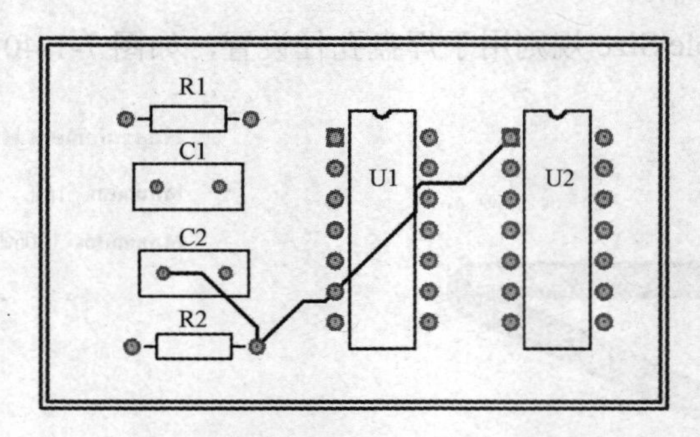

图 7-1-43 对选定网络进行布线后的效果

在执行每个自动布线命令后，系统都会弹出“Messages（布线信息）”对话框，单击图 7-1-42 中的“退出”按钮“×”，即可关闭该对话框，这个操作不再赘述。

2．对选定飞线（连接）进行布线

在“Auto Route”菜单中选择“Connection”命令，光标变成十字形，移动光标到要布线的飞线上，单击鼠标左键，仅对该飞线进行布线，而不是对该飞线所在的网络布线。布线效果如图 7-1-44 所示。

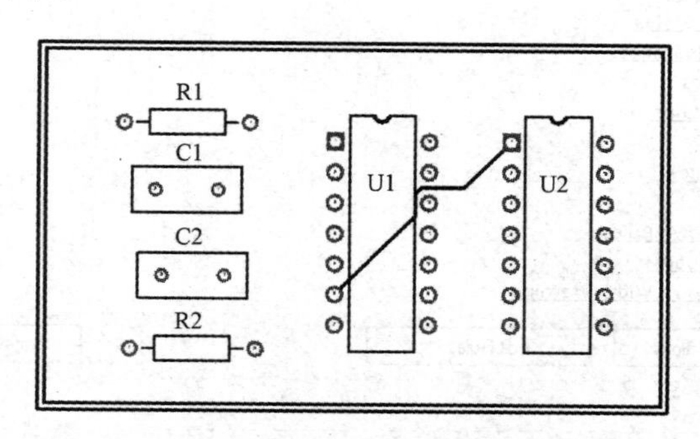

图 7-1-44 对一条选定飞线进行布线的效果

3．对选定区域进行布线

在“Auto Route”菜单中选择“Area”命令，光标变成十字形，按住鼠标左键，拖动出一个矩形区域。在图 7-1-45 中，该区域包括 R1、C1、C2 和 R2 四个元件，在矩形的另一对角线位置单击鼠标左键，系统自动对这个区域进行布线。从图 7-1-45 可以看出，完成了对 R1、C1、C2 和 R2 四个元件的布线。

4．对选定元器件进行布线

以 U1 为例，对 U1 进行布线。

在“Auto Route”菜单中选择“Component”命令，光标变成十字形，移动光标到要布线的元器件（如 U1）上，单击鼠标左键，可以看到与 U1 有关的导线已经布完。效果如图 7-1-46 所示。

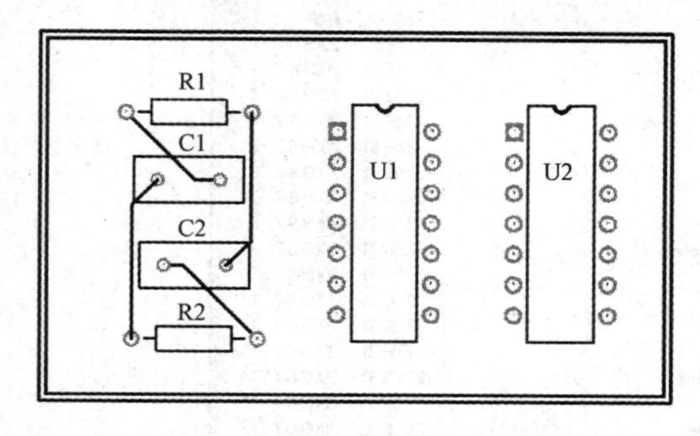

图 7-1-45 对选定区域进行布线的效果

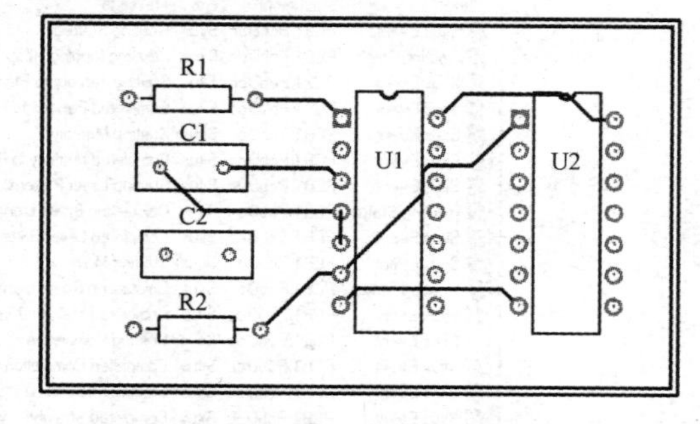

图 7-1-46 对选定元器件进行布线的效果

5．全局布线

在“Auto Route”菜单中选择“All”命令，可对整个电路板进行自动布线。执行该命令后，系统弹出如图 7-1-47 所示的“Situs Routing Strategies”对话框。

单击“Route All”按钮，弹出布线情况列表，如图 7-1-48 所示。

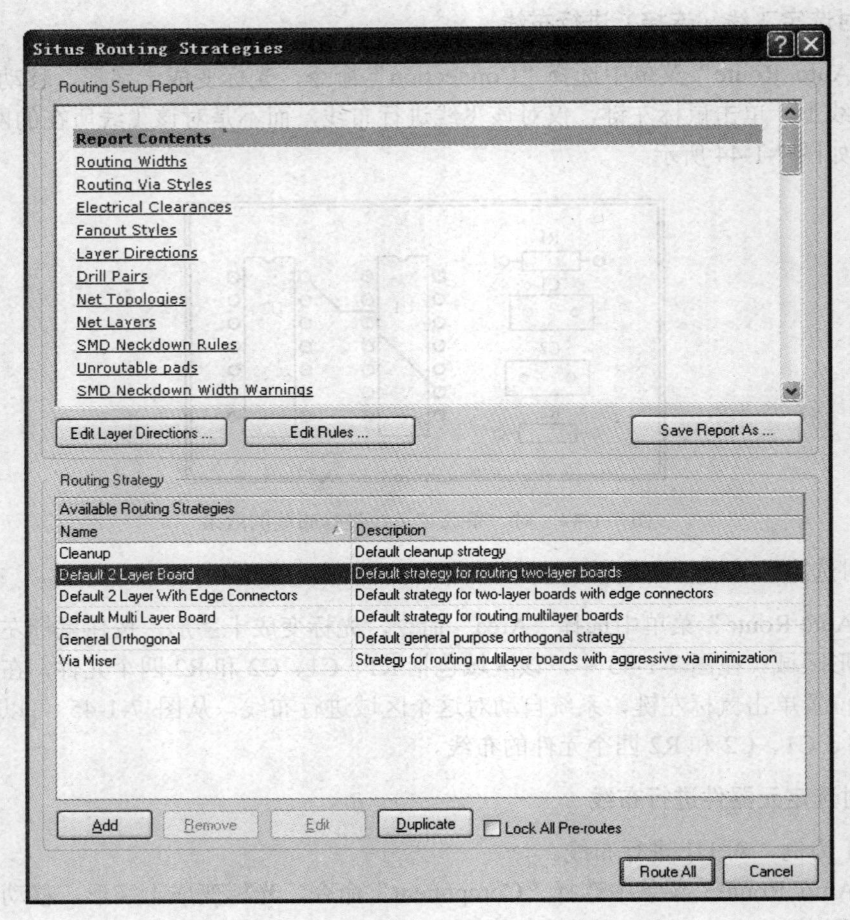

图 7-1-47 “Situs Routing Strategies”对话框

Messages

Class	Document	So...	Message	Time	Date	No.
Situs Event	PCB1.PcbDoc	Situs	Routing Started	22:56:31	2009-6-7	1
Routing Status	PCB1.PcbDoc	Situs	Creating topology map	22:56:31	2009-6-7	2
Situs Event	PCB1.PcbDoc	Situs	Starting Fan out to Plane	22:56:31	2009-6-7	3
Situs Event	PCB1.PcbDoc	Situs	Completed Fan out to Plane in 0 Seconds	22:56:31	2009-6-7	4
Situs Event	PCB1.PcbDoc	Situs	Starting Memory	22:56:31	2009-6-7	5
Situs Event	PCB1.PcbDoc	Situs	Completed Memory in 0 Seconds	22:56:31	2009-6-7	6
Situs Event	PCB1.PcbDoc	Situs	Starting Layer Patterns	22:56:31	2009-6-7	7
Routing Status	PCB1.PcbDoc	Situs	Calculating Board Density	22:56:31	2009-6-7	8
Situs Event	PCB1.PcbDoc	Situs	Completed Layer Patterns in 0 Seconds	22:56:31	2009-6-7	9
Situs Event	PCB1.PcbDoc	Situs	Starting Main	22:56:31	2009-6-7	10
Routing Status	PCB1.PcbDoc	Situs	Calculating Board Density	22:56:31	2009-6-7	11
Situs Event	PCB1.PcbDoc	Situs	Completed Main in 0 Seconds	22:56:31	2009-6-7	12
Situs Event	PCB1.PcbDoc	Situs	Starting Completion	22:56:31	2009-6-7	13
Situs Event	PCB1.PcbDoc	Situs	Completed Completion in 0 Seconds	22:56:31	2009-6-7	14
Situs Event	PCB1.PcbDoc	Situs	Starting Straighten	22:56:31	2009-6-7	15
Situs Event	PCB1.PcbDoc	Situs	Completed Straighten in 0 Seconds	22:56:32	2009-6-7	16
Routing Status	PCB1.PcbDoc	Situs	12 of 12 connections routed (100.00%) in 0 Seconds	22:56:32	2009-6-7	17
Situs Event	PCB1.PcbDoc	Situs	Routing finished with 0 contentions(s). Failed to complete 0 connect...	22:56:32	2009-6-7	18

图 7-1-48 布线情况列表

关闭如图 7-1-48 所示的对话框后，系统显示全局布线效果，如图 7-1-49 所示。

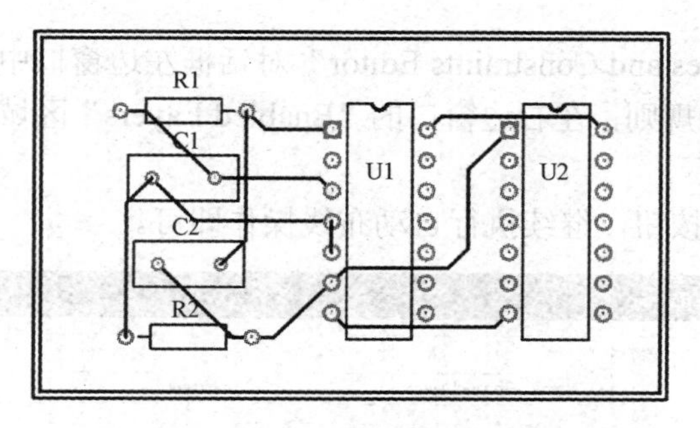

图 7-1-49 全局布线效果

6．拆线

如果对布线的效果不满意，可以利用系统提供的拆线功能将布线拆除，重新调整元器件位置后再布线。

执行菜单命令“Tools”→“Un-Route”，下一级子菜单中的命令即为各种拆线命令。

常用拆线命令如下。

- All：拆除全部布线。
- Net：拆除指定网络布线。
- Connection：拆除指定连接布线。
- Component：拆除指定元器件布线。

7.2 任务二：自动布线中的单面板和双面板设置

7.2.1 单面板设置

要求：将在 7.1 节中完成的双面板设计改为单面板，其他要求不变。

1．单面板所需的工作层

单面板所需的工作层与双面板差不多，只是 Top Layer（顶层）只放置元器件，不布线。

Top Layer（顶层）：放置元器件。

Bottom Layer（底层）：布线，也可以放置元器件。

Top Over Layer（顶层丝印层）：标注符号、文字等。

Mechanical Layer（机械层）：绘制电路板物理边界。

Keep Out Layer（禁止布线层）：绘制电路板电气边界。

Multi Layer（多层）：放置焊盘。

2．单面板布线设置

(1) 执行菜单命令“Design”→“Rules”，系统弹出“PCB Rules and Constraints Editor”对话框。

（2）在“PCB Rules and Constraints Editor”对话框左边窗口中选择“Routing Layers”下面的 Routing Layers 规则，在右边窗口的“Enabled Layers”区域中去掉“Top Layer”右侧的√，如图 7-2-1 所示。

（3）单击“OK”按钮，继续执行自动布线操作即可。

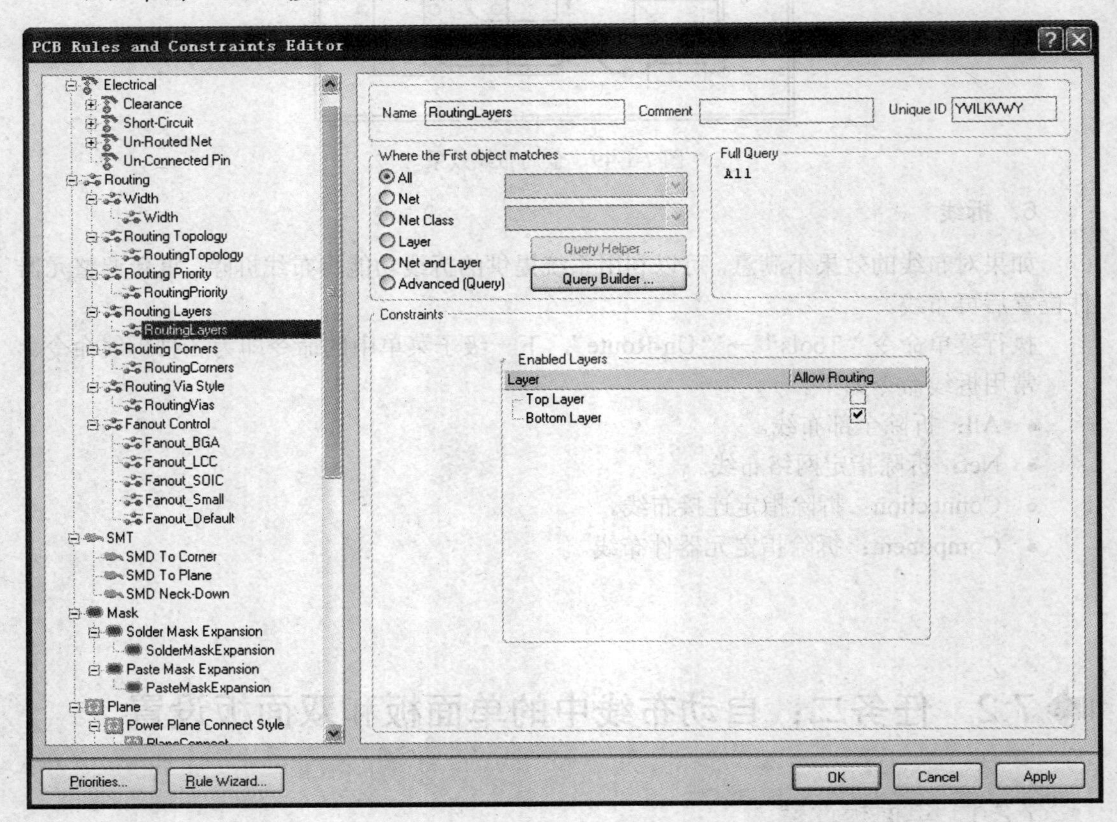

图 7-2-1　设置单面板布线

7.2.2　双面板设置

系统默认的设置即为双面板，如果曾经改变过 Routing Layers 规则的设置，再重新设置为双面板，则在图 7-2-1 中同时选中 Top Layer 和 Bottom Layer 后，再进行自动布线的操作。

本 章 小 结

本章主要介绍了利用自动布局和自动布线的方法将原理图转换为单面或双面印制电路板图的基本步骤，以及自动布局和自动布线的一些规则。这一章的内容主要是设计印制电路板图的一些基本操作，经本章自动布线后的印制电路板图基本上不能直接使用，还有很多内容需要修改。

练　习　题

要求：分别绘制以下各原理图，并利用自动布局、自动布线方法绘制单面和双面印制电路板图。

电路板尺寸：宽小于2000mil、高小于1300mil。

7.1　绘制如图7-3-1所示的串联晶体多谐振荡器电路。

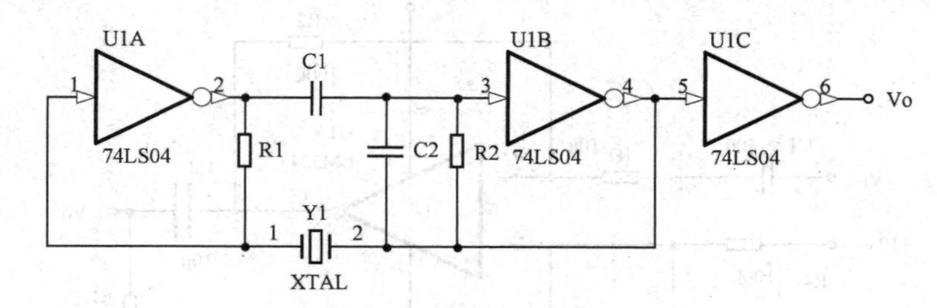

图7-3-1　串联晶体多谐振荡器电路

元器件属性如表7-3-1所示。

表7-3-1　元器件属性

Lib Ref（元器件名称）	Designator（元器件标号）	Comment（元器件标注）	Footprint（元器件封装）
RES2	R1～R2		AXIAL-0.4
CAP	C1～C2		RAD-0.2
DM74LS04N	U1	74LS04	N14A
DM74LS04N 在 C:\Program Files\Altium2004 SP2\Library\National Semiconductor\NSC Logic Gate			
其余元器件在 C:\Program Files\Altium2004 SP2\Library\Miscellaneous Devices.IntLib			

7.2　绘制如图7-3-2所示的比较器电路。

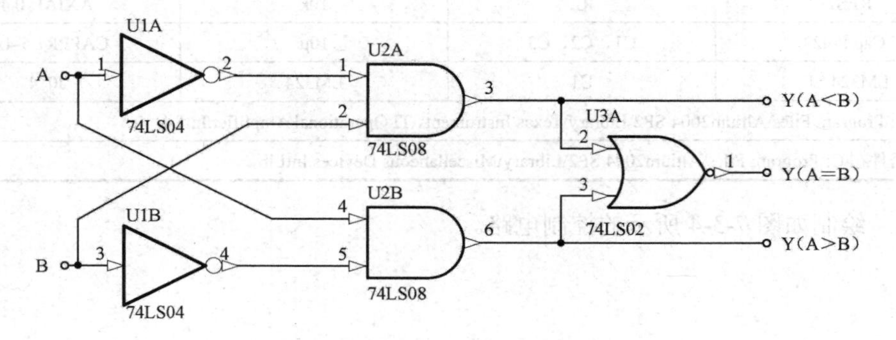

图7-3-2　比较器电路

元器件属性如表 7-3-2 所示。

表 7-3-2　元器件属性

Lib Ref （元器件名称）	Designator （元器件标号）	Comment （元器件标注）	Footprint （元器件封装）
DM74LS04N	U1	74LS04	N14A
DM74LS08N	U2	74LS08	N14A
DM74LS02N	U3	74LS02	N14A
U1、U2、U3 在 C:\Program Files\Altium2004 SP2\Library\National Semiconductor\NSC Logic Gate			

7.3　绘制如图 7-3-3 所示的反相放大器电路。

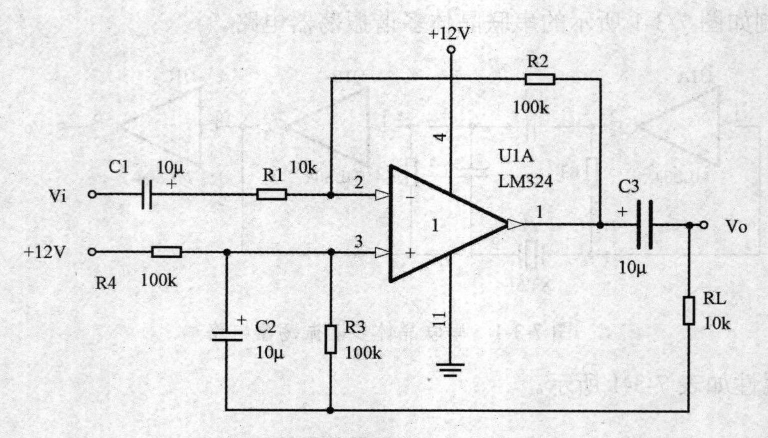

图 7-3-3　反相放大器电路

元器件属性如表 7-3-3 所示。

表 7-3-3　元器件属性

Lib Ref （元器件名称）	Designator （元器件标号）	Comment （元器件标注）	Footprint （元器件封装）
RES2	R1	10k	AXIAL-0.4
RES2	R2、R3、R4	100k	AXIAL-0.4
RES2	RL	10k	AXIAL-0.4
Cap Pol2	C1、C2、C3	10μ	CAPPR1.5-4x5
LM324AJ	U1	LM324	J014
U1 在 C:\Program Files\Altium2004 SP2\Library\Texas Instruments\TI Operational Amplifier.IntLib			
其余元器件在 C:\Program Files\Altium2004 SP2\Library\Miscellaneous Devices.IntLib			

7.4　绘制如图 7-3-4 所示的控制电路。

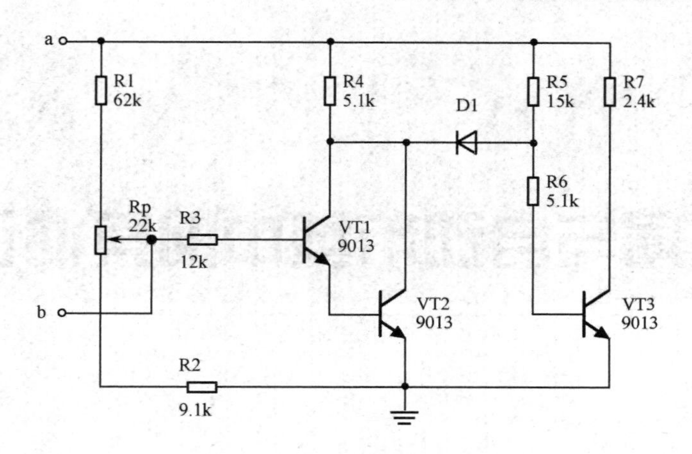

图 7-3-4 控制电路

元器件属性如表 7-3-4 所示。

表 7-3-4 元器件属性

Lib Ref（元器件名称）	Designator（元器件标号）	Comment（元器件标注）	Footprint（元器件封装）
RES2	R1	62k	AXIAL-0.4
RES2	R2	9.1k	AXIAL-0.4
RES2	R3	12k	AXIAL-0.4
RES2	R4	5.1k	AXIAL-0.4
RES2	R5	15k	AXIAL-0.4
RES2	R6	5.1k	AXIAL-0.4
RES2	R7	2.4k	AXIAL-0.4
RPot SM	Rp	22k	POT4MM-2
2N3904	VT1、VT2、VT3	9013	BCY-W3/E4
Diode 1N4001	D1		DIO10.46-5.3x2.8
所有元器件都在 C:\Program Files\Altium2004 SP2\Library\Miscellaneous Devices.IntLib			

第8章 自动布局与自动布线中的其他设置

背景

在 PCB 设计中可能会遇到很多实际问题，如某些元器件必须放置在指定位置、电源线接地线等要比信号线宽、各导电对象之间的安全间距有一定的要求等，这些问题既可以手工编辑，也可以在自动布线前通过相应规则的设置由系统自动完成。另外，系统提供了电路板生成向导，利用这个向导可以很方便地生成一些形状和布线具有特殊要求的电路板。

要点

- 自动布局前的元器件预布局
- 在自动布线前设置线宽
- 设置安全间距
- 自动布线前的预布线操作
- 放置螺丝孔
- 利用电路板生成向导创建电路板

要求：保持第 7 章 7.1 节中元器件 U2 在 PCB 图（图 7-1-49）中的位置不变，将放置的工作层改为 Bottom Layer；VCC 网络线宽为 20mil、GND 网络线宽为 30mil，其余网络线宽为默认值；安全间距为 15mil；对 GND 网络在自动布线前进行预布线；在电路板的四角分别放置孔径为 100mil 的螺丝孔。

这一要求将分别通过 8.1～8.4 节的内容完成。

8.1 任务一：在自动布局前进行元器件预布局

本节完成要求中的在自动布局前将 U2 放到指定位置和指定工作层的操作。

（1）按第 7 章 7.1.1～7.1.5 的操作步骤执行导入数据的操作后，PCB 文件如图 7-1-10 所示。

（2）将 U2 拖到电路板边框中，如图 8-1-1 所示。

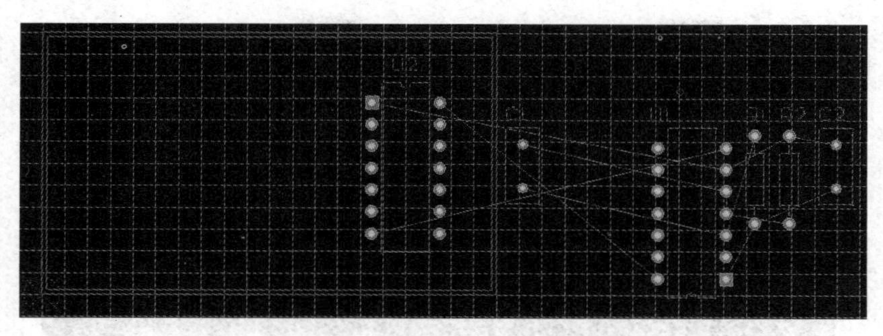

图 8-1-1 将 U2 拖到电路板边框中

（3）双击 U2，系统弹出“Component U2”对话框，如图 8-1-2 所示。

（4）在“Component U2”对话框的“Component Properties”区域的“Layer”栏中，选择“Bottom Layer”，如图 8-1-2 所示。单击“OK”按钮，则图 8-1-1 中的 U2 变为如图 8-1-3 所示。因为元器件被放置在底层（Bottom Layer），而底层丝印层（Bottom Overlay）未设置为显示状态，所以只能看到焊盘，而且元器件的方向自动改变。

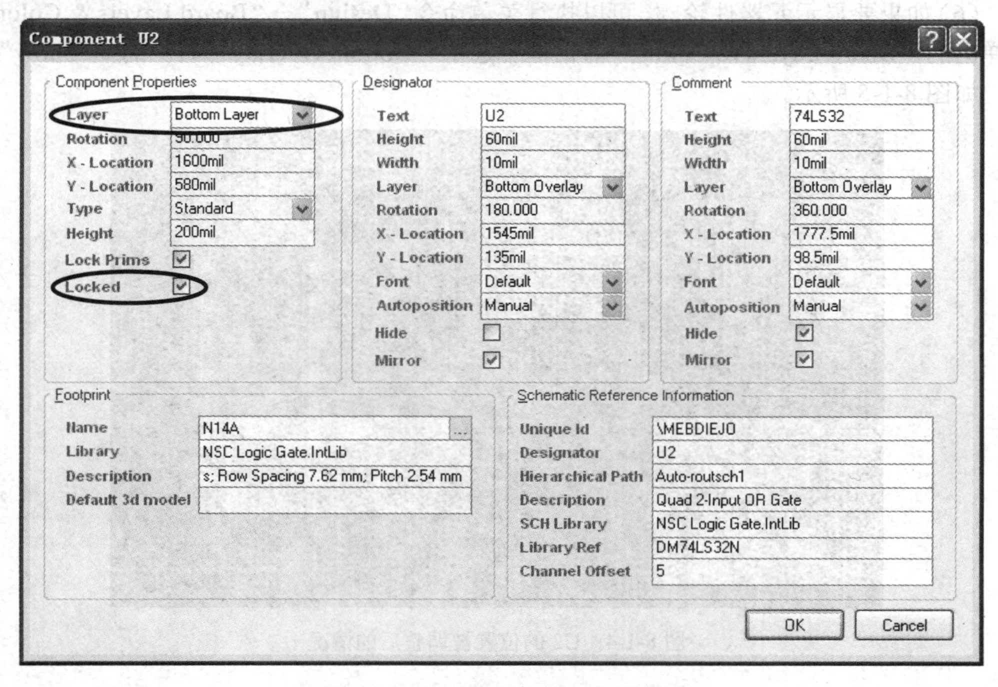

图 8-1-2 “Component U2”对话框

（5）用鼠标左键按住元器件 U2，按“空格”键改变 U2 的方向，直到符合要求为止，再双击 U2 弹出“Component U2”对话框，在对话框的“Component Properties”区域中选中“Locked”选项将元器件封装锁定，如图 8-1-2 所示。单击“OK”按钮，此时图 8-1-3 变为如图 8-1-4 所示。

特别要注意的是，无论 U2 的方向怎样改变，都只能按“空格”键顺时针旋转，不能按“X”键或“Y”键翻转，因为U2的封装是双列直插式，有方向要求。

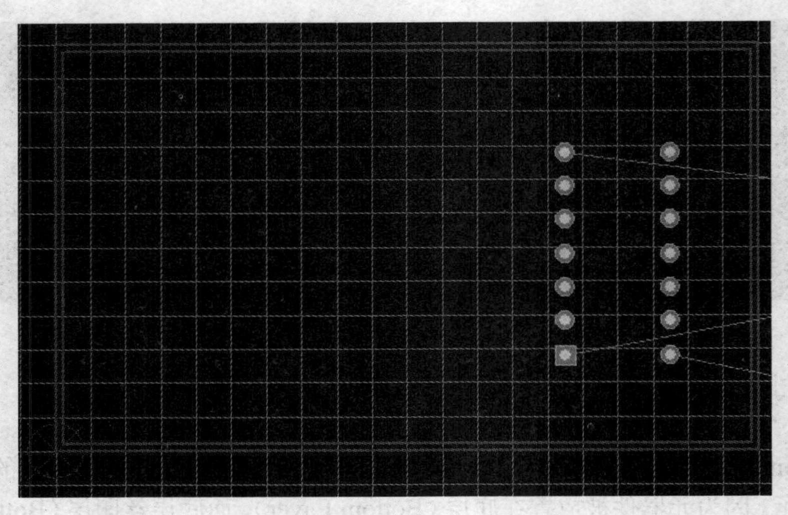

图 8-1-3　U2 被置于底层（Bottom Layer）

（6）如果要显示元器件轮廓，可以执行菜单命令“Design”→“Board Layers & Colors”，在弹出的“Board Layers & Colors”对话框中选中“Bottom Overlay”右侧的 “Show”选项，如图 8-1-5 所示。

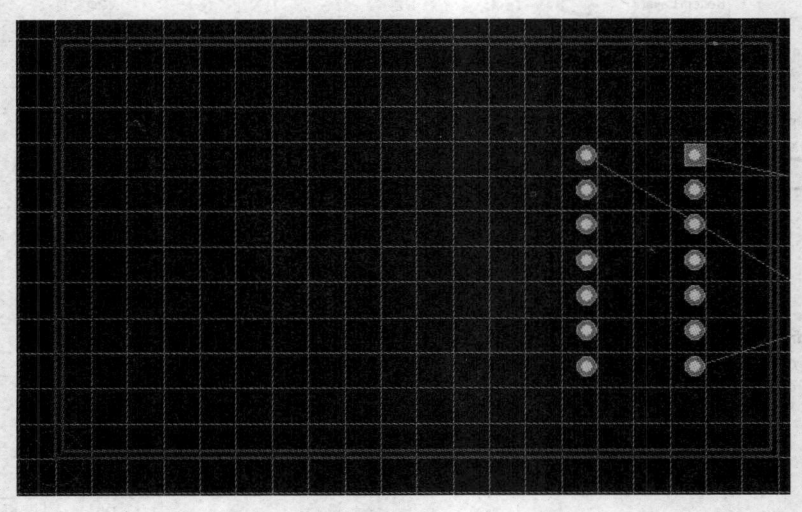

图 8-1-4　U2 的位置被调整后的情况

Silkscreen Layers (K)	Color	Show
Top Overlay		✔
Bottom Overlay		✔

图 8-1-5　设置“Bottom Overlay”为显示状态

如果不进行其他设置，下面则可进行自动布局及其以后的操作。

8.2 任务二：在自动布线前设置线宽和安全间距

本节完成自动布线前的线宽和安全间距的设置。

8.2.1 设置安全间距

接 8.1 节的操作。

（1）执行菜单命令“Design”→“Rules”，系统弹出“PCB Rules and Constraints Editor”对话框。

（2）在对话框的左侧选中 Component Clearance 规则名称，“PCB Rules and Constraints Editor”对话框的右侧出现如图 8-2-1 所示的规则设置界面。

（3）在图 8-2-1 右侧的“Constraints”区域中将“Gap”的值改为 15mil，单击“OK”按钮即可。

下接线宽设置。

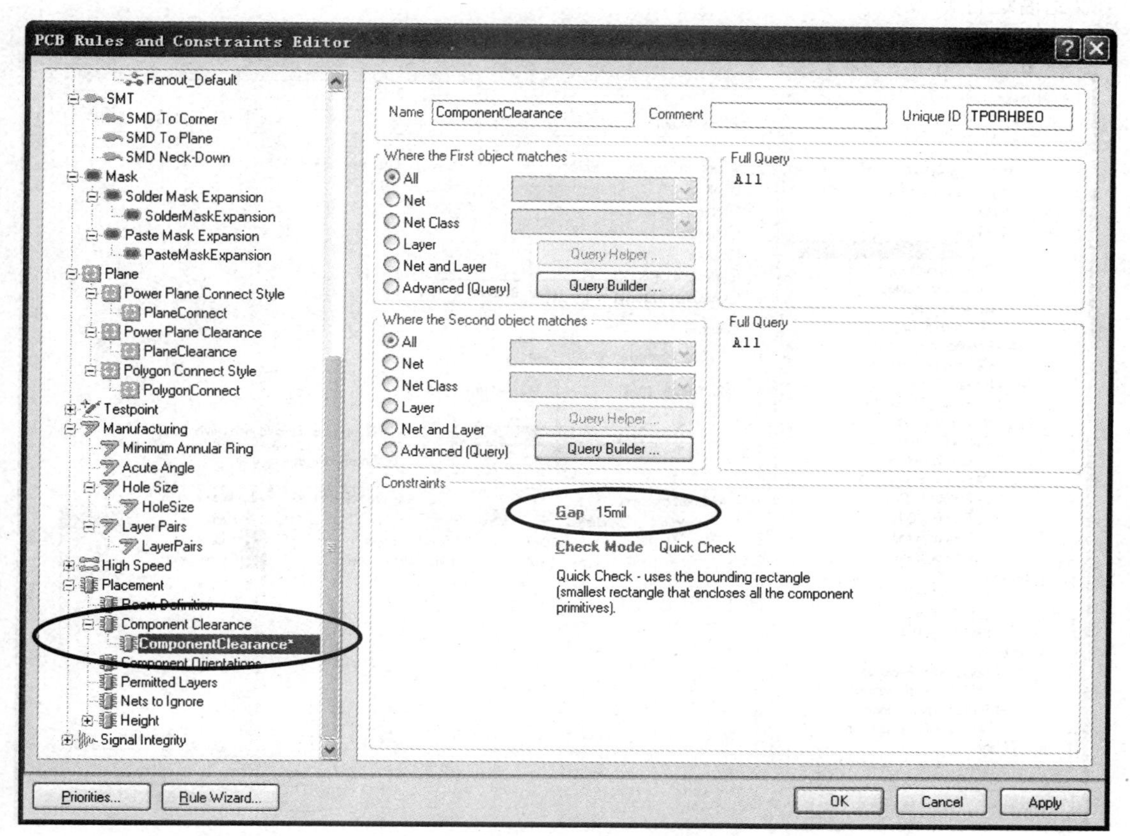

图 8-2-1 设置安全间距

8.2.2 设置线宽

在 PCB 设计过程中，往往需要将电源线、接地线以及一些通过电流较大的导线加宽。本节通过对本例具体要求的实现介绍线宽的设置方法。

1．线宽设置

执行菜单命令“Design”→“Rules”，系统弹出“PCB Rules and Constraints Editor”对话框，在对话框的左侧选中 Width 规则名，则对话框的右侧显示线宽设置画面。图 8-2-2 所示为线宽默认设置画面。

1）其余网络线宽为默认的规则设置

（1）Name：规则名。系统默认的规则名是 Width，这里将规则名改为 Width_All。

（2）Where the First object matches 区域：这一区域是设置规则的适用范围，默认为 All（整个板）。在线宽设置中，无论需要设置多少网络的宽度，都必须有一个针对整个板的规则，所以一定要保留这一默认规则，这个默认规则对应本例中的要求就是“其余网络线宽为默认”，在默认规则中可以改变的只是线宽的值。

（3）图 8-2-2 的右下侧区域是设置具体线宽，因本例对其他网络要求的是默认线宽，故无需进行修改。

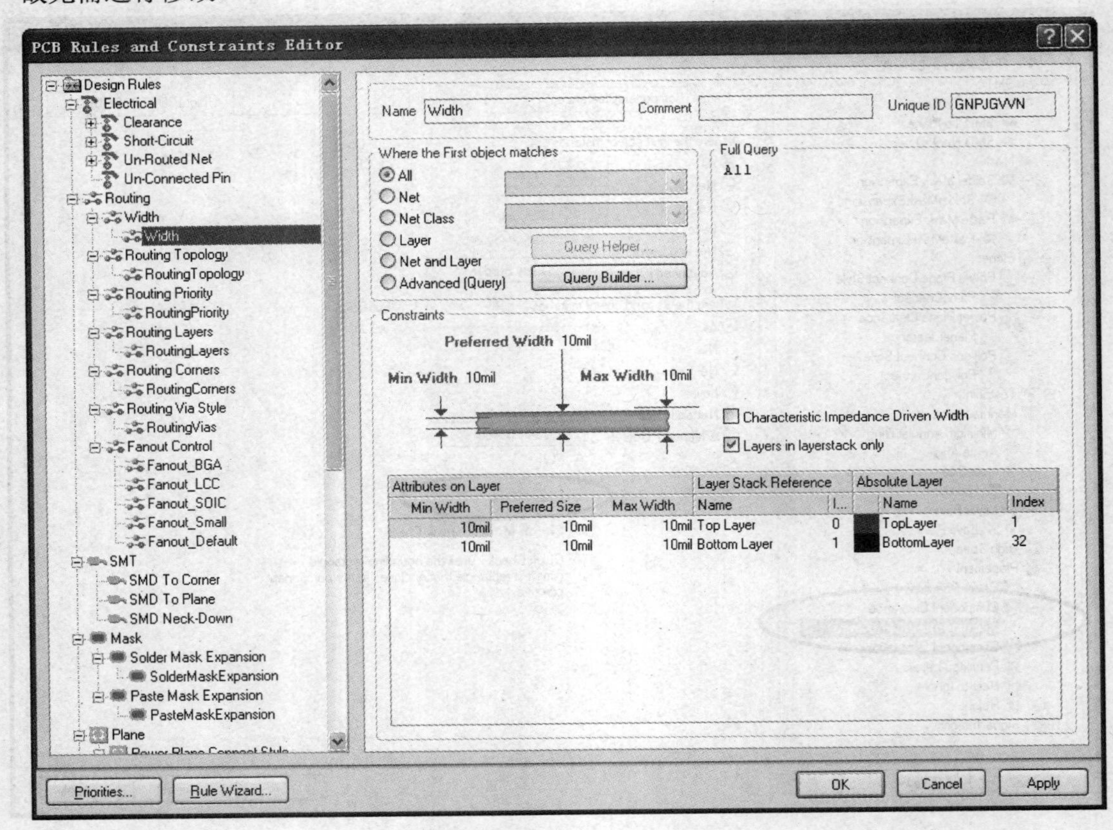

图 8-2-2 线宽默认设置画面

2）设置 VCC 网络线宽为 20mil

（1）在图 8-2-2 左侧的线宽规则 Width 上单击鼠标右键，在弹出的快捷菜单中选择“New Rule（增加一个新规则）”，如图 8-2-3 所示。

（2）选择“New Rule”后，“PCB Rules and Constraints Editor”对话框显示如图 8-2-4 所示的画面。在“Name”下有两个规则名（Width_All 和 Width）。Width_All 是上页（1）中介绍的默认规则，Width 是新建的规则，可以将新建的规则设置为 VCC 网络线宽。

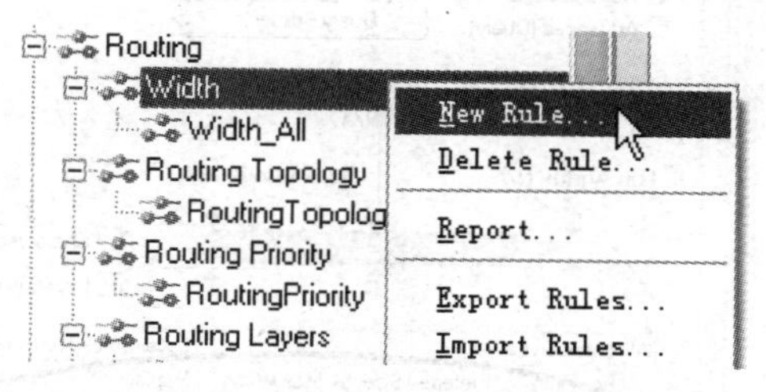

图 8-2-3 选择“New Rule（增加一个新规则）”

（3）在图 8-2-4 的对话框左侧用鼠标左键单击新建的 Width 规则名或在图 8-2-4 的对话框右侧双击 Width 规则名，系统均可弹出如图 8-2-5 所示对话框。

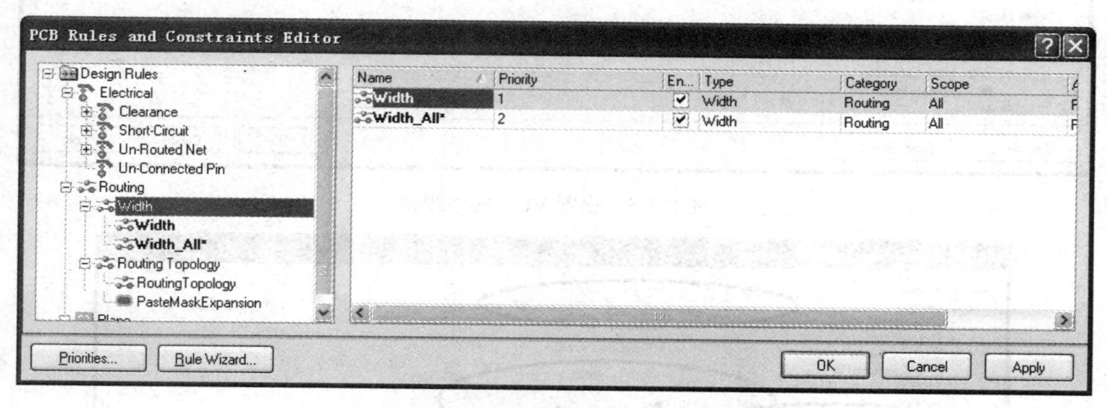

图 8-2-4 增加线宽新规则后的画面

（4）在“Name”中将规则名改为 Width_VCC；在“Where the First object matches”区域中选择“Net”，从“Net”右侧的网络名称列表中选择“VCC”；将 Min Width（最小线宽）、Preferred Size（首选线宽）、Max Width（最大线宽）均设置为 20mil，两个工作层（Top Layer 和 Bottom Layer）都要设置。

3）设置 GND 网络线宽为 30mil

接“2）设置 VCC 网络线宽为 20mil”操作。

（1）按照“2）”中介绍的方法新建一个新规则，并调出新规则设置画面。

（2）按照图 8-2-6 所示进行设置，在“Name”中将规则名改为 Width_GND；在“Where the First object matches”区域中选择“Net”，从“Net”右侧的网络名称列表中选择“GND”；将 Min Width（最小线宽）、Preferred Size（首选线宽）、Max Width（最大线宽）均设置为 30mil，两个工作层（Top Layer 和 Bottom Layer）都要设置。

下接优先级设置。

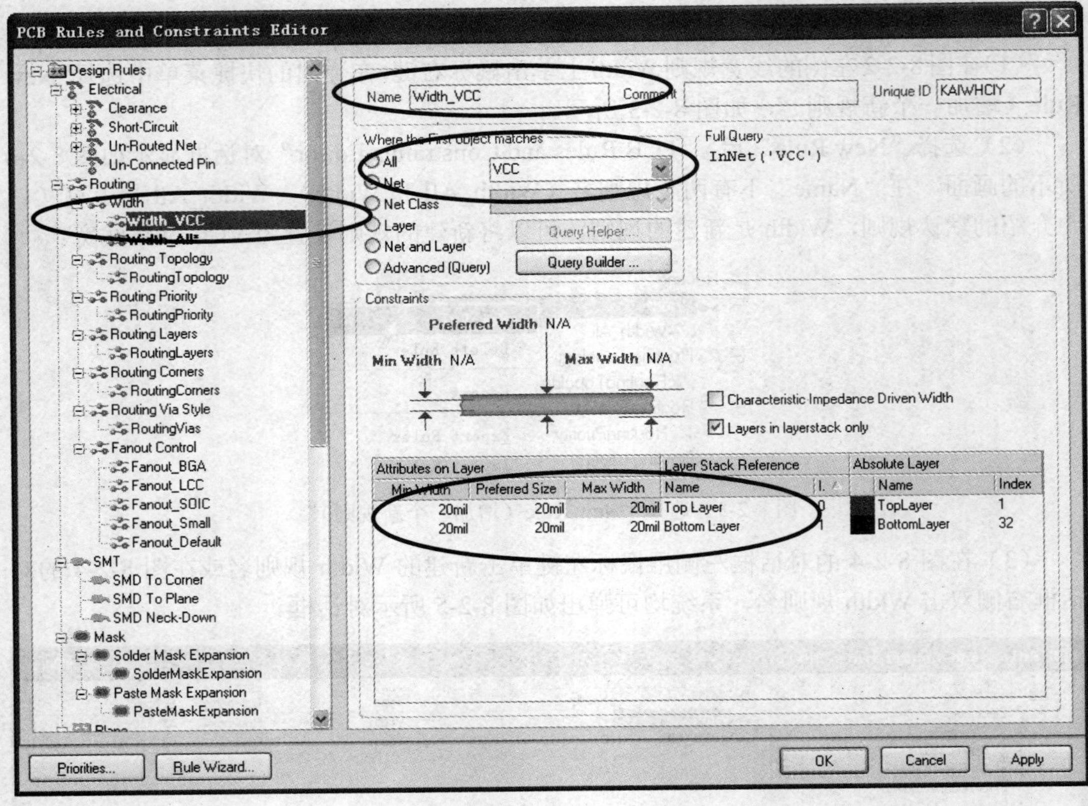

图 8-2-5　设置 VCC 网络线宽

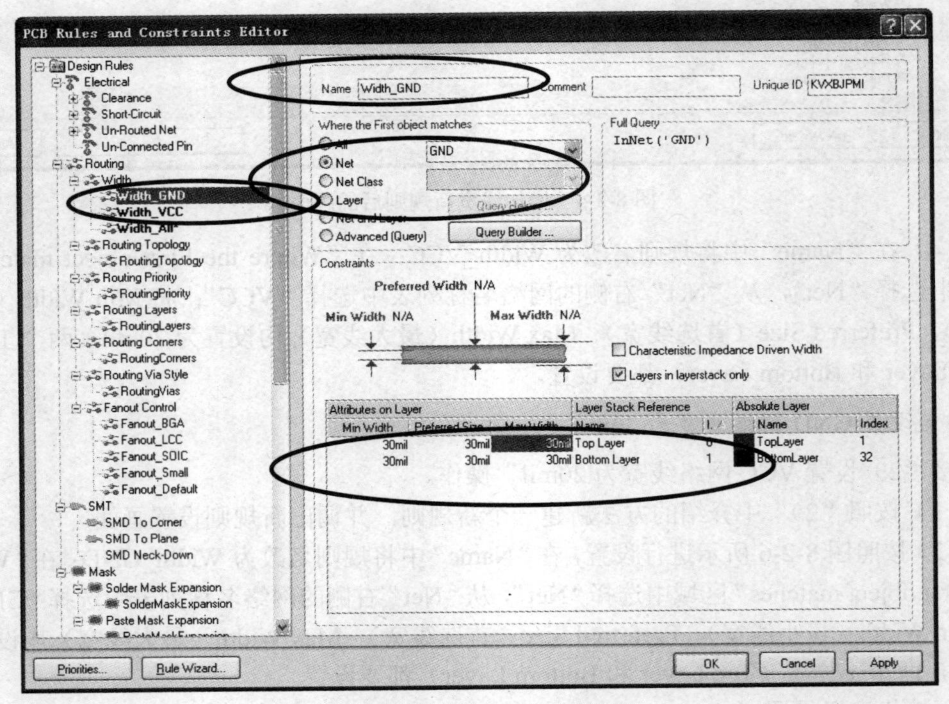

图 8-2-6　设置 GND 网络线宽

2．线宽的优先级设置

在进行自动布线时，如果多条规则涉及同一条导线的制作，系统自动以级别高的规则为准。前面已设置了 3 个布线规则，必须对这 3 个布线规则的优先级进行统一设置，否则容易出现没有按照线宽要求布线的情况。一般情况下，应该将约束条件苛刻的规则设置为高级别。在本例的 3 个规则中，可以将 GND 布线规则设置为最高，VCC 其次，其他网络为最低。操作步骤如下：

接“3）设置 GND 网络线宽为 30mil”操作。

（1）在图 8-2-6 左侧用鼠标左键单击“Width”，使图 8-2-6 的右侧切换到线宽规则名列表画面，如图 8-2-7 所示。

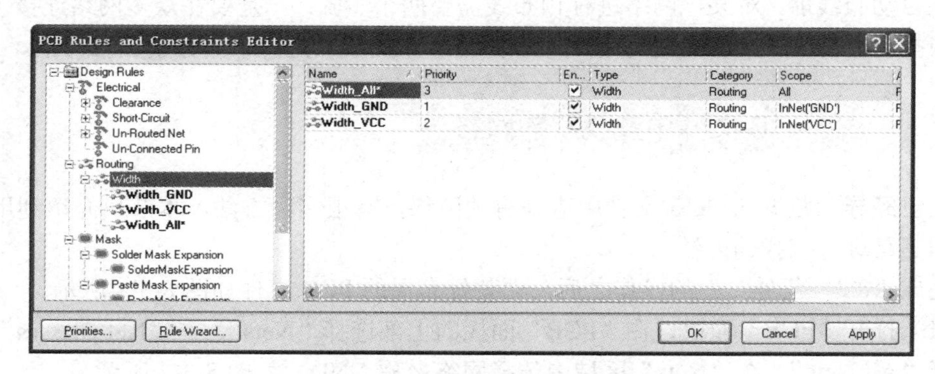

图 8-2-7 线宽规则名列表画面

（2）用鼠标左键单击对话框左下角的“Priorities…”优先级按钮，系统弹出“Edit Rule Priorities（编辑规则优先级）”对话框，如图 8-2-8 所示。

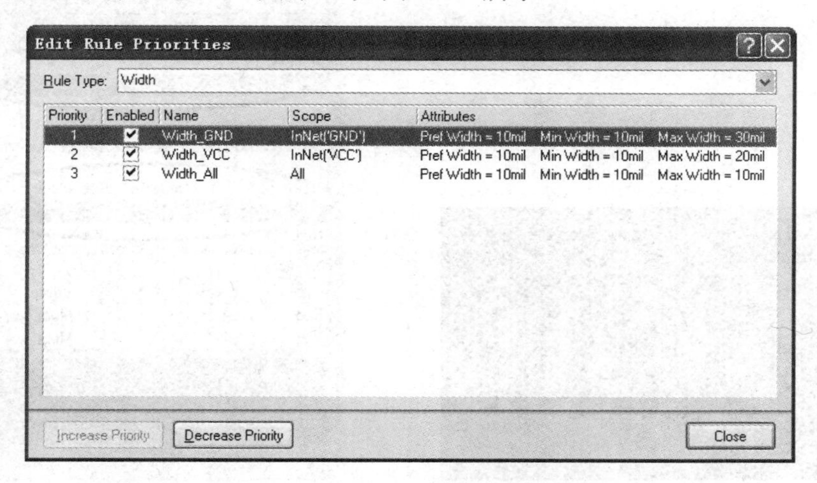

图 8-2-8 “Edit Rule Priorities（编辑规则优先级）”对话框

（3）改变规则优先级的操作方法：选中某一规则名，用鼠标左键单击对话框左下角的“Increase Priority”按钮则提高优先级，用鼠标左键单击对话框左下角的“Decrease Priority”按钮则降低优先级，图 8-2-8 中的“Increase Priority”按钮为灰色（不能使用），是因为当前选中的是最高级别规则，只能降低其优先级。

按图 8-2-8 所示调整好各规则的优先级后，单击“Close”按钮，回到上一级画面单击“OK”按钮即可。

8.3 任务三：在自动布线前进行预布线

本节完成对 GND 网络的预布线。

在自动布线前，对某一网络进行预布线需要两个步骤：一是要在众多网络连接（即飞线）中找到所需网络，二是进行手工布线并将所布的线锁定，下面分别加以介绍。

8.3.1 在 PCB 文件中查找所需网络

在已经导入数据的 PCB 文件中查找有关网络，有很多种方法，本节只介绍利用系统提供的工具进行查找的方法。

完成“8.2 任务二”的操作之后，调整好布局的 PCB 文件如图 8-3-1 所示。

（1）打开“PCB”面板，在“PCB”面板的上部选择“Nets”，在“Net Classes”区域中选择“All Nets”，在“Nets”区域中选择网络名称 GND，如图 8-3-2 所示。

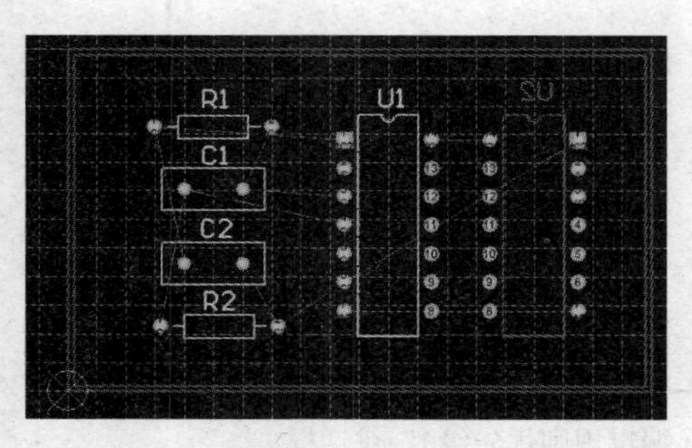

图 8-3-1 调整好布局的 PCB 文件

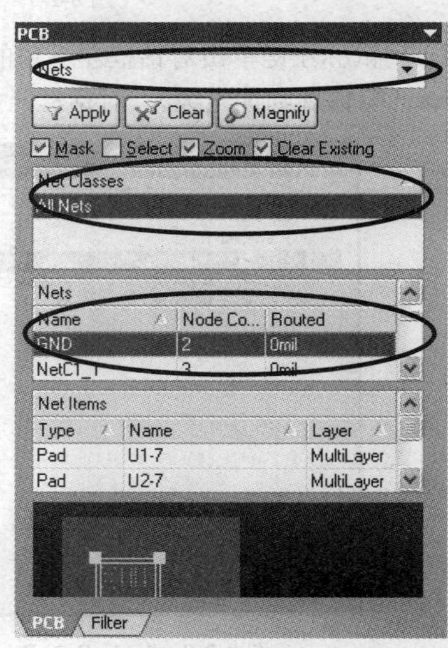

图 8-3-2 查找 GND 网络时“PCB”面板中的设置

（2）右边工作窗口中的所有对象都变为掩模状态，只有 GND 网络显示为高亮状态，即查找到 GND 网络，如图 8-3-3 所示。

下接对指定网络进行预布线。

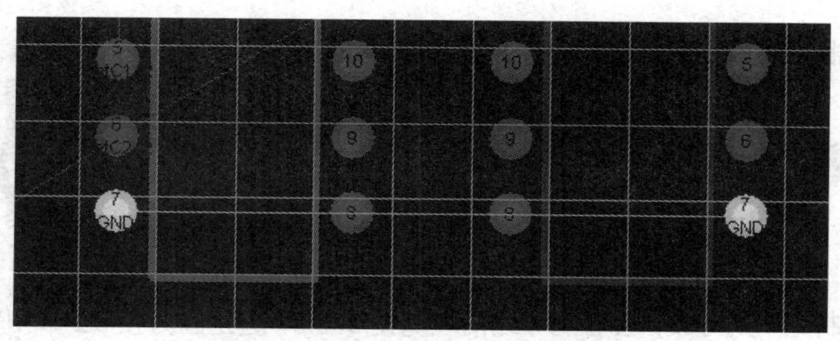

图 8-3-3 GND 网络显示为高亮状态

8.3.2 对指定网络进行预布线

在自动布线前进行手工预布线同样需要两个操作：一是手工布线；二是要对预布线进行锁定操作，以免在自动布线时拆除预布线，重新以自动布线代替。

接 8.3.1 的操作，对选定的 GND 网络进行手工布线。

1）对 GND 网络进行手工布线

在布线前，首先要确定 GND 网络的布线工作层，本例中确定为底层（Bottom Layer）。

（1）将当前工作层设置为 Bottom Layer。

（2）用鼠标左键单击“Wiring”工具栏中的“绘制铜膜导线”图标→光标变成十字形，将十字形光标的中心对准 GND 焊盘的中心单击鼠标左键，设置铜膜导线的起点，如图 8-3-4 所示。

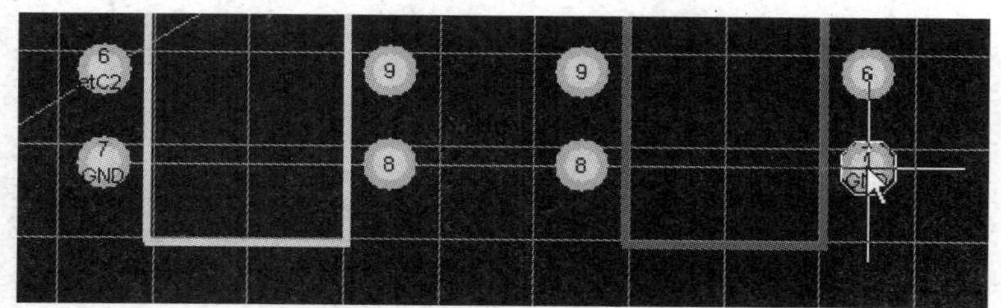

图 8-3-4 将十字形光标的中心对准 GND 焊盘的中心单击鼠标左键

（3）拖动光标绘制铜膜导线，此时画出的导线为蓝色（因为是在底层），同时飞线也随光标的移动而移动，如图 8-3-5 所示。

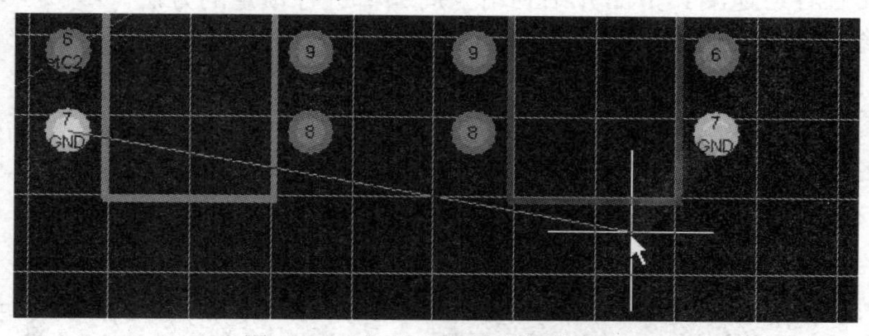

图 8-3-5 拖动光标绘制铜膜导线

（4）在导线需拐弯处单击鼠标左键，最后在终点焊盘中心单击两次鼠标左键，最后再单击两次鼠标右键退出绘制导线状态。

（5）绘制完毕的GND网络铜膜导线如图8-3-6所示。

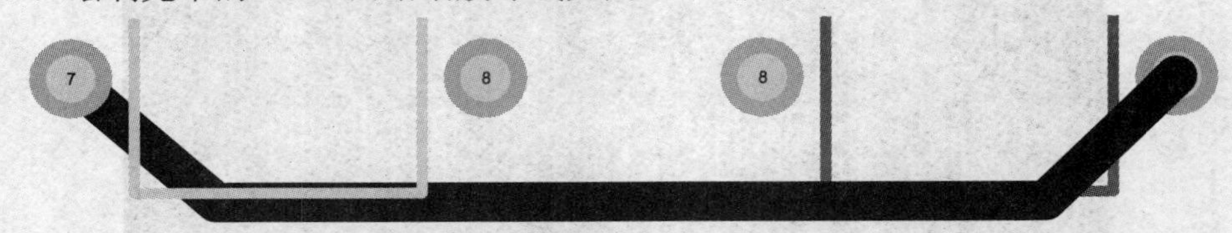

图8-3-6 绘制完毕的GND网络铜膜导线

双击绘制完毕的导线，会看到导线的线宽是30mil，这是因为在8.2节中对GND网络设置了30mil线宽。

绘制导线时应注意，所有的拐弯应为45°角，如果画线时，拐弯样式不是45°角，可在画线过程中按“Shift”+“空格”键改变拐弯样式。

绘制导线不应使用“绘制直线”图标 ⁄ 。

2）对已绘制导线进行锁定操作

对已绘制铜膜导线进行锁定操作的最简单方法是双击铜膜导线，在弹出的“Track”对话框中选中“Locked”复选框，如图8-3-7所示。

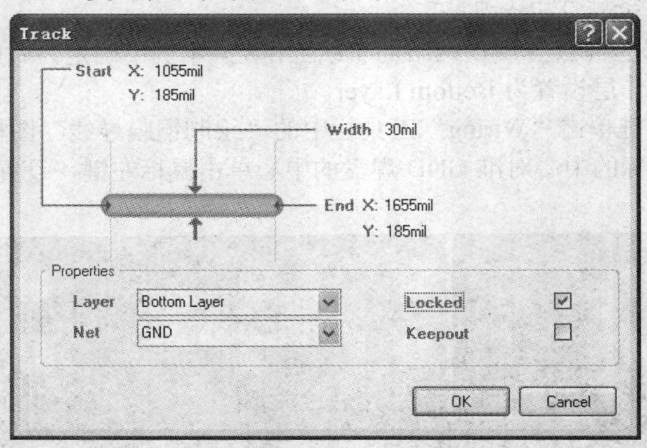

图8-3-7 锁定导线的设置

但是，这种设置方法每次只能设置一段导线（每两个转折之间为一段），图8-3-6中所绘制的GND网络共有3段导线，如果一个网络有多条导线，则要设置多次，这样不仅操作烦琐，而且容易遗漏。下面介绍利用全局编辑进行锁定的方法。

（1）在绘制好的导线上单击鼠标右键，在弹出的快捷菜单中选择“Find Similar Objects”，如图8-3-8所示。

（2）系统弹出“Find Similar Objects”对话框，如图8-3-9所示。在对话框的“Net”中显示网络名称为GND，将“GND”右边的条件设置为“Same”，如图8-3-9所示。

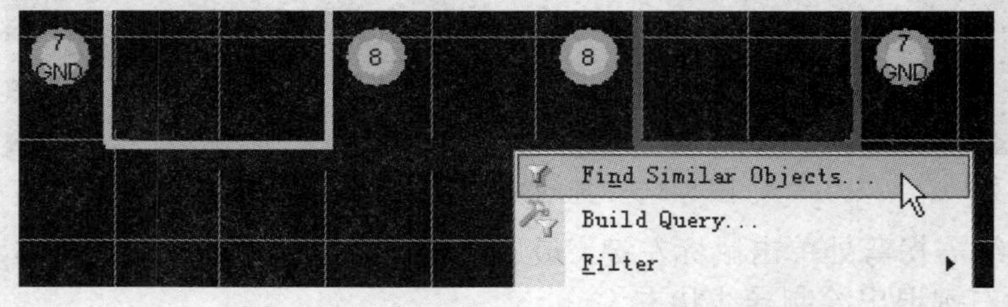

图8-3-8 选择“Find Similar Objects”

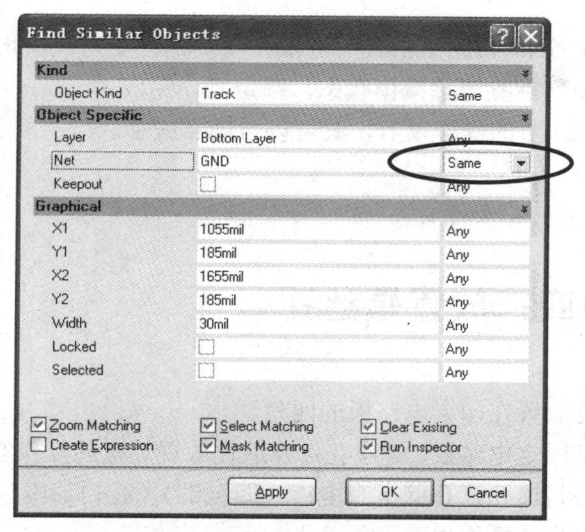

图 8-3-9 “Find Similar Objects”对话框

（3）在图 8-3-9 中用鼠标左键单击“Apply”按钮，此时工作窗口变为掩模状态，只有 GND 网络呈现选中状态（如图 8-3-10 所示），再单击“Find Similar Objects”对话框中的“OK”按钮，关闭该对话框。

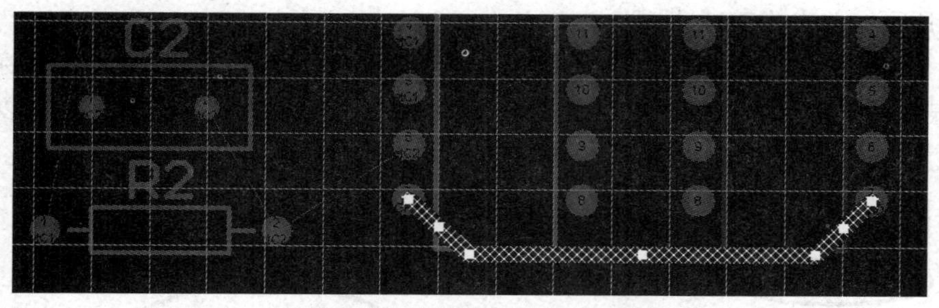

图 8-3-10 工作窗口为掩模状态，只有 GND 网络呈选中状态

（4）系统弹出“Inspector”对话框，在“Inspector”对话框中选中“Locked”复选框，如图 8-3-11 所示，而后单击对话框中的“退出”按钮。

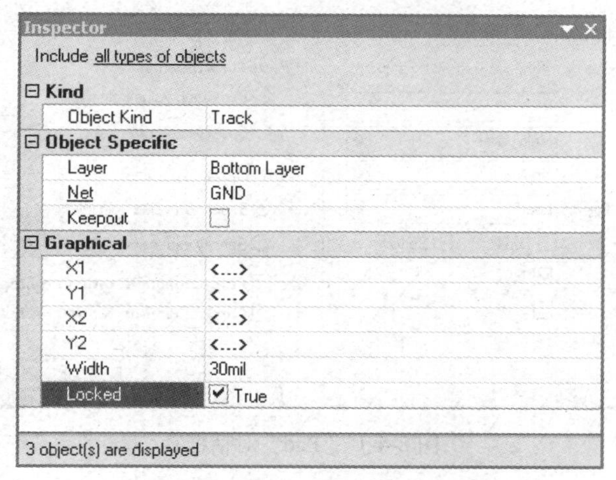

图 8-3-11 选中“Locked”复选框

（5）此时，双击 GND 网络上的任一导线，发现都已变为锁定状态，用鼠标左键单击屏幕右下角的“Clear”标签清除掩模状态，锁定操作完成。

在进行了 8.1～8.3 节的操作以后，就可以自动布线了。

8.4 任务四：放置螺丝孔

本例中的螺丝孔放置在印制电路板的四角。

螺丝孔的作用是固定电路板，螺丝孔可以通过放置焊盘的操作实现，但是这些孔与焊盘不同，焊盘的中心是通孔，孔壁上有电镀（即沉铜），孔口周围是一圈铜箔。螺丝孔一般不需要导电部分，具体操作如下。

（1）用鼠标左键单击“Wiring”工具栏中的“放置焊盘”图标，按“Tab”键，系统弹出“Pad”对话框。

（2）在“Pad”对话框中，将 Hole Size、X-Size、Y-Size 的值全部改为 100mil，如图 8-4-1 所示，单击“OK”按钮。

（3）在电路板的合适位置单击鼠标左键，即放置一个螺丝孔，继续单击鼠标左键放置其他焊盘，单击鼠标右键退出放置状态。图 8-4-2 是自动布线并放置螺丝孔以后的电路板图。

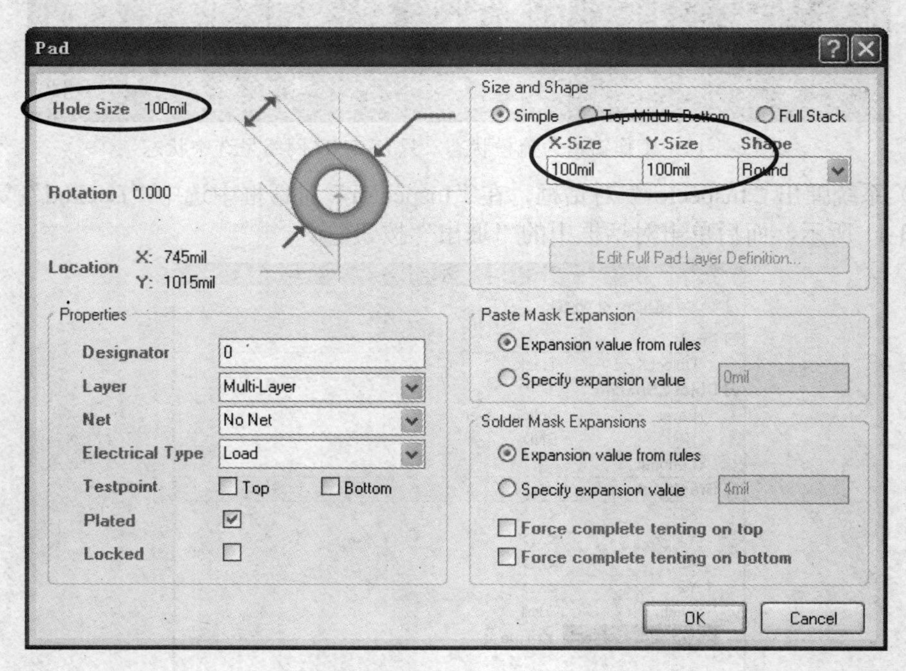

图 8-4-1 “Pad”对话框

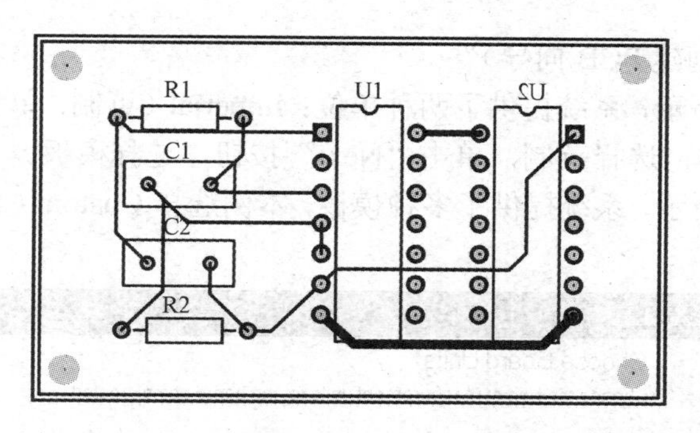

图 8-4-2 自动布线并放置了螺丝孔以后的电路板图

8.5 任务五：利用向导创建电路板

要求：新建一个宽 2000mil、高 1600mil 的矩形电路板，物理边界与电气边界的距离为 40mil，四角开口，开口尺寸为 200mil×200mil，板内部无开口，不显示标题栏，不显示图例字符，不显示刻度尺，不显示电路板尺寸标注，双层板，过孔电镀，使用插接式元器件，导线最小宽度为 20mil，走线最小间距为 15mil，元器件引脚间只允许穿过一条导线。

利用系统提供的电路板生成向导来规划电路板可以很容易地满足这些要求。

（1）打开“Files”面板，在“New from template（从模板创建新文件）”区域中用鼠标左键单击“PCB Board Wizard（创建 PCB 向导）”，如图 8-5-1 所示。

（2）系统弹出“PCB Board Wizard（创建 PCB 向导）”对话框，如图 8-5-2 所示，单击“Next”按钮，进行单位选择。

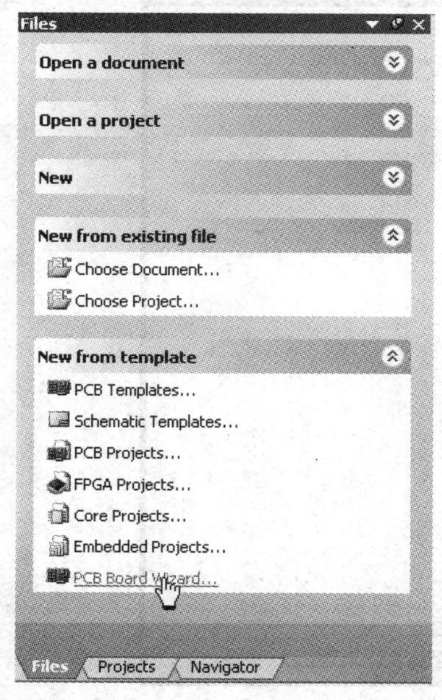

图 8-5-1 在“Files”面板中单击“PCB

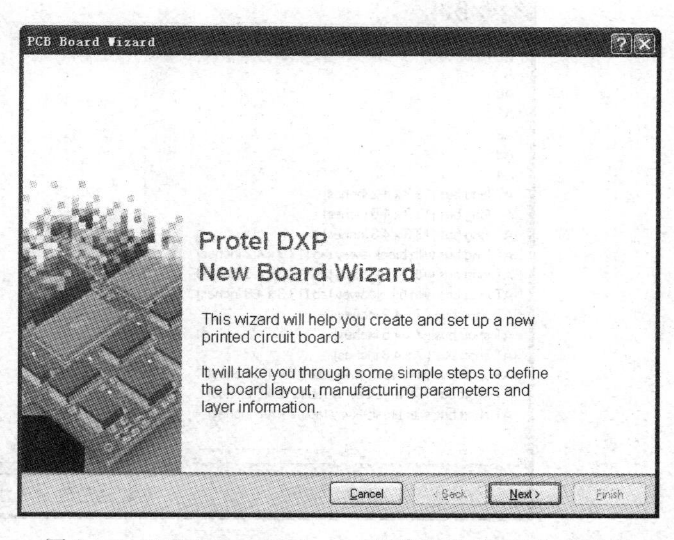

图 8-5-2 “PCB Board Wizard（创建 PCB 向导）”对话框

Board Wizard（创建 PCB 向导）”

（3）如图 8-5-3 所示，系统提供了两种单位：Imperial（英制，单位是 mil），Metric（公制，单位是 mm），本例选择英制，单击“Next”按钮，选择模板。

（4）如图 8-5-4 所示，系统提供了多种模板，本例选择 Custom（自定义），单击“Next”按钮，设置模板细节。

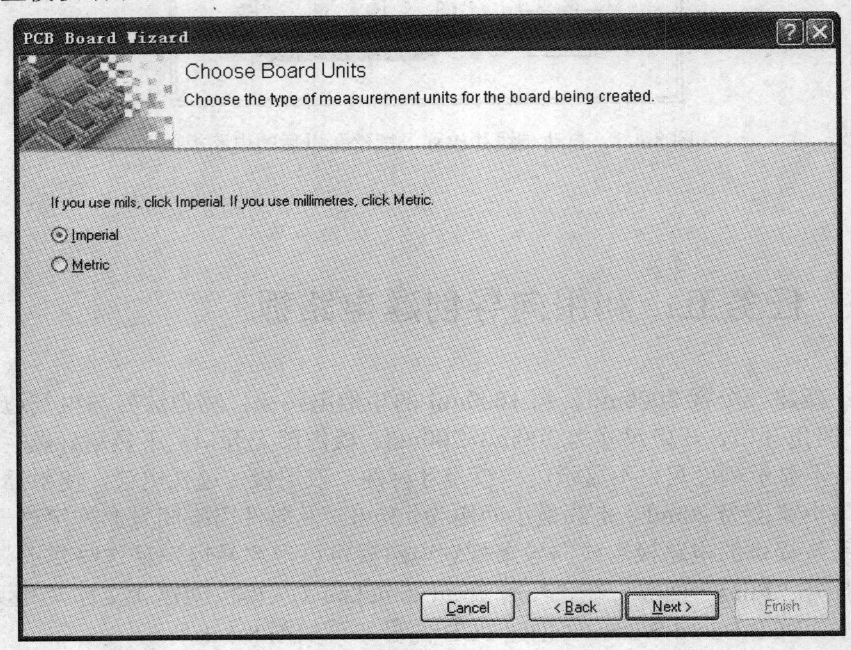

图 8-5-3　选择单位

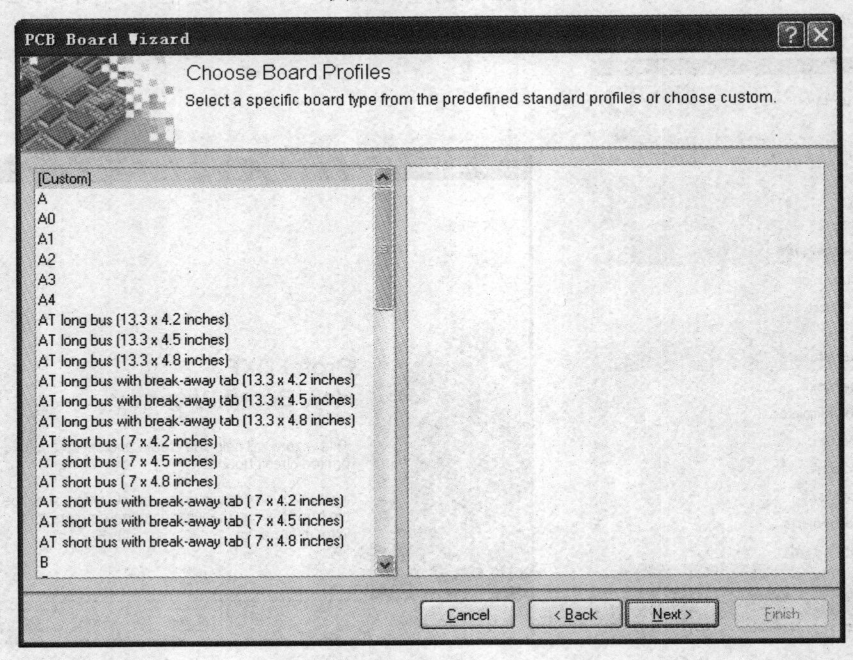

图 8-5-4　选择模板

（5）如图 8-5-5 所示，系统提供了下列选项。

① Outline Shape 区域：定义电路板形状，共有三种形状。

- Rectangular：矩形。如果选择矩形，需在“Board Size”区域中确定宽和高这两个参数。
- Circular：圆形。如果选择圆形，需在“Board Size”区域中确定半径。
- Custom：用户自定义。

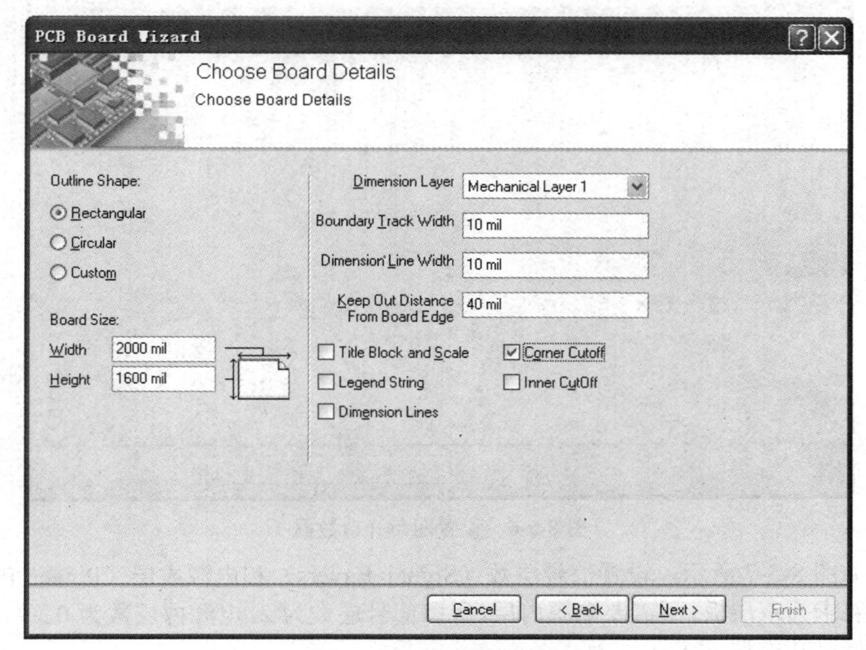

图 8-5-5 设置模板细节

本例选择矩形。

② Board Size 区域：定义线路板尺寸。

- Width：宽度，本例为 2000mil。
- Height：高度，本例为 1600mil。

③ Dimension Layer：电路板物理边界所在层，默认为 Mechanical Layer 1。

④ Boundary Track Width：电路板边界走线的宽度。

⑤ Dimension Line Width：电路板尺寸标注线宽度。

⑥ Keep Out Distance From Board Edge：电路板物理边界与电气边界之间的距离尺寸，本例设置为 40mil。

⑦ Title Block and Scale：是否显示标题栏和刻度尺，选中表示显示。本例为不显示。

⑧ Legend String：是否显示图例字符，选中表示显示。本例为不显示。

⑨ Dimension Lines：是否显示电路板尺寸标注，选中表示显示。本例为不显示。

⑩ Corner Cutoff：是否在电路板四个角的位置开口。该项只有在电路板设置为矩形板时才可设置，本例选中此项。

⑪ Inner Cutoff：是否在电路板内部开口。该项只有在电路板设置为矩形板时才可设置。本例为不使用。

按图 8-5-5 所示设置电路板细节，单击“Next”按钮，定义电路板四角开口尺寸。

（6）如图 8-5-6 所示，按要求设置电路板四角开口尺寸为 200mil×200mil，单击“Next”按钮，设置信号层数和电源内层数。

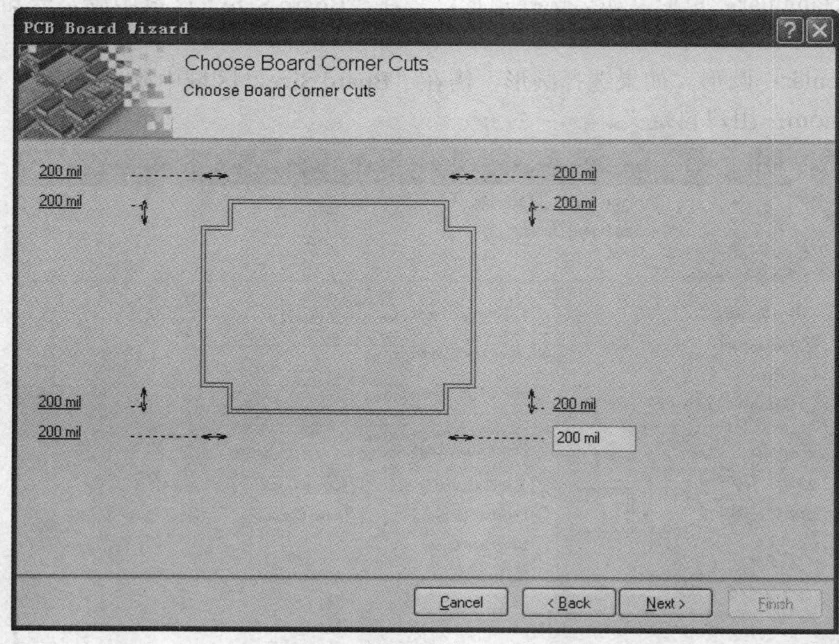

图 8-5-6　设置四角开口数据

（7）如图 8-5-7 所示，设置信号层数（Signal Layers）和电源内层（Power Planes），因为题目要求为双层板，不需要电源内层，所以信号层数为 2，电源内层数为 0。单击“Next”按钮，选择过孔类型。

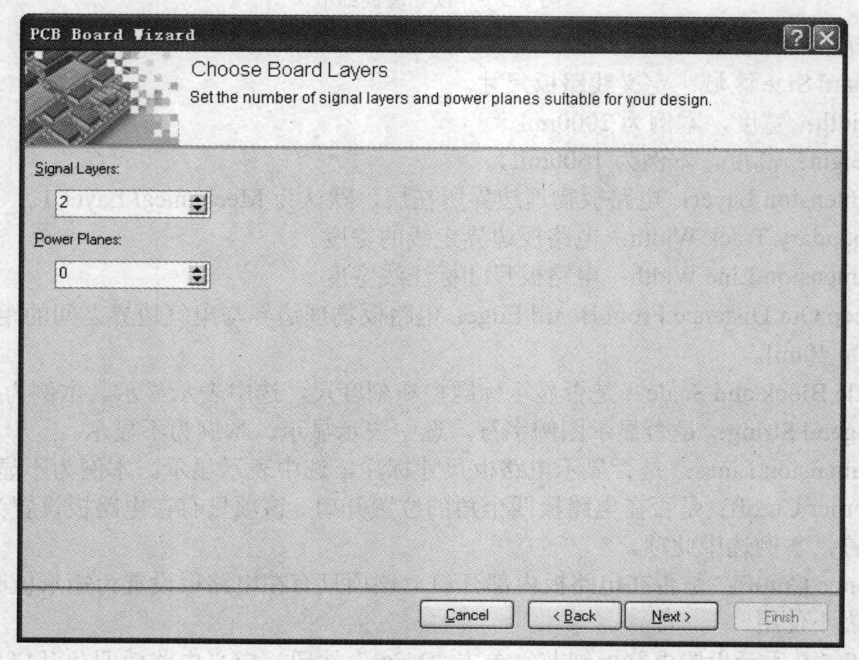

图 8-5-7　设置信号层数和电源内层数

（8）如图 8-5-8 所示，有下列选项。

- Thruhole Vias only：穿透式过孔。对于双层板，只能使用穿透式过孔。
- Blind and Buried Vias only：盲过孔。一般用于多层板。

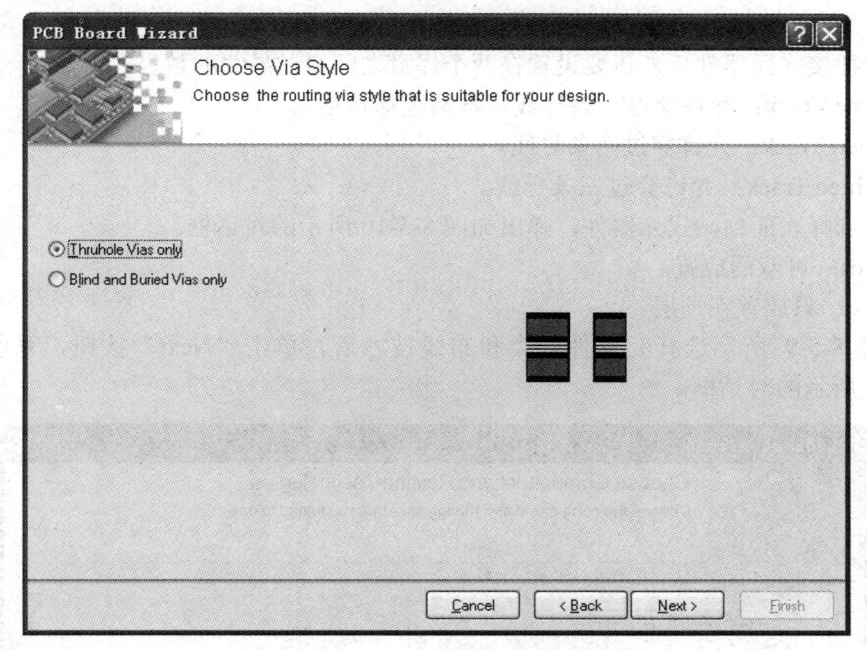

图 8-5-8　选择过孔类型

按图 8-5-8 所示选择过孔类型后，单击“Next”按钮，选择元器件种类和布线技术。

（9）如图 8-5-9 所示，有下列选项。

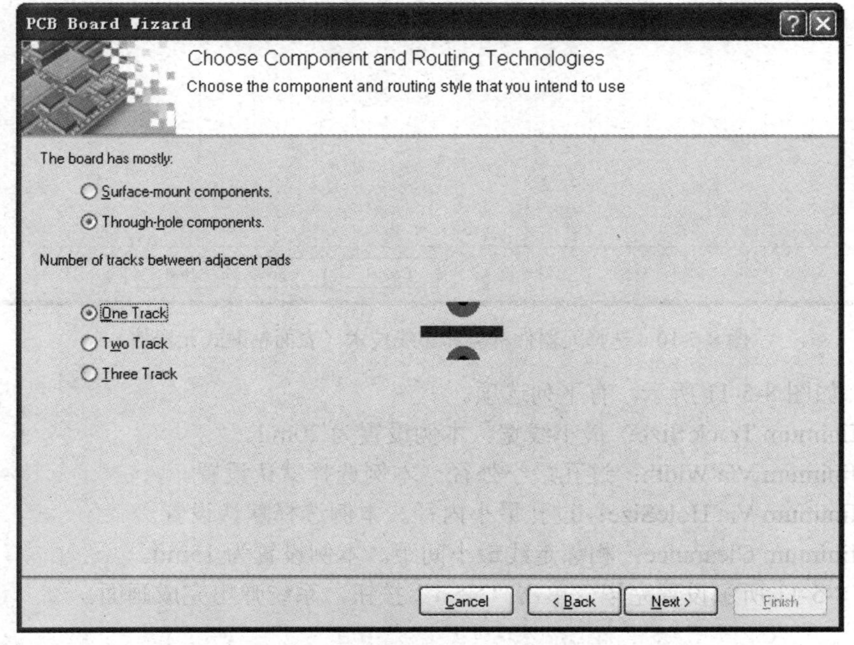

图 8-5-9　选择元器件种类和布线技术（插接式元器件）

- Surface-mount components：表面粘贴式元器件。
- Through-hole components：插接式元器件。

以上两项的选择原则是，电路板上哪种元器件封装多，即选择哪项。本例选择插接式元器件。

选择插接式元器件后，还要设置在两个焊盘之间穿过导线的数目。

- One Track：允许穿过一条导线。本例选择该项。
- Two Track：允许穿过两条导线。
- Three Track：允许穿过三条导线。

如果选择表面粘贴式元器件，弹出如图 8-5-10 所示的对话框。

- Yes：可双面放置。
- No：只放置在顶层。

按图 8-5-9 所示选择元器件种类和布线技术后，单击“Next”按钮，系统弹出如图 8-5-11 所示的对话框。

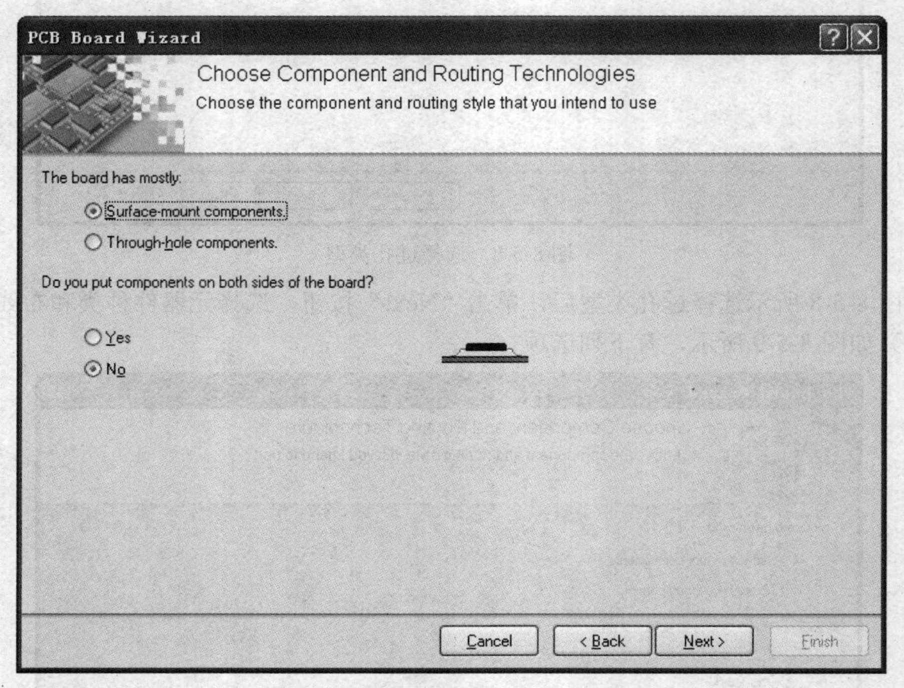

图 8-5-10　选择元器件种类和布线技术（表面粘贴式元器件）

（10）如图 8-5-11 所示，有下列选项。

- Minimum Track Size：最小线宽。本例设置为 20mil。
- Minimum Via Width：过孔最小外径。本例选择默认设置。
- Minimum Via HoleSize：过孔最小内径。本例选择默认设置。
- Minimum Clearance：相邻走线最小间距。本例设置为 15mil。

按图 8-5-11 所示设置完毕，单击“Next”按钮，系统弹出完成画面。

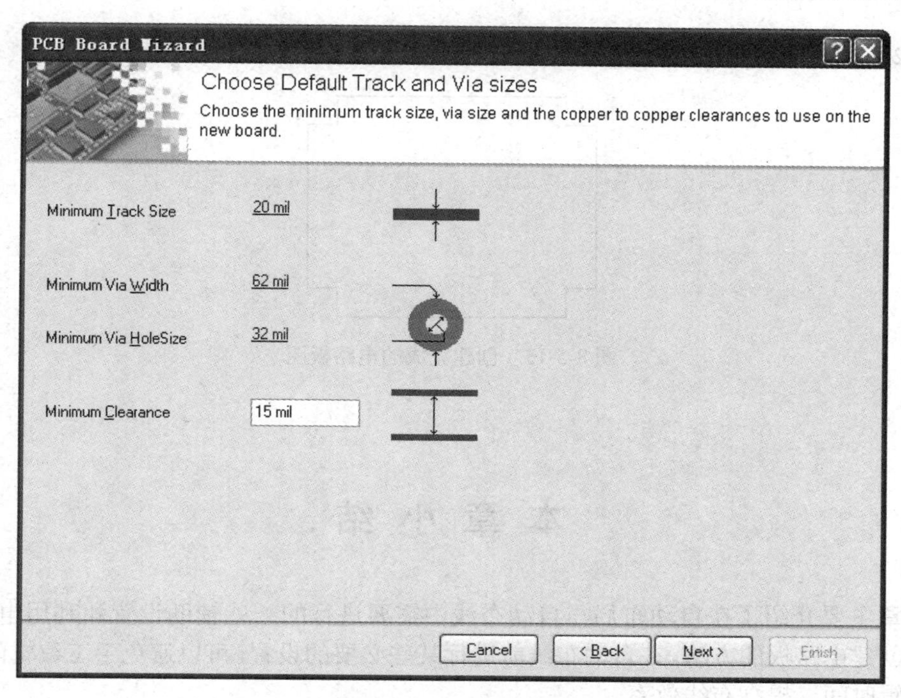

图 8-5-11 设置最小线宽、走线最小间距和过孔参数

（11）单击图 8-5-12 的“Finish”按钮，创建电路板操作完成，显示已创建好的电路板图，如图 8-5-13 所示。

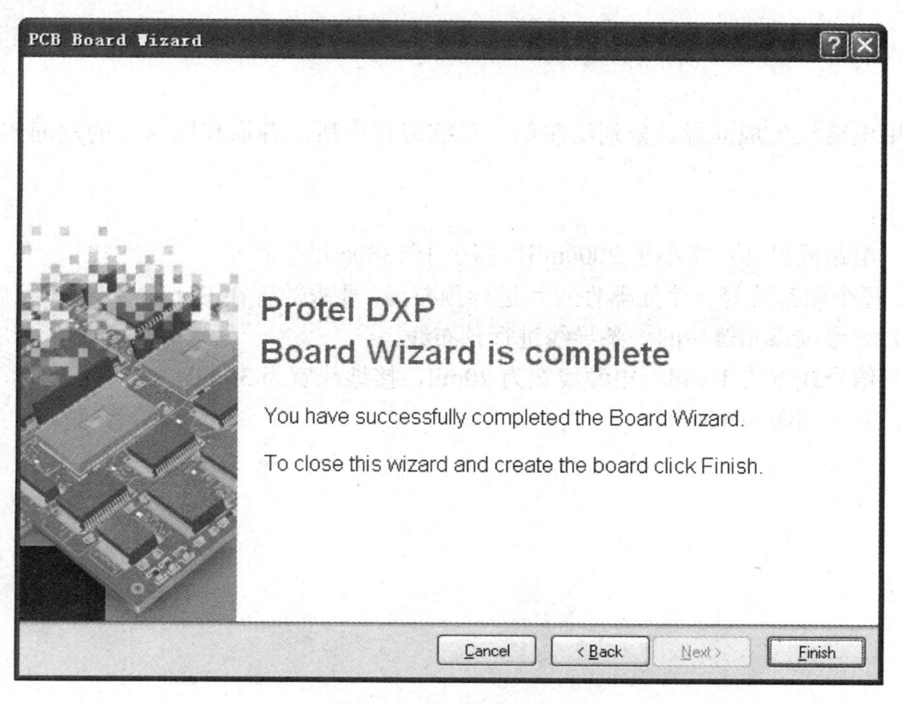

图 8-5-12 完成画面

（12）执行菜单命令“File”→“Save（或 Save As）”将其保存即可。

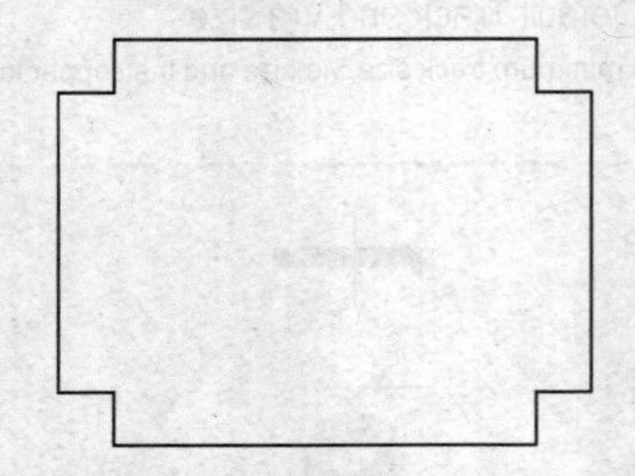

图 8-5-13　创建完成的电路板图

本 章 小 结

本章主要介绍了在自动布局与自动布线中需要进行的一些辅助设置和利用电路板生成向导创建电路板的方法。在自动布线前进行某些必要的设置，可以避免手工编辑的麻烦、减少编辑时间、提高布线效率。

练　习　题

利用电路板生成向导，分别绘制第 7 章练习题中所示各原理图对应的双面印制电路板图。

要求：

（1）电路板尺寸：宽小于 2000mil、高小于 1300mil。

（2）每个图都选择一个元器件对其进行预布局，要求放置在 Bottom Layer，位置自定。

（3）对通过该元器件的一条导线进行预布线。

（4）信号线宽为 10mil，电源线宽为 20mil，接地线宽为 30mil。

（5）安全间距为 15mil。

第9章

印制电路板中引出端的处理

背景

在实际 PCB 设计中，电源、接地、信号的输入和输出等端必须与外界相连，引出方式根据工艺要求而定。本章介绍两种常见的引出方式——利用焊盘引出和利用接插件引出，同时还介绍了根据 PCB 文件对原理图进行更新的方法。

要点

- 利用焊盘和接插件引出电源、接地、输入、输出等端
- 在 PCB 文件中放置元器件
- 对引出端进行标注
- 根据 PCB 文件对原理图进行更新

9.1　任务一：利用焊盘引出

要求：根据第 7 章图 7-1-1 所示原理图，绘制双面印制电路板图。

电路板尺寸：宽为 2000mil，高为 1200mil。

线宽要求：信号线为 10mil，电源线为 20mil，接地线为 30mil。

利用焊盘将电源、接地、输入端 A 和 S、输出端 Vo 引出，焊盘大小为 80mil，孔径为 30mil，并进行标注。

1．放置焊盘前的准备工作

（1）在图 7-1-1 所示原理图所在的工程项目文件中新建一个 PCB 文件，并在该文件中按照要求绘制电路板的物理边界和电气边界，具体操作参见 7.1.4。

（2）导入数据，具体操作参见 7.1.5。

（3）设置自动布局规则和自动布局，具体操作参见 7.1.6。

（4）手工调整布局，具体操作参见 7.1.7。

（5）设置线宽，具体操作参见 8.2.2。

2．放置焊盘

下面以通过焊盘引出接地端 GND 为例进行说明。

（1）用鼠标左键单击“Wiring”工具栏中的“放置焊盘”图标→按“Tab”键弹出“Pad（焊盘）”对话框，如图 9-1-1 所示。

（2）在该对话框中进行如下设置。

- Hole Size（焊盘孔径）：30mil。
- X-Size、Y-Size（X 和 Y 方向的焊盘直径）：80mil。
- Shape（焊盘形状）：Round（圆形）。
- Net（所在网络）：GND。

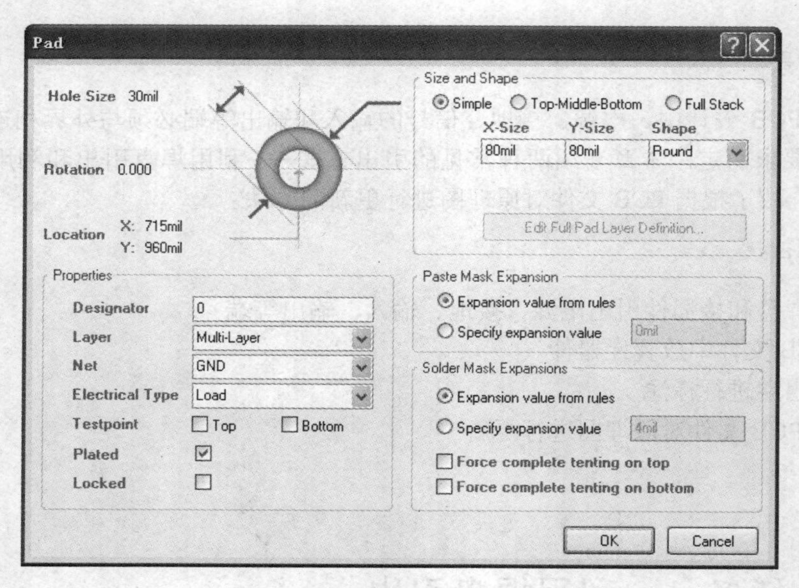

图 9-1-1 “Pad（焊盘）”对话框

其余选择默认即可。

（3）设置完毕，单击“OK”按钮将焊盘放在任意位置，单击鼠标右键退出放置状态。

（4）这时，焊盘与 GND 网络之间有一条飞线，根据飞线指示，将焊盘拖动到合适位置，如图 9-1-2 所示。

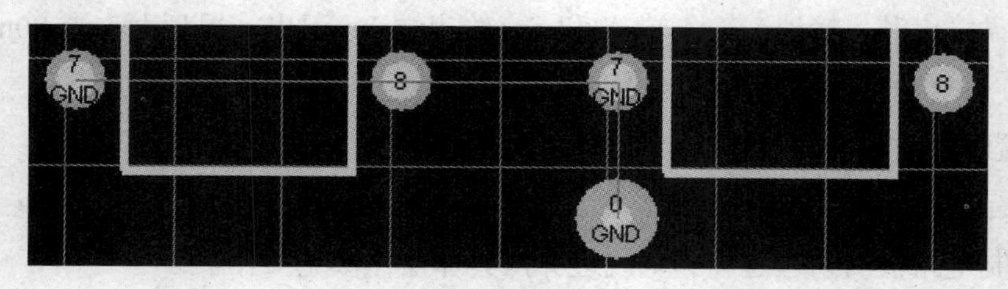

图 9-1-2 放置与 GND 网络相连的焊盘

按照（1）～（4）的操作，放置其他焊盘。

（5）将当前层设置为 Top OverLay（顶层丝印层），单击“Wiring”工具栏中的“放置字符”图标 A ，对每个焊盘进行标注，如图 9-1-3 中的 VCC、GND 等字符。

操作完毕进行自动布线，图 9-1-3 是自动布线后的结果。

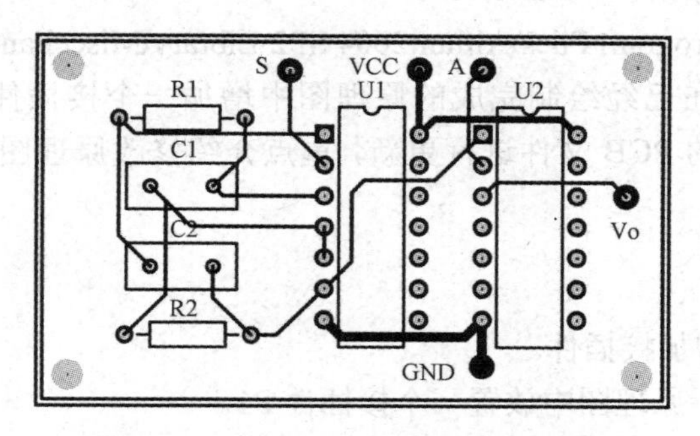

图 9-1-3 放置焊盘后的自动布线效果

9.2 任务二：利用接插件引出

9.2.1 通过在原理图中增加接插件方法引出

要求：在第 7 章图 7-1-1 所示原理图中添加一个接插件元器件符号 P1（如图 9-2-1 所示），再将其添加到图 7-1-19 所示调整元器件布局后的印制电路板图中。

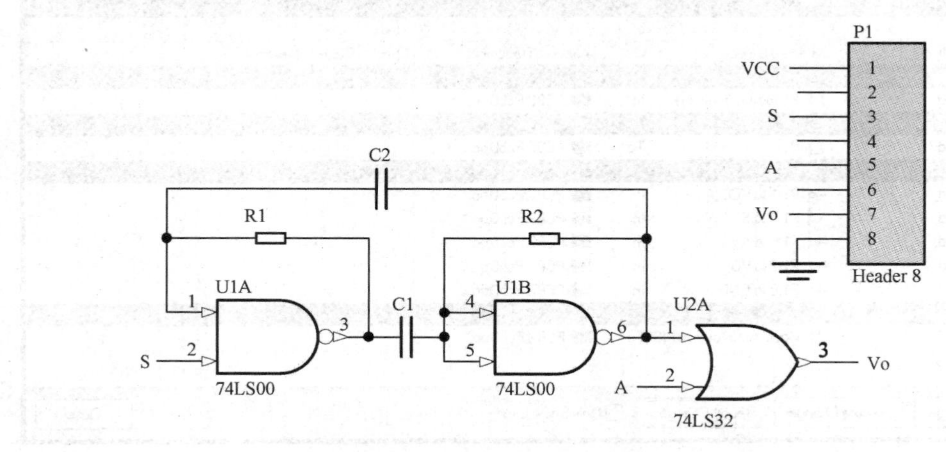

图 9-2-1 在原理图中增加接插件 P1

线宽要求：信号线为 10mil，电源线为 20mil，接地线为 30mil。

对接插件中的各引出端进行标注。

接插件 P1 的元器件属性如下。

Lib Ref（元器件名称）：Header 8。

Designator（元器件标号）：P1。

Comment（元器件标柱）：Header 8。

Footprint（元器件封装）：HDR1X8。

所在元器件库：\Program Files\Altium2004 SP2\Library\Miscellaneous Connectors.IntLib。

本例主要是借助在已经绘制完成的原理图中增加一个接插件，并对已将原理图元器件封装信息导入到的 PCB 文件进行更新，重点介绍修改原理图后对 PCB 文件的更新方法。

1．准备工作

（1）在原理图中增加接插件。

① 在图 7-1-1 所示原理图中放置一个接插件 P1。

② 通过放置电源（接地符号）的方法，放置各引出端，如 VCC、S、GND 等，如图 9-2-1 所示。

③ 保存修改过的原理图文件。

（2）PCB 文件的已有状态。PCB 文件的已有状态是经过手工调整，元器件布局已完成，如图 7-1-19 所示。

2．根据原理图更新 PCB 文件

（1）切换到原理图文件。

（2）执行菜单命令“Design”→“Update PCB Document PCB2.PcbDoc”，系统弹出图 9-2-2 所示的“Engineering Change Order”对话框，此对话框中列出了增加 P1 的情况。

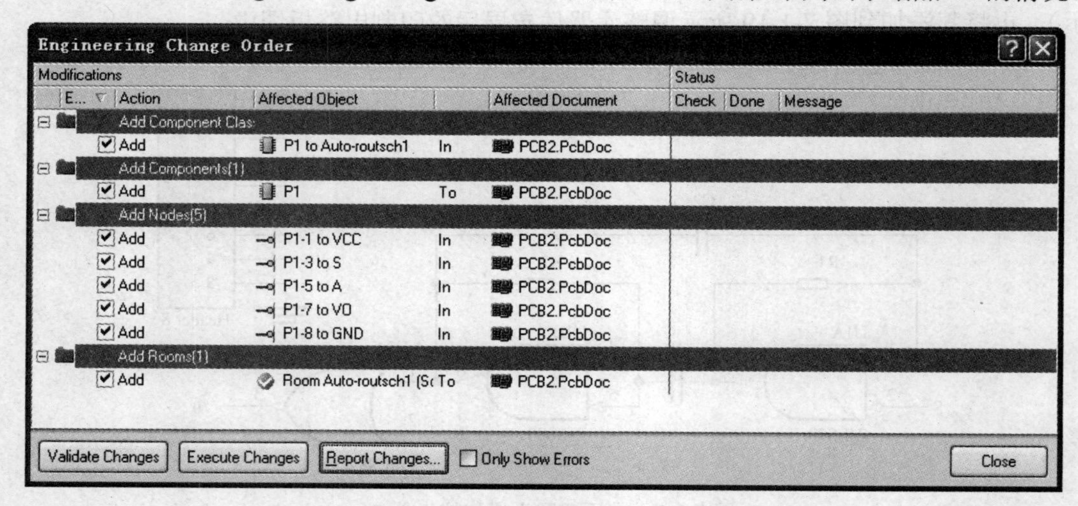

图 9-2-2 “Engineering Change Order”对话框

（3）单击图 9-2-2 中的“Execute Changes”按钮，将 P1 和新增网络连接导入到 PCB 文件中。此时，“Engineering Change Order”对话框中的“Done”一列中全部显示√，说明所有元器件和网络连接均被装入 PCB 文件，如图 9-2-3 所示。

（4）单击“Close”按钮，关闭“Engineering Change Order”对话框。此时，P1 出现在 PCB 文件中，并且所有在原理图中已放置电源、接地等符号的引脚都有飞线连到相应

网络上，如图 9-2-4 所示。

（5）重新调整元器件布局，将 P1 放在合适位置。

（6）按照要求设置线宽，此操作请参见 8.2.2。

（7）进行自动布线。

（8）将当前层改为 Top OverLay，单击“Wiring”工具栏中的“放置字符”图标 A，对 P1 的每个引出端进行标注，如图 9-2-5 中的 VCC、GND 等字符。

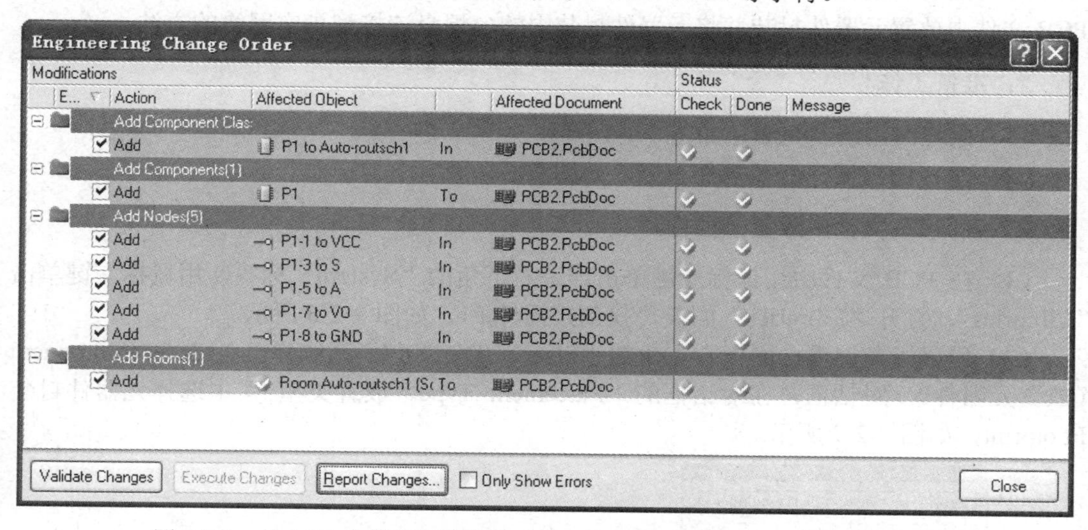

图 9-2-3 导入 P1 和新增网络连接后的“Engineering Change Order”对话框

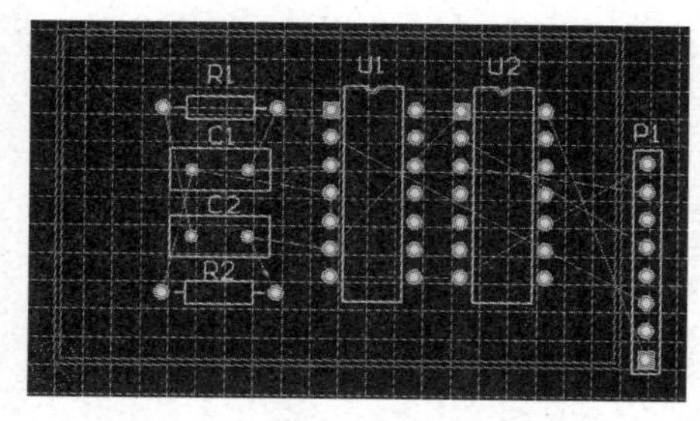

图 9-2-4 装入 P1 和新增网络连接后的 PCB 文件

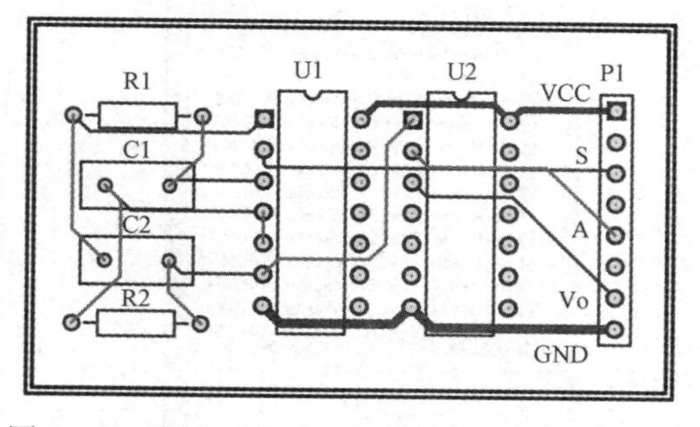

图 9-2-5 布线并放置 GND 等标注后的 PCB 文件

9.2.2 通过在印制电路板图中增加接插件引出

要求：在第 7 章图 7-1-19 所示 PCB 中放置一个接插件封装 P1，将 P1 各焊盘按要求引入到相应的网络中，再进行自动布线。

P1 各焊盘接入网络的要求如下。

1#为 VCC、3#为 S、5#为 A、7#为 Vo、8#为 GND。

线宽要求：信号线为 10mil，电源线为 20mil，接地线为 30mil。

对接插件中的各引出端进行标注。

接插件 P1 的元器件属性如下。

Lib Ref（元器件名称）：Header 8。

Designator（元器件标号）：P1。

Comment（元器件标柱）：Header 8。

Footprint（元器件封装）：HDR1X8。

所在元器件库：\Program Files\Altium2004 SP2\Library\Miscellaneous Connectors.IntLib。

本例主要借助在已经导入数据的 PCB 文件中增加一个接插件封装的操作，介绍在 PCB 文件中放置元器件封装并将元器件封装中的各焊盘连接到指定网络的方法。

1．准备工作

（1）原理图已绘制完成，如图 7-1-1 所示。

（2）PCB 图已调整好元器件布局，如图 7-1-19 所示。

2．在 PCB 文件中放置接插件封装

（1）在 PCB 文件中用鼠标左键单击屏幕右下角的“System”标签，用鼠标左键单击“Libraries”，打开“Libraries”面板，找到接插件 P1，如图 9-2-6 所示。

（2）用鼠标左键单击面板右上角的“Place HDR1X8”，系统弹出“Place Component（放置元器件）”对话框，在对话框的“Placement Type（放置类型）”中选择元器件封装 Footprint，如图 9-2-7 所示。

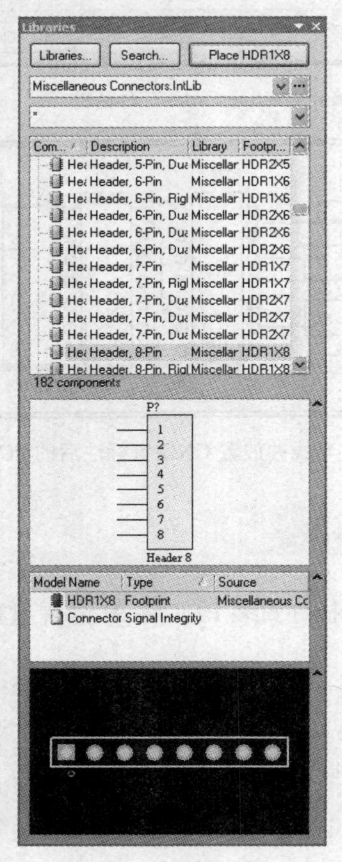

图 9-2-6　在“Libraries”面板中找到的接插件 P1

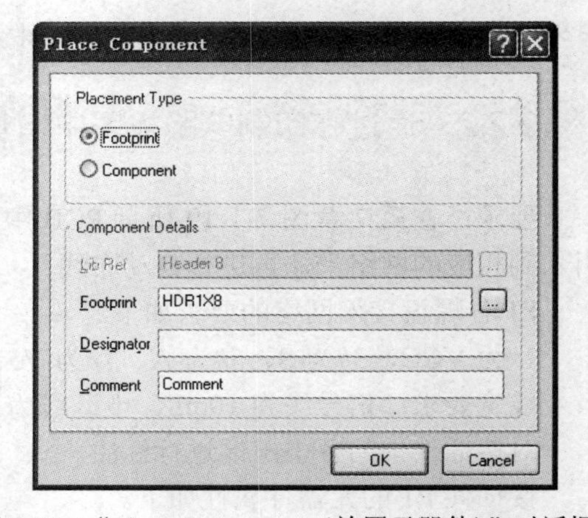

图 9-2-7　“Place Component（放置元器件）”对话框

（3）单击“OK”按钮，此时，一个元器件 HDR1X8 的封装出现在十字光标上，按“Tab”键，系统弹出“Component”对话框。在对话框的“Designator”区域的“Text”中输入 P1，如图 9-2-8 所示。

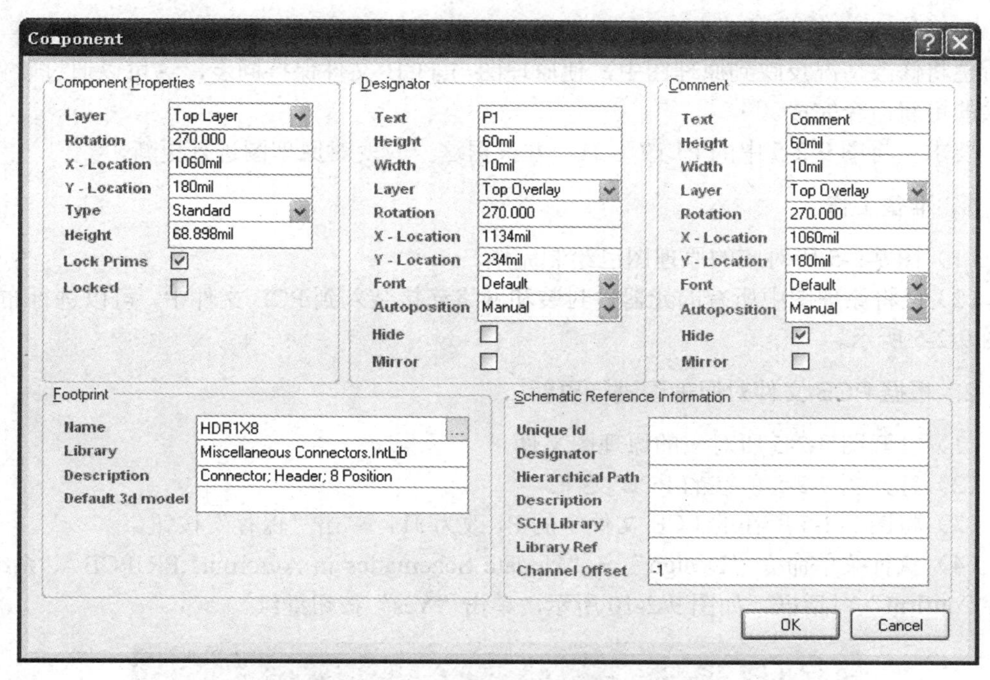

图 9-2-8　“Component（元器件）”对话框

（4）单击“OK”按钮。此时，一个元器件封装符号粘在十字光标上，按“空格”键可以翻转方向，在适当位置单击鼠标左键即放置了一个 HDR1X8 封装。

（5）单击鼠标右键，弹出“Place Component（放置元器件）”对话框，单击“Cancel”按钮退出放置状态，放置好的 HDR1X8 封装中各焊盘并没有与相应网络相连，所以没有飞线，如图 9-2-9 所示。

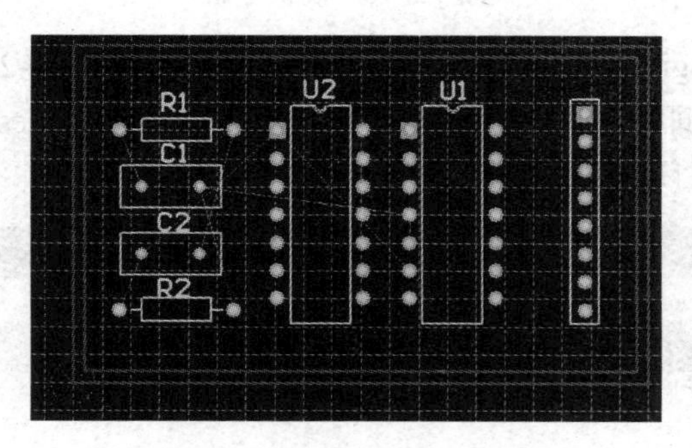

图 9-2-9　放置好的 HDR1X8 封装

（6）将焊盘接入相应网络。双击 1#焊盘，在弹出的“Pad”对话框的“Net”一栏中选择“VCC”，单击“OK”按钮即可，按此操作可将其他焊盘分别引入所需网络。

（7）以下可进行线宽设置，并进行自动布线。

9.2.3 根据 PCB 文件对原理图进行更新

在进行 PCB 设计过程中，有时会直接在 PCB 文件中修改元器件的标号或标注等，同时希望将修改情况反映到原理图中，使原理图与 PCB 文件保持同步，这可以通过软件中提供的更新命令完成。

要求：将图 9-2-5 中的 P1 改为 J1，并根据这一改变对原理图进行更新。

1. 准备工作

（1）图 9-2-5 所对应的原理图已绘制完毕。

（2）已将原理图中所有的元器件封装和网络连接装入到 PCB 文件中，可以进行布线，如图 9-2-5 所示。

2. 根据 PCB 文件对原理图进行更新

（1）打开图 9-2-5 所对应的原理图文件。

（2）打开图 9-2-5 所在的 PCB 文件。

（3）将图 9-2-5 所在的 PCB 文件中的 P1 改为 J1，单击“保存”按钮。

（4）执行菜单命令“Design”→“Update Schematics in Autorout1.PRJPCB”，系统弹出“Confirm”对话框，如图 9-2-10 所示，单击“Yes”按钮继续。

图 9-2-10 确认更新

（5）系统弹出“Engineering Change Order”对话框（如图 9-2-11 所示），对话框中列出了需要更新的内容，即从 P1 改变为 J1，单击“Execute Changes”按钮，进行更新，然后单击“Close”按钮关闭该对话框。

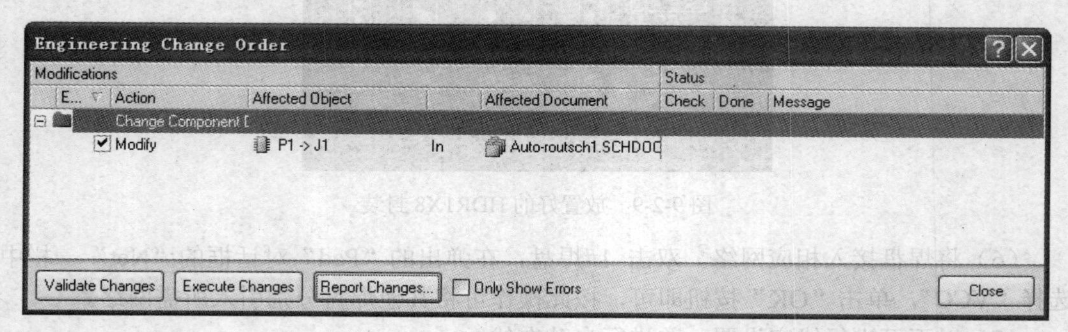

图 9-2-11 “Engineering Change Order”对话框

（6）将窗口切换到原理图中，会发现元器件标号已改，如图 9-2-12 所示。

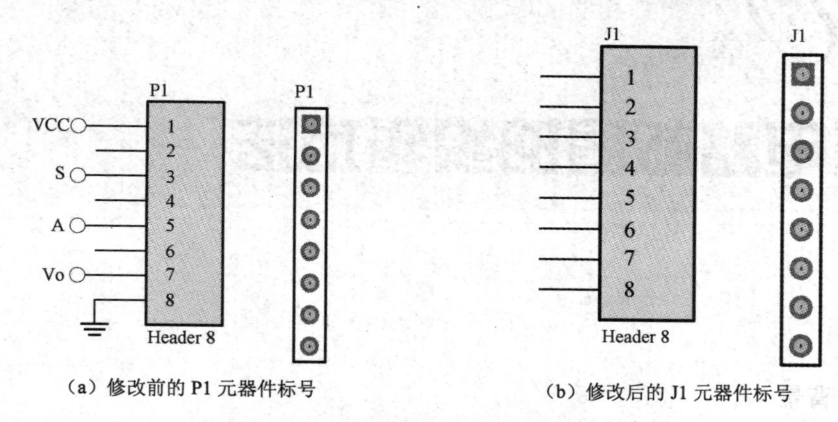

（a）修改前的 P1 元器件标号　　（b）修改后的 J1 元器件标号

图 9-2-12　修改前、后的元器件标号

本章小结

本章主要介绍了在 PCB 图中将电源、接地、输入和输出等端引出的几种常用方法。用焊盘引出适合于在焊盘处焊接导线与外界连接，用接插件连接适合于使用接插件的场合。对 9.2.1 节中介绍的原理图修改后对印制电路板图的修改方法，以及根据 PCB 文件对原理图进行更新的方法在实际 PCB 设计中会经常用到。

练习题

分别绘制第 7 章练习题中所示各原理图对应的双面印制电路板图。

要求：

（1）电路板尺寸：宽小于 2000mil、高小于 1300mil。

（2）信号线宽为 10mil、电源线宽为 20mil、接地线宽为 30mil。

（3）安全间距为 15mil。

（4）分别使用焊盘和接插件的方法将电源、接地、输入、输出等端引出，并进行标注。

第10章 印制电路板图的编辑方法

背景

在 PCB 设计中，进行手工编辑是必不可少的一个步骤。本章主要介绍 PCB 编辑器中的各种编辑方法。

要点

- 放置元器件封装、绘制铜膜导线、绘制连线、放置焊盘、放置过孔、放置字符串、放置位置坐标、放置尺寸标注、放置矩形填充、放置多边形填充、绘制圆弧曲线、绘制屏蔽线、补泪滴操作
- 对象的复制、粘贴、删除、排列、旋转等

10.1 任务一：放置对象

本节主要介绍在 PCB 文件中放置各种对象的方法。

10.1.1 放置元器件封装

下面以放置三极管 2N3904 的封装 BCY-W3/E4 为例说明操作过程，该元器件在 Miscellaneous Devices.IntLib 元器件库中。

放置元器件封装的基本思路是，在 PCB 文件中打开元器件库面板，加载指定的元器件库，在库中找到相应的元器件封装后再进行放置。

（1）新建或打开一个 PCB 文件。

（2）在 PCB 文件中用鼠标左键单击屏幕右下角的“System”标签→选择“Libraries”，打开“Libraries 元器件库”面板→在元器件库文件选择栏中选择“Miscellaneous Devices.IntLib”，如图 10-1-1 中的“1”所示→在元器件列表中选择“2N3904”，如图 10-1-1 中的“2”所示，则在元器件库面板中分别显示该元器件的电路符号和封装，如图 10-1-1 中的图形。

（3）用鼠标左键单击图 10-1-1 中的“Place BCY-W3/E4”按钮，系统弹出“Place Component（放置元器件），”对话框，在对话框的“Placement Type”区域中选择“Footprint”，在“Designator”中输入 Q1，在“Comment”中输入 2N3904，如图 10-1-2 所示。

（4）单击“OK”按钮关闭该对话框，此时一个元器件 BCY-W3/E4 的封装出现在十字光标上→按“空格”键可以翻转方向，在适当位置单击鼠标左键即放置了一个 BCY-W3/E4 封装→单击鼠标右键继续弹出“Place Component”对话框→单击“Cancel”按钮退出放置状态。

在元器件封装处于浮动状态时，按“Tab”键，系统弹出“Component（元器件）”对话框。同样，可以在对话框的“Designator”区域的“Text”中设置元器件标号（如 Q1），在对话框的“Comment”区域的“Text”中设置元器件标注如（2N3904），如图 10-1-3 所示。

放置好的 BCY-W3/E4 封装如图 10-1-4 所示。

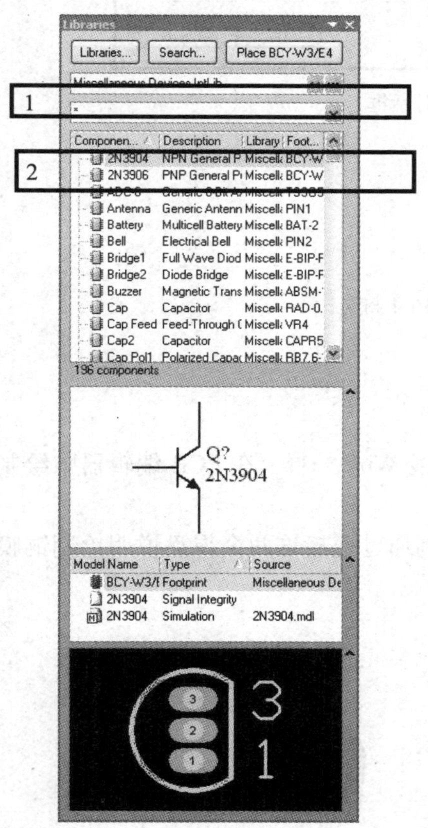

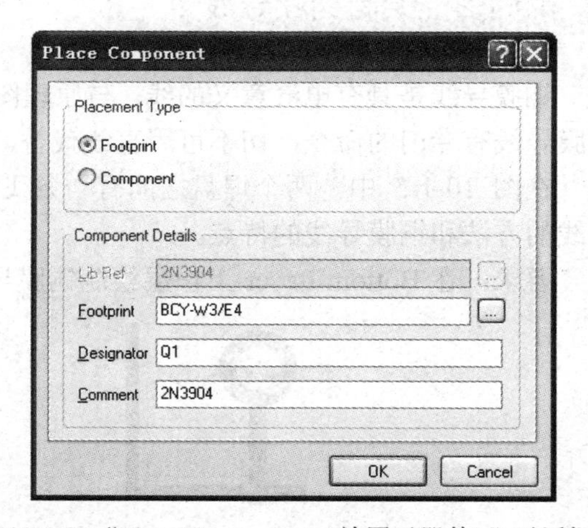

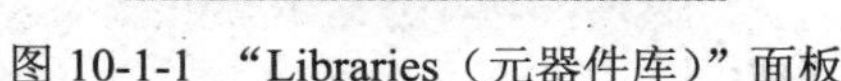
图 10-1-1 “Libraries（元器件库）”面板

图 10-1-2 “Place Component（放置元器件）”对话框

特别提示：虽然系统提供了“X”键、“Y”键的水平和垂直翻转方法，但对元器件的封装符号进行翻转前，一定要清楚该元器件的封装是否有方向要求，是否可以翻转，否则翻转后将会影响元器件的安装。

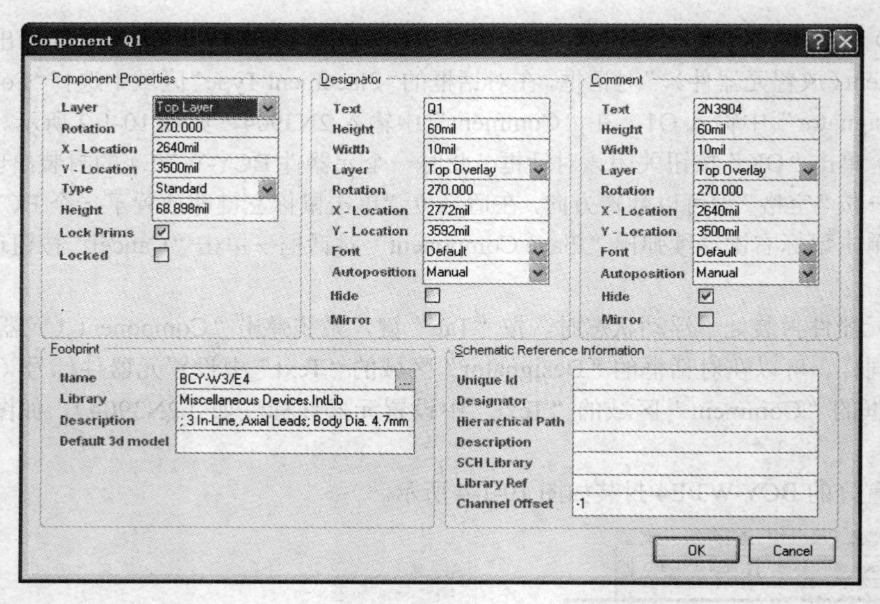

图 10-1-3 “Component”对话框

图 10-1-4 放置好的 BCY-W3/E4 封装

10.1.2 绘制铜膜导线

铜膜导线是具有电气意义的线，与原理图中的导线 Wire 一样。在 PCB 编辑器中绘制铜膜导线有专门的命令，切不可用直线代替。

在图 10-1-5 中，两个焊盘之间有一条飞线，本例通过连接这两个焊盘说明绘制铜膜导线的方法和铜膜导线的特点。

要求：在 Bottom Layer 工作层绘制铜膜导线。

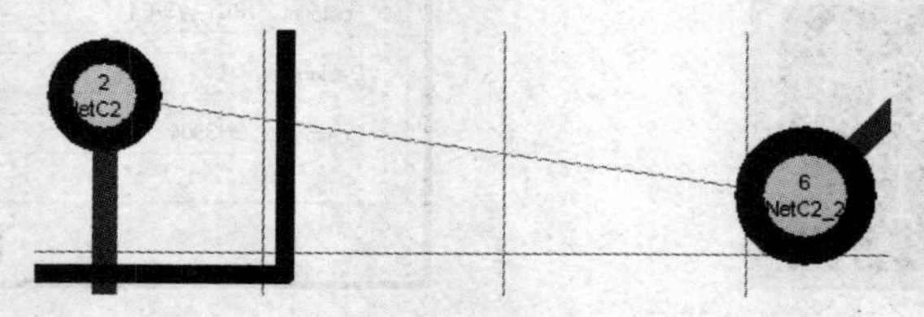

图 10-1-5 两个焊盘之间的飞线

1. 绘制铜膜导线步骤

（1）单击 PCB 编辑器屏幕下方的“Bottom Layer”标签，将其设置为当前层。

（2）单击“Wiring”工具栏中的“绘制铜膜导线”图标，或执行菜单命令“Place”→“Interactive Routing”，光标变成十字形，将十字光标的中心放在焊盘的中心处，单击鼠标左键确定铜膜导线起点，如图 10-1-6 所示。

（3）在每个需要拐弯的位置都要单击鼠标左键，以确定拐点，最后在下一个焊盘的中心处单击鼠标左键确定本条导线的终点，然后单击鼠标右键完成一条导线的绘制。此时，可继续绘制另一条导线，或单击鼠标右键退出绘制状态，如果只绘制一条导线，单击两次鼠标右键可直接退出绘制状态。

特别要注意，在印制电路板图中，铜膜导线的拐弯角度一般应为 45°，如果拐弯样式不符合要求，可以在确定了拐角第一点后按“Shift”+“空格”键切换拐弯样式。

绘制完毕的导线如图 10-1-7 所示。

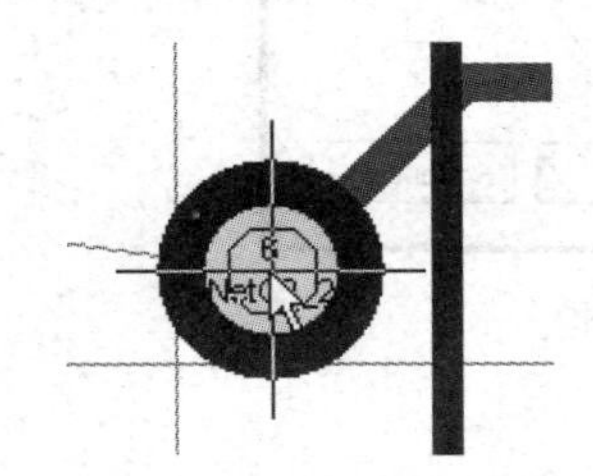

图 10-1-6　确定铜膜导线起点

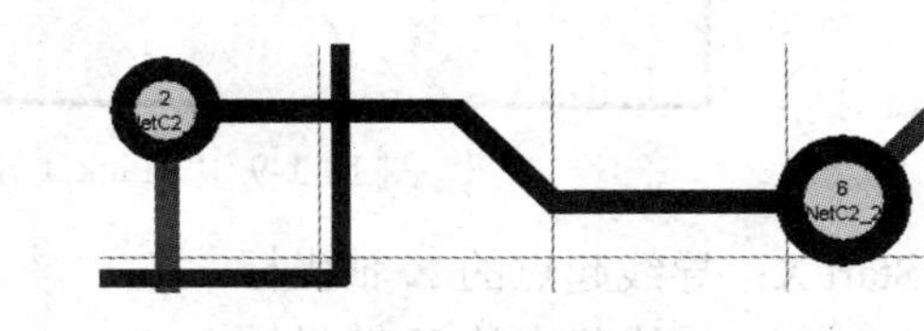

图 10-1-7　在两个焊盘之间绘制了一条铜膜导线

绘制完铜膜导线后会发现，表示两个焊盘之间有电气连接关系的飞线不显示了。

如果用直线绘制，则飞线仍然显示，表示两个焊盘之间没有用铜膜导线连接。

2. 设置铜膜导线参数

在绘制导线过程中按“Tab”键，系统弹出“Interactive Routing（交互式布线）”对话框，如图 10-1-8 所示。

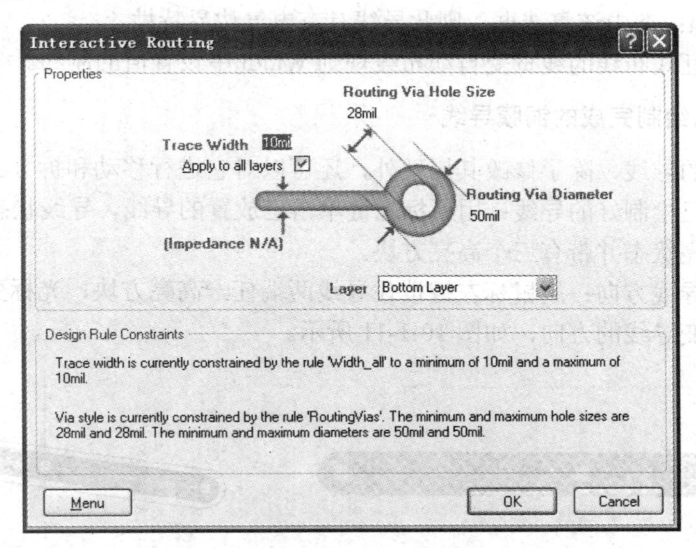

图 10-1-8　“Interactive Routing（交互式布线）”对话框

对话框主要用于设置导线的宽度（Trace Width）、导线所在工作层（Layer）和过孔的内外径尺寸（Routing Via Hole Size）。

双击已绘制完成的铜膜导线，系统弹出“Track（导线）”对话框，如图 10-1-9 所示。

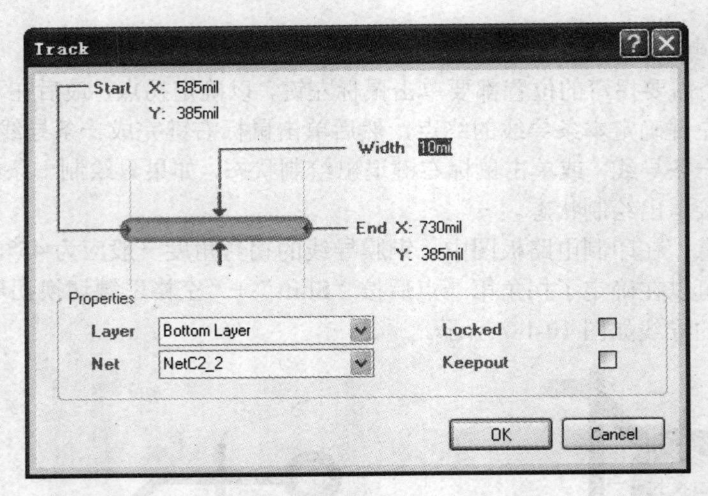

图 10-1-9 “Track（导线）”对话框

- Start X：导线起点的 X 轴坐标。
- Start Y：导线起点的 Y 轴坐标。
- Width：导线宽度。
- End X：导线终点的 X 轴坐标。
- End Y：导线终点的 Y 轴坐标。
- Layer：导线所在工作层，可通过右侧的下拉按钮设置。
- Net：导线所在的网络，可通过右侧的下拉按钮设置。
- Locked：导线位置是否锁定。
- Keepout：选中该复选框，则此导线具有电气边界特性。

注意：交互式布线的线宽受自动布线规则 Width 中设置值的制约。

3. 编辑已绘制完成的铜膜导线

对放置好的导线，除了修改其属性外，还可以对它进行移动和拆分。操作步骤如下。

（1）选中已绘制好的导线：用鼠标左键单击已放置的导线，导线状态如图 10-1-10 所示，导线呈高亮状态并带有三个高亮方块。

（2）改变导线方向：用鼠标左键按住导线两端任一高亮方块，光标变成双箭头形状，拖动光标可改变导线的方向，如图 10-1-11 所示。

图 10-1-10 鼠标左键单击导线后的情况　　图 10-1-11 改变导线方向

（3）将导线变为折线：用鼠标左键按住导线中间的高亮方块，光标变成双箭头形状，拖动光标，此时直导线变成了折线，如图 10-1-12 所示。

（4）将一条导线变为两条：直导线变成了折线后，用鼠标左键单击折线的左半部分使之变为选中状态，再将光标移到折线的另一段上，按住鼠标左键不放并移动它，该线段被移开，原来的一条导线变成两条导线，如图 10-1-13 所示。

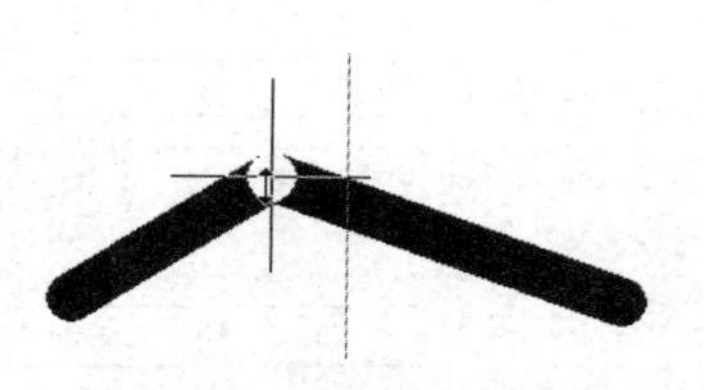

图 10-1-12　将导线变为折线

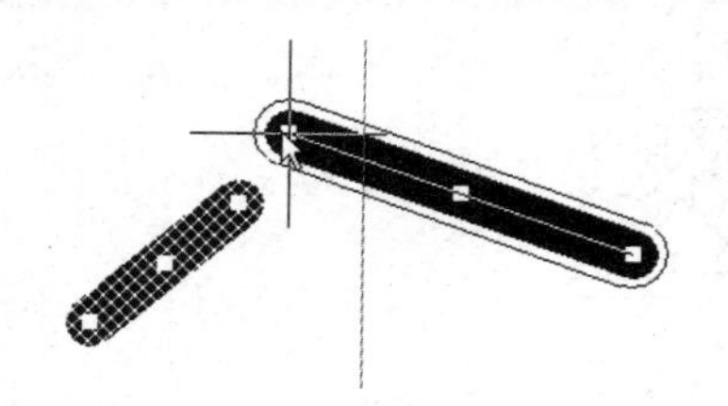

图 10-1-13　一条导线变成两条导线

4．在绘制过程中改变铜膜导线的工作层

在绘制铜膜导线时，有时一条导线需要分别在两个工作层绘制，如水平线在 Top Layer 绘制、垂直线在 Bottom Layer 绘制，而在两条线的交点处需放置一个过孔以连接两个工作层上的铜膜导线。下面介绍一种在绘制过程中切换工作层的简单方法。

（1）在顶层绘制一条水平导线，在默认状态下，导线的颜色为红色。

（2）在水平导线的终点处单击鼠标左键→按下小键盘的"*"键，会发现当前层变成了底层 Bottom Layer→原地再单击鼠标左键，则在水平导线的终点处出现一个过孔。

（3）继续移动光标绘制完成另一段在 Bottom Layer 工作层的导线，在默认状态下，导线的颜色变成了蓝色。效果如图 10-1-14 所示。

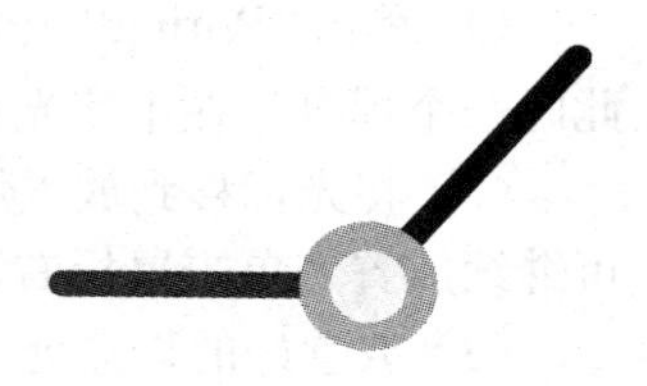

图 10-1-14　分别在两个信号层绘制一条铜膜导线

10.1.3　绘制连线

连线一般是在非电气层上绘制电路板的边界、元器件封装符号边界、禁止布线边界等，它不能连接到网络上，绘制时不遵循布线规则。

1．绘制连线步骤

（1）执行菜单命令"Place"→"Line"或用鼠标左键单击"Utilities"工具栏中的"Utility Tools"图标→用鼠标左键单击"Utility Tools"工具栏中的"绘制连线"图标，如图 10-1-15 所示。

（2）连线的绘制步骤同绘制铜膜导线，不再赘述。

2．设置连线参数

在绘制连线过程中按"Tab"键，系统弹出"Line Constraints"对话框，如图 10-1-16 所示。

- Line Width：连线宽度。
- Current Layer：连线的当前工作层。

修改完后单击"OK"按钮。

双击绘制完毕的连线，系统弹出"Track"对话框，对话框中的各参数含义同 10.1.2。

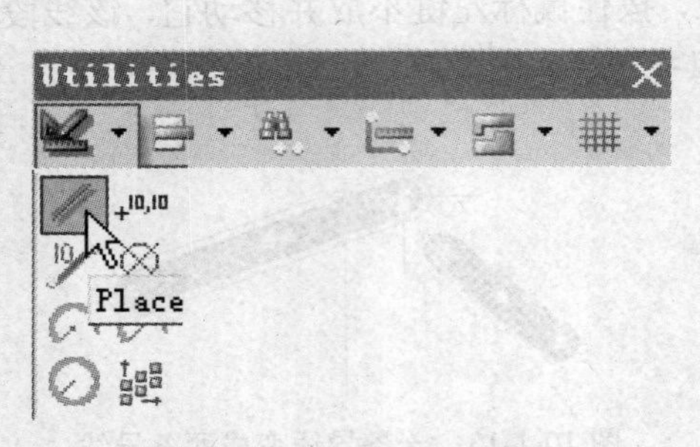

图 10-1-15 绘制连线图标

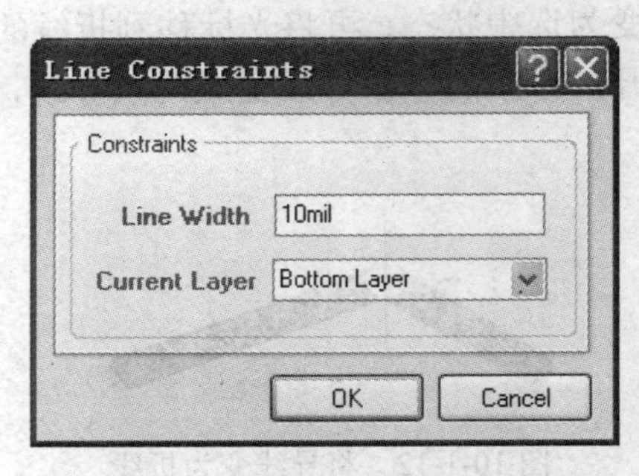

图 10-1-16 “Line Constraints”对话框

10.1.4 放置焊盘

1. 放置焊盘步骤

（1）单击“Wiring”工具栏中的“放置焊盘”图标或执行菜单命令“Place”→“Pad”，此时一个焊盘粘在十字光标的中心。

（2）将光标移到放置焊盘的位置，单击鼠标左键，即放置了一个焊盘，单击鼠标左键可继续放置，单击鼠标右键退出放置焊盘状态。

（3）放置好的焊盘处于选中状态，在焊盘以外的任何地方单击鼠标左键，可取消选中状态。

2. 设置焊盘属性

在放置焊盘过程中按“Tab”键或双击已放置好的焊盘，均可弹出“Pad（焊盘）”对话框，如图 10-1-17 所示。

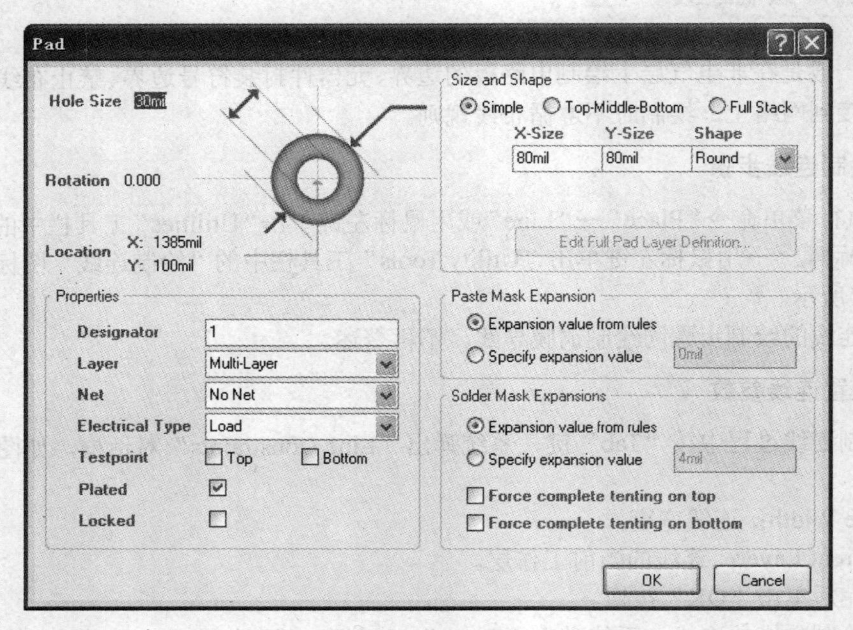

图 10-1-17 “Pad（焊盘）”对话框

- Hole Size：焊盘的通孔直径，对于表贴式元器件封装的焊盘，Hole Size 应设置为 0。
- Location X、Location Y：焊盘的 X 和 Y 方向坐标值。

Size and Shape 区域的选项如下。

- X- Size、Y- Size：焊盘的 X 和 Y 方向尺寸。
- Shape：焊盘形状，包括 Round（圆形）、Rectangle（矩形）、Octagonal（八角形），如图 10-1-18 所示。

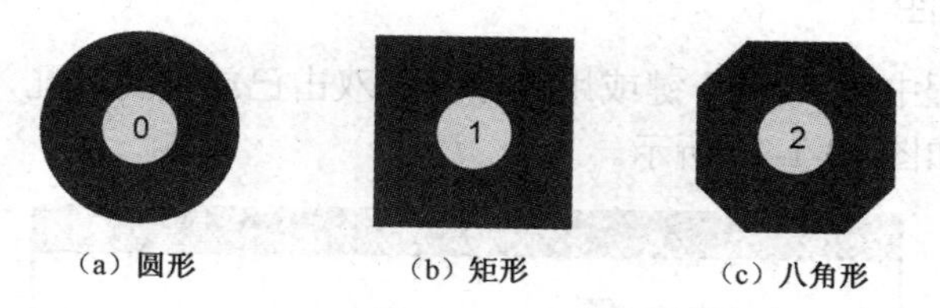

（a）圆形　（b）矩形　（c）八角形

图 10-1-18　焊盘的三个形状

“Properties”区域的选项如下。

- Designator：焊盘序号。
- Layer：焊盘所在工作层，可通过右侧的下拉按钮设置。对于通孔，焊盘统一放置在 Multi-Layer；表贴式元器件封装的焊盘，工作层应视该元器件放置的工作层而定，通常为 Top Layer 或 Bottom Layer。
- Net：焊盘所在网络，可通过右侧的下拉按钮设置。
- Electrical Type：焊盘在网络中的电气类型。包括 Load（负载焊盘）、Source（源焊盘）、Terminator（终结焊盘）。
- Testpoint：是否为测试点。有两个选项，即 Top 和 Bottom。设为测试点后，在焊盘上会显示 Top 或 Bottom Test-Point 文本，并且 Locked 属性同时被选取，使之被锁定，如图 10-1-19 所示。

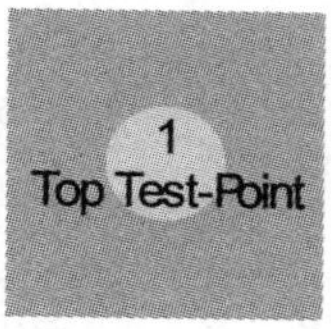

1
Top Test-Point

图 10-1-19　设置为测试点的焊盘

- Plated：是否将焊盘的通孔孔壁加以电镀处理，选中为电镀；
- Locked：焊盘是否锁定。
- Paste Mask Expansion 区域：锡膏防护层参数设置。
- Solder Mask Expansions 区域：阻焊层参数设置。

这两个区域分别用于锡膏防护层和阻焊层的大小是按设计规则设置还是按特殊值设置，默认是按设计规则设置。

10.1.5　放置过孔

过孔又称为导孔，用于连接不同板层间的导线。

1. 放置过孔步骤

（1）单击“Wiring”工具栏中的“放置过孔”图标，或执行菜单命令“Place”→“Via”。

（2）光标变成十字形，将光标移到放置过孔的位置，单击鼠标左键，放置一个过孔。

（3）将光标移到新的位置，可继续放置其他过孔。

（4）单击鼠标右键，退出放置状态。

（5）放置好的过孔处于选中状态，在过孔以外的任何地方单击鼠标左键，可取消选中状态。

2. 设置过孔属性

在放置过孔过程中按“Tab”键或用鼠标左键双击已放置的过孔，系统均可弹出“Via（过孔）”对话框，如图10-1-20所示。

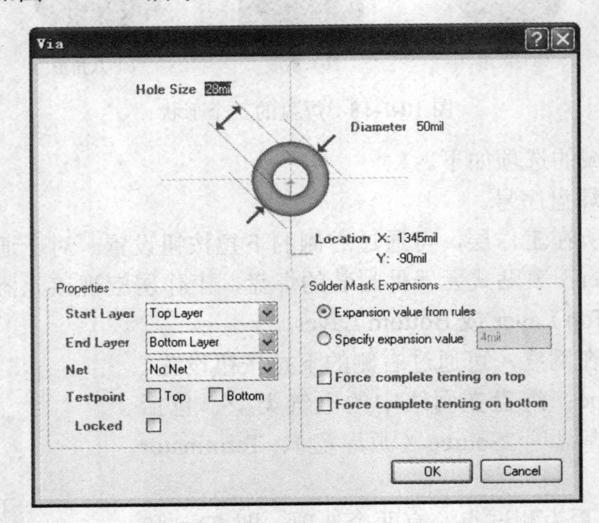

图10-1-20 “Via（过孔）”对话框

- Hole Size：过孔内径。
- Diameter：过孔外径。
- Location X、Location Y：过孔的X和Y方向坐标值。

“Properties”区域的选项如下。

- Start Layer：过孔起始工作层，可通过右侧的下拉按钮设置。
- End Layer：过孔结束工作层，可通过右侧的下拉按钮设置。
- Net：过孔所在网络，可通过右侧的下拉按钮设置。
- Testpoint：是否为测试点。
- Locked：过孔是否锁定。

“Solder Mask Expansions”区域：阻焊层参数设置。含义同“焊盘”。

10.1.6 放置字符串

在制作电路板时，常需要在电路板上放置一些说明字符，这些字符的存在不能对电路板的导电特性有丝毫影响，不应具有电气特性，因此必须放置在丝印层，即顶层丝印层（Top OverLay）或底层丝印层（Bottom OverLay）。

1. 放置字符串步骤

(1) 将当前层设置为顶层丝印层(Top OverLay)或底层丝印层(Bottom OverLay)。

(2) 单击"Wiring"工具栏的"放置字符串"图标 A ,或执行菜单命令"Place"→"String"。

(3) 光标变成十字形,并且十字光标上带有前一次放置的字符串。此时按下"Tab"键,将弹出"String(字符串)"对话框,如图 10-1-21 所示,在对话框的"Text"中输入字符串的有关内容。

(4) 设置完毕,单击"OK"按钮,将光标移到相应的位置,单击鼠标左键,完成一次放置操作。

(5) 将光标移到新的位置,可继续放置字符串。

(6) 单击鼠标右键,退出放置状态。

(7) 放置好的字符串处于选中状态,在字符串以外的任何地方单击鼠标左键,可取消选中状态。

2. 字符串属性设置

在放置字符串过程中按"Tab"键,或双击已放置好的字符串,系统均可弹出"String(字符串)"对话框,如图 10-1-21 所示。

- Height:字符串中的文字高度。
- Width:字符串中的文字线宽度。
- Rotation:文字旋转角度。
- Location X、Location Y:字符串的 X 和 Y 方向坐标值。

"Properties"区域选项如下。

- Text:设置字符串内容,可以输入自己需要的内容,也可以通过指定字符串变量显示变量内容。

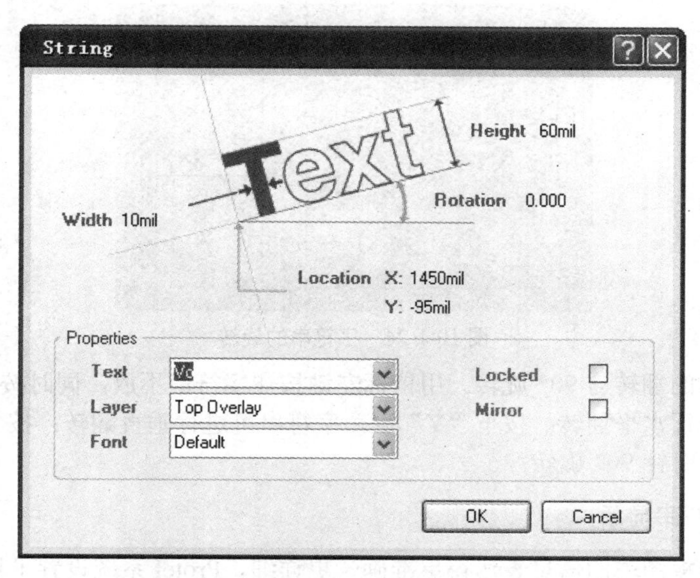

图 10-1-21 "String(字符串)"对话框

- Layer：设置字符串所在工作层，可通过右侧的下拉按钮设置。
- Font：设置字符串字体。
- Locked：字符串是否锁定，选中为锁定。
- Mirror：字符串是否进行水平翻转，选中为翻转。

3．字符串的移动和旋转操作

（1）字符串的选择。用鼠标左键单击字符串，该字符串就处于选中状态，如图 10-1-22 中右侧的字符串所示。

图 10-1-22　字符串选中状态

（2）字符串的移动。将光标放在字符串上，按住鼠标左键进行拖动。

（3）字符串的任意角度旋转。在字符串上单击鼠标左键，使字符串处于选中状态，在字符串的右下方出现一个小方块，将光标放在小方块上，则光标变成双向箭头，如图 10-1-23 所示；用鼠标左键按住此双向箭头并旋转光标，该字符串就会以左侧的“+”号为中心做任意角度旋转，如图 10-1-24 所示。

图 10-1-23　光标放在小方块上变成双向箭头

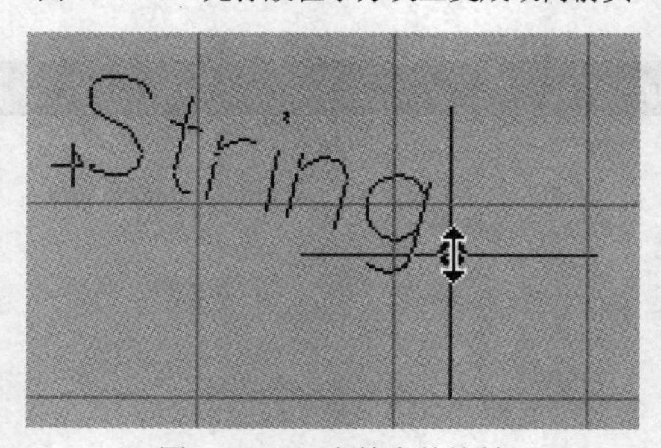

图 10-1-24　字符串的旋转

（4）字符串的翻转与 90° 旋转。用鼠标左键按住字符串不放，同时按下键盘的“X”键，字符串可进行水平翻转；按下“Y”键，字符串可进行垂直翻转；按下“空格”键，字符串可进行逆时针 90° 旋转。

4．特殊字符串显示

为了使电路板图中的信息表达得更准确、更详细，Protel 系统设置了特殊字符串。

要显示特殊字符串的内容需进行两步操作，即设置特殊字符串显示模式和选择特殊字符串。

（1）设置特殊字符串显示模式。执行菜单命令“Tools”→“Preferences”，系统弹出“Preferences”对话框，在“Protel PCB”文件夹下选择“Display”，在右侧的“Display Options”区域中选中“Convert Special String”复选框。

（2）选择特殊字符串。按照放置字符串的步骤调出“String”对话框，单击“Text”旁的下拉按钮，在下拉列表中选择需要的字符串变量，如.Pcb_File_Name_No_Path（显示不带路径的文件名），如图 10-1-25 所示，放置后的效果如图 10-1-26 所示。

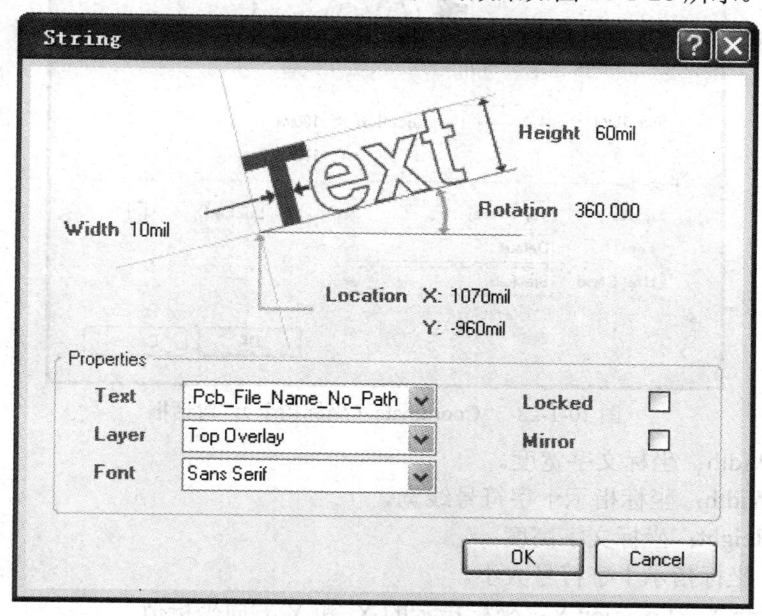

图 10-1-25　选择特殊字符串

PCB2.PcbDoc

图 10-1-26　显示不带路径的文件名字符串

10.1.7　放置位置坐标

位置坐标的功能是指示编辑区中指定点的坐标位置。

1. 放置位置坐标步骤

（1）单击“Utilities”工具栏中的“放置位置坐标”图标（如图 10-1-27 所示），或执行菜单命令“Place”→“Coordinate”。

（2）光标变成十字形，并且有一个变化的坐标值随光标移动，在指定位置单击鼠标左键，完成一次操作。

（3）单击鼠标右键，退出放置状态。

（4）放置好的坐标值处于选中状态，在坐标值以外的任何地方单击鼠标左键，即可取消选中状态。

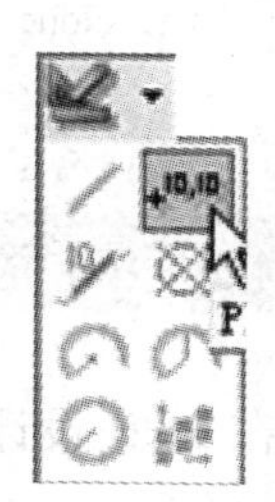

图 10-1-27　选择“放置位置坐标”图标

2．位置坐标属性设置

在放置坐标指示过程中按“Tab”键，或双击已放置的坐标位置指示，系统均可弹出“Coordinate（坐标指示）”对话框，如图 10-1-28 所示。

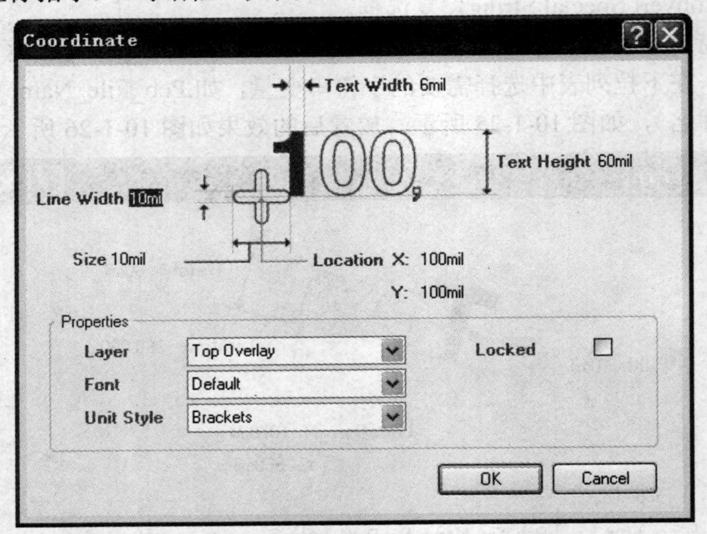

图 10-1-28 “Coordinate（坐标指示）”对话框

- Text Width：坐标文字宽度。
- Line Width：坐标指示十字符号线宽。
- Text Height：坐标文字高度。
- Size：坐标指示十字符号大小。
- Location X、Location Y：坐标指示的 X 和 Y 方向坐标值。

“Properties”区域的选项如下。

- Layer：坐标指示所在工作层，可通过右侧的下拉按钮设置。
- Font：坐标指示文字字体。
- Locked：坐标指示文字是否锁定，选中表示锁定。
- Unit Style：坐标指示的单位显示形式。共有三种，包括 None（无单位）、Normal（常规表示）、Brackets（括号表示），如图 10-1-29 所示。

+1000，1000   +1880mil，1000mil   +3000，1000（mil）

（a）None（无单位）   （b）Normal（常规表示）   （c）Brackets（括号表示）

图 10-1-29 坐标单位显示形式

10.1.8 放置尺寸标注

在 PCB 设计中，有时需要标注某些尺寸，以方便后续设计或制造。

1．放置尺寸标注步骤

（1）单击“Utilities”工具栏中的“放置尺寸标注”图标（如图 10-1-30 所示），或执行菜单命令“Place”→“Dimension”。

（2）光标变成十字形，并且有一个变化的尺寸标注随光标移动，移动光标到尺寸的起点，单击鼠标左键，确定标注尺寸的起始位置。

（3）可向任意方向移动光标，中间显示的尺寸随光标的移动而不断变化，到终点位置单击鼠标左键加以确定，完成一次尺寸标注。

（4）单击鼠标右键，退出放置状态。

（5）放置好的尺寸标注处于选中状态，在尺寸标注以外的任何地方单击鼠标左键，即可取消选中状态。

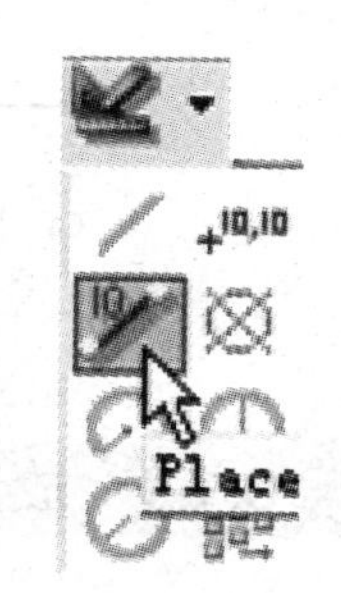

图 10-1-30　选择“放置尺寸标注”图标

2. 尺寸标注属性设置

在放置尺寸标注过程中按“Tab”键，或双击已放置的尺寸标注，系统均可弹出“Dimension（尺寸标注）”对话框，如图 10-1-31 所示。

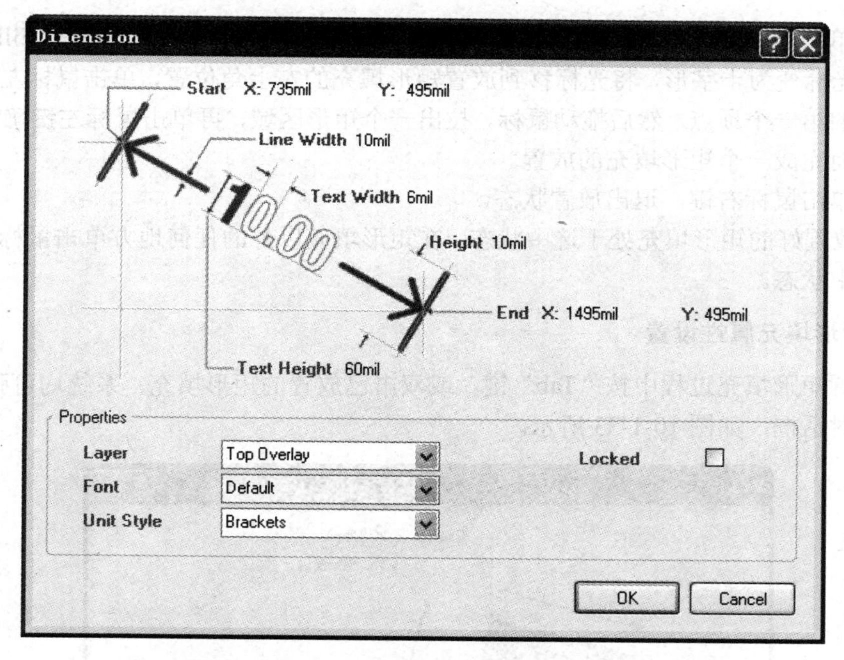

图 10-1-31　“Dimension（尺寸标注）”对话框

对该对话框中含义与坐标位置指示相同的参数不再赘述。

其他参数含义如下。

- Start X/Y：尺寸标注开始的 X/Y 坐标。
- End X/Y：尺寸标注结束的 X/Y 坐标。
- Height：尺寸标注线的高度。
- Line Width：尺寸标注线的宽度。
- Text Width：尺寸标注字符宽度。
- Text Height：尺寸标注字符高度。
- Unit Style：尺寸标注的单位显示形式。共有三种，包括 None（无单位）、Normal（常规表示）、Brackets（括号表示），如图 10-1-32 所示。

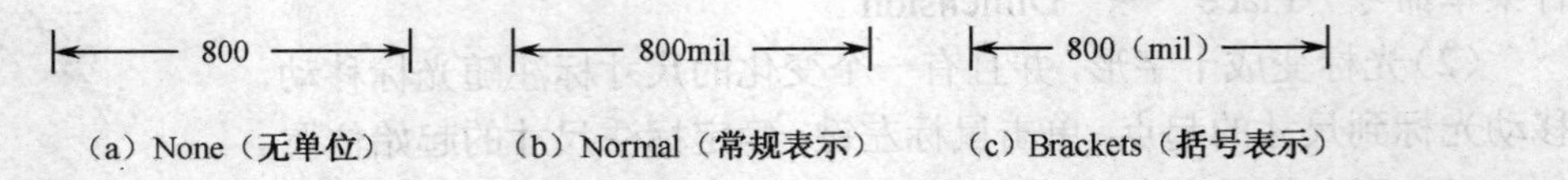

图 10-1-32　尺寸标注单位显示形式

10.1.9　放置矩形填充

铜膜填充一般用于制作 PCB 插件的接触面或者用于增强系统的抗干扰性而设置的大面积电源或地。在制作电路板的接触面时，放置填充的部分在实际制作的电路板上是外露的覆铜区。填充通常放置在 PCB 的顶层、底层或内部的电源层或接地层上。

1．放置矩形填充步骤

（1）单击“Wiring”工具栏中的图标，或执行菜单命令“Place”→“Fill”。

（2）光标变为十字形，将光标移到放置矩形填充的左上角位置，单击鼠标左键，确定矩形填充的第一个顶点，然后拖动鼠标，拉出一个矩形区域，再单击鼠标左键确定矩形右下角，从而完成一个矩形填充的放置。

（3）单击鼠标右键，退出放置状态。

（4）放置好的矩形填充处于选中状态，在矩形填充以外的任何地方单击鼠标左键，即可取消选中状态。

2．矩形填充属性设置

在放置矩形填充过程中按“Tab”键，或双击已放置的矩形填充，系统均可弹出“Fill（填充）”对话框，如图 10-1-33 所示。

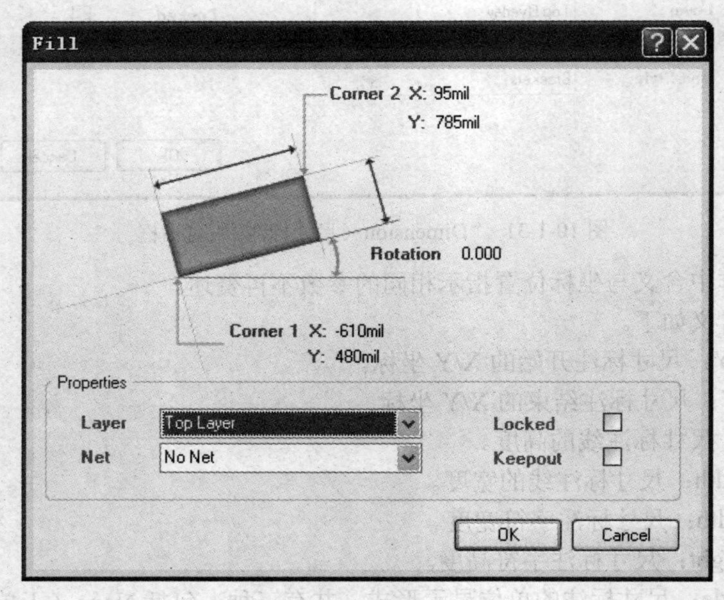

图 10-1-33　“Fill（填充）”对话框

- Corner1 X 、Corner1 Y：矩形填充第一个角的 X、Y 坐标值。
- Corner2 X 、Corner1 Y：矩形填充第二个角的 X、Y 坐标值。
- Rotation：矩形填充的旋转角度。

“Properties”区域的选项如下。

- Layer：矩形填充所在工作层，可通过右侧的下拉按钮设置。
- Net：矩形填充所在网络，可通过右侧的下拉按钮设置。
- Locked：矩形填充是否锁定，选中为锁定。
- Keepout：矩形填充是否屏蔽，选中为屏蔽。

3．矩形填充的移动、缩放与旋转

（1）移动矩形填充。在矩形填充上按住鼠标左键进行拖动。

（2）矩形填充的缩放。

① 在矩形填充上单击鼠标左键将其选中，选中后的矩形填充如图 10-1-34 所示。

② 将光标放在矩形填充四角任一控制块上，光标变成双向箭头，如图 10-1-35 所示。

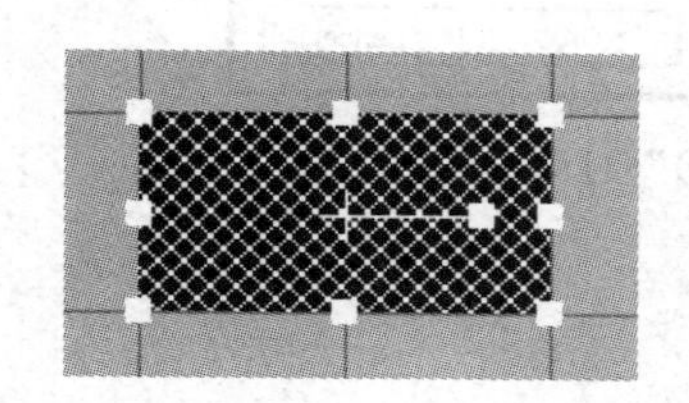

图 10-1-34　被选中的矩形填充

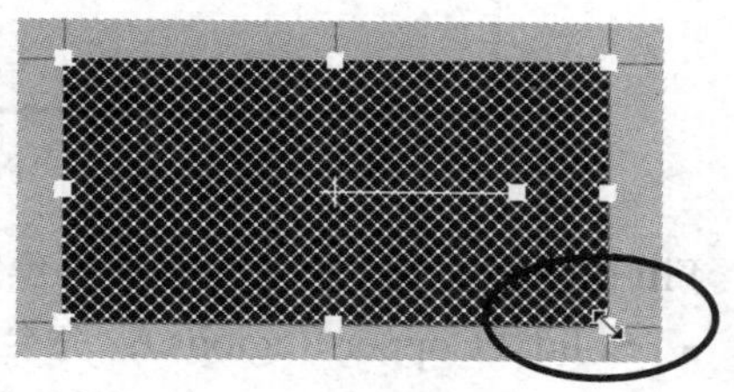

图 10-1-35　光标变成双向箭头

③ 按住鼠标左键即可进行缩放操作。

（3）矩形填充的旋转。

① 在矩形填充上单击鼠标左键将其选中，选中后的矩形填充如图 10-1-34 所示。

② 将光标放在矩形填充内部的控制块上，光标变成双向箭头，按住鼠标左键进行旋转即可，如图 10-1-36 所示。

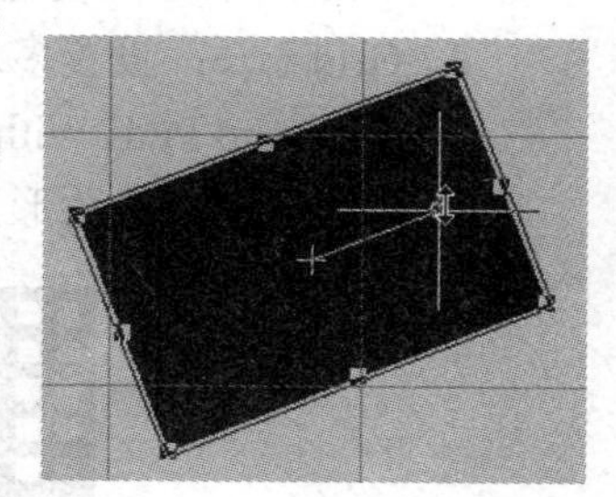

图 10-1-36　旋转矩形填充

10.1.10　放置多边形填充

为增强电路的抗干扰能力，可对电路板进行覆铜操作，覆铜是通过放置多边形平面填充实现的。

1．放置多边形填充

（1）单击“Wiring”工具栏中的“放置多边形填充”图标，或执行菜单命令“Place”→“Polygon Pour”。

（2）系统弹出“Polygon Pour（多边形）”对话框，如图 10-1-37 所示，对所需属性进行设置。

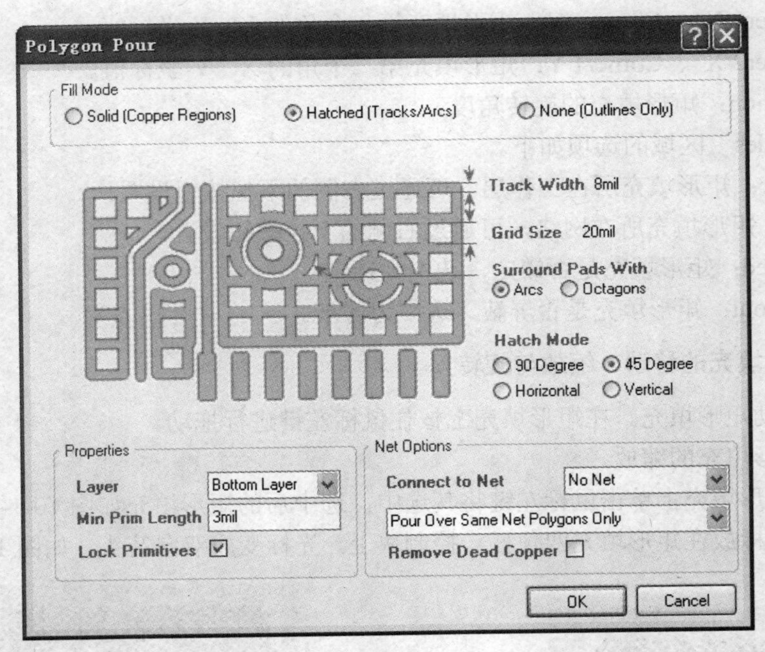

图 10-1-37 “Polygon Pour（多边形）”对话框

Fill Mode 区域：选择内部填充模式。

- Solid（Copper Regions）：完全填充。
- Hatched（Tracks/Arcs）：网状或线状填充（常用）。如果选择 Hatched（Tracks/Arcs），对话框如图 10-1-37 所示，显示需选择填充图案的一些参数。
- None（Outlines Only）：无填充。
- Track Width：设置多边形平面填充的线宽。
- Grid Size：设置多边形平面填充的栅格间距。
- Surround Pads With 区域：设置多边形平面填充环绕焊盘的方式。有两种方式，即 Octagons（八角形）方式和 Arcs（圆弧）方式，如图 10-1-38 所示。

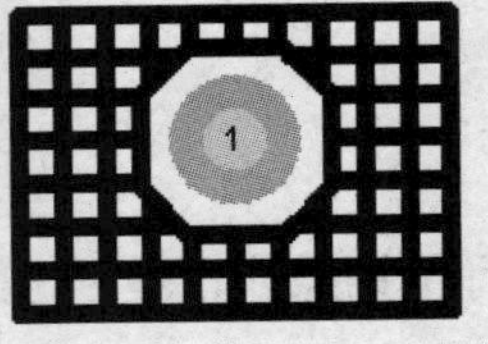

（a）Octagons（八边形）方式

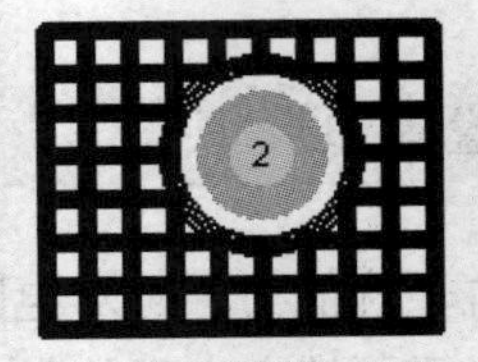

（b）Arcs（圆弧）方式

图 10-1-38 环绕焊盘方式

- Hatch Mode 区域：设置多边形平面填充内部的布线形式。共有 4 种形式，即 90 Degree（90° 格）、45 Degree（45°格）、Horizontal（水平线）、Vertical（垂直线），如图 10-1-39 所示。

“Properties”区域的选项如下。

- Layer：设置多边形填充所在工作层，可通过右侧的下拉按钮设置。

- Min Prim Length：设置多边形平面填充内最短的走线长度。
- Lock Primitives：多边形平面填充是否锁定，选中为锁定。

（a）90°格

（b）45°格

（c）垂直线

（d）水平线

图 10-1-39　4 种不同的填充格式

"Net Options"区域的选项如下。

- Connect to Net：多边形平面填充所在网络，可通过右侧的下拉按钮设置。
- Pour Over Same Net Polygons Only：仅覆盖填充区域内具有相同网络的实体。在该下拉列表中还有下列两项。

Don't Pour Over Same Net Objects：不覆盖相同网络的实体，对于比较复杂的系统，印制电路板上可能包含多种性质的功能单元（低频部分、高频部分、数字电路部分等），不宜采用覆盖所有相同的网络对象实体；

Pour Over All Same Net Objects：覆盖所有相同的网络对象实体。

- Remove Dead Copper：该项有效时，如果遇到死铜的情况，就将其删除。

已经设置与某个网络相连但实际上没有与该网络相连的多边形平面填充称为死铜。

（3）设置完属性对话框后，单击"OK"按钮，光标变成十字形，进入放置多边形填充状态。

（4）移动光标，在合适位置单击鼠标左键，确定多边形填充的第一个端点，而后依次在每个拐点单击鼠标左键，确定各端点。

（5）在确定了多边形终点位置后直接单击鼠标右键，系统会自动将起点和终点连接起来形成一个多边形区域。

（6）绘制好的多边形平面填充处于选中状态，在多边形平面填充以外的任何地方单击鼠标左键，可取消选中状态。

在直接拖动多边形平面填充调整其放置位置时，会出现一个"Confirm（确认）"对话框（如图 10-1-40 所示），询问是否重建，应该单击"Yes"按钮要求重建。

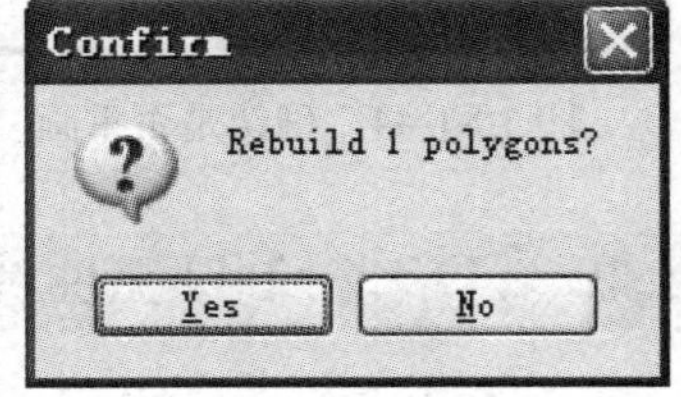

图 10-1-40　"Confirm（确认）"对话框

注意：矩形填充与多边形平面填充是有区别的。矩形填充将整个矩形区域以覆铜全部填满，同时覆盖区域内所有的导线、焊盘和过孔，使它们具有电气连接；而多边形平面填充用铜线填充，并可以设置绕过多边形区域内具有电气连接的对象，不改变它们原有的电气特性。

2. 分割多边形平面填充

分割多边形平面填充是将一个多边形平面填充分割成多个单独的填充。

（1）执行菜单命令"Place"→"Slice Polygon Pour"。

（2）光标变成十字形，将十字光标中心放在多边形平面填充的边界位置，单击鼠标左键，确定分割的起始点，如图 10-1-41 所示。

（3）拖动光标到另一个边界的位置，单击鼠标左键进行分割，如图 10-1-42 所示。

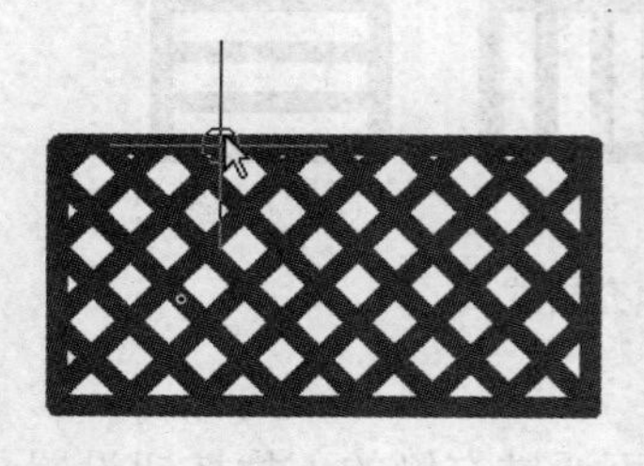

图 10-1-41　分割多边形平面填充步骤 1

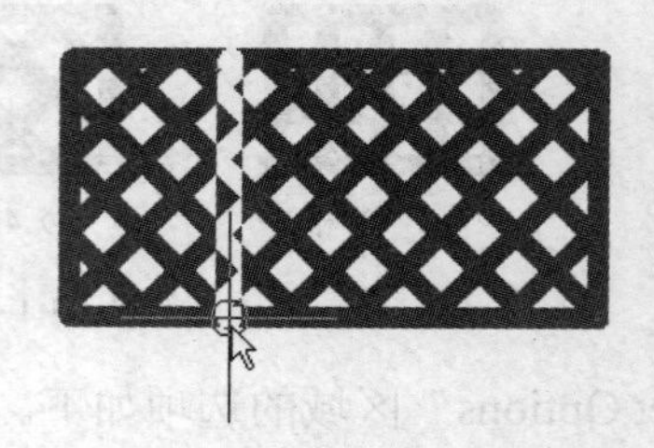

图 10-1-42　分割多边形平面填充步骤 2

（4）单击两次鼠标右键，系统弹出“Confirm”对话框要求确认将一个多边形分割成 2 个（或多个）多边形，如图 10-1-43 所示。

（5）单击“Yes”按钮，系统继续弹出要求确认是否重画的对话框，如图 10-1-44 所示。

（6）单击“Yes”按钮，一个多边形变成了两个多边形，如图 10-1-45 所示。

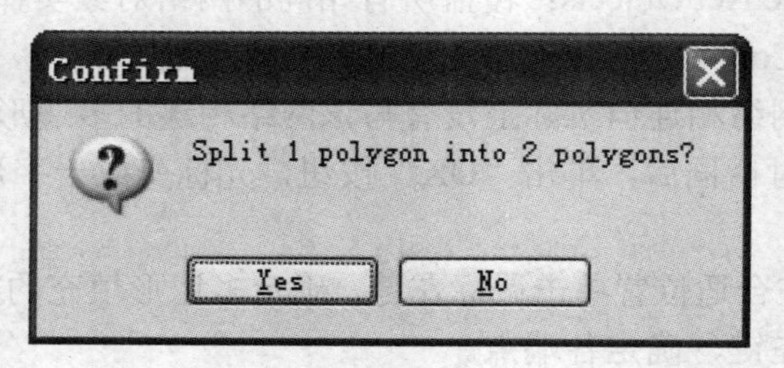

图 10-1-43　“Confirm”对话框

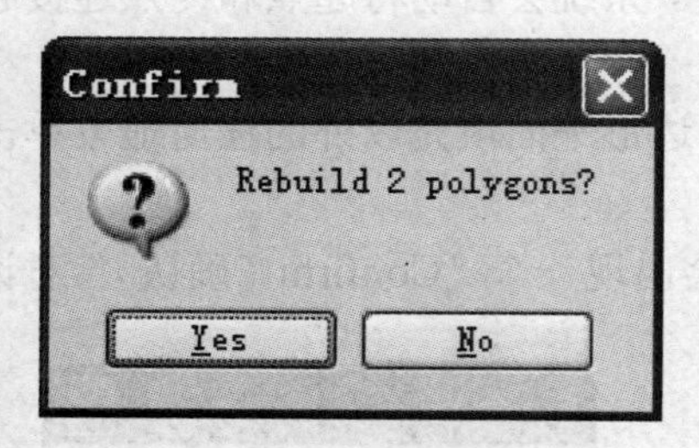

图 10-1-44　确认是否重画

图 10-1-45　变成了两个多边形

10.1.11　绘制圆弧曲线

在“Place”菜单中共有 4 个画圆或圆弧命令，如图 10-1-46 所示。这 4 个命令各有不同特点，以下分别介绍。

1．用中心法绘制圆弧

用中心法绘制圆弧是通过确定圆弧的中心、起点和终点来确定一个圆弧。

（1）单击“Utilities”工具栏中的“用中心法绘制圆弧”图标（如图 10-1-47 所示），或执行菜单命令“Place”→“Arc（Center）”。

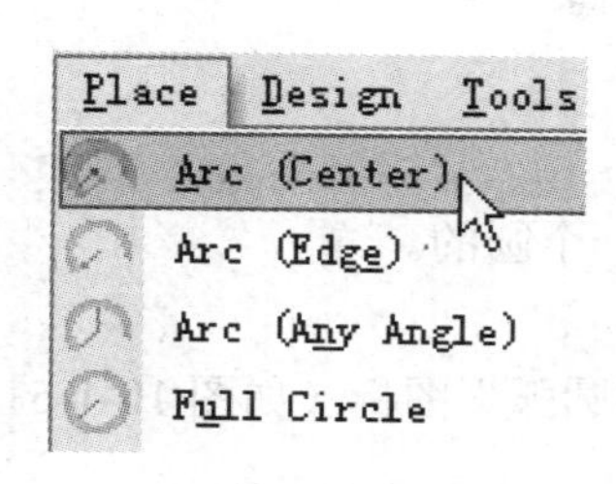

图 10-1-46 画圆和圆弧命令

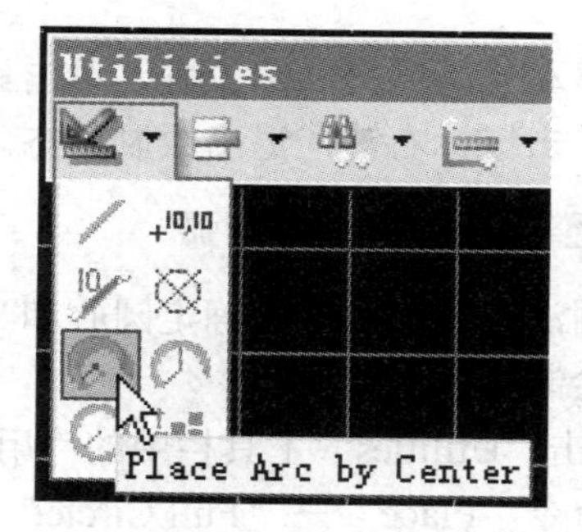

图 10-1-47 单击“用中心法绘制圆弧”图标

（2）光标变成十字形，移动光标到适当位置，单击鼠标左键确定圆弧中心。

（3）移动光标到适当位置，单击鼠标左键确定圆弧半径。

（4）移动光标到适当位置，单击鼠标左键确定圆弧起点。

（5）移动光标到适当位置，单击鼠标左键确定圆弧终点，如图 10-1-48 所示。

（6）单击鼠标右键退出绘制状态。

（7）放置好的圆弧处于选中状态，在圆弧以外的任何地方单击鼠标左键，即可取消选中状态。以下同理，该步骤不再赘述。

2. 用边缘法绘制圆弧

用边缘法绘制圆弧是通过确定圆弧上的两点（即起点与终点）来确定圆弧的大小。

（1）单击“Wiring”工具栏中的“用边缘法绘制圆弧”图标，或执行菜单命令“Place”→“Arc（Edge）”。

（2）光标变成十字形，移动光标到绘制圆弧的位置，单击鼠标左键，确定圆弧的起点。

（3）移动光标到适当的位置，单击鼠标左键，确定圆弧的终点，如图 10-1-49 所示。

（4）单击鼠标右键，退出绘制状态。

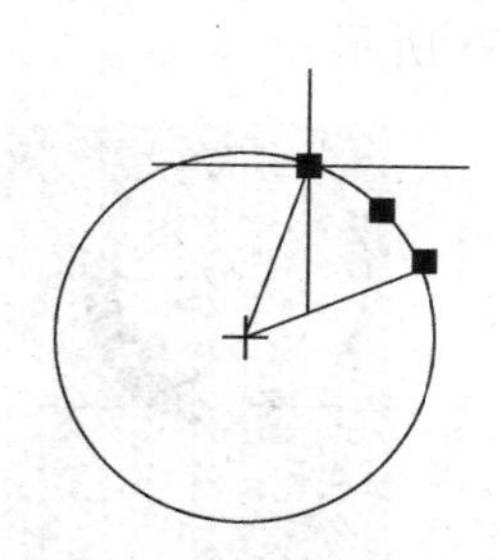

图 10-1-48 中心法绘制圆弧

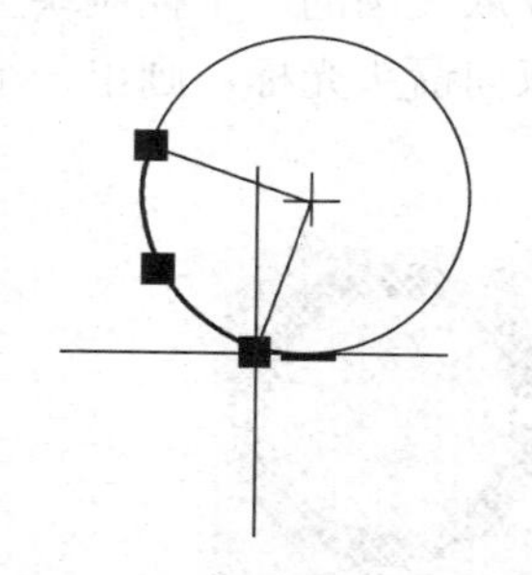

图 10-1-49 用边缘法绘制圆弧

3. 用任意角度法绘制圆弧

用任意角度法绘制圆弧是通过确定圆弧的起点、圆心和终点来确定圆弧的。

（1）单击“Utilities”工具栏中的“用任意角度法绘制圆弧”图标（如图 10-1-50 所示），或执行菜单命令“Place”→“Arc（Any Angle）”。

（2）光标变成十字形，将光标移到所需的位置，单击鼠标左键，确定圆的起点。

（3）移动光标到适当的位置，单击鼠标左键，确定圆弧的圆心。

（4）移动光标到另一个位置，单击鼠标左键，确定圆弧的终点。

（5）单击鼠标右键，退出绘制状态。

4．用整圆法绘制圆和圆弧

用整圆法绘制圆是通过确定圆心和半径来绘制一个圆的。

（1）绘制圆。

① 单击“Utilities”工具栏中的“用整圆法绘制圆弧”图标（如图 10-1-51 所示），或执行菜单命令“Place”→“Full Circle”。

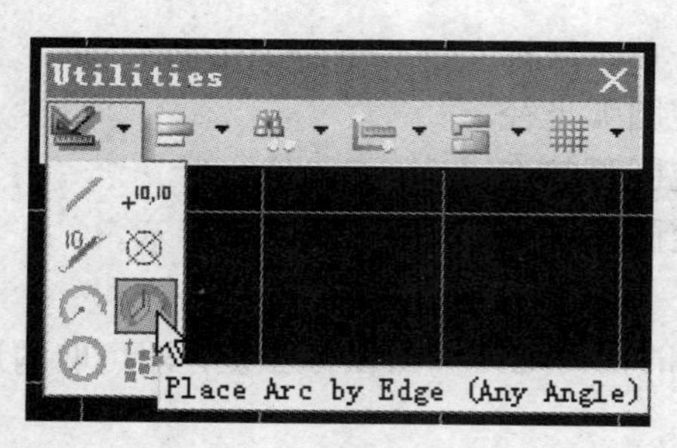

图 10-1-50　单击“用任意角度法绘制圆弧”图标

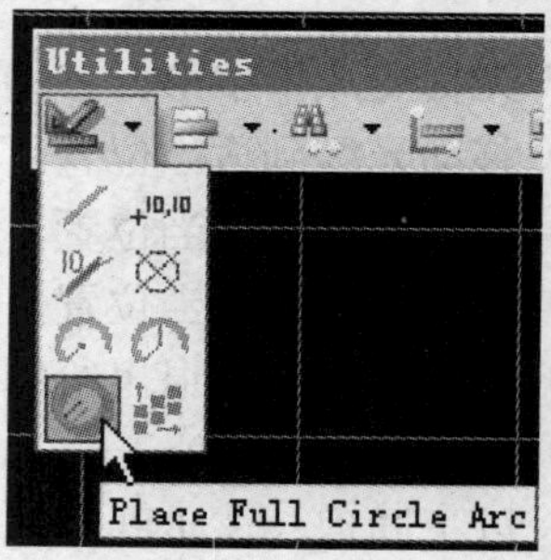

图 10-1-51　单击“用整圆法绘制圆弧”图标

② 光标变成十字形，移动光标到适当位置，单击鼠标左键，确定圆的圆心。

③ 移动光标拉出一个圆，在适当位置，单击鼠标左键，确定圆的半径，一个圆绘制完成。

④ 单击鼠标右键，退出绘制状态。

（2）绘制圆弧。

① 单击在“（1）”中绘制好的圆。

② 将光标放在圆的一个控制块上，光标变成双向箭头，如图 10-1-52 所示。

③ 拖动双向箭头光标，画出一个圆弧，如图 10-1-53 所示。

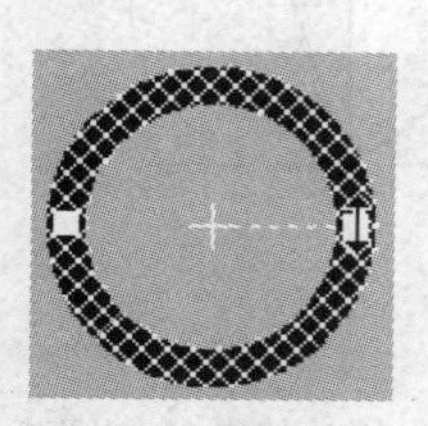

图 10-1-52　将光标放在圆的控制块上

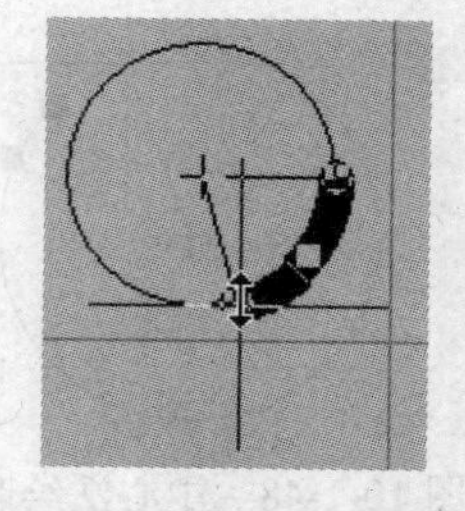

图 10-1-53　拖动光标绘制圆弧

10.1.12　绘制屏蔽线

为了防止干扰，常用接地线将某一条导线或网络包住，这种方法称为屏蔽。

（1）选择需要屏蔽的网络。

① 执行菜单命令“Edit”→“Select”→“Net”。

② 光标变成十字形，将十字光标移到需要屏蔽的网络上单击鼠标左键，该网络被选中，如图 10-1-54 所示。

③ 此时，光标仍为十字形，可继续选择其他网络，也可单击鼠标右键，退出选择状态。

（2）放置屏蔽导线。执行菜单命令“Tools”→“Outline Selected Objects”，被选中的网络即被屏蔽线包住，如图 10-1-55 所示。

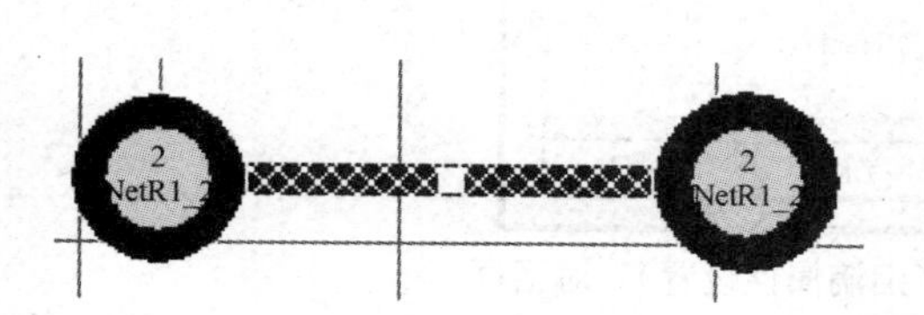

图 10-1-54　选中需要屏蔽的网络

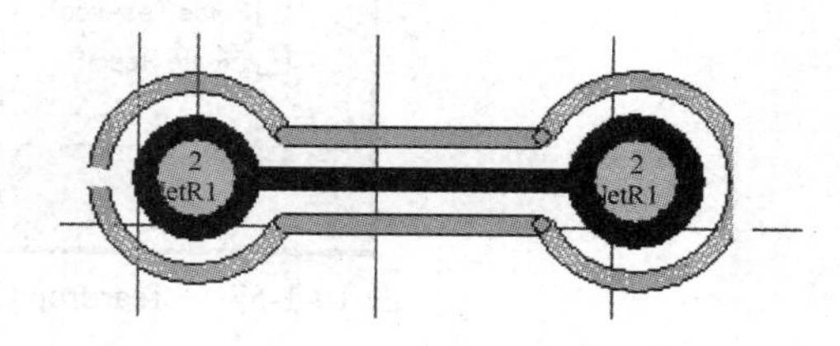

图 10-1-55　放置屏蔽导线

（3）删除屏蔽导线。执行菜单命令“Edit”→“Select”→“Connected Copper”，光标变成十字形，将十字光标移到需要删除的屏蔽线上单击鼠标左键，然后按“Delete”键即可。

10.1.13　补泪滴操作

为了增强电路板的铜膜导线与焊盘（或过孔）连接的牢固性，避免因钻孔或多次焊接等原因导致断线，需要将导线与焊盘（或过孔）连接处的导线宽度逐渐加宽，形成泪滴形状，这样的操作称为补泪滴。

下面通过对如图 10-1-56（a）所示的 2#焊盘进行补泪滴操作，说明操作过程。补泪滴前、后的效果如图 10-1-56 所示。

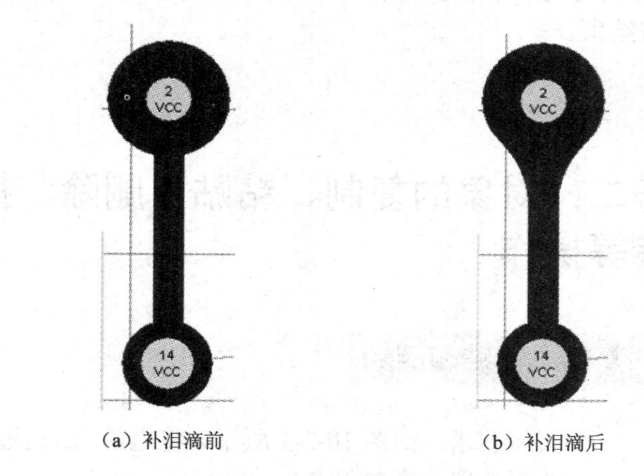

（a）补泪滴前　（b）补泪滴后

图 10-1-56　补泪滴操作

（1）用鼠标左键单击需要补泪滴的焊盘，如图 10-1-56（a）中的 2#焊盘，将其选中。

（2）执行菜单命令“Tools”→“Teardrops”，系统弹出“Teardrop Options（泪滴属性设置）”对话框，如图 10-1-57 所示。

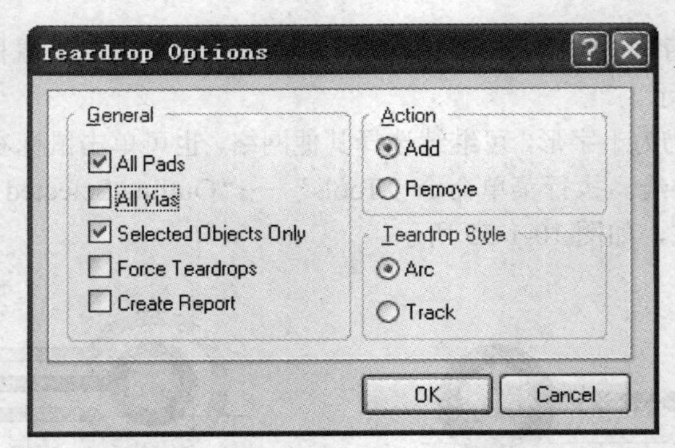

图 10-1-57 “Teardrop Options（泪滴属性设置）”对话框

“General”区域的选项如下。

- All Pads：该项有效，对符合条件的所有焊盘进行补泪滴操作。
- All Vias：该项有效，对符合条件的所有过孔进行补泪滴操作。
- Selected Objects Only：该项有效，只对选中的对象进行补泪滴操作。
- Force Teardrops：该项有效，将强迫进行补泪滴操作。
- Create Report：该项有效，把补泪滴操作数据存成一份.Rep 报表文件。

“Action”区域：设置对补泪滴的操作。

- Add：添加补泪滴。
- Remove：删除补泪滴。

“Teardrop Style”区域：设置补泪滴的形状。

- Arc：圆弧形泪滴。
- Track：导线状泪滴。

（3）因为仅对一个焊盘进行补泪滴操作，所以在对话框中按如图 10-1-57 所示进行设置，单击“OK”按钮结束。

10.2 任务二：对象的复制、粘贴、删除、排列、旋转等操作

10.2.1 对象的复制、粘贴和删除

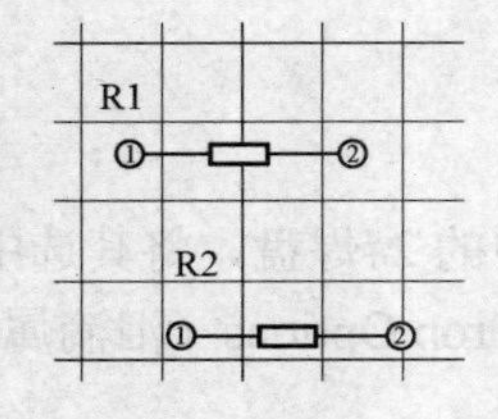

图 10-2-1 电阻的复制、粘贴

要求：如图 10-2-1 所示，将电阻 R1 通过复制、粘贴的方法再放置一个电阻 R2。

1．对象的复制

以复制电阻 R1 为例。

（1）在要复制的电阻 R1 上单击鼠标左键，将其选中。

（2）执行菜单命令“Edit”→“Copy”或按快捷键“Ctrl”

+“C”或单击“复制”图标，光标变成十字形。

（3）将十字光标在 R1 图形上单击鼠标左键，确定粘贴时的基准点（可选择 R1 的一个焊盘，如 1#焊盘为基准点）。这一步一定要做，否则不能粘贴。

2. 对象的粘贴

1）直接粘贴

以粘贴为 R2 为例。

接“1.对象的复制”的操作，执行菜单命令“Edit”→“Paste”或按快捷键“Ctrl”+“V”或单击“粘贴”图标，一个电阻符号粘在十字光标上（在复制操作中选择的基准点位于十字光标的中心），在适当位置单击鼠标左键，完成粘贴。

被粘贴电阻的标号自动变为 R2。

2）直线形阵列粘贴

（1）对电阻 R1 进行复制操作。

（2）执行菜单命令“Edit”→“Paste Array”，或单击“Utilities”工具栏中的“高级绘图工具”图标右侧的下拉按钮，在弹出的下拉菜单中单击“阵列粘贴”图标，如图 10-2-2 所示。

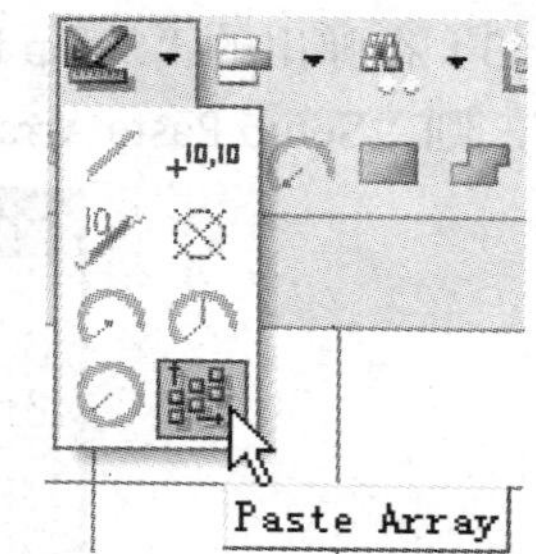

图 10-2-2 单击“阵列粘贴”图标

（3）系统弹出“Setup Paste Array（阵列粘贴设置）”对话框，如图 10-2-3 所示。

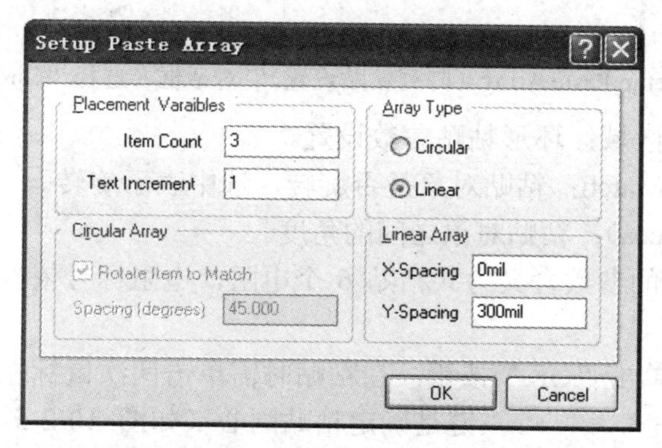

图 10-2-3 “Setup Paste Array（阵列粘贴设置）”对话框（选择“Linear”选项）

“Placement Varaibles”区域：设置粘贴的数量和元器件标号的增长变量。

- Item Count：要粘贴的对象个数。
- Text Increment：元器件标号的增长变量，如果设置为 1，则元器件标号依次增长。

“Array Type”区域：设置粘贴后的排列形式。

- Circular：圆形。
- Linear：直线形。

“Linear Array”区域：直线形粘贴时的水平和垂直间距。

- X-Spacing：水平间距。
- Y-Spacing：垂直间距。

（4）设置完毕，单击“OK”按钮，在适当位置单击鼠标左键即可完成阵列粘贴。

图 10-2-3 所示为选择“Linear（直线形粘贴）”方式，共粘贴 3 个电阻，电阻标号依次增长，粘贴效果是，3 个电阻为垂直排列，间距为 300mil。

直线形粘贴与 2.2.5 中介绍的原理图阵列粘贴类似，下面重点介绍环形阵列粘贴。

3）环形阵列粘贴

（1）对电阻 R1 进行复制操作。

（2）执行菜单命令“Edit”→“Paste Array”，或单击“Utilities”工具栏中的“高级绘图工具”图标右侧的下拉按钮，在弹出的下拉菜单中单击“阵列粘贴”图标，如图 10-2-2 所示。

（3）在弹出的“Setup Paste Array（阵列粘贴设置）”对话框中选择“Circular（环形粘贴）”，则“Setup Paste Array”对话框变为如图 10-2-4 所示情况。

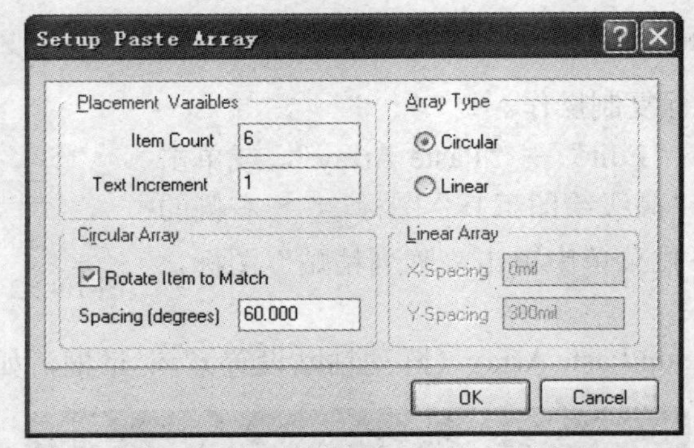

图 10-2-4 “Setup Paste Array（阵列粘贴设置）”对话框（选择“Circular”选项）

“Circular Array”区域：环形粘贴参数设置。

- Rotate Item to Match：粘贴对象是否旋转，选中表示旋转。
- Spacing（degrees）：粘贴对象之间的角度。

图 10-2-4 中设置的参数含义为共粘贴 6 个电阻，电阻标号依次增长，电阻之间的角度为 60.000。

（4）设置完毕，单击“OK”按钮，在粘贴时需单击两次鼠标左键。第一次单击鼠标左键是确定粘贴圆心（如图 10-2-5 中的“+”所示），第二次单击鼠标左键是确定粘贴后最小标号电阻粘贴基准点的位置（如图 10-2-5 中箭头所指电阻 R2 的 1#焊盘），这个基准点是在复制操作时确定的。

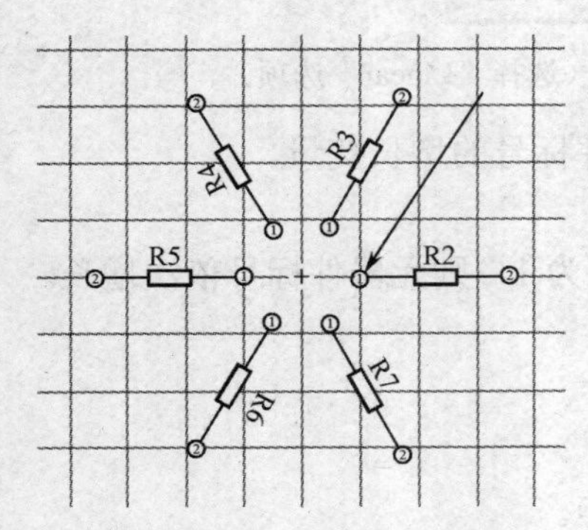

图 10-2-5 环形阵列粘贴效果

（5）粘贴后的对象仍处于选中状态，在电阻以外的任意位置单击鼠标左键，即可取消选中状态。

图 10-2-5 中的电阻标号位置是手工移动后的情况。

3. 对象的删除

（1）用鼠标左键单击要删除的对象，将其选中。

（2）按键盘上的“Delete”键即可。

如果要删除多个对象，可先按住“Shift”键，然后在要删除的对象上单击鼠标左键，将其全部选中，最后再按“Delete”键。

4．同时移动多个对象

单个对象的移动可以通过在对象上按住鼠标左键拖动的方法来实现。如果要同时移动多个对象，而且这多个对象分布在电路板的不同位置上，则通过以下操作实现。

（1）按住“Shift”键，在要移动的对象上单击鼠标左键，将这些对象全部选中。

（2）用鼠标左键单击“PCB Standard”工具栏中的“移动已选对象”图标，光标变成十字形。

（3）将十字光标在要移动的对象上单击鼠标左键，则所有已选择对象同时随光标移动，在适当位置单击鼠标左键，即可实现多个对象的同时移动。

10.2.2 对象的排列

将图 10-2-6 所示的 3 个电阻等间隔地排成一列。

1．对象的排列

（1）在图 10-2-6 所示的 3 个电阻外围按住鼠标左键画出一个虚线框，将 3 个电阻全部选中。

（2）执行菜单命令“Edit”→“Align”→“Align”。

（3）系统弹出“Align Objects（排列设置）”对话框，如图 10-2-7 所示。

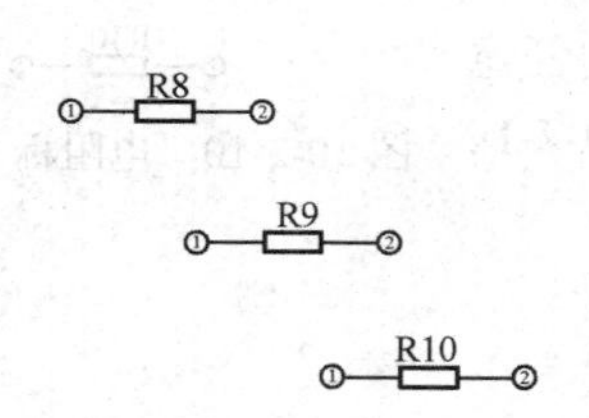

图 10-2-6 排列前

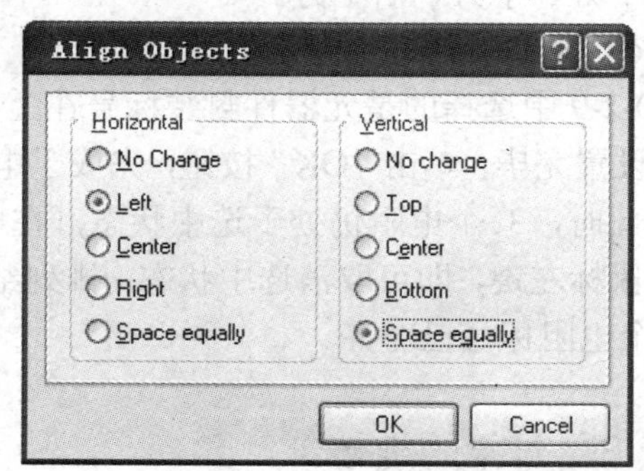

图 10-2-7 “Align Objects（排列设置）”对话框

“Horizontal”区域列出水平方向排列选项，“Vertical”区域列出垂直方向排列选项。

如图 10-2-7 所示，水平方向选择了左对齐（Left），垂直方向选择了等间距（Space equally）。

（4）设置完毕，单击“OK”按钮，完成了电阻的排列。

（5）此时，3 个电阻仍处于选中状态，在电阻以外的任意位置单击鼠标左键，即可取消选中状态，排列结果如图 10-2-8 所示。

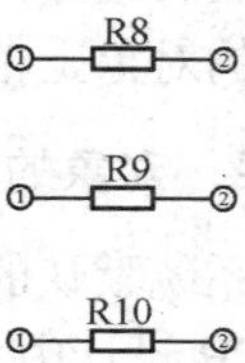

在图 10-2-8 中，虽然电阻排列整齐，但电阻标号的排列却仍显凌乱。下面介绍专门对元器件封装标号和标注进行排列的方法。

R8
R9
R10

图 10-2-8 电阻排列后

2．元器件封装标号和标注的排列

（1）选中图 10-2-8 中的 3 个电阻。

（2）执行菜单命令“Edit”→“Align”→“Position Component Text”。

（3）系统弹出“Component Text Position（元器件文本排列设置）”对话框，如图 10-2-9 所示。

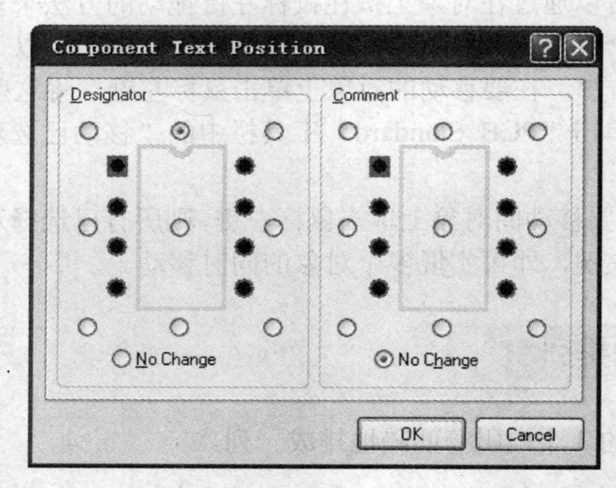

图 10-2-9 “Component Text Position（元器件文本排列设置）”对话框

“Designator”区域：设置元器件封装标号的排列方式，即 R8 等标号的排列方式。

“Comment”区域：设置元器件封装标注的排列方式，即电阻阻值等的排列方式。

在这两个区域中分别有 9 种排列方式，依次为左上方、上方、右上方、左侧、中间、右侧、左下方、下方、右下方。

- No Change：不进行排列操作。

图 10-2-9 中选择的是元器件封装标号在上方排列。

（4）设置完毕，单击“OK”按钮，完成了电阻标号的排列。

（5）此时，3 个电阻仍处于选中状态，在电阻以外的任意位置单击鼠标左键，即可取消选中状态，排列结果如图 10-2-10 所示，3 个电阻标号已对齐。

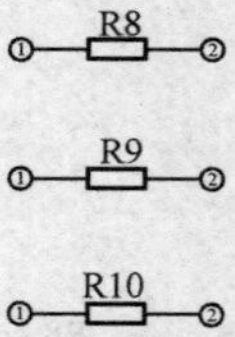

R8
R9
R10

图 10-2-10 电阻标号排列后

10.2.3 对象的旋转

1. 旋转对象的操作方法

旋转对象的操作方法是：在对象放置过程中处于浮动状态时按“空格”键，或在已放置好的对象上按住鼠标左键，再按“空格”键。

2. 对象的旋转角度

系统默认的旋转角度是 90°，即每按一次“空格”键，对象逆时针旋转 90°。但是，在 PCB 设计中，有时元器件封装需要斜放，这就需要修改系统的旋转角度设置。

（1）执行菜单命令“Tools”→“Preferences”。

（2）系统弹出“Preferences”对话框，在对话框左侧窗口选择“Protel PCB”下的“General”，将右侧窗口“Other”区域的“Rotation Step”中的每次旋转角度改为 45.000，如图 10-2-11 所示。

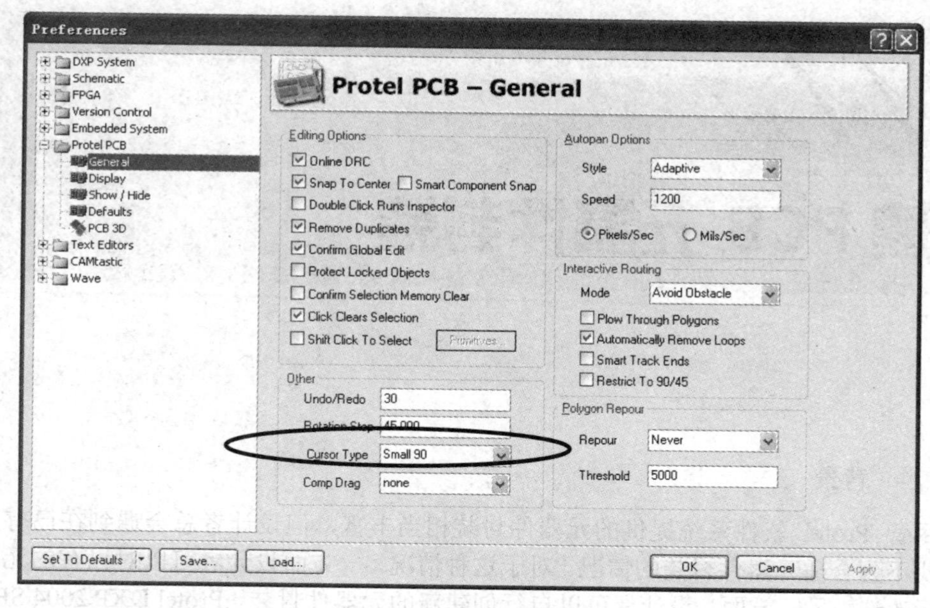

图 10-2-11　设置旋转角度

（3）设置完毕，单击“OK”按钮，此时再按“空格”键，每次就可旋转 45° 了。

本 章 小 结

本章主要介绍了 PCB 图中的一些手工编辑方法，这是在设计 PCB 板图时必不可少的一个步骤，包括各种对象的放置方法和编辑方法，对象的复制、粘贴、旋转等。其中，覆铜和补泪滴操作是 PCB 设计中常用的方法。在阵列粘贴中则重点介绍了在 PCB 设计中所特有的环形阵列粘贴，在旋转对象中重点介绍了旋转角度的改变方法，以满足不同设计的需要。

练　习　题

10.1　练习在 Top Layer 和 Bottom Layer 两个工作层绘制一条铜膜导线。注意：两个工作层相连的地方要有过孔。

10.2　打开前面几章绘制的 PCB 图，练习整板覆铜操作。

10.3　练习环形阵列粘贴。

10.4　练习修改 PCB 文件中的旋转角度。

10.5　在前面几章绘制的 PCB 图中，选择一些焊盘进行补泪滴操作。

10.6　在前面几章绘制的 PCB 图中进行物理边界尺寸标注。

第11章 创建PCB元器件封装

背景

尽管 Protel 软件系统提供的元器件封装相当丰富，但设计者总会遇到在已有元器件库中找不到合适元器件封装的情况。对于这种情况，一方面设计者可以对已有的元器件封装进行改造；另一方面，设计者可以自行创建新的元器件封装。Protel DXP 2004 SP2 提供了一个功能强大的元器件封装库编辑器，以实现对元器件封装的编辑和管理工作。本章通过实例介绍元器件插接式和表贴式封装的绘制以及使用方法。

要点

- 手工绘制插接式元器件封装符号
- 手工绘制表贴式元器件封装符号
- 利用向导绘制 PCB 元器件封装
- PCB 封装库文件中的常用命令
- 使用自己绘制的元器件封装

11.1 任务一：创建 PCB 元器件封装

本节主要通过两个具体实例介绍创建 PCB 元器件封装的方法。

11.1.1 手工绘制 PCB 元器件封装

要求：用手工方法绘制插接式封装和表贴式封装符号。

1. 在工程项目中建立 PCB 封装库文件

（1）在工程项目中建立 PCB 封装库文件。

① 新建或打开一个工程项目文件。

② 在“Projects（项目）”面板的工程项目名称上单击鼠标右键，在弹出的快捷菜单中选择“Add New to Project”→“PCB Library”，如图 11-1-1 所示。

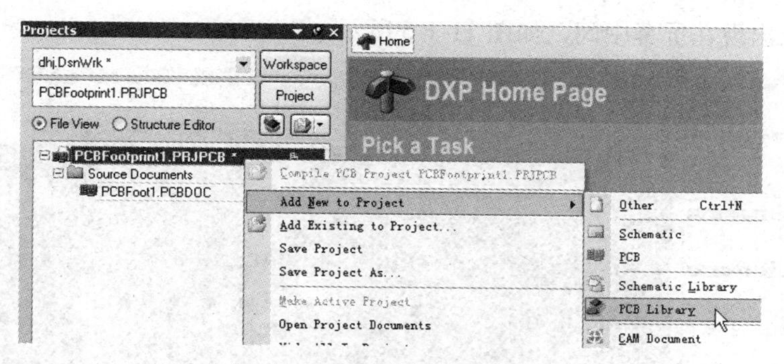

图 11-1-1　新建 PCB 封装库文件

③ 在“Projects（项目）”面板的工程项目名称下出现一个 PCB Library Documents 文件夹（如图 11-1-2 所示），在该文件夹下显示 PcbLib1.PcbLib 的 PCB 封装库文件名。其中，PcbLib1 是系统默认的 PCB 封装库主文件名，在保存文件时可以修改，.PcbLib 是 PCB 封装库的扩展名。

同时，在右边的工作窗口自动将 PcbLib1.PcbLib 文件打开，如图 11-1-3 所示。

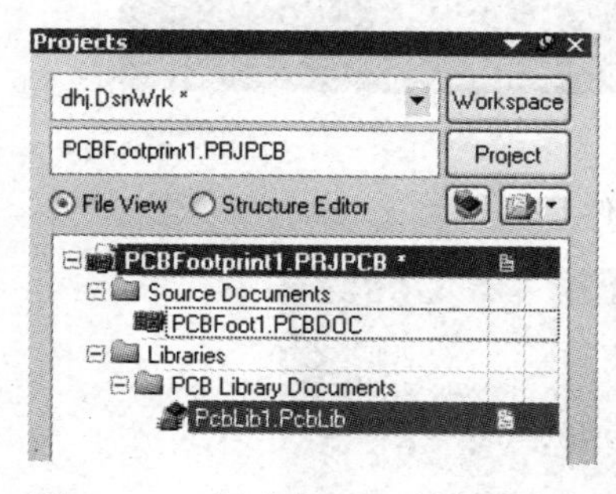

图 11-1-2　新建的 PCB 封装库文件

图 11-1-3　在工作窗口中打开的 PCB 封装库文件 PcbLib1.PcbLib

④ 注意，此时该文件并未保存，单击“保存”图标或执行菜单命令“File”→“Save（或 Save As）”，均可弹出“保存”对话框，读者可在“保存”对话框中修改主文件名，而后单击“保存”按钮，将其保存。

（2）PCB 封装库文件界面简介。

① 在工作窗口的灰色界面上单击鼠标左键，按“Page Up”键，直到屏幕上出现栅格，如图 11-1-4 中的工作窗口所示。

② 在图 11-1-4 中，左下角是“PCB Library”面板，工作窗口中的“PCB Lib Placement”工具栏是绘制封装的常用工具栏，其使用方法将在绘制元器件封装时介绍。

2．绘制插接式电解电容封装

要求：两个焊盘间距为 120mil；焊盘直径为 70mil；焊盘孔径为 35mil；元器件轮廓半径为 120mil；焊盘号分别为 1、2，1#焊盘为正，如图 11-1-5 所示。

元器件封装库的使用与原理图元器件库一样，每个画面只能绘制一个封装，每个封装对应一个名字，名字不能重复，而且必须在原点附近绘制。

（1）将坐标原点显示在屏幕中间：执行菜单命令“Edit”→“Jump”→“Reference”，

此时坐标原点出现在屏幕中间，如图 11-1-6 所示。

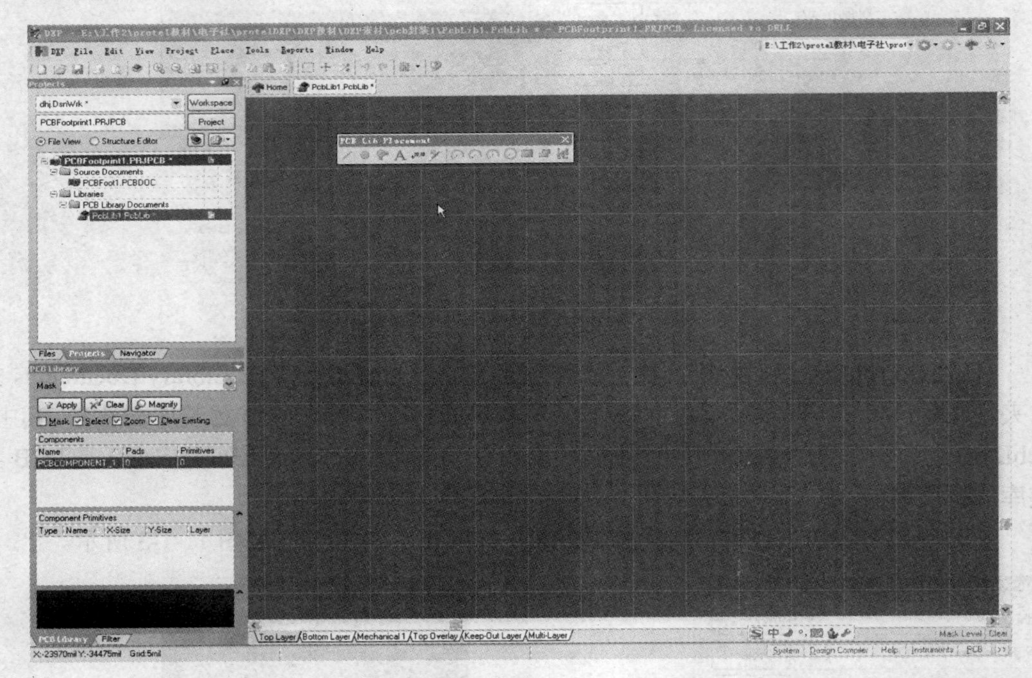

图 11-1-4　出现栅格的 PCB 封装库文件界面

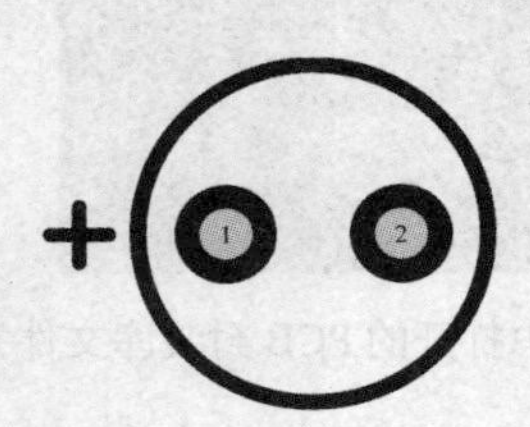

图 11-1-5　插接式电解电容封装

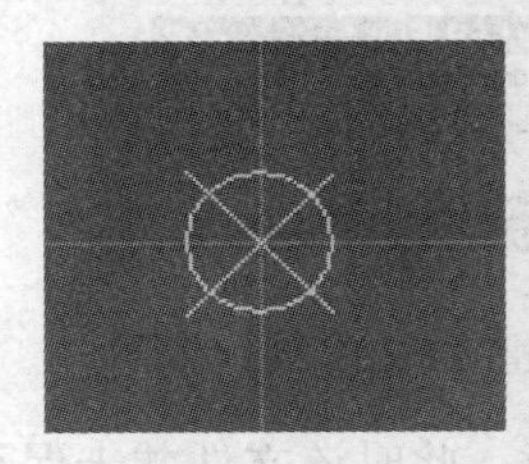

图 11-1-6　屏幕中间显示的坐标原点

（2）确定单位：系统提供了英制（mil）和公制（mm）两种单位，默认单位是英制。两种单位的切换方法是执行菜单命令“View”→“Toggle Units”或直接按“Q”键。本例采用默认的英制单位。

（3）放置焊盘：执行菜单命令“Place”→“Pad”或单击“PCB Lib Placement”工具栏中的“放置焊盘”图标 。

（4）按“Tab”键，系统弹出“Pad”对话框，将对话框中的“Hole Size（焊盘孔径）”设置为 35mil，“X-Size”和“Y-Size（焊盘直径）”的值设置为 70mil，“Shape（焊盘形状）”设置为 Round（圆形），将“Designator（焊盘号）”设置为 1，如图 11-1-7 所示。设置完毕，单击“OK”按钮，在原点处放置 1#焊盘，在距原点 120mil 的水平位置放置 2#焊盘。

（5）绘制封装轮廓线：单击屏幕下方的“Top Overlay（顶层丝印层）”标签，使其变为当前层，封装轮廓一定要在“Top Overlay（顶层丝印层）”绘制。

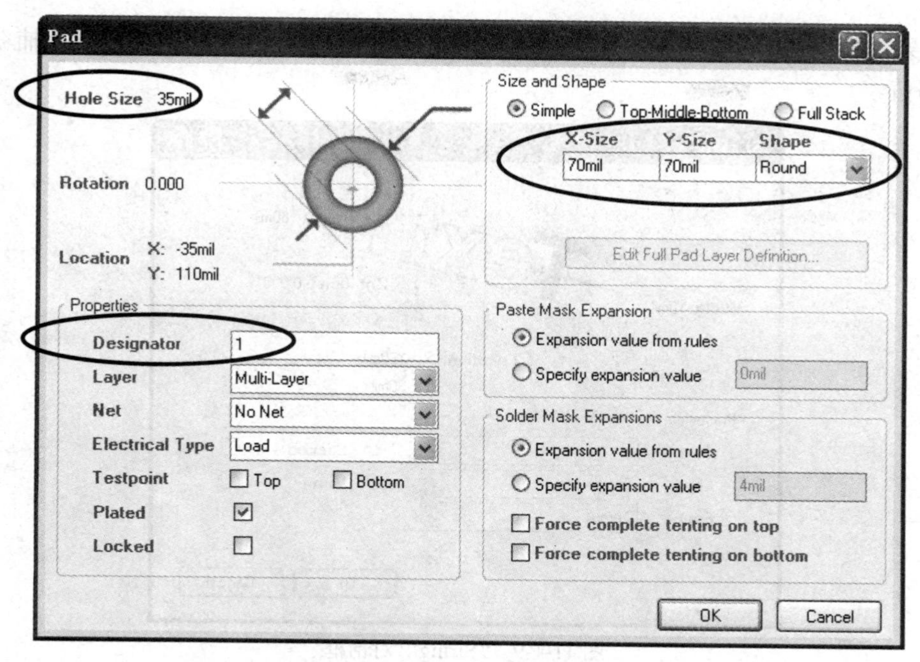

图 11-1-7 “Pad”对话框

（6）执行菜单命令“Place”→“Full Circle”或单击“PCB Lib Placement”工具栏中的“绘制整圆”图标，在坐标为（60，0）的位置单击鼠标左键确定圆心，绘制一个圆；单击鼠标右键退出画圆状态。

（7）双击圆，在“Arc”对话框中设置“Radius（半径）”的值为120mil，如图11-1-8所示，单击“OK”按钮。

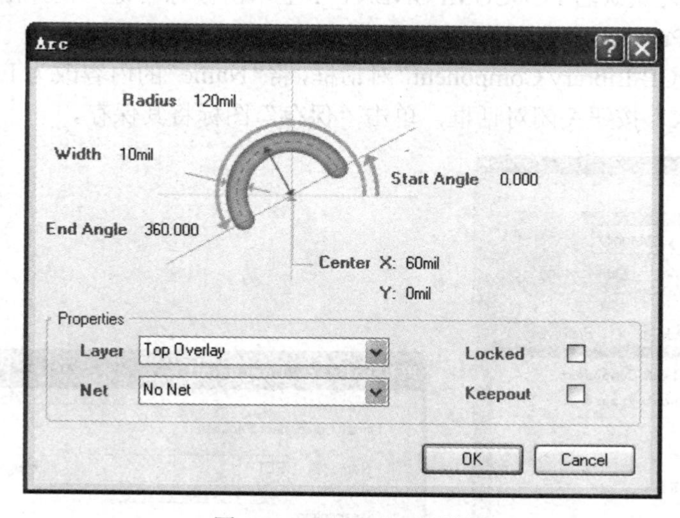

图 11-1-8 “Arc”对话框

（8）放置正极性标志：单击“PCB Lib Placement”工具栏中的“放置字符”图标A，按“Tab”键，系统弹出“String”对话框，在“Text”中输入+，如图11-1-9所示，单击“OK”按钮，将其放置在适当位置。

如果“+”标志的位置放置不够准确，可单击主工具栏的 图标，减小捕获栅格 Snap 的值。

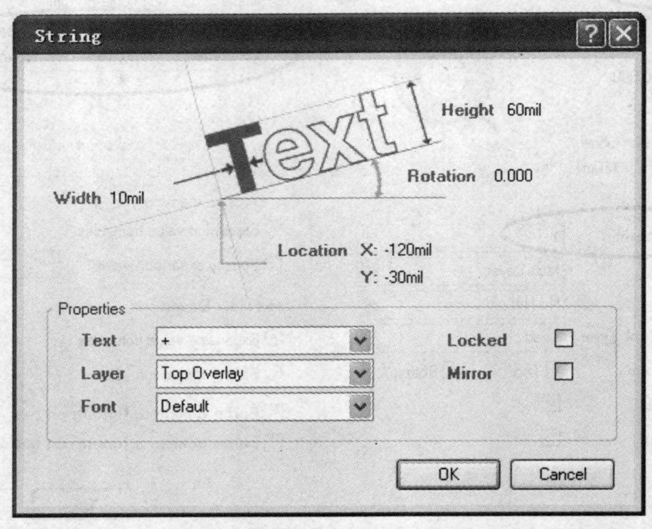

图 11-1-9 “String”对话框

（9）设置元器件封装参考点：执行菜单命令“Edit”→“Set Reference”→“Pin1”，设置焊盘 1 为参考点。在“Set Reference”下共有 3 个命令，其余两个命令如下。

① Center：设置元器件中心作为参考点。

② Location：自行指定一个位置作为参考点。

（10）封装重命名与保存。在“PCB Library”面板的“Components”区域的“Name”下面的元器件封装默认名 PCBCOMPONENT_1 上单击鼠标右键，在弹出的快捷菜单中选择“Component Properties”，如图 11-1-10 所示。

系统弹出“PCB Library Component”对话框，将“Name”的内容改为 EC1，如图 11-1-11 所示，单击“OK”按钮关闭对话框，单击“保存”图标将其保存。

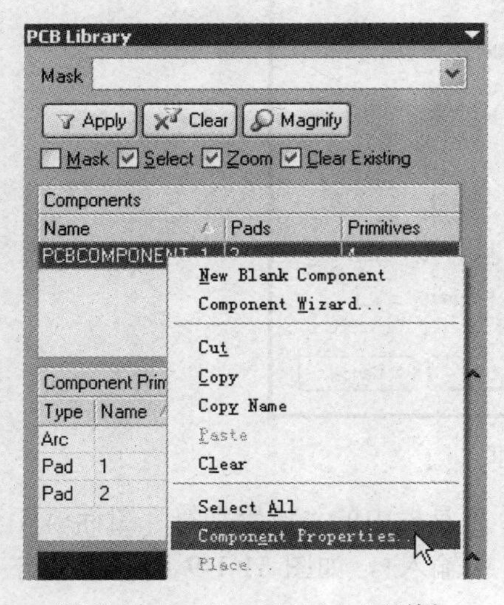

图 11-1-10 “PCB Library”面板

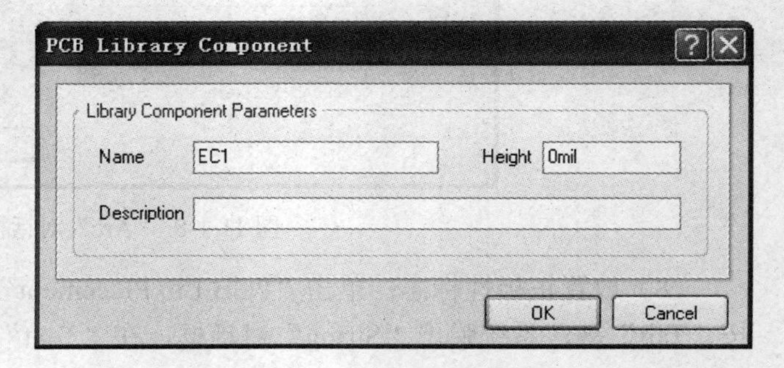

图 11-1-11 为元器件封装重命名

3. 绘制表贴式元器件封装

在本例中以美国线艺公司 do3316h 贴片系列电感 do3316h 为例，重点学习在 PCB 封装库文件中，建立新封装画面的方法和根据元器件封装手册绘制表贴式封装符号的方法。

（1）do3316h 封装参数。这款电感为高频大功率电感，最大通过电流为 17A，常用在并联谐振电路中。该器件外观如图 11-1-12 所示。

图 11-1-12 do3316h 系列电感

do3316h 系列电感手册中给出了具体的元器件封装参数，如图 11-1-13 所示。尺寸数值分别用英制单位 inch（图中横线上方数值）和公制单位 mm（图中横线下方数值）标示出来。

由于该元器件的外形是不规则形状，在绘制其外轮廓的时候，可以取其横向和纵向的最大值绘制一个矩形，用这个矩形来表示该元器件的外轮廓。从图 11-1-13 可知，矩形的宽即轮廓横向的最大值 13.21mm（取 14mm），矩形的高即轮廓纵向的最大值 9.91mm（取 10mm）。

图 11-1-13 中 Recommended Land Pattern 为焊盘尺寸信息。

对于初次接触元器件手册的读者来说，手册中给出的参数会感觉太多，仔细分析后会发现对于元器件封装符号来说，只需要元器件的长宽和焊盘尺寸。本例需要用到的具体参数为：

① 轮廓尺寸为 14mm×10mm，形状为矩形；

② 焊盘形状为矩形，图 11-1-13 中标示的尺寸为 1.52mm×4.06mm，一般绘制的焊盘可以比手册中给出的尺寸大一些，故焊盘大小选择为 1.6mm×5mm；

③ 两个焊盘内边缘间距为 8.64mm，近似为 8.6mm；

④ 该元器件焊盘位于顶层布线层（TopLayer）。

按照以上尺寸绘制的 do3316h 系列电感封装符号如图 11-1-14 所示。

（2）操作步骤。需要特别注意的是与原理图元器件库文件一样，PCB 封装库文件也是一个画面对应一个元器件封装，初学者很容易一个文件只绘制一个封装，在绘制另一个封装时再新建一个 PCB 封装库文件，在本例中将介绍在 PCB 封装库文件中建立新画面的方法。

如果是新建一个 PCB 封装库文件，系统会自动打开一个封装画面，按“2. 绘制插接式电解电容封装”的方法绘制即可。如果已经在 PCB 封装库文件中绘制了元器件封装，则应使用下面的方法在该文件中新建一个封装画面，而无须再新建一个 PCB 封装库文件。

① 在 PCB 封装库文件中建立一个新的元器件封装画面。

接“2. 绘制插接式电解电容封装”的操作，在 PCB Library 面板的 Components 区域中 Name 下面的元器件封装名 EC1 上单击鼠标右键，在弹出的快捷菜单中选择 New Blank Component，如图 11-1-15 所示，则在右侧工作窗口建立一个新画面，且坐标原点显示在屏幕中间。

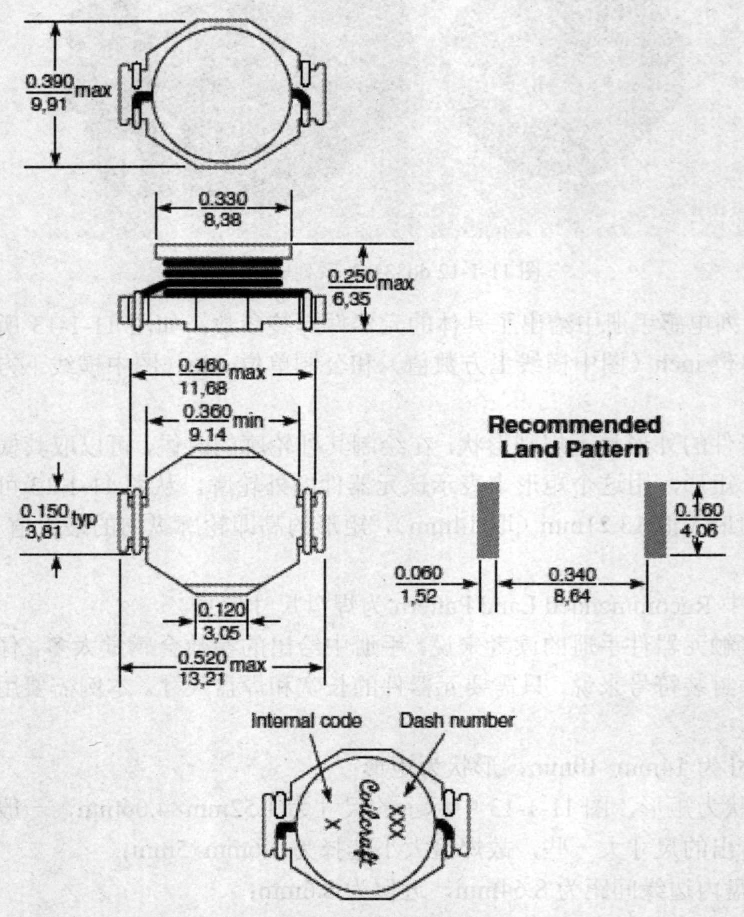

图 11-1-13 do3316h 系列电感封装图

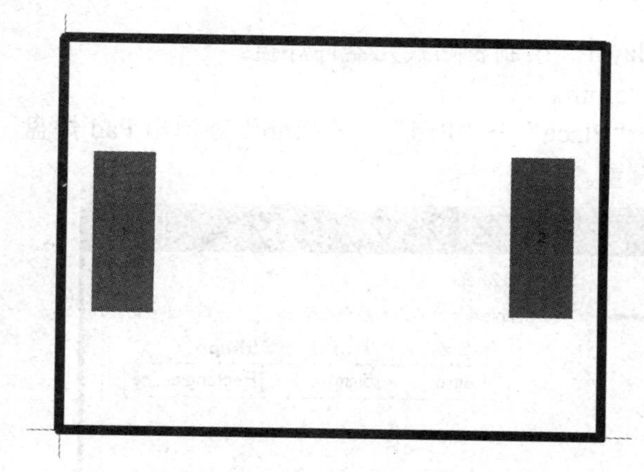

图 11-1-14　绘制完成的 do3316h 系列电感封装符号

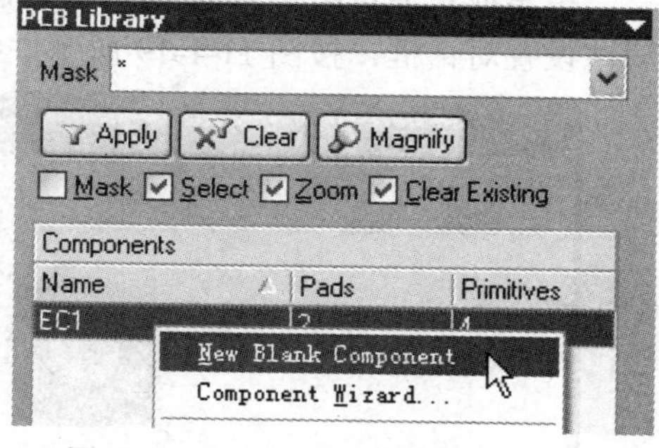

图 11-1-15　建立一个新画面的操作

② 绘制外围轮廓。按“Q”键将绘图单位转换为公制 mm，鼠标左键单击图标，在下拉菜单中选择 Set Snap grid…，设置锁定栅格为 1mm。

将当前层设置为 Top OverLay，单击绘制直线按钮，在 Top OverLay 层绘制 do3316h 系列电感的外轮廓，尺寸为 14mm×10mm，如图 11-1-16 所示。

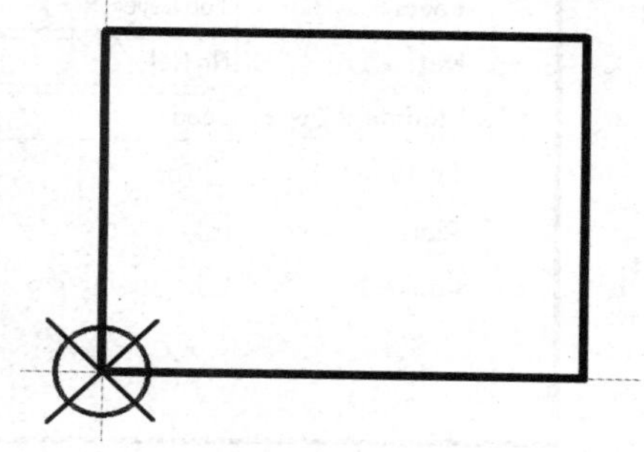

图 11-1-16　do3316h 系列电感的外轮廓

③ 放置焊盘。表贴式元器件的焊盘无孔，焊盘与元器件封装符号轮廓线在印制板的同一面，只是符号轮廓线在 Top OverLay（不导电），焊盘在导电层(Top Layer 或 Bottom Layer)而不是多层(Multilayer)。本例中焊盘在顶层布线层 Top Layer 绘制。

由于两个焊盘在元器件封装中是中心对称，首先绘制出焊盘的定位辅助线。do3316h 系列电感符号的纵向长度为 10mm，取其中心位置为 5mm，do3316h 系列电感的横向长度为 14mm，取其中心位置为 7mm。

将当前工作层设置为 Top OverLay，在 X=7mm 处绘制一条垂直线，在 Y=5mm 处绘制一条水平线，如图 11-1-17 所示。

两个焊盘之间间距为 8.6mm，则在距垂直定位辅助线两侧 4.3mm 的位置上绘制另外两条定位辅助线，如图 10-1-18 所示。

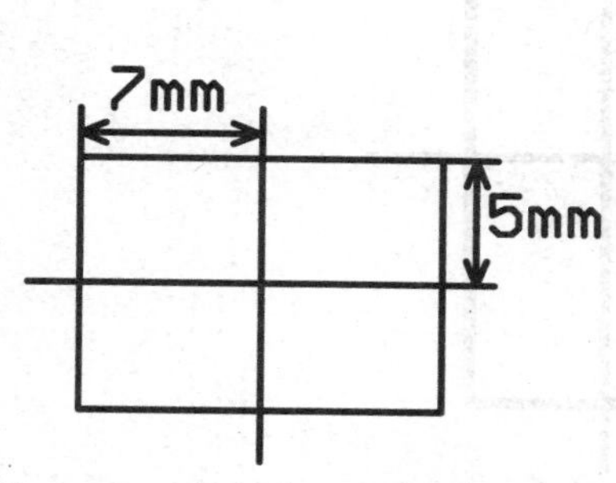

图 11-1-17　绘制中心线确定焊盘位置

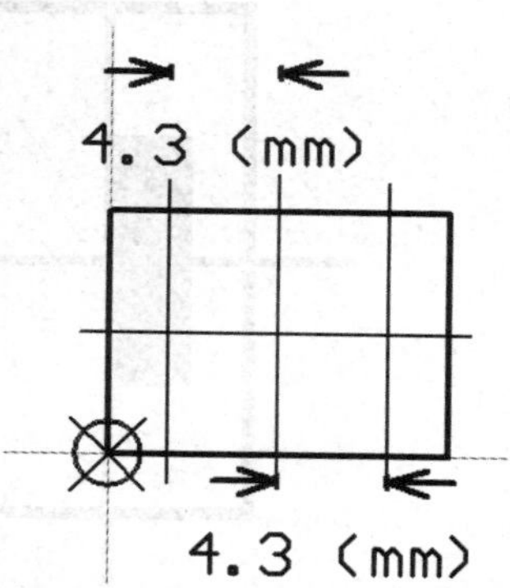

图 11-1-18　距中心位置 4.3mm 的两条垂直定位辅助线

将当前工作层设置为顶层布线层 Top layer，绘制表贴式元器件焊盘。

根据要求焊盘为矩形，大小为 1.6mm×5mm。

单击放置焊盘按钮 或执行菜单命令“Place”→“Pad”，按“Tab”键弹出 Pad 焊盘属性设置对话框，按图 11-1-19 所示进行设置。

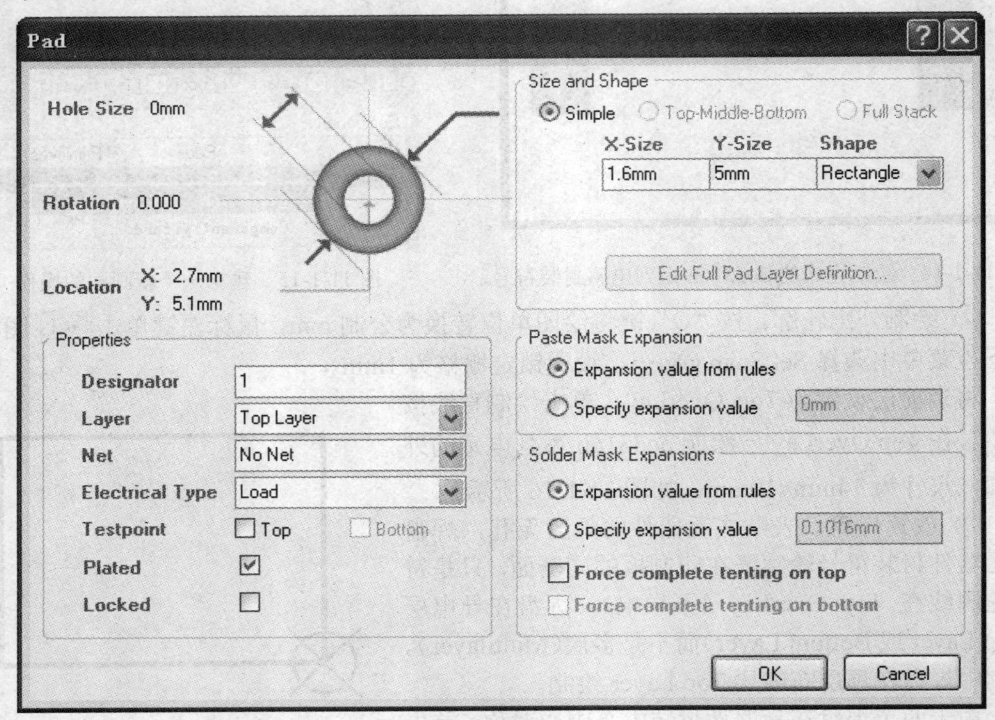

图 11-1-19 焊盘属性设置对话框

图 11-1-19 中，焊盘孔径 Hole Size 的数值设置为 0（表贴式焊盘无孔），焊盘 X 方向的尺寸 X-Size 为 1.6mm，Y 方向的尺寸 Y-Size 为 5mm，焊盘形状 Shape 设置为矩形 Rectangle，焊盘号 Designator 设置为 1（另一个焊盘的焊盘号为 2），工作层设置为 Top Layer，设置完毕单击“OK”按钮，将十字光标中心位于水平中心定位辅助线上，使焊盘的右侧边界与左侧定位辅助线重合，如图 11-1-20 所示。

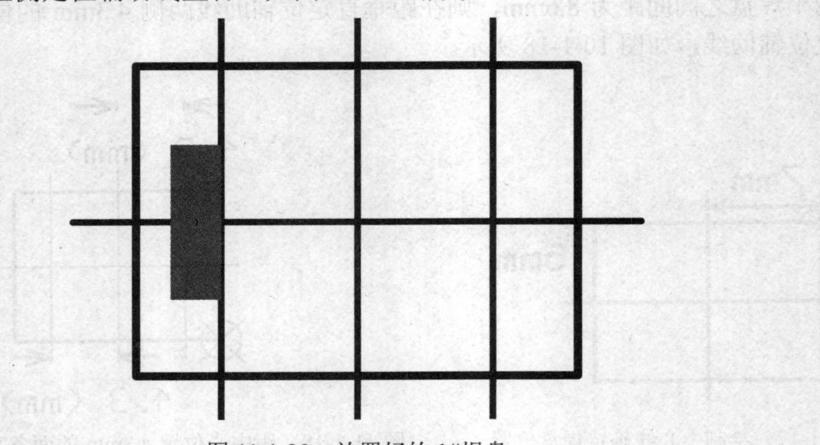

图 11-1-20 放置好的 1#焊盘

按照以上操作在与1#焊盘对称的位置放置2#焊盘。绘制完成的封装符号如图11-1-14所示。

④ 设置元器件封装参考点。执行菜单命令“Edit” → “Set Reference” → “Pin1”设置引脚1为参考点。

⑤ 该封装符号重命名并保存。

11.1.2 利用向导绘制PCB元器件封装

要求：利用向导绘制插接式电解电容封装，如11.1.1中的图11-1-5所示。两个焊盘间距：120mil；焊盘直径：70mil；焊盘孔径：35mil；元件轮廓半径：120mil；焊盘号分别为1、2，1#焊盘为正。

① 执行菜单命令“Tools”→“New Component”，或在PCB Library面板的Components区域中 Name 下面的元器件封装名 EC2 上单击鼠标右键，在弹出的快捷菜单中选择Component Wizard，如图11-1-21所示。

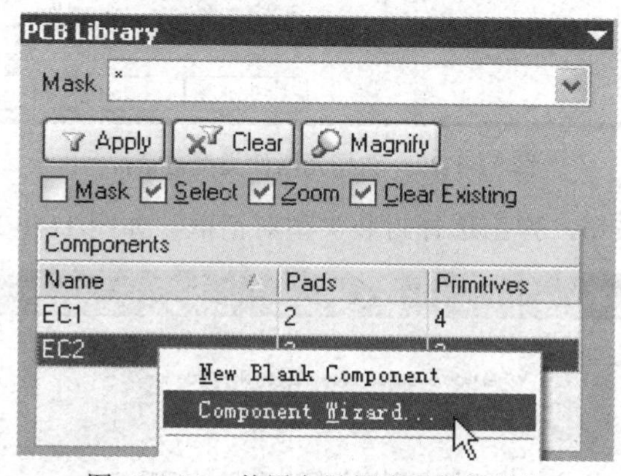

图11-1-21 使用向导创建元器件封装

② 系统弹出Component Wizard对话框如图11-1-22所示。

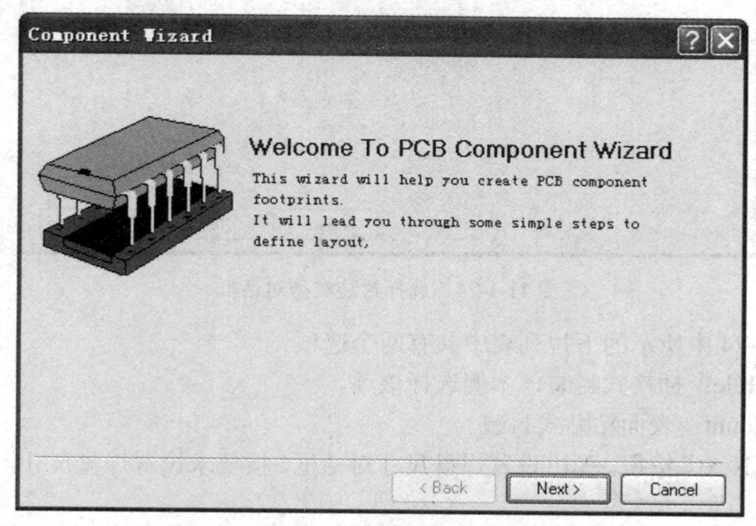

图11-1-22 利用向导创建元器件封装初始画面

③ 单击“Next”按钮，系统弹出选择元器件类型对话框如图 11-1-23 所示，图 11-1-23 中列出了各种元器件类型，本例选择电容 Capacitors，在 Select a unit 单位选择中，选择英制 Imperial。

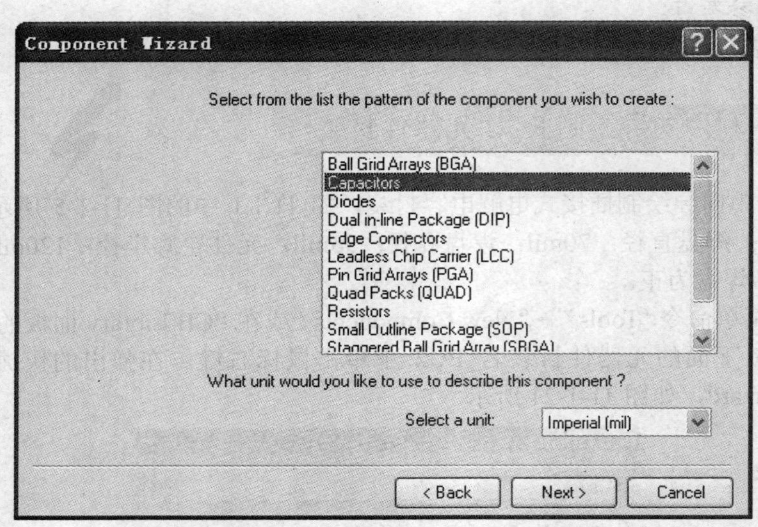

图 11-1-23　选择元器件类型对话框

④ 单击“Next”按钮，弹出选择封装类型对话框，如图 11-1-24 所示。

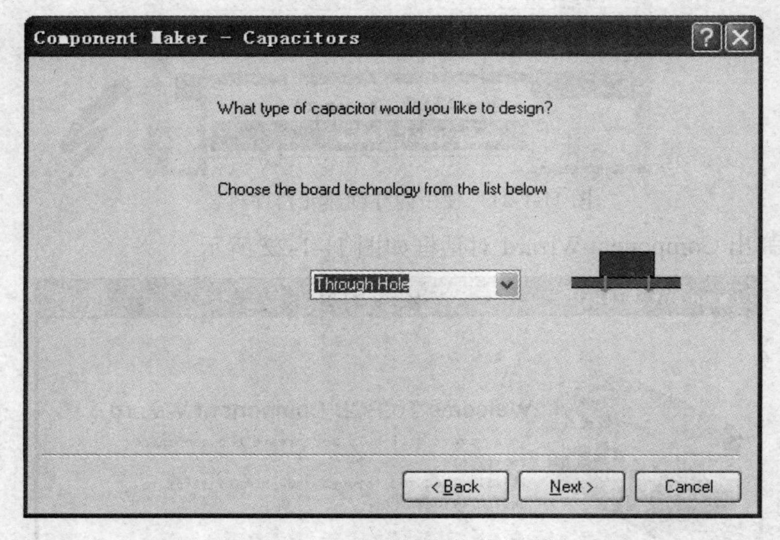

图 11-1-24　选择封装类型对话框

在图 11-1-24 中所示的下拉列表中共有两个选项。

Through Hole：插接式封装，本例选择该项。

Surface Mount：表面粘贴式封装。

⑤ 单击“Next”按钮，弹出设置焊盘尺寸对话框，按要求设置焊盘尺寸，如图 11-1-25 所示。

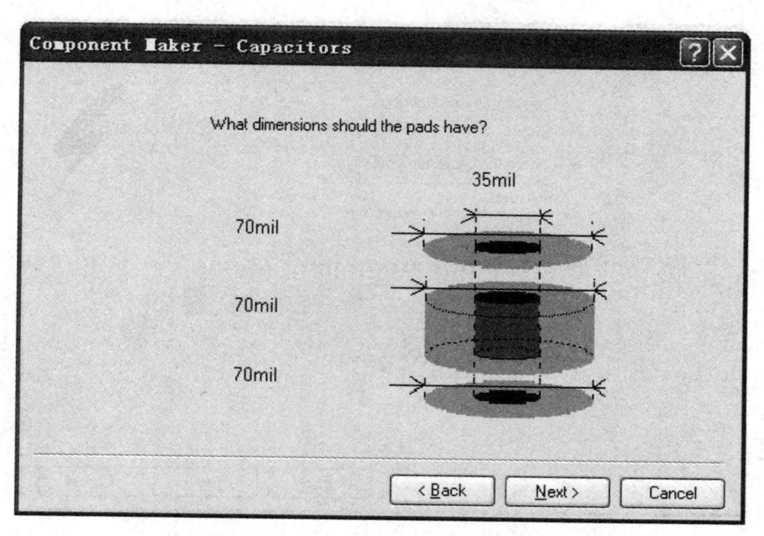

图 11-1-25 设置焊盘尺寸对话框

⑥ 单击“Next”按钮，弹出设置焊盘间距对话框，设置焊盘间距为 120mil，如图 11-1-26 所示。

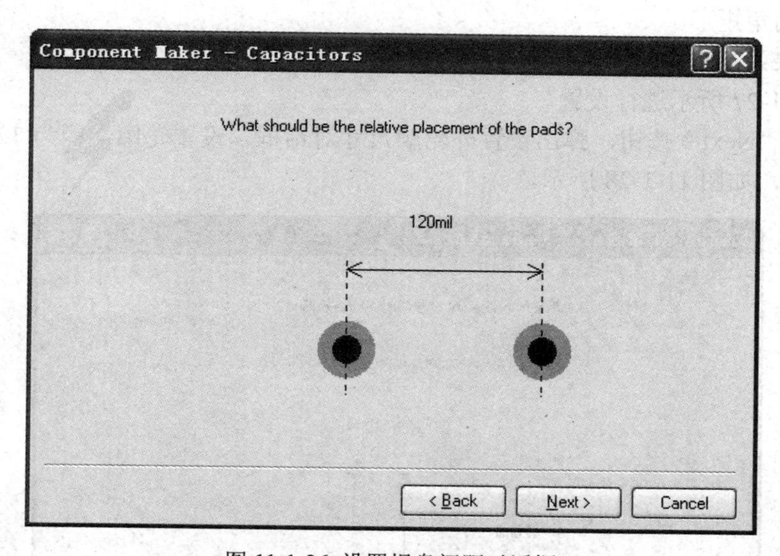

图 11-1-26 设置焊盘间距对话框

⑦ 单击“Next”按钮，弹出设置封装外形对话框，如图 11-1-27 所示。

Choose the capacitor’s polarity 区域：选择电容是否有极性。

Not Polarised：无极性电容。

Polarised：极性电容，本例选择该项。

Choose the capacitor’s mounting style 区域，选择电容外形是轴向还是径向。

Axial：轴向。

Radial：径向，本例选择该项。

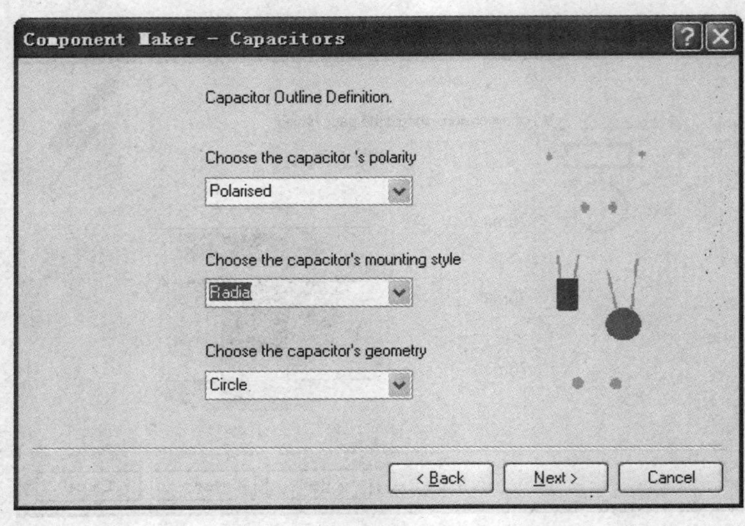

图 11-1-27 设置封装外形对话框

Choose the capacitor’s geometry 区域，选择电容外形的具体类型。

Circle：圆形，本例选择该项。

Oval：圆角矩形。

Rectangle：矩形。

按图 11-1-27 所示进行设置。

⑧ 单击“Next”按钮，弹出设置外轮廓尺寸对话框，设置轮廓半径为 120mil，轮廓线宽为 10mil，如图 11-1-28 所示。

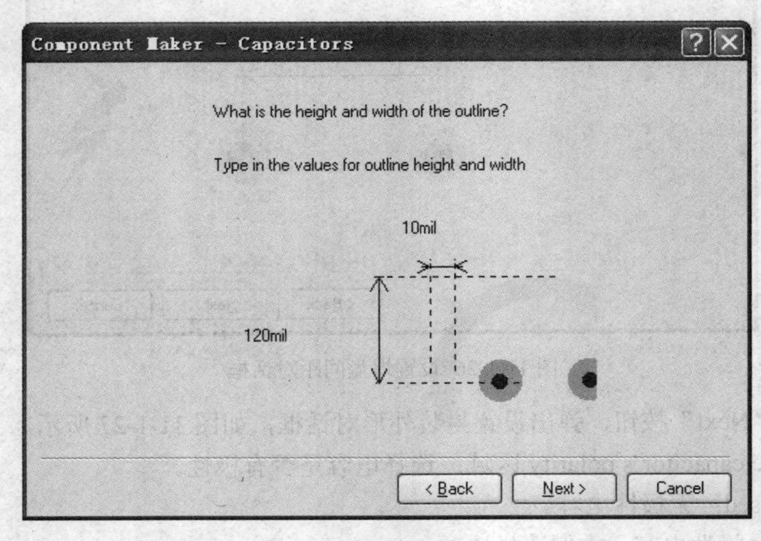

图 11-1-28 设置封装外形轮廓尺寸对话框

⑨ 单击“Next”按钮，弹出设置封装名称对话框，输入元器件封装名称如 EC3，如图 11-1-29 所示。

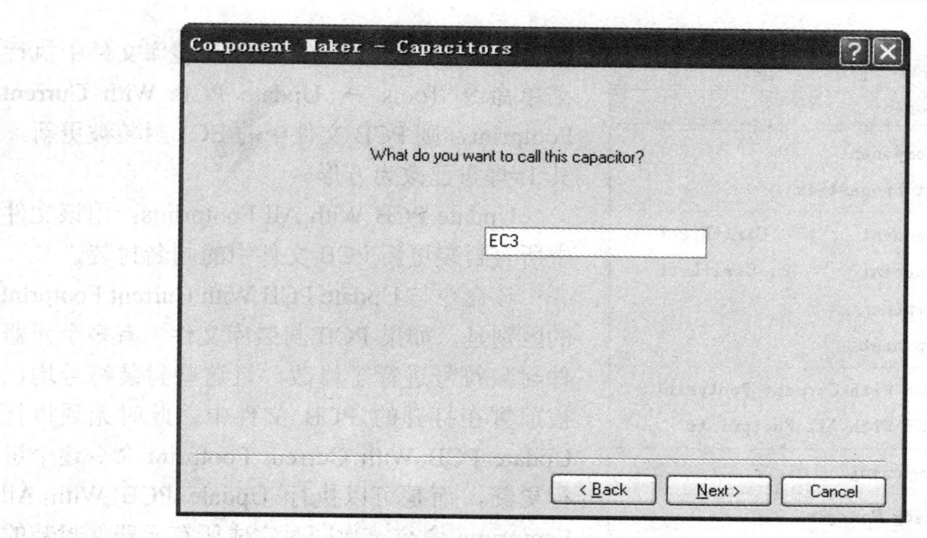

图 11-1-29　设置封装名称对话框

⑩ 单击“Next”按钮，系统弹出完成画面，单击“Finish”按钮，完成封装绘制，元件封装如图 11-1-30 所示，此时正极性标志在 2#焊盘附近。

将图 11-1-30 中的+号移到图 11-1-5 所示位置，单击“保存”图标即可。

移动“+”号的方法可以采用菜单命令。先选中+号，然后执行菜单命令“Edit”→“Move”→“Move Selection”，光标变成十字形，将十字光标在选中的+号上单击鼠标左键，即可使+号移动，移动完毕，在+号以外的任意位置单击鼠标左键，取消选中状态。

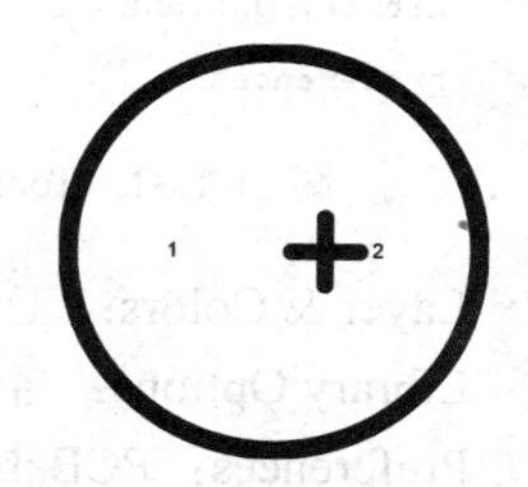

图 11-1-30　单击”Finish”按钮后的电解电容封装

11.1.3　PCB 封装库文件常用命令介绍

在 PCB 封装库文件工作窗口，主菜单 Tools 下面的多数命令都是常用命令，如图 11-1-31 所示，下面逐一介绍。

New Component：建立新元器件封装。

Remove Component：删除元器件封装。

Component Properties：调出元器件封装属性对话框，可修改封装名。

Next Component：调到下一个封装符号画面。

Prev Component：调到前一个封装符号画面。

First Component：调到第一个封装符号画面。

Last Component：调到最后一个封装符号画面。

Update PCB With Current Footprint：用当前画面中的元器件封装更新当前打开的 PCB 文件中的同名封装。

该命令的用法是，在工程项目中打开 PCB 文件，且 PCB 文件中已放置了自己绘制的元器件封装如 EC1，但此后对 EC1 封装符号又重新进行了修改，如将 1#焊盘从原来的圆

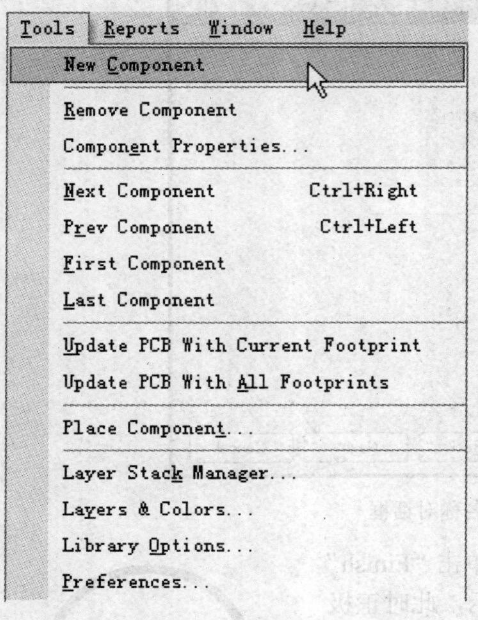

图 11-1-31　Tools 菜单

形改为方形，改变后在 PCB 封装库文件中执行菜单命令 Tools → Update PCB With Current Footprint，则 PCB 文件中的 EC1 封装被更新，其 1#焊盘已改为方形。

Update PCB With All Footprints：用该文件中所有封装更新 PCB 文件中的同名封装。

该命令与 Update PCB With Current Footprint 的区别是，如果 PCB 封装库文件中有多个元器件封装符号进行了修改，且这些封装符号均已被放置在打开的 PCB 文件中，此时无须执行 Update PCB With Current Footprint 命令逐个进行更新，而是可以执行 Update PCB With All Footprints 命令一次同时完成所有元器件封装的更新。

Place Component：向 PCB 文件中放置元器件封装。

Layer Stack Manager：调出工作层栈管理器。

Layer & Colors：工作层显示与颜色管理。

Library Options：各种栅格设置。

Preferences：PCB 封装库文件环境参数设置。

11.2　任务二：使用自己绘制的元器件封装

11.2.1　在同一工程项目中使用

1．直接放置到 PCB 文件中

（1）在同一工程项目中新建一个 PCB 文件，并将其打开。

（2）打开元器件封装库文件。

（3）在“PCB Library”面板的“Components”区域的“Name”下面的元器件封装名 EC2 上单击鼠标右键，在弹出的快捷菜单中选择“Place”，如图 11-2-1 所示。

（4）系统自动切换到打开的 PCB 文件界面，并弹出“Place Component（放置元器件封装）”对话框。在对话框的“Placement Type”区域中选择“Footprint（封装）”，在“Component Details”区域的“Designator（元器件标号）”中输入标号（如 C2），在“Comment（元器件标注）”中输入电容量如 10μ，如图 11-2-2 所示。

（5）单击“OK”按钮，则 EC2 元器件封装符号粘在十字光标上随光标移动，在适当位置单击鼠标左键即放置了一个 EC2 封装符号，此时仍可继续放置，单击鼠标右键系统继续弹出如图 11-2-2 所示的对话框，单击对话框中的“Cancel”按钮，退出放置状态。

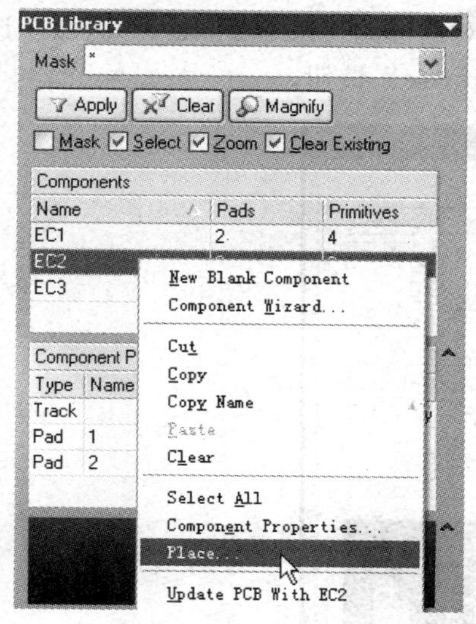

图 11-2-1 选择“Place”

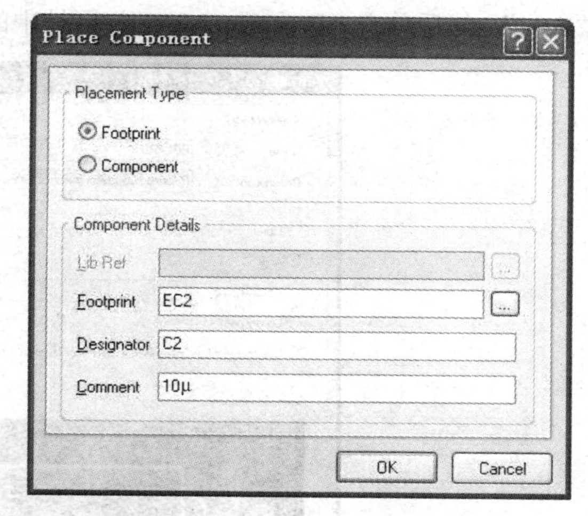

图 11-2-2 “Place Component（放置元器件封装）”对话框

2. 在自动布局过程中使用

要求：将在 11.1 节中绘制的电解电容封装 EC1 用到原理图中的电解电容封装中。

在自动布局过程中使用电解电容封装 EC1，关键是要将 EC1 封装名输入到原理图中电解电容符号的封装属性中，并在封装属性中找到 EC1 所在的元器件封装库。

（1）在同一工程项目中新建一个原理图文件，并绘制一个带有电解电容元件的电路。

（2）双击电解电容电路符号，调出“Component Properties”对话框，如图 11-2-3 所示。

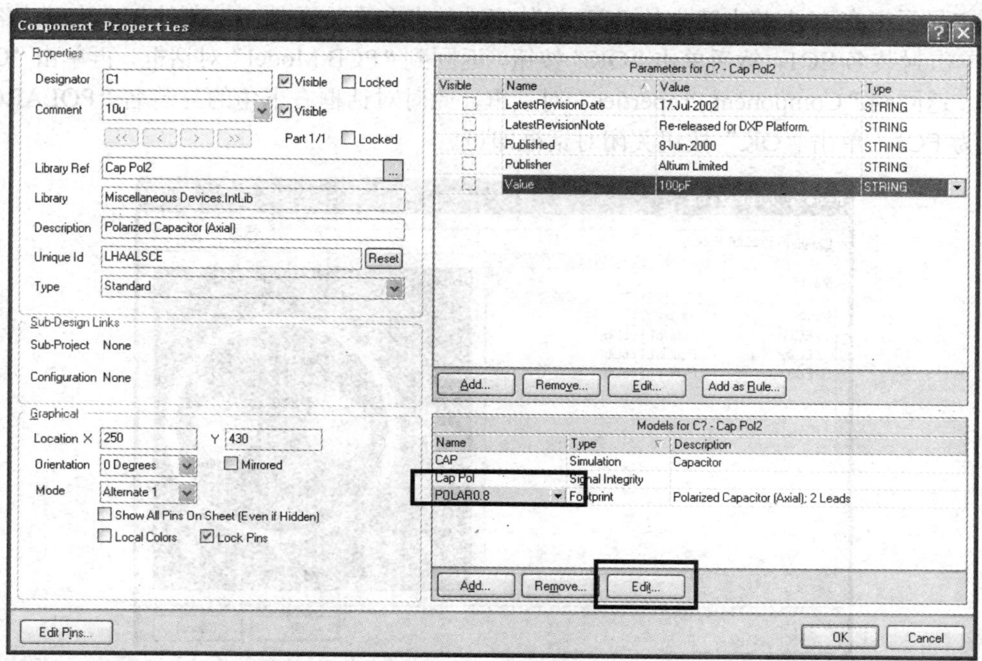

图 11-2-3 “Component Properties”对话框

（3）用鼠标左键单击对话框右下角的封装名 POLAR0.8，然后单击“Edit”按钮，系统弹出“PCB Model”对话框（如图 11-2-4 所示），在对话框的“PCB Library”区域中选择“Any”，然后单击“Footprint Model”区域中的“Browse”按钮。

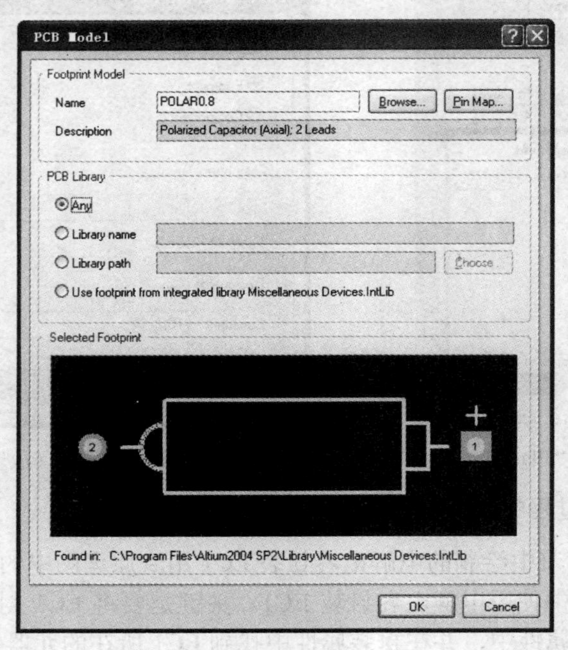

图 11-2-4 “PCB Model”对话框

（4）系统弹出“Browse Libraries（浏览元器件库）”对话框（如图 11-2-5 所示），在对话框中显示出在 11.1 节中建立的 PCB 封装库文件名和在该文件中绘制的 3 个电解电容封装，单击封装名 EC1，然后单击“OK”按钮，返回到“PCB Model”对话框，再单击“OK”按钮，返回到“Component Properties”对话框，此时对话框右下角的封装名“POLAR0.8”已改为 EC1，单击“OK”按钮关闭对话框即可。

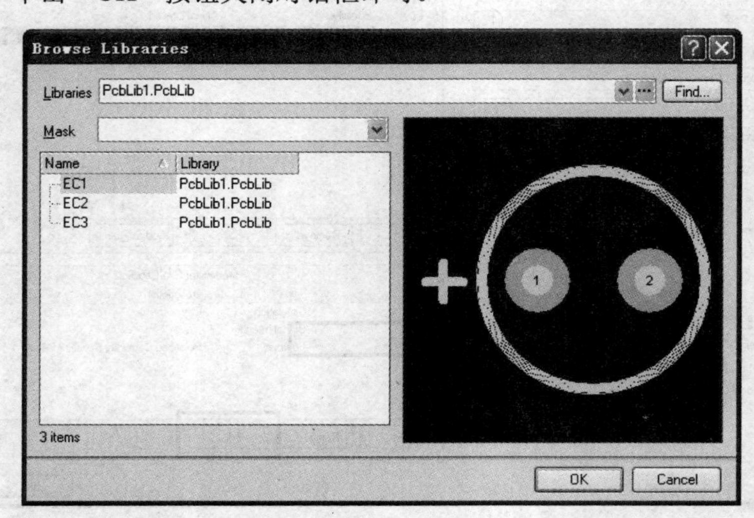

图 11-2-5 “Browse Libraries”对话框

如果在“Browse Libraries”对话框中没有显示自己建的PCB封装库文件名，可单击元器件库文件名右侧的下拉箭头，从中进行选择。

11.2.2　在不同工程项目中使用

由于Protel DXP 2004 SP2中的文件在物理上都是单独存放在Windows路径下的，而在逻辑上可以隶属于不同工程项目，所以在其他工程项目中使用PCB封装库时，只需将其导入到该工程项目中即可。

本 章 小 结

本章主要介绍了PCB元器件封装的绘制与使用。手工绘制元器件封装时，切不可忘记设置元器件参考点，使用向导时则无须这一操作。本章还特别介绍了建立新画面的方法，以及怎样使用自己绘制的PCB封装符号。学习本章以后，读者再进行PCB设计，就会游刃有余了。

练 习 题

11.1　光敏二极管封装符号如图11-3-1所示，两个焊盘的距离为200mil，焊盘直径为62mil，焊盘孔径为32mil，焊盘号分别为1、2，1#焊盘为正（提示：单击工具栏中的▦▾图标减小Snap的值后，再用“绘制直线”图标绘制箭头，效果会更好），练习将其用到自动布局的电路图中。

11.2　可调电阻封装符号如图11-3-2所示，焊盘间距为100mil，焊盘直径为62mil，焊盘孔径为35mil，焊盘号分别为1、2、3，1#焊盘设置为方形（Rectangle），练习将其用到自动布局的电路图中。

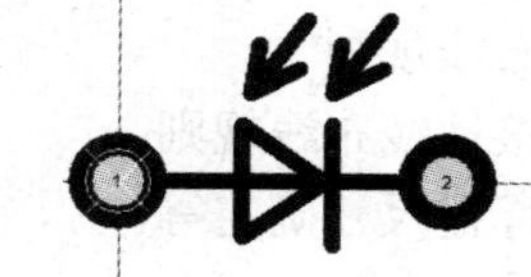

图11-3-1　光敏二极管封装符号

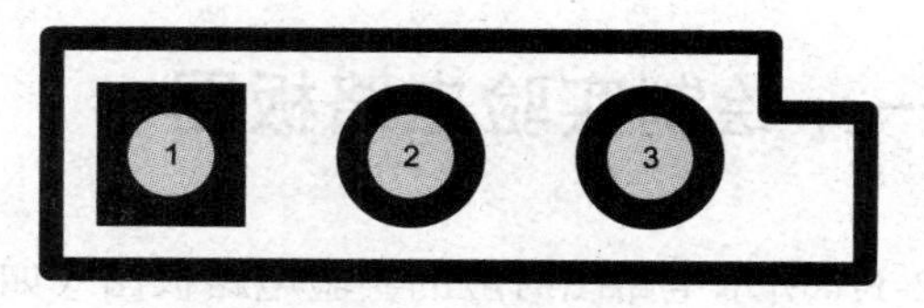

图11-3-2　可调电阻封装符号

第 12 章

印制电路板实际设计举例

背景

学会了绘制原理图，掌握了 PCB 设计的基本操作，并不等于就能设计出符合要求的印制电路板图。在实际设计中除了软件操作外，还需考虑元器件的实际封装、工艺要求、信号流向等问题。本章通过两个实例说明在实际印制电路板图设计中应注意的问题和解决方法。

要点

- 根据实际元器件确定封装
- 原理图元器件符号与实际 PCB 封装、PCB 元器件封装图形中的焊盘对应
- 实际原理图设计中集成电路芯片的电源、接地端处理
- 印制电路板图设计
- 印制电路板图的 3D 显示
- 根据 PCB 文件产生元器件清单
- 创建项目元器件封装库
- 布局规则
- 布线规则
- 接地线布线规则
- 焊盘尺寸确定等

12.1 任务一：绘制实验电路板图

要求：绘制与图 12-1-1 所示电路图对应的实验电路板图（如图 12-1-2 所示）。

（1）电路板尺寸：宽 3340mil、高 2180mil。

（2）绘制单面板。

（3）信号线宽 20mil、VCC 网络线宽 30mil、GND 网络线宽 50mil。

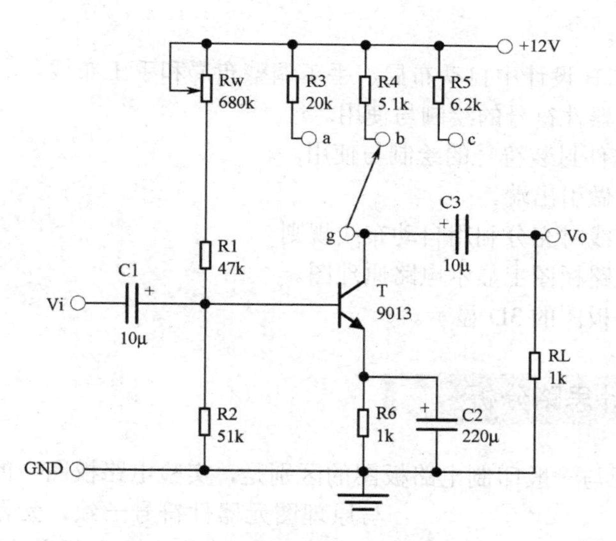

图 12-1-1 单管放大器实验电路

单管放大器实验电路的元器件属性如表 12-1-1 所示。

表 12-1-1 单管放大器实验电路的元器件属性

Lib Ref（元器件名称）	Designator（元器件标号）	Comment（元器件标柱）	Footprint（元器件封装）
NPN	T	9013	自制
RES2	R1、R2、R3、R4、R5、R6、RL	47k、51k、20k、5.1k、6.2k、1k、1k	AXIAL-0.4
Cap Pol2	C1、C2、C3	10 、220 、10	自制
自制	Rw	680k	自制
元器件在 C:\Program Files\Altium2004 SP2\Library\Miscellaneous Devices.IntLib			

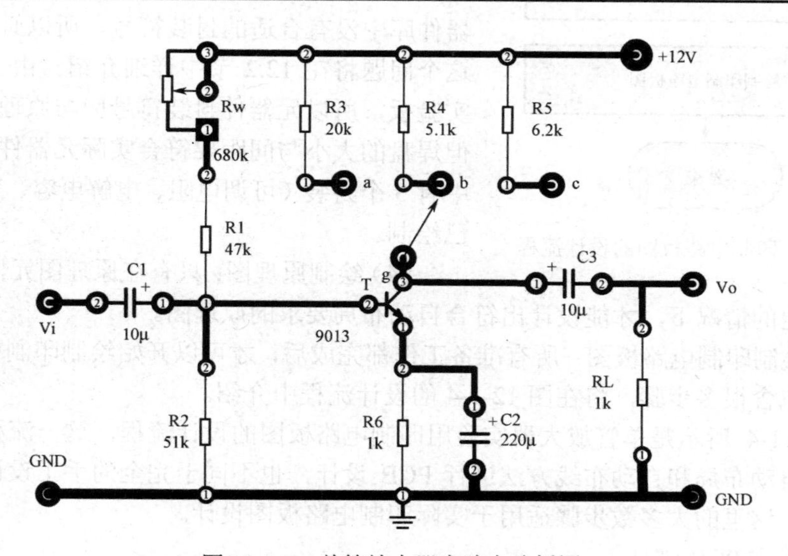

图 12-1-2 单管放大器实验电路板图

本节学习重点：

（1）在实际 PCB 设计中自动布局、手工调整布局和手工布线。

（2）原理图元器件符号的绘制与使用。

（3）PCB 元器件封装符号的绘制与使用。

（4）利用焊盘做引出端。

（5）在手工布线时充分利用自动布线规则。

（6）在印制电路板图上显示电路原理图。

（7）印制电路板图的 3D 显示。

12.1.1 设计思路分析

实验电路板图与一般印制电路板图的区别是，实验电路板图中的元器件封装应尽量与原理图元器件符号一致，元器件的摆放位置应与原理图一致，在印制电路板图上要有原理图的显示，所以设计时有一些特殊要求。图 12-1-3 所示是印制电路板图的设计流程，这个流程是设计电路板图的一般流程。

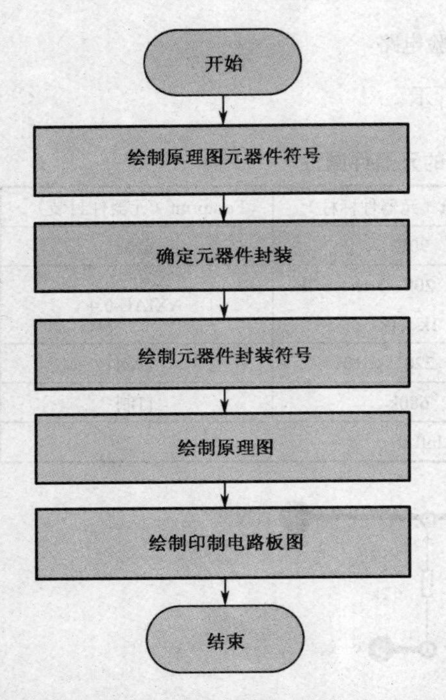

图 12-1-3 印制电路板图的设计流程

（1）绘制原理图元器件符号：在绘制原理图之前，首先要绘制元器件库中没有的符号，图 12-1-1 中的可变电阻 Rw 的符号就需要自己绘制。

（2）确定元器件封装：在进行实际印制电路板图设计时，所有封装都要根据实际元器件确定，这是设计成功的关键一步。

（3）绘制元器件封装符号：由于有些元器件在元器件库中没有合适的封装符号，所以必须自行绘制，这个问题将在 12.2 节中详细介绍。由于本例是制作实验板，所以元器件封装符号应与原理图符号一致，但焊盘的大小与间距要符合实际元器件的要求。本例中有 3 个封装（可调电阻、电解电容、三极管）需自己绘制。

（4）绘制原理图：只有在原理图元器件符号和封装全部确定的情况下，才能设计出符合自动布局要求的原理图。

（5）绘制印制电路板图：所有准备工作都完成后，才可以开始绘制印制电路板图，这一项实际包含很多步骤，将在图 12-1-4 的设计流程中介绍。

图 12-1-4 所示是单管放大器实验用印制电路板图的设计流程，这一流程既不同于一般的利用自动布局和自动布线方法进行 PCB 设计，也不同于完全的手工设计，是将两者结合起来，这里的大多数步骤适用于实际印制电路板图设计。

（1）建立 PCB 文件。

（2）绘制物理边界和电气边界：物理边界是电路板的实际尺寸，而电气边界则用于自动布局和布线。

（3）装入元器件封装和网络：因为这是将原理图中的各种信息装入到PCB文件中，所以原理图绘制的是否正确、标准非常关键。

（4）自动布局：利用系统提供的自动布局功能将元器件散开。

（5）手工调整布局：根据要求调整元器件封装的位置，在制作实验板时，需根据原理图摆放元器件封装，如图12-1-2所示。

（6）设置布线规则：这里主要是指布线的宽度，可根据需要设置不同网络的宽度。

（7）手工绘制铜膜导线：根据飞线指示绘制铜膜导线。

（8）放置各引出端并连线：任何一个印制电路板都要有引出端，只是形式不同。因为本例使用焊盘引出，所以需要连线。

（9）在顶层丝印层再绘制一遍连线：因为设计的是实验电路板，在顶层需要显示原理图，以便于学生根据电路原理进行实验，这一连接示意应该非常醒目且不影响电路板本身的电气性能，所以要在顶层丝印层进行绘制。

（10）进行标注。

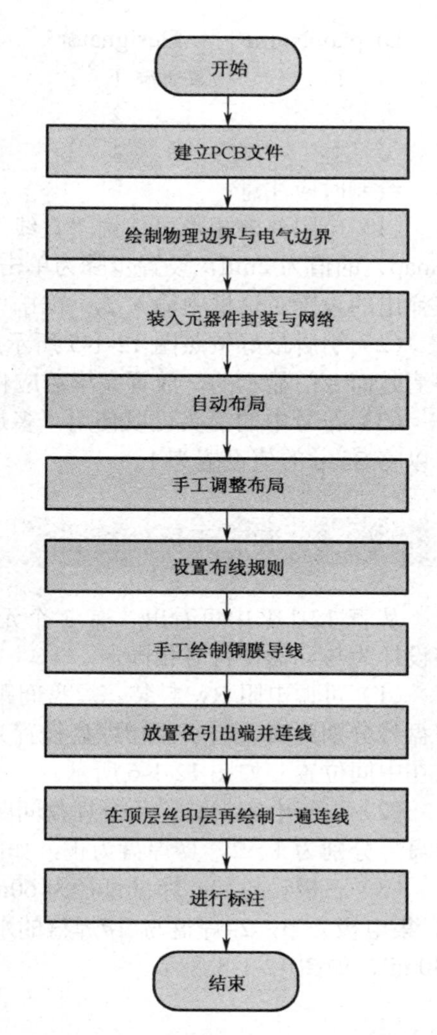

图12-1-4　单管放大器实验用印制电路板图的设计流程

12.1.2　绘制元器件符号

在图12-1-1所示的电路图中，可调电阻Rw符号需自行绘制。

（1）在Windows环境下建立一个专用文件夹，本例所创建的所有文件都保存在这个文件夹下。

（2）在该文件夹下新建一个工程项目fdq.PRJPCB，将本例所用的所有文件均建在这个工程项目中。

（3）在fdq.PRJPCB工程项目中，新建一个原理图元器件库文件。

（4）按照3.2节介绍的方法绘制如图12-1-5所示的可调电阻电路符号，绘制完毕后进行保存。

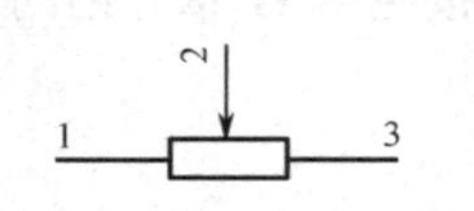

图12-1-5　可调电阻电路符号

可调电阻电路符号参数如下。

矩形轮廓：长20mil，高8mil。

引脚参数：

Display Name	Designator	Electrical Type	Length
1	1	Passive	10
2	2	Passive	10
3	3	Passive	10

绘制时应注意：

（1）电阻体的矩形可使用“直线”图标进行绘制。在绘制前，应先设置捕获栅格（Snap）的值为2mil，设置步骤为单击图标，在下一级菜单中选择“Set Snap Grid”，在弹出的设置对话框中输入2，单击“OK”按钮即可。

（2）引脚最好按照图12-1-5所示放置，图12-1-5中显示的引脚号，是为了让读者看得清楚而专门显示的，放置完毕后应将其隐藏，引脚最好放置在栅格线上。

（3）符号中的箭头可以使用“多边形”图标进行绘制，如果箭头不能画得很小，可以将Snap的值设置为1。

12.1.3 确定元器件封装

从表12-1-1中可看出，有3个元器件封装需绘制。根据实验板的特点，将元器件封装设计为与元器件符号相同。

（1）可调电阻Rw封装。焊盘间距为120mil，焊盘直径为70mil，焊盘孔径为35mil，焊盘号分别为1、2、3，1#焊盘设置为方形（Rectangle），2#焊盘为可调电阻活动端，应放在中间位置，如图12-1-6所示。

（2）电解电容封装。两个焊盘间距为200mil，焊盘直径为70mil，焊盘孔径为35mil，焊盘号分别为1、2，1#焊盘为正，如图12-1-7所示。

（3）三极管封装。焊盘直径为60mil，焊盘孔径为32mil，焊盘号发射极为1、基极为2、集电极为3，2#焊盘与1#焊盘的水平间距为105mil，3#焊盘与1#焊盘的垂直间距为140mil，如图12-1-8所示。

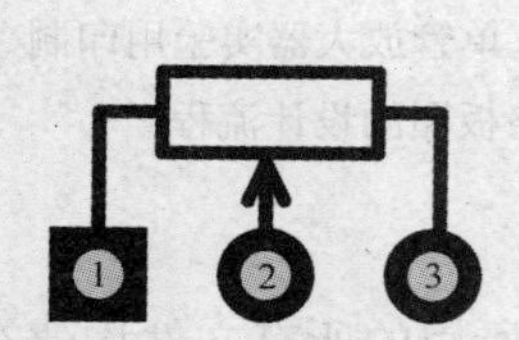

图12-1-6　可调电阻封装符号

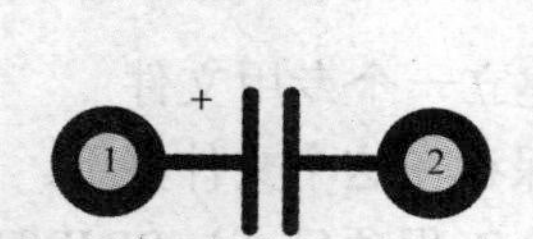

图12-1-7　电解电容封装符号

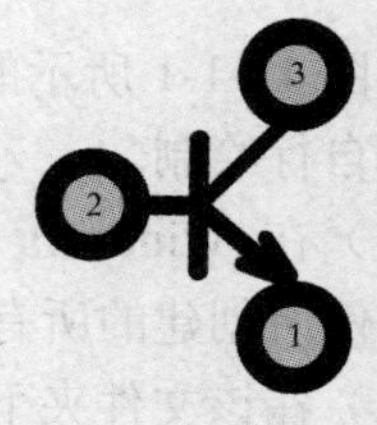

图12-1-8　三极管封装符号

在工程项目中新建一个PCB元器件封装库文件，在该文件中按照第11章介绍的方法分别绘制3个封装符号。

12.1.4 绘制原理图

在绘制原理图时应注意：

（1）按照“11.2.1　在同一工程项目中使用”中“2.在自动布局过程中使用”介绍的方法分别将自己绘制的3个封装符号添加到相应的原理图元器件符号Footprint属性中。

（2）电路图中的+12V、Vi、GND、a、b、c、g 等引出端符号均使用电源接地符号中的 Circle（小圈）显示类型。

（3）电路图中的 a、b、c、g 之间的连接示意（即 g 与 b 之间的箭头）要用“连线”图标 ╱ 绘制，不要用“导线”图标绘制。

12.1.5 绘制印制电路板图

要求：

（1）电路板尺寸：宽为 2900mil，高为 1900mil。

（2）信号线宽为 20mil，接地网络线宽为 30mil。

操作步骤如下。

1. 绘制物理边界和电气边界

（1）在 Mechanical1 Layer（即机械层 1）绘制物理边界。

（2）在 Keep Out Layer（禁止布线层）绘制电气边界，电气边界可以稍小于物理边界。

2. 导入数据

（1）将当前画面切换到原理图文件中，执行菜单命令“Design”→“Update PCB Document PCB1.PcbDoc”。

（2）在弹出的“Engineering Change Order”对话框中用鼠标左键单击“Validate Changes”按钮，在“Engineering Change Order”对话框的“Check”一列显示检查后无错误标志“√”后，用鼠标左键单击“Execute Changes”按钮，将元器件和网络连接装入到 PCB 文件中，单击“Close”按钮关闭对话框。

用鼠标左键单击“Validate Changes”按钮后，若“Check”一列显示检查后有错误，则在“Check”列的相应行，显示红色的×，此时不能继续进行以后的操作，要根据“Message”中的提示找到错误原因，在原理图中进行修改，修改并保存后再重新执行导入数据的操作。

以上操作可以参考 7.1.5 的内容。

图 12-1-9 所示为装入元器件封装与网络后的情况。

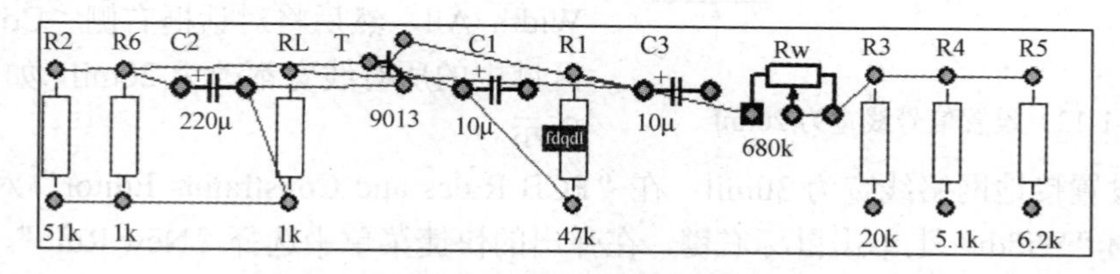

图 12-1-9 装入元器件封装与网络后的结果

3. 自动布局

（1）执行菜单命令“Tools”→“Component Placement”→“Auto Placer”，在弹出的“Auto Place（自动布局方式设置）”对话框中选择“Cluster Placer（群集式布局方式）”，并选中“Quick Component Placement”复选框进行快速布局。

（2）将元器件装入电气边界后，可将原先放置元器件的空间（即矩形框）删除。

图 12-1-10 所示为自动布局后的结果。

4．手工调整布局

因为是实验板，所以元器件位置要按照电路图中的位置和元器件间的飞线进行调整，在需要放置焊盘的地方要留出足够的空间。

图 12-1-11 所示为手工调整布局后的结果。

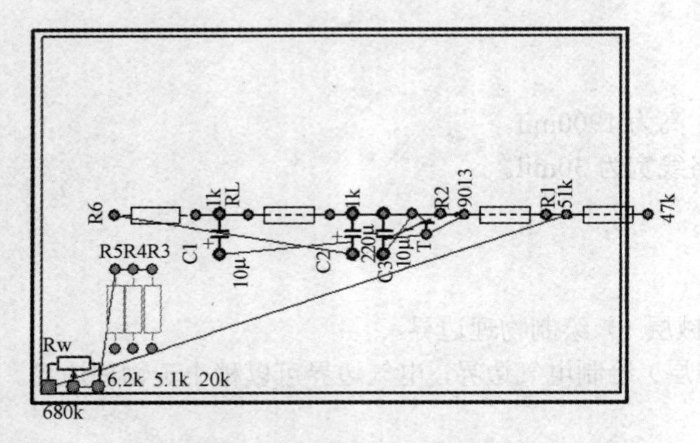

图 12-1-10 自动布局后的结果

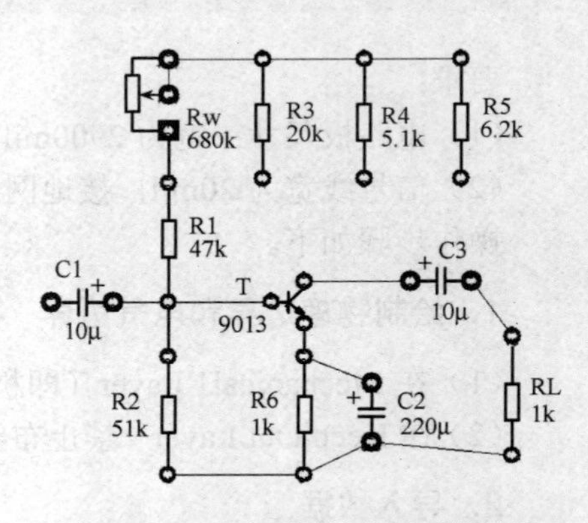

图 12-1-11 手工调整布局后的结果

5．设置布线规则

本例虽然是手工布线，但要最大限度地利用系统提供的各项功能，以简化操作。

因为要求信号线宽为 20mil，接地网络线宽为 30mil，所以在画线前应按照要求设置线宽规则，以便在画线时无须再对每个网络、每个连接设置线宽，而是系统自动按照规则设置好的线宽进行画线，既避免了每次画线都要设置线宽的烦琐，又不容易出错。

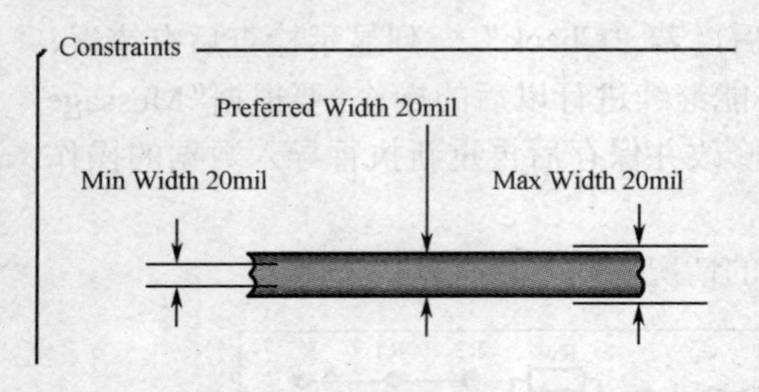

图 12-1-12 设置信号线宽为 20mil

（1）设置信号线宽为 20mil：执行菜单命令“Design”→“Rules”，系统弹出“PCB Rules and Constraints Editor”对话框→在对话框的左侧选中“Width”规则名，这是系统默认的线宽设置，范围是 All。首先将规则名改为 Width_All，然后将对话框右侧“Constraints”区域中的所有线宽都改为 20mil，如图 12-1-12 所示。

（2）设置接地网络线宽为 30mil：在“PCB Rules and Constraints Editor”对话框左侧的线宽规则“Width”上单击鼠标右键，在弹出的快捷菜单中选择“New Rule”。此时，在“PCB Rules and Constraints Editor”对话框右侧的“Name”下有两个规则名（Width_All 和 Width），Width 即为新建规则。双击该规则，打开如图 8-2-5 所示的对话框，首先将规则名改为 Width_GND，在 Net 中选择 GND，然后将对话框右侧“Constraints”区域中的所有线宽都改为 30mil。

（3）设置线宽优先级：因为以上设置了 2 个线宽规则，所以必须设置这 2 个规则的优先级。一般情况下，应该将约束条件苛刻的规则设置为高级别。在本例中，将 GND 布线规则设置为最高。

在“PCB Rules and Constraints Editor”对话框左侧用鼠标左键单击“Width”，使对话框右侧切换到线宽规则名列表画面，用鼠标左键单击对话框左下角的“Priorities”优先级按钮，在弹出的“Edit Rule Priorities（编辑规则优先级）”对话框中将Width_GND规则设置为最高级，即处于“1”的位置，单击“Close”按钮，回到上一级画面单击“OK”按钮即可。

以上操作可参考8.2.2中的内容。

6．手工绘制铜膜导线

因为连线较少，所以本例采用单面板，在Bottom Layer工作层绘制铜膜导线。

（1）单击“Bottom Layer”工作层标签，将当前层设置为Bottom Layer。

（2）使用“绘制铜膜导线”图标进行绘制。在绘制时，应注意在焊盘处作为导线的起点或终点时，都应在焊盘中心位置开始或结束绘制。

因为前面已经设置了线宽，所以绘制时系统自动按照线宽要求显示不同网络的线宽，无需再进行设置。

7．放置各引出端并连线

各引出端均以焊盘形式引出，即在电路输入端、a、b、c、g、+12V、接地端处放置焊盘，以焊接接线柱用于连线。

以放置Vi焊盘为例进行说明。

（1）用鼠标左键单击“放置焊盘”图标，按“Tab”键在“Pad”对话框中将Hole Size（焊盘通孔直径）设置为35mil，X-Size、Y-Size（焊盘的X和Y方向尺寸）设置为70mil，在Net（焊盘所在网络）中选择Vi，单击“OK”按钮后，将焊盘放置在电容C1的负极附近，则有一条飞线从电容C1的负极连到焊盘中心。

（2）在“Bottom Layer”工作层绘制从电容C1的负极到焊盘中心的铜膜导线。

其余焊盘的放置和连接同理。

8．在顶层丝印层再绘制一遍连线

在实验板图中，电路连接不仅要与原理图一致且必须醒目，因此，要在顶层丝印层（Top OverLay）按照原理图再绘制一次各元器件之间的连接，这样做的效果仿佛将原理图印在电路板图上。

（1）单击“Top OverLay”工作层标签，将当前层设置为Top OverLay。

（2）使用“绘制连线”图标进行绘制。在绘制时应注意，因为信号线宽是20mil，所以应将连线的属性设置为20mil；在绘制接地网络线时，要将线宽设置为30mil。因为连线不具有电气特性，所以之前设置的线宽规则不起作用。

（3）在“Top OverLay”工作层绘制集电极到电阻R4之间的箭头。

9．进行标注

按照图12-1-2所示，用“放置字符”图标A进行标注。

至此，一个实验用单管放大器实验电路板图设计完成。

12.1.6 印制电路板图的 3D 显示

Protel DXP 2004 SP2 系统提供了 3D 预览功能。使用该功能，可以很方便地看到加工成型之后的印制电路板和在电路板焊接元件之后的效果，使设计者对自己的作品有一个较直观的印象。

1．生成 3D 预览文件

执行菜单命令“View”→“Board in 3D”，系统生成一个与 PCB 文件主文件名相同扩展名为.PCB3D 的 3D 预览文件，如图 12-1-13 所示。

2．3D 预览选项

图 12-1-14 所示是“PCB3D”面板，在面板的“Display”区域中共有 5 个选项。这 5 个选项决定了 3D 预览文件中的内容。

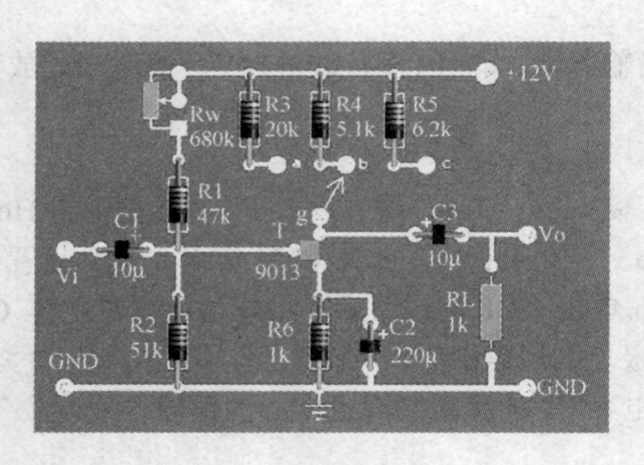

图 12-1-13 印制电路板的 3D 预览

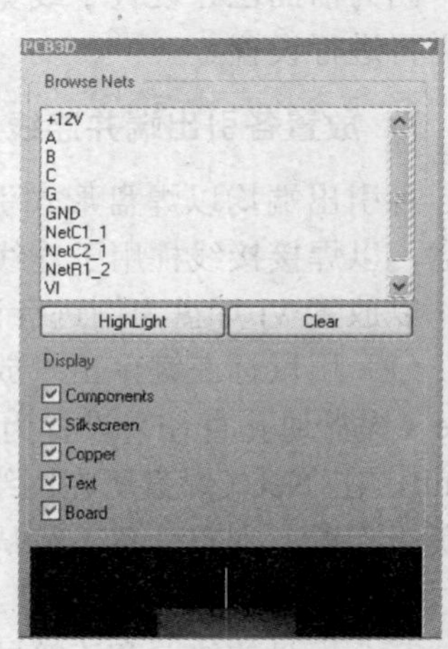

图 12-1-14 “PCB3D”面板

- Components：显示元器件封装。
- Silkscreen：显示丝印层的元器件封装符号。
- Copper：显示铜膜导线。
- Text：显示丝印层的字符。
- Board：显示背景。

12.2 任务二：绘制门禁系统印制电路板图

要求：绘制图 12-2-1 所示原理图和对应的印制电路板图。元器件属性如表 12-2-1 所示。

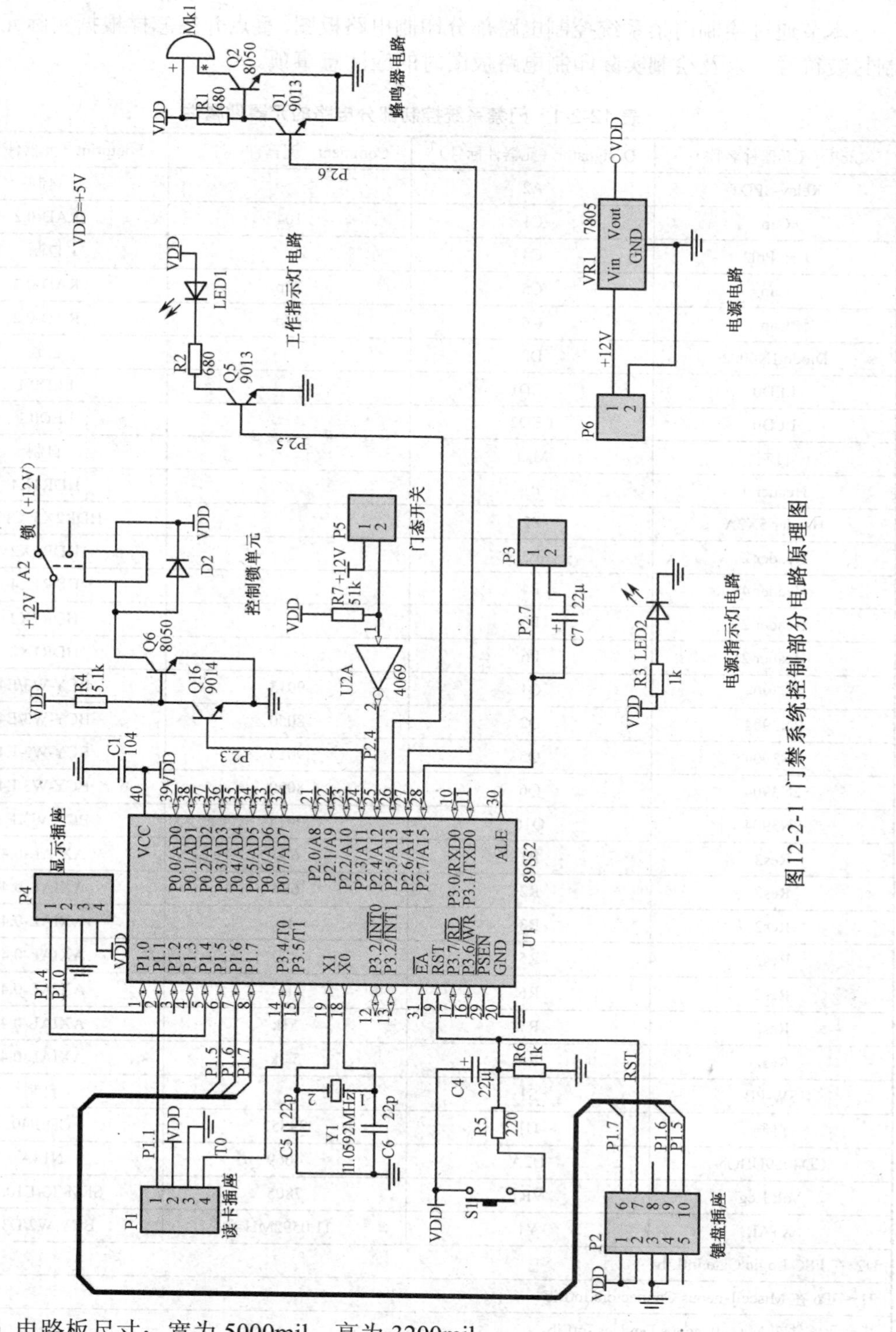

图12-2-1 门禁系统控制部分电路原理图

（1）电路板尺寸：宽为5000mil，高为3200mil。

（2）双面布线。

（3）信号线宽为10mil，+12V网络为30mil，VDD网络为30mil，接地网络线宽为40mil。

本节通过绘制门禁系统控制电路部分印制电路板图，重点介绍怎样根据实际元器件绘制封装符号，以及绘制实际印制电路板图时的应注意事项。

表 12-2-1 门禁系统控制部分电路的元器件属性

LibRef（元器件名称）	Designator（元器件标号）	Comment（元器件标注）	Footprint（元器件封装）
Relay-SPDT	A2		自制
Cap	C1	104	RAD-0.2
Cap Pol2	C4	22	自制
Cap	C5	22p	RAD-0.2
Cap	C6	22p	RAD-0.2
Diode 1N4002	D2		自制
LED0	LED1		LED0.1
LED0	LED2		LED0.1
自制	Mk1		自制
Header 4	P1		HDR1X4
Header 5X2A	P2		HDR2X5_CEN
Header 2	P3		HDR1X2
Header 4	P4		HDR1X4
Header 2	P5		HDR1X2
Header 2	P6		HDR1X2
2N3904	Q1	9013	BCY-W3/E4
2N3904	Q2	8050	BCY-W3/E4
2N3904	Q5	9013	BCY-W3/E4
2N3904	Q6	8050	BCY-W3/E4
2N3904	Q16	9014	BCY-W3/E4
Res2	R1	680	AXIAL-0.4
Res2	R2	680	AXIAL-0.4
Res2	R3	1k	AXIAL-0.4
Res2	R5	220	AXIAL-0.4
Res2	R6	1k	AXIAL-0.4
Res2	R7	51k	AXIAL-0.4
Res2	R4	5.1k	AXIAL-0.4
SW-PB	S1		自制
自制	U1	89S52	CDIP40
CD4069UBCN	U2A	4069	N14A
Volt Reg	VR1	7805	SFM-T3/E10.7V
XTAL	Y1	11.0592MHz	BCY-W2/D3.1
U2 在 FSC Logic Gate.IntLib			
P1～ P6 在 Miscellaneous Connectors.IntLib			
其余元器件在 Miscellaneous Devices.IntLib			

本节学习重点：

（1）原理图元器件符号的绘制与使用。

（2）根据实际元器件选择封装。

（3）根据实际元器件确定封装的原则和方法。

（4）PCB 元器件封装符号的绘制与使用。

（5）在自己绘制的原理图符号中使用系统提供的封装。

（6）在实际 PCB 设计中自动布局、手工布线与自动布线的结合使用。

（7）根据 PCB 文件产生元器件清单。

（8）创建 PCB 工程项目元器件封装库。

12.2.1　绘制原理图元器件符号

在图 12-2-1 中有 2 个元器件符号需要绘制，下面分别进行介绍。

1．89S52

89S52 是双列直插式 40 引脚集成电路芯片，原理图元器件符号如图 12-2-2 所示。

这一元器件符号可以根据 Dallas Microcontroller 8-Bit.IntLib 元器件库中的 DS87C520-MCL 符号进行修改。

（1）在 Windows 环境下建立一个专用文件夹，该工程项目中的所有文件都保存在该文件夹下。

（2）在该文件夹下新建一个工程项目 mjxt.PRJPCB，将本例所用的所有文件均建在这个工程项目中。

（3）在 mjxt.PRJPCB 工程项目中新建一个原理图元器件库文件。

（4）按照 3.3 节介绍的方法将 DS87C520-MCL 符号复制到自己建的新元件画面中，按照图 12-2-2 所示进行修改，绘制完毕后进行保存。

图 12-2-2　89S52 原理图元器件符号

2．蜂鸣器

蜂鸣器电路符号已在 Miscellaneous Devices.IntLib 元器件库中提供，为什么还要自己绘制呢？因为蜂鸣器在实际使用时，两端对电位的高低有要求，如图 12-2-3 所示。因为图 12-2-3（a）中引脚长的一端应接正，图 12-2-3（b）中带有“+”标记的一端应接正，所以应在电路符号中注明。

（a）以引脚长短表示极性的蜂鸣器

（b）以符号表示极性的蜂鸣器

图 12-2-3　蜂鸣器

图 12-2-4 所示为蜂鸣器电路符号，绘制要求是：

Display Name	Designator	Electrical Type	Length
1	1	Passive	10
2	2	Passive	10

1#引脚为正。

（1）接“1. 89S52”操作，在原理图元器件库文件中执行菜单命令“Tools”→“New Component”或在“SCH Library”面板的“Component”区域下方用鼠标左键单击“Add”按钮，新建一个元器件符号画面，在此画面中绘制如图 12-2-4 所示的蜂鸣器电路符号。

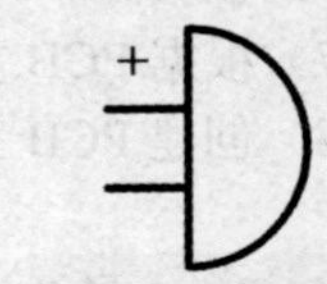

图 12-2-4 蜂鸣器电路符号

（2）图 12-2-4 中的“+”可用 **A** 图标书写。

12.2.2 确定原理图中所有元器件封装

1. 确定元器件库中存在的封装

确定元器件封装最重要的原则是，对于具有软引线的元器件（插接式元器件）引脚最好直插到焊盘孔中（如电阻、电容、三极管等）；对于具有硬引线的元器件（如集成电路芯片、蜂鸣器等），引脚间的距离与焊盘间的距离要完全一致。

1）电阻

Miscellaneous Devices.IntLib 元器件库中提供了多个电阻封装，从 AXIAL-0.3～AXIAL-1.0，其中 0.3～1.0 是焊盘间距，选择多大的焊盘间距取决于两个方面：一是电阻本身的体积，二是电阻是怎样放置在电路板上的。本例中的电阻都是金属膜 1/4W 电阻，安装要求为水平放置，如图 12-2-5 所示，一般可选 AXIAL-0.4，所以本例中所有电阻的封装均为 AXIAL-0.4。

2）三极管

本例中使用的三极管有 9013、9014、8050 等，这几种三极管的外形封装相似，如图 12-2-6 所示。

图 12-2-5 电阻水平放置在电路板上

（a）9014

（b）8050

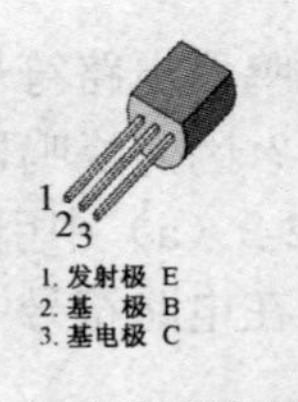

（c）三极管引脚分布

图 12-2-6 三极管实物与引脚示意图

图 12-2-6 中的三极管都可以使用同一种封装 BCY-W3/E4，如图 12-2-7 所示。

3）晶振 Y1

如图 12-2-8 所示，因为晶振两个引脚之间的距离是 200mil，所以晶振的封装确定为 RAD-0.2。

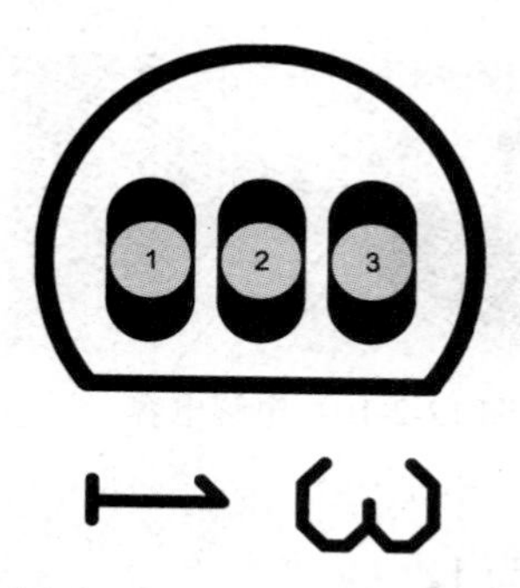

图 12-2-7 三极管封装图形

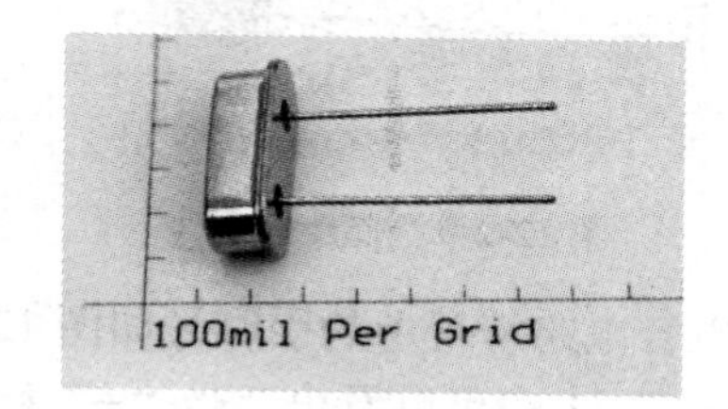

图 12-2-8 晶振

4）接插件连接器 P1～P6

这些连接器都是标准件，根据电路板连接需要，直接选择元器件库中提供的形式即可。

5）4069

4069 是 14 引脚集成电路芯片，本例采用双列直插式封装 N14A。

6）89S52

89S52 是 40 引脚集成电路芯片，本例采用双列直插式封装 CDIP40。

7）22p 电容

从图 12-2-9 可以看出，因为瓷片电容的两个引脚之间的距离是 100mil，所以选择 RAD-0.1 封装。

除了以上这些可以在元器件库中找到的封装外，还有一些元器件的封装必须自己绘制。下面将介绍怎样根据实际元器件绘制封装符号。

2. 根据实际元器件绘制封装符号

1）绘制元器件封装的三要素

（1）元器件引脚间距离。

（2）焊盘孔径（针对插接式元件）。

（3）与元器件电路符号引脚之间的对应。

这三个要素是绘制任何元器件封装符号时都要涉及到的。如果该元器件的轮廓比元器件引脚间的距离大很多，在绘制时还要考虑轮廓所占空间。

元器件引脚间距离的确定方法：通过测量。

焊盘孔径（针对插接式元件）的确定方法：通过测量。

与元器件电路符号引脚之间的对应：使用有关仪器或仪表对元器件的电气性能进行测量，确定各引脚的电气功能，再与电路符号中的引脚号进行对应。

2）本例需要绘制的封装符号

（1）电解电容如图 12-2-10 所示。

实际测量参数如下。

① 元器件引脚间距离：约为 100mil。

② 引脚直径：小于 35mil。

③ 元器件轮廓：半径约为 100mil 的圆。

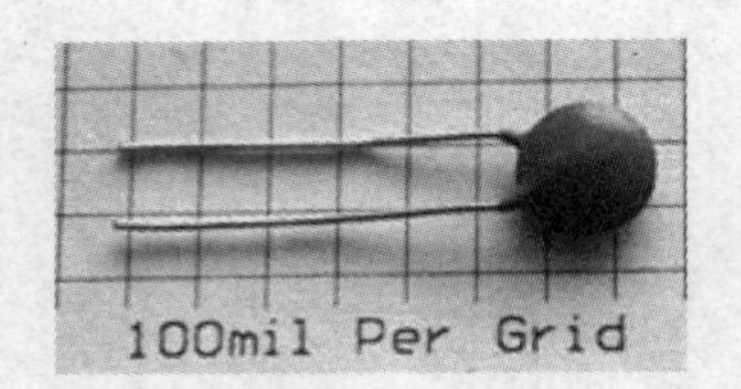

图 12-2-9 瓷片电容

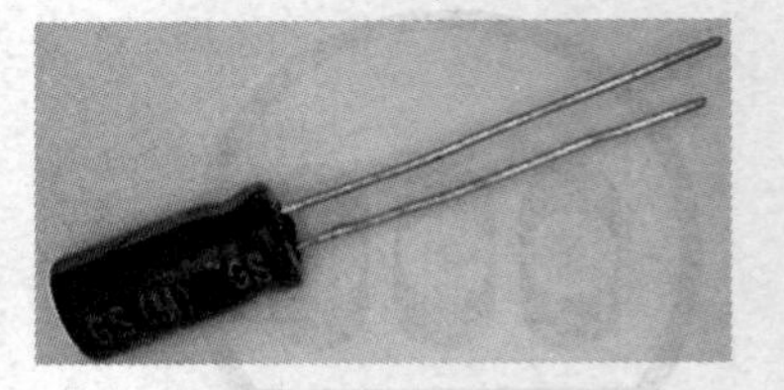
图 12-2-10 电解电容

电解电容电路符号中的引脚号如图 12-2-11 所示。

从图 12-2-11 中可以看出，带“+”标记的引脚号为 1。

封装参数确定：焊盘间距为 100mil；焊盘孔径为 35mil；焊盘直径为 70mil；元件轮廓半径为 100mil；焊盘号为 1、2，1#焊盘为正。

图 12-2-12 所示为绘制好的电解电容封装符号。

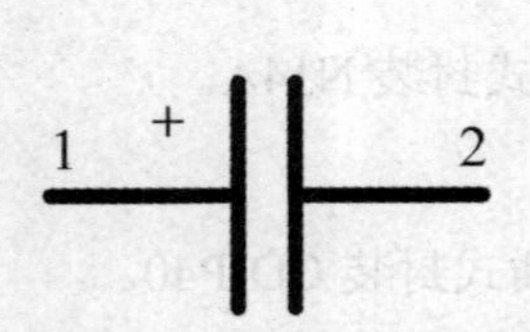

图 12-2-11 电解电容电路符号中的引脚号

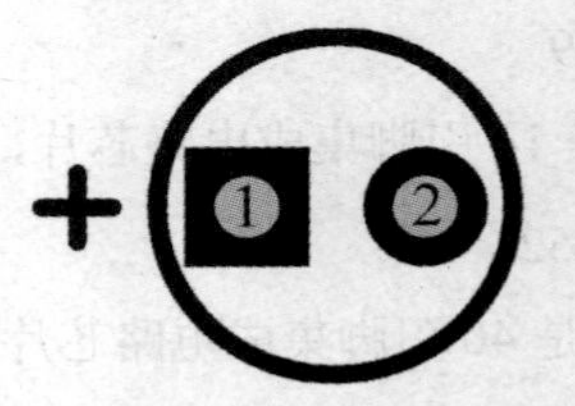

图 12-2-12 电解电容封装符号

（2）二极管如图 12-2-13 所示。

实际测量参数如下。

① 元器件引脚间距离：两端弯曲后约为 400mil。

② 引脚直径：小于 35mil。

二极管电路符号中的引脚号如图 12-2-14 所示。

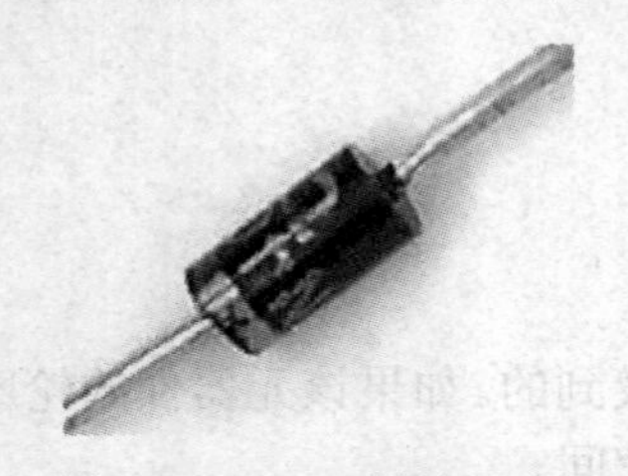
图 12-2-13 二极管 1N4001

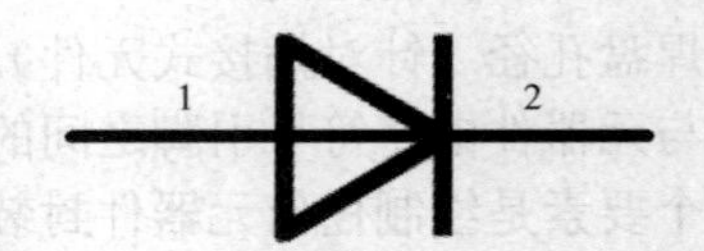

图 12-2-14 二极管电路符号中的引脚号

封装参数确定：焊盘间距为 400mil；焊盘孔径为 35mil；焊盘直径为 70mil；焊盘号为 1、2，1#焊盘为正极。

图 12-2-15 所示为绘制好的二极管封装符号。

图 12-2-15 二极管封装符号

（3）蜂鸣器。蜂鸣器的引脚参数一定要测量准确，因为蜂鸣器是硬引线元件。

实际测量参数如下。

① 元器件引脚间距离：300mil。

② 引脚直径：小于 35mil。

在 12.2.1 中绘制的蜂鸣器原理图符号中，引脚号分别为 1、2，1#引脚为正。

封装参数确定：焊盘间距为 300mil；焊盘孔径为 35mil；焊盘直径为 70mil；元器件轮廓半径为 250mil；焊盘号为 1、2，1#焊盘为正。

图 12-2-16 所示为绘制好的蜂鸣器封装符号。

（4）继电器如图 12-2-17 所示。

图 12-2-16　蜂鸣器封装符号　　图 12-2-17　继电器

从图 12-2-17（a）中可以看出，本例选择的继电器有 5 个引脚；从图 12-2-17（b）中可以看出，继电器的 5 个引脚分别是引脚 4、5 接供电线圈，引脚 1 是长接点，引脚 2 是常闭触点，引脚 3 是常开触点，这 5 个引脚必须与实际继电器中的引脚一一对应。因此，绘制继电器的封装要经过以下 3 个步骤：

① 通过测量，确定继电器每个引脚的电气功能。

② 将实际继电器的引脚与电路符号中的引脚相对应，确定封装中的焊盘号。

③ 测量继电器的引脚间距和引脚直径。

根据测量，继电器的引脚分布如图 12-2-18 所示。

因为继电器属于硬引线元件，所以引脚尺寸一定要测量准确。

根据测量结果确定的封装参数：焊盘孔径为 60mil。在确定焊盘孔径时应注意，由于继电器引脚截面是矩形，应测量最宽处的尺寸作为孔径。

焊盘尺寸：长为 150mil；宽为 100mil（因为引脚形状是矩形，所以焊盘的形状最好也是矩形，要确定长和宽两个参数）。

封装的其他尺寸如图 12-2-19 所示，1、2、3、4、5 分别表示焊盘号（因焊盘号字太小，不容易看清，故做此标注，在绘制封装符号时不用标注）。

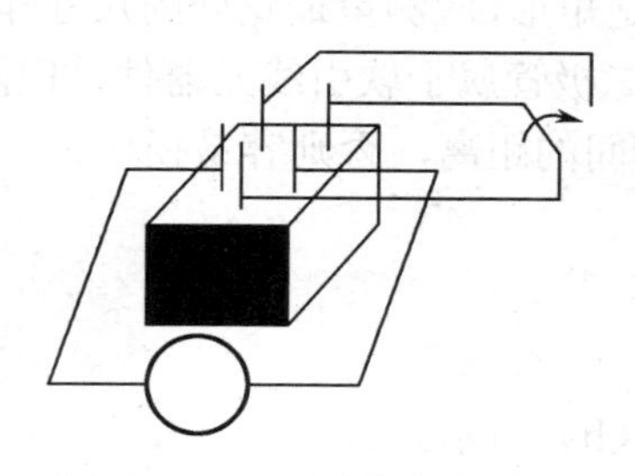

图 12-2-18　继电器的引脚分布

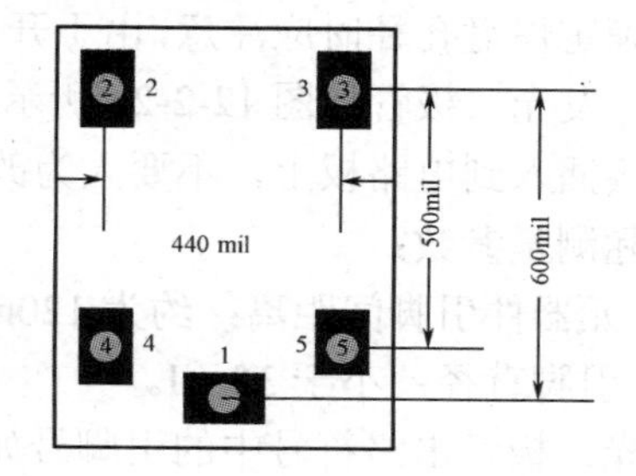

图 12-2-19　继电器封装尺寸与引脚分布

应特别注意的是：在确定焊盘号时，千万不要用图 12-2-19 中的封装图直接与图 12-2-18 中的引脚分布图相对应，图 12-2-19 是继电器引脚向下时从继电器上面看下去的透视图。

（5）开关如图 12-2-20 所示。从图 12-2-20（a）可以看出，在本例所选的按钮开关实物中共有 4 个引脚，而开关电路符号中只有 2 个引脚，要绘制开关封装符号，不仅要测量各引脚间距和引脚直径，更重要的是要确定实际开关引脚与电路符号中引脚的对应。

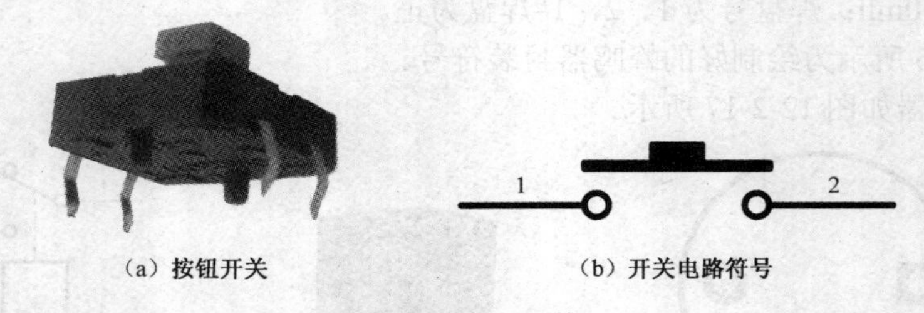

（a）按钮开关　　（b）开关电路符号

图 12-2-20　开关

根据测量，开关的引脚分布如图 12-2-21 所示。

从图 12-2-21 中可以看出，实际开关中是并联在一起的两组开关，又根据开关电路符号中的引脚号 1、2，可以确定开关封装的焊盘号分布如图 12-2-22 所示。其中，左侧的焊盘号分别为 1、2，右侧的焊盘号可以设置为 1、2，也可以设置为其他数字。

因为开关的引脚不易弯折，所以在测量引脚尺寸时一定要准确。

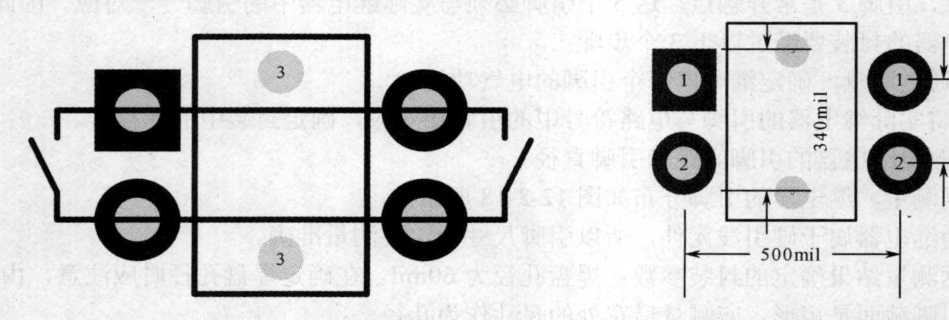

图 12-2-21　开关的引脚分布　　图 12-2-22　开关封装的焊盘号分布

封装参数：焊盘水平间距为 500mil；焊盘垂直间距为 200mil；焊盘直径为 150mil；焊盘孔径为 80mil；封装中间的元件固定引脚垂直距离为 340mil，水平方向居中；固定元件的引脚焊盘可设置成螺丝孔，直径和孔径为 80mil，其他尺寸如图 12-2-22 所示。

在确定焊盘孔径时应注意，由于开关引脚截面是矩形，应测量最宽处的尺寸作为孔径。

（6）发光二极管如图 12-2-23 所示。虽然发光二极管属于软引线元器件，但两个引脚最好直接插入到电路板上，不要人为改变两个引脚间的距离，否则容易损坏。

实际测量参数：

① 元器件引脚间距离：约为 120mil。

② 引脚直径：小于 35mil。

发光二极管电路符号中的引脚号如图 12-2-23（b）所示。

封装参数确定：焊盘间距为 120mil；焊盘孔径为 35mil；焊盘直径为 70mil；焊盘号为 1、2，1#焊盘为正；元器件轮廓半径为 120mil。

图 12-2-24 所示为绘制好的发光二极管封装符号。

3）绘制元器件封装符号

在门禁系统工程项目中新建一个 PCB 元器件封装库文件，在该文件中按照第 11 章介绍的方法分别绘制以上各封装符号。

在绘制封装时，如果某些图形不能绘制得比较精确，如发光二极管封装中的箭头，可以选择“设置栅格”图标，将 Snap 的值修改得小一些。

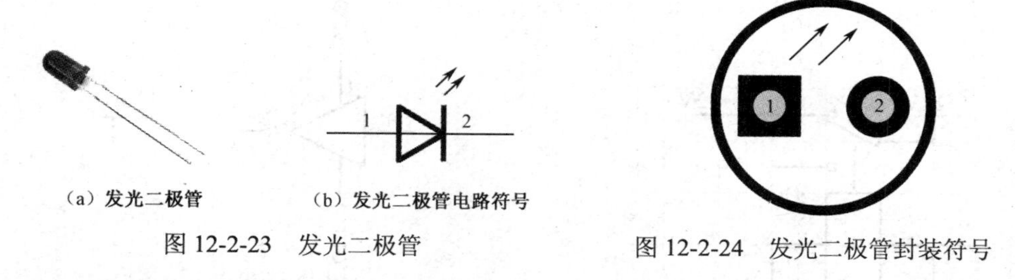

（a）发光二极管　（b）发光二极管电路符号

图 12-2-23 发光二极管　　图 12-2-24 发光二极管封装符号

12.2.3 绘制原理图

在门禁系统工程项目中新建一个原理图文件，绘制图 12-2-1 所示电路原理图。

在绘制原理图时应注意：

（1）电路图中所有放置在导线上与 U1 有关的端口名称（如 P2.7、RST 等）均使用“网络标号”图标进行书写，并且要放置在导线上，如图 12-2-25 所示。

（2）电路图中 U1 到 P2 的连接采用了总线结构，绘制方法请参考第 2 章的有关内容。

（3）集成电路芯片的供电处理。集成电路芯片的供电包括电源和接地。

① 接地符号。在使用 Protel 软件绘制原理图时，在所有接地符号的 Net 属性中一定要输入 GND。

② 电源符号。本例中共有两种电源：+12V 和+5V。其中，+12V 是三端稳压器 VR1 的输入，以及继电器 A2 的控制电压。图 12-2-26 中的三端稳压器的输入电压+12V 要用“网络标号”图标书写，并一定要放置在导线上；图 12-2-27 中的+12V 直接使用电源符号进行放置，一定要在电源符号的 Net 属性中输入+12V。

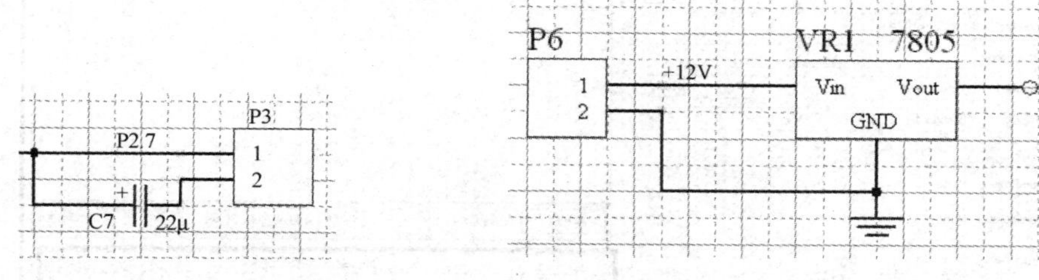

图 12-2-25 用“网络标号”图标书写 P2.7　　图 12-2-26 三端稳压器输入电压+12V 要用“网络标号”图标书写

电路图中的+5V 电源是为绝大多数元器件供电的，但是，在电路中所有+5V 供电电源符号的 Net 属性中均输入 VDD，如电路图 12-2-1 中所示。

这是因为本例中使用了 4069 非门集成电路（U2）。在原理图中，该电路符号的电源和接地引脚均被隐藏，但在转换为印制电路板图时，该芯片的电源和地必须与电路板图中的+5V 电源和地相连，才能保证电路正常工作。

芯片电源（地）引脚与电路中的电源（地）相连的条件是，芯片引脚的引脚名 Display Name 和电源（地）符号的网络标号 Net 属性值应相同。如芯片电源引脚名 Display Name 为 VDD，则电源符号的 Net 内容也应是 VDD，如图 12-2-28 所示。

因为接地引脚名 Display Name 为 GND，所以所有接地符号的 Net 内容也必须是 GND。

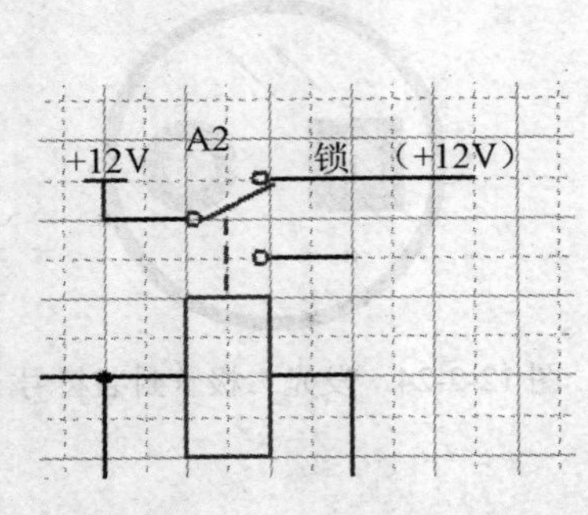

图 12-2-27　+12V 电源符号

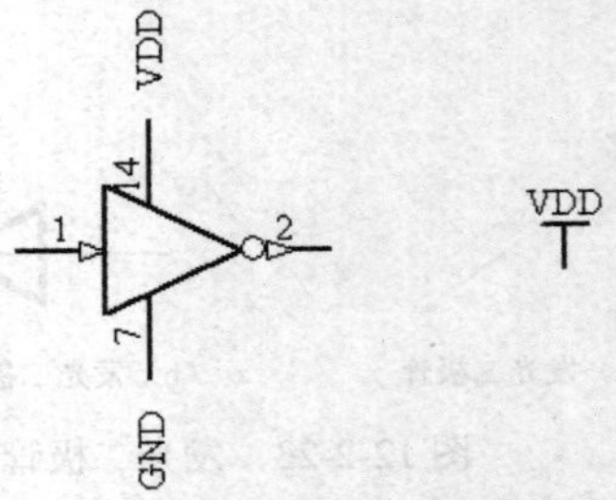

VDD
14
1
2
7
GND
VDD

（a）4069 电源接地引脚名　（b）电源符号中的 Net

图 12-2-28　4069 的电源接地引脚名与电源符号中的 Net

（4）电路图中的其他标注，均使用“文字标注”图标 **A**。

（5）自制封装的使用。所有自制封装均要用到相应的元器件电路符号 Footprint 属性中，下面以 89S52 的封装 CDIP40 为例进行说明。

CDIP40 是系统提供的封装，如果该封装所在的元器件库未被加载到原理图文件中，这个封装就不能使用。

如果在设置 89S52 的封装时出现下面“①”中的情况，请按照以下步骤进行操作。

① 在原理图中双击已放置好的 89S52 电路符号，在弹出的“Component Properties”对话框右下角的“Models for 89S52”区域中，Name 下方为空，如图 12-2-29 所示。

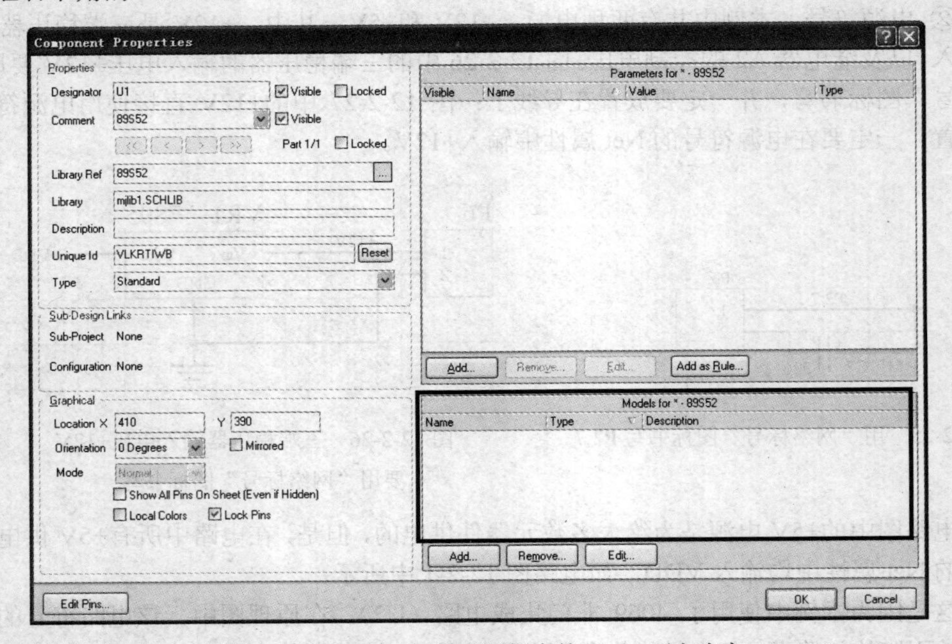

图 12-2-29　89S52 属性对话框中的 Name 下方为空

② 在“Name”上单击鼠标右键，在弹出的快捷菜单中选择“Add”，如图 12-2-30 所示。

③ 系统弹出“Add New Model”对话框，从中选择“Footprint”，如图 12-2-31 所示。

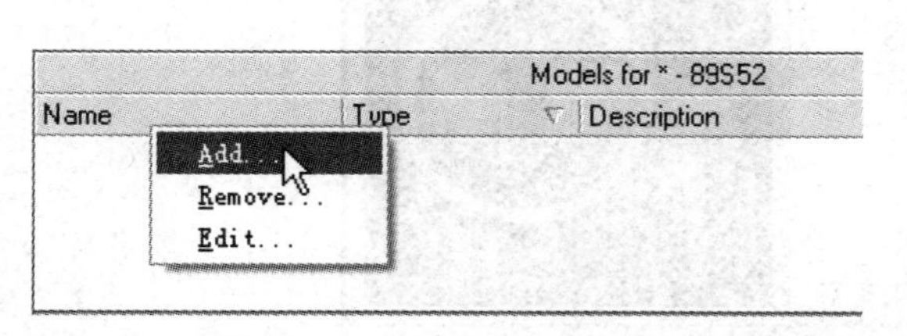

图 12-2-30　在“Name”上单击鼠标右键后选择“Add”

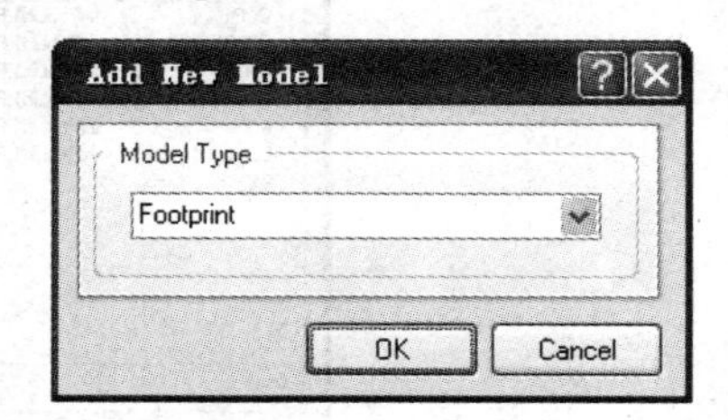

图 12-2-31　选择“Footprint”

④ 单击“OK”按钮，系统弹出“PCB Model”对话框，在“Name”中输入 89S52 所需封装名 CDIP40。如果在“Selected Footprint”区域中显示如图 12-2-32 所示的信息，说明 CDIP40 封装未找到，即该封装所在元器件库未加载到原理图编辑器中。

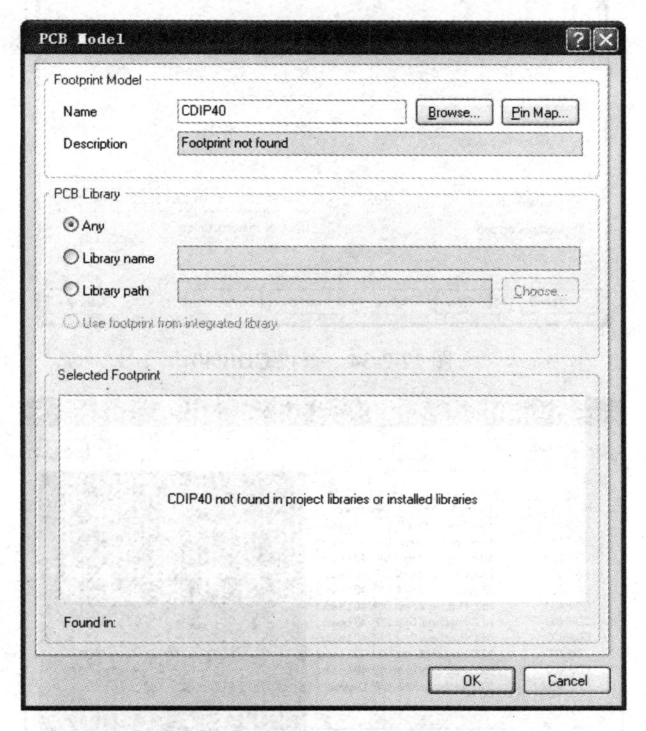

图 12-2-32　CDIP40 封装未找到

⑤ 单击“Name”旁的“Browser”按钮，系统弹出如图 12-2-33 所示的“Browse Libraries（浏览元器件库）”对话框。

⑥ 单击“Find”按钮，系统弹出“Libraries Search（元器件查找）”对话框，在文本框中输入 CDIP40，并按图 12-2-34 所示进行设置。

⑦ 单击“Search”按钮开始搜索，搜索完成后系统弹出搜索结果（如图 12-2-35 所示），从中选择一个封装名称，单击“OK”按钮。

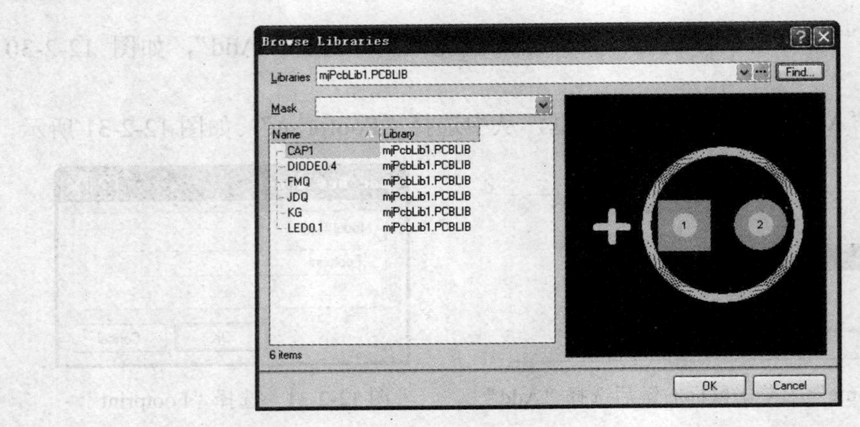

图 12-2-33 “Browse Libraries（浏览元器件库）”对话框

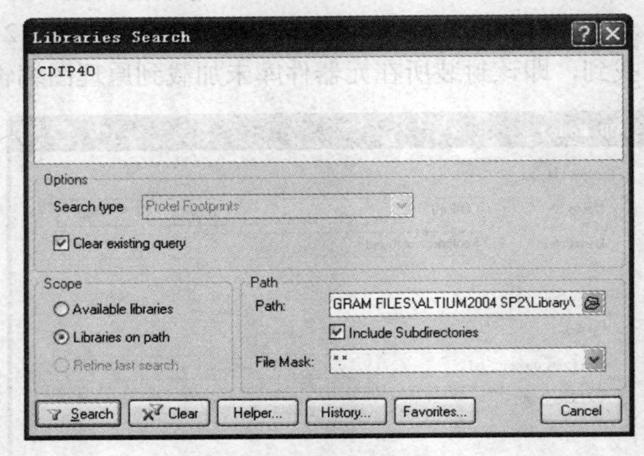

图 12-2-34 查找 CDIP40

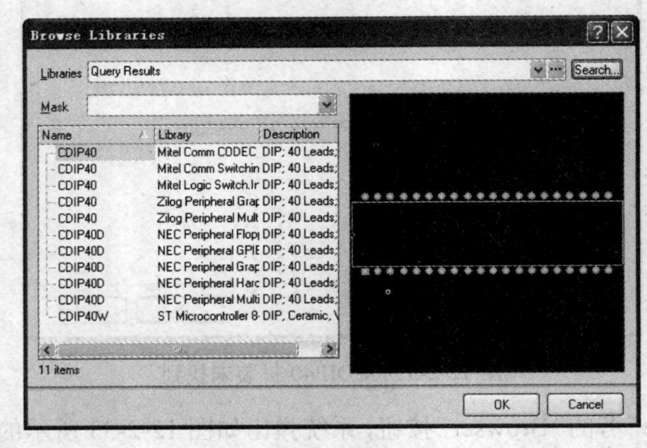

图 12-2-35 搜索结果

⑧ 系统弹出“Confirm”对话框，要求确认将该封装所在元器件库中是否加载到原理图编辑器中，如图 12-2-36 所示。

⑨ 单击“Yes”按钮后，该封装所在元器件库被加载到原理图编辑器中，并且在“PCB Model”对话框中出现了 CDIP40 封装图形，如图 12-2-37 所示。

图 12-2-36 “Confirm”对话框

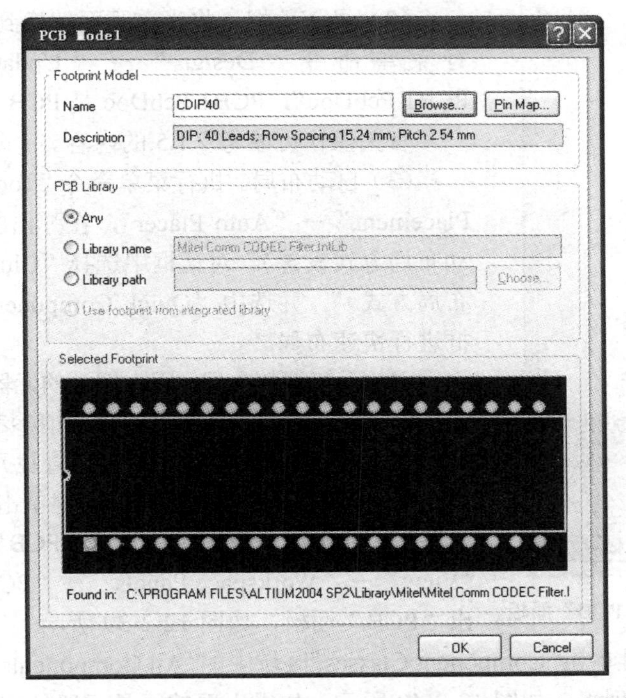

图 12-2-37　CDIP40 封装图形出现在“PCB Model”对话框中

⑩ 单击“OK”按钮，返回“Component Properties”对话框。此时，CDIP40 封装名已经出现在“Name”下方，如图 12-2-38 所示，单击“OK”按钮，完成 89S52 的封装设置。

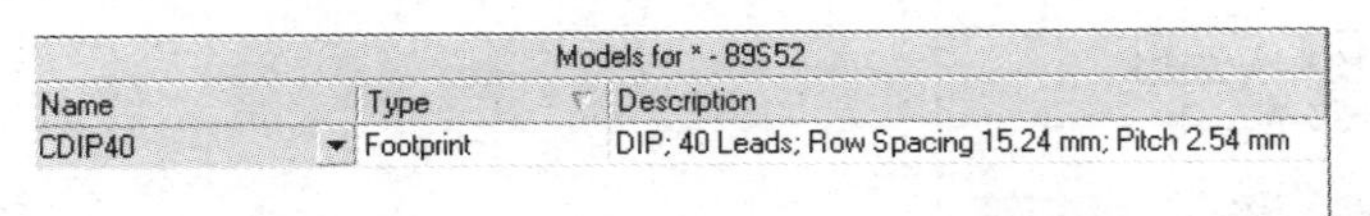

图 12-2-38　完成 89S52 的封装设置

12.2.4　绘制印制电路板图

要求：

（1）电路板尺寸：宽为 5000mil，高为 2280mil。

（2）信号线宽为 10mil，+12V 网络线宽为 30mil；VDD 网络线宽为 30mil，接地网络线宽为 40mil。

（3）双面布线。

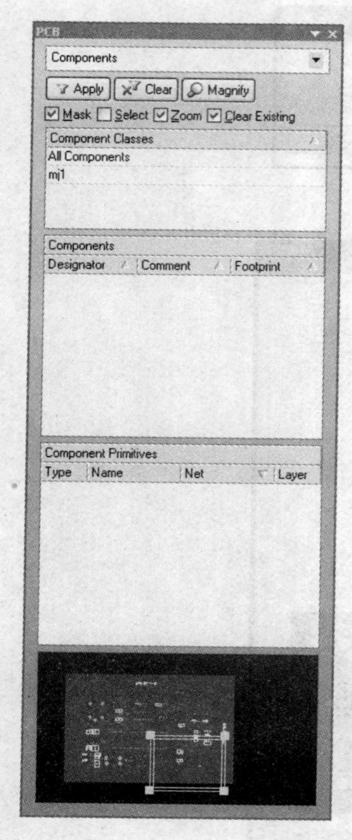

图 12-2-39　调出的“PCB”面板

操作步骤如下。

（1）绘制物理边界和电气边界。

① 在 Mechanical1 Layer（即机械层 1）绘制物理边界。

② 在 Keep-Out Layer（禁止布线层）绘制电气边界，电气边界可以稍小于物理边界。

（2）导入数据。将当前画面切换到原理图文件中，执行菜单命令“Design”→“Update PCB Document PCB1.PcbDoc”，PCB1.PcbDoc 是 PCB 文件名。

有关操作可参考 7.1.5 的内容。

（3）自动布局。执行菜单命令“Tools”→“Component Placement”→“Auto Placer”，在弹出的“Auto Place（自动布局方式设置）”对话框中选择“Cluster Placer（群集式布局方式）”，并选中“Quick Component Placement”复选框进行快速布局。

（4）手工调整布局。因本例中的元器件数目较多，故建议按单元设计布局，其他布局规则请参考 12.3 节中的内容。

下面介绍在 PCB 文件中快速查找元器件的方法。

① 在 PCB 文件中用鼠标左键单击右下角的“PCB”标签，在弹出的快捷菜单中选择“PCB”，或执行菜单命令“View”→“Workspace Panels”→“PCB”→“PCB”，调出“PCB”面板，如图 12-2-39 所示。

② 用鼠标左键单击“Component Classes”区域中的“All Components”，在“Components”区域中出现元器件列表，如图 12-2-40 所示。如果出现的不是元器件列表，而是其他内容列表，则单击面板最上部的下拉按钮，从中选择“Components”选项。

③ 用鼠标左键在要查找的元器件标号（如 R3）上单击，如图 12-2-41 所示。

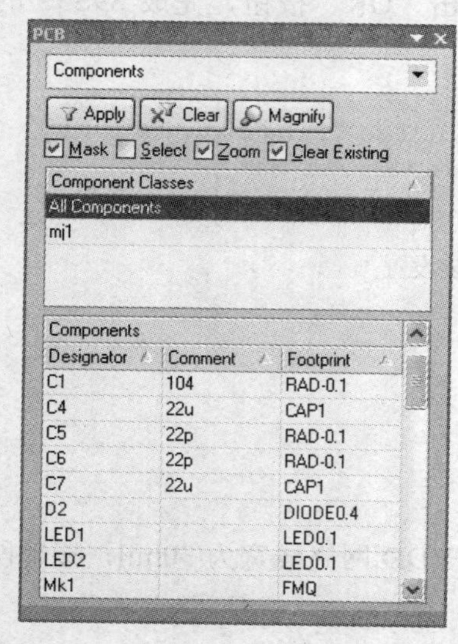

图 12-2-40　“PCB”面板中显示元器件列表

Components

Designator	Comment	Footprint
Q2	8050	BCY-W3/E4
Q5	9013	BCY-W3/E4
Q6	8050	BCY-W3/E4
Q16	9014	BCY-W3/E4
R1	680	AXIAL-0.4
R2	680	AXIAL-0.4
R3	1k	AXIAL-0.4
R4	5.1k	AXIAL-0.4
R5	220	AXIAL-0.4

图 12-2-41　用鼠标左键在要查找的元器件标号上单击

④ R3 显示在屏幕中间，其他元器件呈掩模状态，如图 12-2-42 所示。

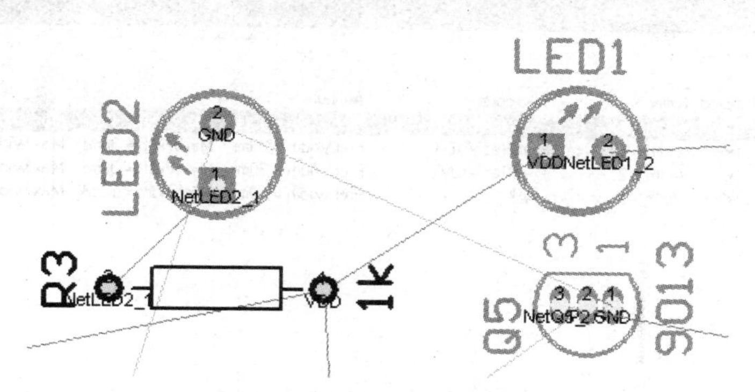

图 12-2-42　显示选中的元器件封装符号

⑤ 用鼠标左键按住 R3 即可将其移动到指定位置。用鼠标左键单击屏幕右下角的“Clear”标签，可清除掩模状态。

在手工调整布局过程中，可以双击元器件封装符号，在弹出的“Component”对话框的“Component”区域中选中“Hide”，隐藏元器件标注，使板图更加清晰。

图 12-2-43 是手工调整后的布局。

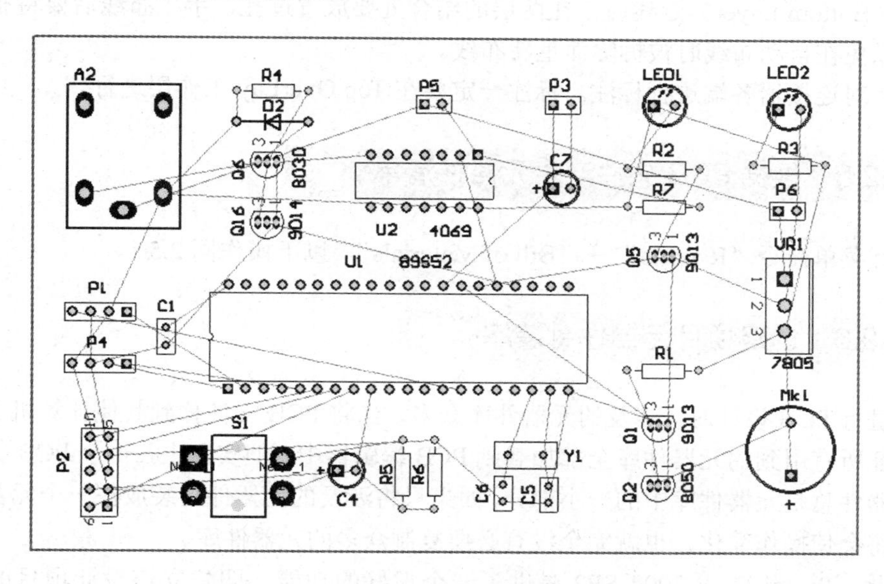

图 12-2-43　手工调整后的布局

（5）设置布线规则。根据要求，设置不同网络的线宽以及优先级，图 12-2-44 是设置线宽后的情况。

关于线宽设置可参考 8.2.2 中的内容。

（6）布线。布线可采取自动布线和手工布线相结合的方法。

可以先对重要网络（如地线、电源等）进行手工布线，再进行自动布线。自动布线后，再根据走线情况使用拆线命令“Tools”→“Un-Route”中的各拆线命令，拆除走线不够合理的布线，重新进行手工布线。

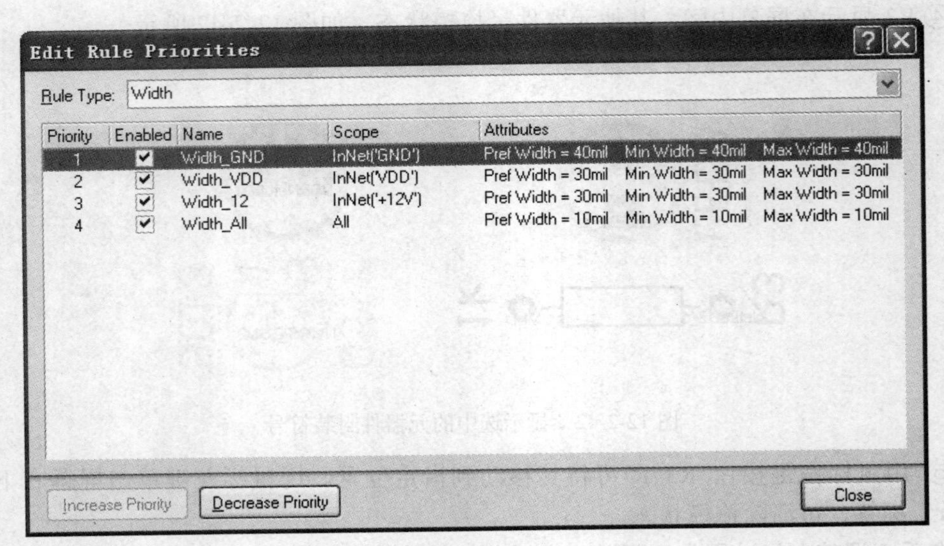

图 12-2-44 设置线宽规则后的情况

手工布线要遵循拐弯呈 45° 角的规则进行。如果同一条导线需要在顶层（Top Layer）和底层（Bottom Layer）走线时，在两层的结合处要放置过孔，手工布线后要将布好的线锁定，以免在自动布线时被拆除而重新布线。

（7）对连接器各端进行标注。标注一定要在 Top OverLay 工作层进行。

12.2.5 根据 PCB 文件产生元器件清单

执行菜单命令“Reports”→“Bill of Materials”，以下操作同 2.5.1。

12.2.6 创建项目元器件封装库

在进行 PCB 设计时，涉及的元器件库众多，当将 PCB 文件移到其他计算机上时，也必须保证所有用到的元器件库全部加载到 PCB 编辑器中。但实际上，一个 PCB 文件中使用的元器件总是元器件库中的一小部分，如果只将涉及的元器件封装放在一个元器件封装库中，将会使操作简化，也就完全没有必要复制众多的元器件库。

为此，Protel DXP 2004 SP2 提供了一个很好的功能，即建立该设计项目的独立封装库。

（1）在 PCB 文件中执行菜单命令“Design”→“Make PCB Library”，系统自动创建了一个主文件名与 PCB 文件相同、扩展名为.PcbLib 的项目封装库，如图 12-2-45 所示。

（2）在 mjPCB1.PcbLib 文件名上单击鼠标右键，在弹出的快捷菜单中选择“Save As”，将该文件存放到门禁系统的文件夹下。

（3）该文件现在是自由文档类型（Free Documents），在 mjxt.PRJPCB 工程项目名称上单击鼠标右键，在弹出的快捷菜单中选择“Add Existing to Project”，将 mjPCB1.PcbLib

导入到工程项目中，如图 12-2-46 所示。

现在，mjxt.PRJPCB 工程项目中共有两个 PCB 元器件封装库，一个是自己建的里面包含所有自己绘制的元器件封装符号的 PCB 封装库；另一个是项目封装库，里面包含了该项目中所涉及的所有封装符号。

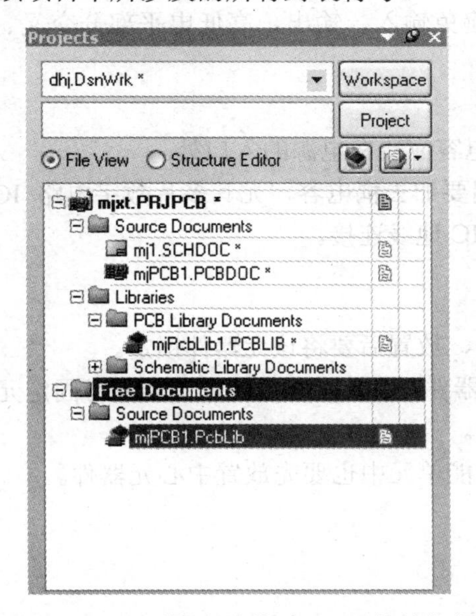

图 12-2-45　系统创建的项目元器件封装库

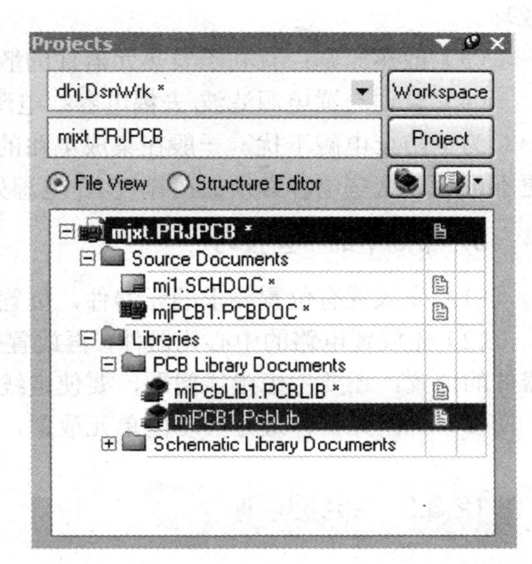

图 12-2-46　将 mjPCB1.PcbLib 导入到工程项目中

12.3　印制电路板设计规则简介

要设计出符合要求的印制电路板，仅会软件操作是远远不够的，还需有一些布局、布线的基本知识。本节将介绍一些布局、布线的基本规则，有关布局布线的详细介绍，请读者参考有关书籍。

12.3.1　布局规则

1. 布局要求

（1）要保证电路功能和性能指标的实现。

（2）满足工艺性、检测和维修方面的要求。

工艺性是指元器件排列顺序、方向、引线间距等，在批量生产和采用自动插装机时尤为突出。

对于检测和维修方面的要求，主要是考虑检测时信号的注入或测试，以及有关元器件替换等。

（3）适当兼顾美观性，如元器件排列整齐，疏密适当等。

2．布局规则

（1）就近原则：元器件的摆放应根据电路图就近安放。

（2）信号流原则：按信号流向布放元器件，避免输入、输出，高低电平部分交叉、成环。

（3）散热原则：有利于发热元器件的散热。

（4）合理布置电源滤波/去耦电容：电源滤波电容应接在电源的入口处。

为了防止电磁干扰，一般在集成电路的电源端要加去耦电容，尤其多片数字电路 IC 更不可少。这些电容必须加在靠近 IC 电源处且与 IC 地线连接。

3．布局中的一些技巧

（1）先放置有位置要求的元器件，位置要准确，放置后要将该元器件锁定。

（2）先放置电路的中心元器件，再放置外围元器件。中心元器件的位置要参考固定元器件的位置，还要考虑走线问题，要使走线尽量短。

（3）外围元器件最好按功能单元放置，每个功能单元中也要先放置中心元器件。

12.3.2　布线规则

（1）各类信号走线不能形成环路。

（2）引脚间走线越短越好。

（3）需要转折时，不要使用直角，可用 45°或圆弧转折，这样不仅可以提高铜箔的固着强度，在高频电路中也可减少高频信号对外的发射和相互之间的耦合。

（4）尽量避免信号线近距离平行走线。若无法避免平行分布，可在平行信号线的反面布置大面积的“地”来大幅度减少干扰。在相邻的两个工作层，走线的方向必须相互垂直。

（5）对于高频电路可对整个板进行“覆铜”操作，以提高抗干扰能力。

（6）在布线过程中，应尽量减少过孔，尤其是在高频电路中，因为过孔容易产生分布电容。

（7）优先在底层布线。

12.3.3　接地线布线规则

（1）印制电路板内接地的基本原则是低频电路需一点接地。单级电路图的一点接地如图 12-3-1 所示，多级电路图的一点接地方式如图 12-3-2 所示。

（2）高频电路应就近接地，而且要用大面积接地方法。

（3）在板面允许的情况下，接地线应尽可能宽。

（4）接地线不能形成环路。

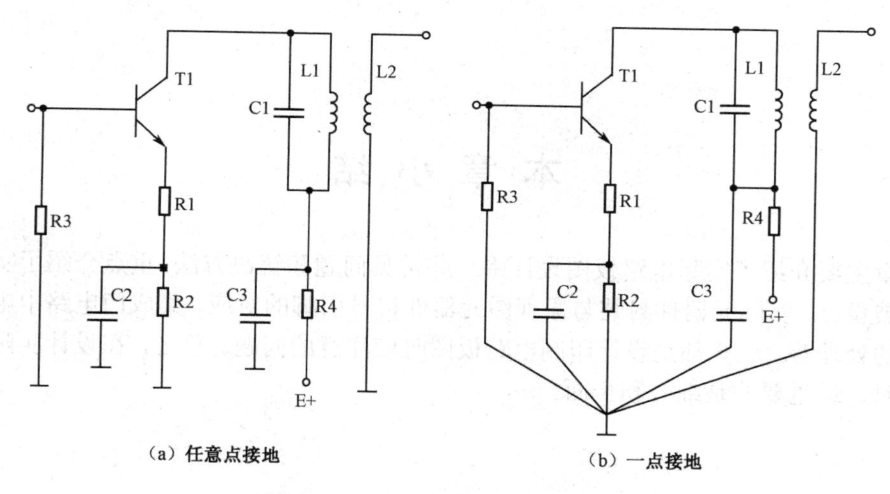

图 12-3-1 单级电路图的一点接地

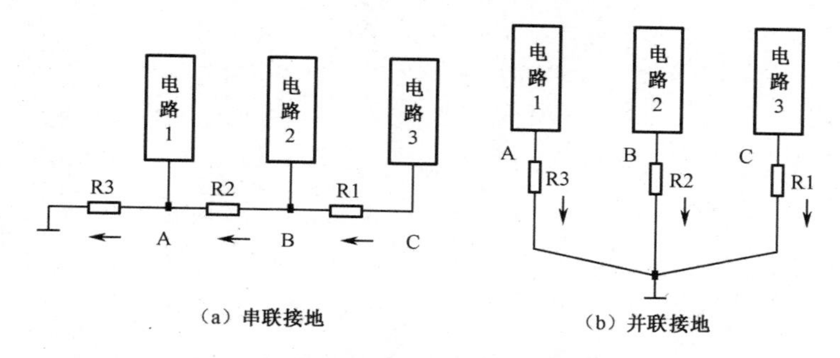

图 12-3-2 多级电路图的一点接地方式

12.3.4 焊盘尺寸

（1）确定焊盘孔径。对于插接式元器件，元器件的引线孔钻在焊盘中心，孔径应该比所焊接的引线直径略大一些，才能方便地插装元器件；但孔径也不能太大，否则在焊接时不仅用锡量多，而且容易因为元器件的晃动而造成虚焊，使焊点的机械强度变差。

元器件引线孔的直径应该比引线的直径大 0.1mm ～ 0.2mm。

（2）确定焊盘外径。在单面板中，焊盘的外径一般应当比引线孔的直径大 1.3mm 以上，即如果焊盘的外径为 D，引线孔的孔径为 d，应有：

$$D \geqslant d+1.3 \text{（mm）}$$

在高密度的单面板上，焊盘的最小直径可以是

$$D_{min}=d+1 \text{（mm）}$$

如果外径太小，焊盘容易在焊接时粘断或剥落，但也不能太大，否则生产时需要延长焊接时间，用锡量太多，增加成本，并且会影响印制板的布线密度。

在双面板中，由于焊锡在金属化孔内也形成浸润，提高了焊接的可靠性，所以焊盘的外径可以比单面板的略小一些。

当 $d \leqslant 1$mm 时，$D_{min} \geqslant 2d$

本 章 小 结

本章主要介绍了实际电路板图设计中一些常见问题和解决方法；重点介绍了实际元器件的封装设计，实际元器件封装与原理图元器件符号引脚的对应，集成门电路中电源和接地等端的处理等，这些都是设计印制电路板图时应注意的问题。总之，在设计实际印制电路板图时，最重要的是细心和全面。

附录A 常用元器件符号名称与所在元器件库

读者在使用Protel DXP 2004 SP2提供的元器件库时会发现，同样一个符号可能会有多个不同的名称，甚至属于不同的元器件库文件。这或是材料不同、或是生产厂家不同、或是封装不同的原因。

限于篇幅，本附录中只介绍了一些常用元器件的名称以及所在元器件库。对于图形相同的元器件符号，也只介绍了其中一种。

名　称	元器件符号	元 器 件 名	元 器 件 库
NPN三极管		2N3904	Miscellaneous Devices.IntLib
PNP三极管		2N3906	Miscellaneous Devices.IntLib
天线		Antenna	Miscellaneous Devices.IntLib
电池		Battery	Miscellaneous Devices.IntLib
蜂鸣器		Bell	Miscellaneous Devices.IntLib
二极管硅桥		Bridge1	Miscellaneous Devices.IntLib
无极性电容		Cap	Miscellaneous Devices.IntLib
微调电容		Cap2	Miscellaneous Devices.IntLib
电解电容	+	Cap Pol2	Miscellaneous Devices.IntLib
可调电容		Cap Var	Miscellaneous Devices.IntLib
肖特基二极管		D Schottky	Miscellaneous Devices.IntLib
变容二极管		D Varactor	Miscellaneous Devices.IntLib
稳压二极管		D Zener	Miscellaneous Devices.IntLib
二极管		Diode	Miscellaneous Devices.IntLib
保险丝		Fuse 1	Miscellaneous Devices.IntLib

（续表）

名　称	元器件符号	元 器 件 名	元 器 件 库
电感		Inductor	Miscellaneous Devices.IntLib
发光二极管		LED0	Miscellaneous Devices.IntLib
电动机		Motor	Miscellaneous Devices.IntLib
伺服电机		Motor Servo	Miscellaneous Devices.IntLib
光敏三极管（NPN）		Photo NPN	Miscellaneous Devices.IntLib
光敏三极管（PNP）		Photo PNP	Miscellaneous Devices.IntLib
光敏二极管		Photo Sen	Miscellaneous Devices.IntLib
继电器		Relay-SPST	Miscellaneous Devices.IntLib
电阻桥		Res Bridge	Miscellaneous Devices.IntLib
电阻		Res1	Miscellaneous Devices.IntLib
电阻		Res2	Miscellaneous Devices.IntLib
可调电阻		Res Adj1	Miscellaneous Devices.IntLib
可调电阻		Res Adj2	Miscellaneous Devices.IntLib
电位器		RPot	Miscellaneous Devices.IntLib
可控硅		SCR	Miscellaneous Devices.IntLib
扬声器		Speaker	Miscellaneous Devices.IntLib
开关		SW-PB	Miscellaneous Devices.IntLib
开关		SW-SPST	Miscellaneous Devices.IntLib
指示灯		Lamp	Miscellaneous Devices.IntLib

（续表）

名　称	元器件符号	元 器 件 名	元 器 件 库
空芯变压器	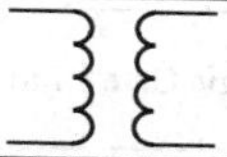	Trans	Miscellaneous Devices.IntLib
铁芯变压器		Trans Cupl	Miscellaneous Devices.IntLib
三端稳压器	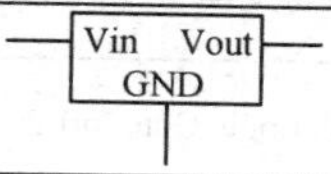 Vin Vout GND	Volt Reg	Miscellaneous Devices.IntLib
晶体振荡器	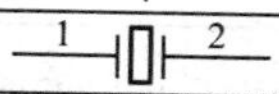 1 2	XTAL	Miscellaneous Devices.IntLib
九针连接器	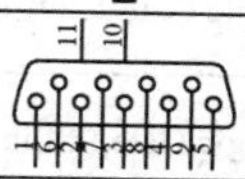 11 10	D Connector 9	Miscellaneous Connectors.IntLib
十五针连接器	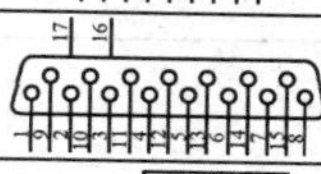 17 16	D Connector 15	Miscellaneous Connectors.IntLib
连接器	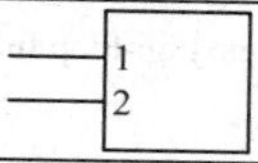 1 2	Header 2	Miscellaneous Connectors.IntLib
555 电路	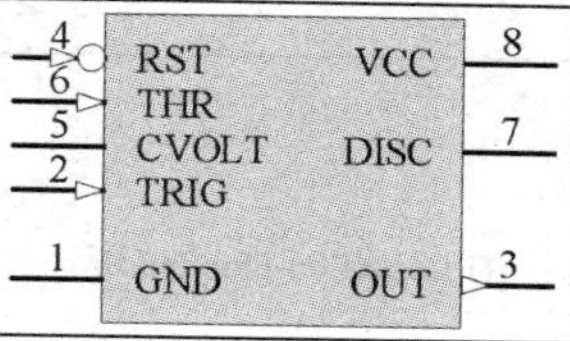 4 RST, 6 THR, 5 CVOLT, 2 TRIG, 1 GND, 8 VCC, 7 DISC, 3 OUT	LM555CN	NSC Analog Timer Circuit.IntLib
uA741 运算放大器	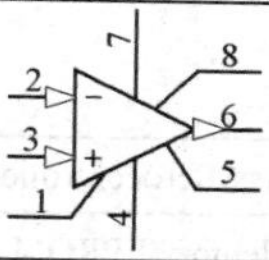 2 −, 3 +, 1, 7, 8, 6, 5, 4	LM741CN	NSC Operational Amplifier.IntLib
MC1458 运算放大器	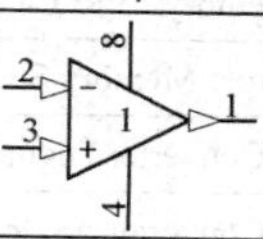 2 −, 3 +, 1, 8, 4	MC1458CD	Motorola Amplifier Operational Amplifier.IntLib
LM324 运算放大器	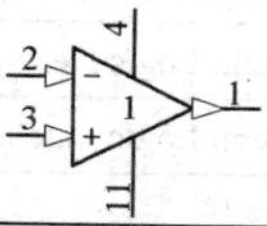 2 −, 3 +, 1, 4, 11	LM324AD	Motorola Amplifier Operational Amplifier.IntLib
LM386 运算放大器	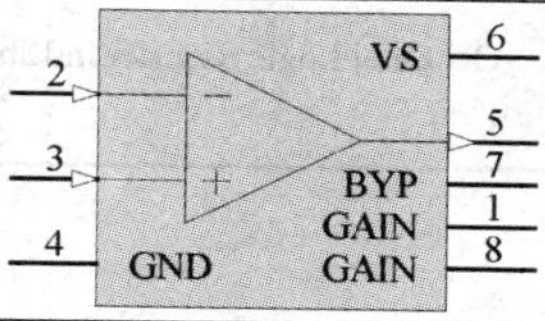 2 −, 3 +, 4 GND, 6 VS, 5, 7 BYP, 1 GAIN, 8 GAIN	LM386N-1	NSC Audio Power Amplifier.IntLib
与非门	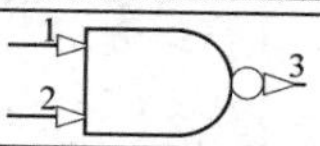 1 2 3	CD4011BCM	FSC Logic Gate.IntLib
与非门	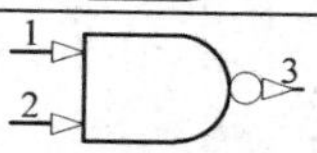 1 2 3	SN7400N	TI Logic Gate 1.IntLib
非门	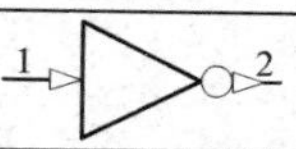 1 2	CD4069UBCM	FSC Logic Gate.IntLib

（续表）

名　称	元器件符号	元 器 件 名	元 器 件 库
非门	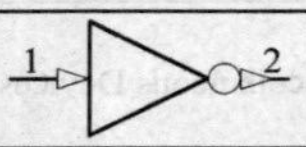	SN7404N	TI Logic Gate 1.IntLib
或非门		CD4001CN	NSC Logic Gate.IntLib
或非门		SN7402N	TI Logic Gate 1.IntLib
异或门		CD4030CN	FSC Logic Gate.IntLib
异或门		SN7486N	TI Logic Gate 1.IntLib
同或门		HCC4077BF	ST Logic Gate.IntLib
JK 触发器	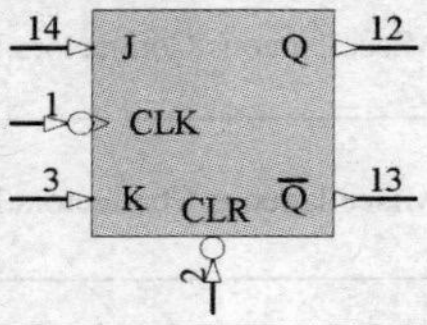	SN7473N	TI Logic Flip-Flop.IntLib
D 触发器	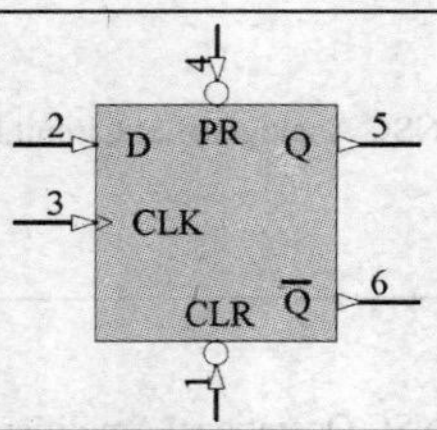	SN7474N	TI Logic Flip-Flop.IntLib
单片机	符号图形略	DS87C520-MCL	Dallas Microcontroller 8-Bit.IntLib
EPROM	符号图形略	M2764A1F1	ST Memory EPROM 16-512 Kbit.IntLib
RAM	符号图形略	MCM6264CP	Motorola Memory Static RAM.IntLib
D/A 转换器	符号图形略	DAC0832LCJ	NSC Converter Digital to Analog.IntLib
A/D 转换器	符号图形略	ADC0809CCN	NSC Converter Analog to Digital.IntLib
3/8 译码器	符号图形略	SN74LS138N	ON Semi Logic Decoder Demux.IntLib
地址锁存器	符号图形略	SN74LS373N	ON Semi Logic Latch.IntLib
8 位移位寄存器（串行输入/并行输出）	符号图形略	SN74LS164N	ON Semi Logic Register.IntLib

参 考 文 献

[1] 及力. Protel 99 SE 原理图与 PCB 设计教程（第 2 版）[M]. 北京：电子工业出版社. 2007.
[2] 及力. 电子 CAD——基于 Protel 99 SE[M]. 北京：北京邮电大学出版社. 2008.
[3] 谷树忠，闫胜利. Protel DXP 实用教程—原理图与 PCB 设计[M]. 北京：电子工业出版社. 2003.
[4] 王廷才. Protel DXP 应用教程[M]. 北京：机械出版社. 2007.
[5] 李东生，张勇，晁冰. Protel DXP 电路设计教程[M]. 北京：电子工业出版社. 2006.
[6] 陈兆梅. Protel DXP 2004 SP2 印制电路板设计实用教程[M]. 北京：机械出版社. 2008.
[7] 黄继昌，郭继忠等. 数字集成电路应用 300 例[M]. 北京：人民邮电出版社. 2002.
[8] 何希才. 新型集成电路及其应用实例[M]. 北京：科学出版社. 2003.
[9] 及力. 电子电路 CAD [M]. 北京：人民邮电出版社. 2012.